ANALYSE

1re ANNÉE

ANALYSE

1re ANNÉE

Cours et exercices avec solutions

François Liret
Maître de conférences
à l'université Paris 7 - Denis Diderot

Dominique Martinais
Maître de conférences
à l'université Paris 7 - Denis Diderot

Préfacé par
Michel Zisman
Professeur émérite de l'Université Paris 7 - Denis Diderot

2e édition

DUNOD

DANS LA MÊME COLLECTION

- ***Cours de Mathématiques, pour la licence 1re et 2e années***
  Analyse, 1re année
  Algèbre, 1re année
  Analyse, 2e année
  Algèbre et géométrie, 2e année
  François Liret et Dominique Martinais
- ***Cours de Mathématiques pour la licence 3e année***
  Algèbre, Lionel Schwartz
  Fonctions analytiques, Pierre Vogel
  Topologie et analyse, Georges Skandalys
  Calcul différentiel et calcul intégral, Marc Chaperon

Illustration de couverture : Lionel Auvergne

ISBN 2 10 005549 6

Préface

Pourquoi publier un nouveau manuel ? Après tout, au cours des dix et même des vingt dernières années les programmes ont peu changé : tout au plus un chapitre un peu marginal se trouve-t-il parfois ajouté, parfois supprimé. Dans l'ensemble ce que doivent, ce que peuvent apprendre étudiantes et étudiants durant leurs deux premières années à l'université demeure à peu près stable.

Mais tout le reste est profondément modifié. La société d'aujourd'hui ne ressemble plus à celle d'hier, les lycées et leurs élèves ont changé, et aussi leurs professeurs. L'enseignement dans les universités lui non plus n'est pas resté figé.

Cette évolution, d'ailleurs preuve de vitalité, doit se traduire aussi dans les ouvrages proposés à celles et ceux qui abordent maintenant les études universitaires : le public d'aujourd'hui mérite des livres qui ont été écrits pour lui, par des auteurs qui ont suivi et qui ont compris son évolution.

Telle est l'ambition de cette collection de premier cycle de mathématiques confiée à François Liret et Dominique Martinais qui apporte à ses lecteurs non seulement une présentation impeccable plaisante à l'œil et donc facile à lire, mais surtout le fruit d'années d'expérience et de réflexion sur la manière de rédiger un texte scientifique, sur l'importance respective de la présentation des *outils* qu'ils devront apprendre à manier, des *démonstrations* qui sont l'âme des mathématiques et des *explications* indispensables à la compréhension de celles-ci. Le cours est illustré d'exemples et d'exercices judicieux, qui apporte aux lecteurs tout ce qui leur est nécessaire pour réussir pleinement leurs études.

Michel Zisman

Professeur émérite de l'université Paris 7 - Denis Diderot

Préface

Table des matières

Chapitre 16. Étude de primitives

Chapitre 17. Équations différentielles

Avant-Propos

Nous avons voulu que ce cours de première année reste élémentaire et que les résultats en soient démontrés soigneusement. L'exposé est en général très détaillé : nous espérons qu'il permettra aux étudiants d'apprendre à raisonner. Nous avons également tenu à présenter les algorithmes de calcul qu'il est nécessaire de pratiquer et à mettre en évidence des conseils pour chercher les exercices. Lorsque dans le texte, l'un des mots théorème, proposition ou corollaire est souligné, c'est qu'il s'agit d'un énoncé important.

Puisse ce manuel aider les étudiants dans leur apprentissage des mathématiques.

Nous devons un grand merci à Michel Zisman qui nous a patiemment relus et dont les conseils et nombreuses suggestions nous ont été très utiles. Merci également à Alberto Arabia qui a mis son talent et sa compétence en informatique au service de la mise en page. Enfin nous remercions Anne Bourguignon qui s'est chargée avec efficacité de l'édition de ce livre.

Les auteurs

Cette présente édition est l'occasion de préciser ou de simplifier le cours et d'y ajouter commentaires, exemples et exercices traités. De nouveaux exercices d'entraînement, avec indications de solutions, sont aussi proposés. En arithmétique, nous avons introduit la fonction indicatrice d'Euler et en analyse, la notion de longueur d'un arc paramétré.

Plusieurs collègues et amis nous ont suggéré des améliorations et permis de corriger des fautes, nous les remercions vivement.

Quelques lettres grecques employées en mathématiques

α	alpha	ε	epsilon	λ, Λ	lambda	σ, Σ	sigma
β	bêta	ζ	zêta	μ	mu	φ, Φ	phi
γ, Γ	gamma	η	êta	π, Π	pi	ψ, Ψ	psi
δ, Δ	delta	θ	thêta	ρ	rho	ω, Ω	oméga

Principales notations utilisées

$\mathbb{N}$	ensemble des entiers naturels
$\mathbb{Z}$	ensemble des entiers relatifs
$\mathbb{Q}$	ensemble des nombres rationnels
$\mathbb{R}$	ensemble des nombres réels
$\mathbb{C}$	ensemble des nombres complexes
$[a, b]$, $]a, +\infty[$, etc	intervalles de $\mathbb{R}$
$f : A \to B$	application d'un ensemble A dans un ensemble B
f^{-1}	bijection réciproque de la bijection f
$\sup A$, $\inf A$	borne supérieure, borne inférieure d'une partie A de $\mathbb{R}$
$E(x)$	partie entière du nombre réel x
$\lvert x\rvert$	valeur absolue du nombre réel x
$\lvert z\rvert$	module du nombre complexe z
$\sqrt{x}$, $\sqrt[n]{x}$	racine carrée, racine n-ième du nombre réel x
Log	fonction logarithme (népérien)
exp	fonction exponentielle
e	nombre $\exp(1)$
sin, cos, tg	fonctions sinus, cosinus, tangente
Arc sin, Arc cos, Arc tg	fonctions arc sinus, arc cosinus, arc tangente
sh, ch, th	fonctions sinus, cosinus, tangente hyperbolique
(u_n)	suite de terme général u_n
$\lim u_n$	limite de la suite (u_n)
$\lim\limits_{x \to x_0} f(x)$, $\lim\limits_{x \to x_0^+} f(x)$, $\lim\limits_{x \to x_0^-} f(x)$	limite, à droite, à gauche, de $f(x)$ quand x tend vers x_0
f', f'', $f^{(n)}$	dérivée de f, dérivée seconde, dérivée n-ième
f'_g, f'_d	dérivée à gauche de f, dérivée à droite
$\int_a^b f(t)\,dt$	intégrale ou intégrale impropre de a à b de la fonction f
$\int f(t)\,dt$	une primitive de la fonction f
$f(x) \underset{x \to x_0}{\sim} g(x)$	$f(x)$ et $g(x)$ sont équivalents quand x tend vers x_0

Chapitre 1

Nombres réels et fonctions

Au Lycée, vous avez rencontré les nombres réels sous des formes différentes. Voici des exemples de nombres réels.

- Les entiers naturels et les entiers relatifs.
- Les nombres décimaux $a10^n$ où a et n sont des entiers relatifs ; ainsi 3×10^{-5} et -417×10^4 sont des nombres décimaux.
- Les nombres rationnels, c'est-à-dire de la forme $\frac{a}{b}$ où a est un entier relatif et b un entier positif. Un nombre décimal est en particulier rationnel.
- Les nombres définis par leur *développement décimal*, comme $31,22\ldots$, où les trois points indiquent que toutes les décimales valent 2. Un autre exemple est $-4,78612121\ldots$, où les trois points indiquent que la suite des décimales continue « comme indiquée », c'est-à-dire en écrivant les chiffres 1 et 2 alternativement. Bien sûr, on ne voit en général sur les premières décimales aucune loi permettant de deviner les suivantes. Bientôt, nous comprendrons pourquoi un développement décimal définit un nombre réel. Pour le moment, remarquons que le développement d'un nombre décimal se termine par des zéros : $3158 \times 10^{-2} = 31,5800\ldots$. Et réciproquement, si un développement décimal se termine par des zéros, alors le nombre est décimal.
- Les nombres définis par des opérations à partir d'autres nombres réels, par exemple $\frac{1+\sqrt{5}}{2}$, $\sqrt[3]{-7}$ ou $\left(1-3^{-n}\right)^{2^n}$.
- Des nombres particuliers, utiles en Mathématiques, qui bénéficient pour cela d'une notation spéciale : citons le nombre e, base du logarithme népérien et le nombre π qui est le rapport de la circonférence d'un cercle à son diamètre.

1. Opérations sur les nombres réels

L'ensemble des nombres réels se note $\mathbb{R}$. On peut ajouter, soustraire ou multiplier des nombres réels et diviser par un nombre réel différent de 0. Les règles de calcul sont celles que vous avez toujours pratiquées :

$$a+b=b+a \ , \ 0+a=a \ , \ a+b=0 \iff a=-b \ , \ a+(b+c)=(a+b)+c$$
$$ab=ba \ , \ 1\times a=a \ , \ ab=1 \iff a=1/b \ , \ a(bc)=(ab)c \ , \ a(b+c)=ab+ac$$
$$ab=0 \iff (a=0 \text{ ou } b=0)\,.$$

L'ordre sur $\mathbb{R}$

Tout nombre réel différent de 0 est positif ou négatif ; on note parfois $\mathbb{R}_+$ l'ensemble des nombres réels positifs ou nul et $\mathbb{R}_-$ l'ensemble des nombres réels négatifs ou nul.
Si a et b sont des nombres réels, on dit que *a est inférieur ou égal à b* si le nombre $b-a$ est positif ou nul ; cette relation se note $a \leqslant b$ ou bien $b \geqslant a$.
Si $a \leqslant b$ et $a \neq b$, on dit que a est *strictement plus petit que* b, ce qui se note $a<b$ ou encore $b>a$.
Ainsi, une et une seule des relations suivantes est vérifiée :

$$a=b \quad , \quad a<b \quad \text{ou} \quad a>b\,.$$

On définit *le plus grand des nombres réels* a et b en posant

$$\max(a,b)=\begin{cases} b & \text{si } b \geqslant a \\ a & \text{si } a>b\,. \end{cases}$$

On définit de même $\min(a,b)$, *le plus petit des nombres* a *et* b.

Rappelons quelques unes des opérations permises sur les inégalités :

- $a<b \iff a+c<b+c$ pour tout nombre réel c
- si $a<b$ et $a' \leqslant b'$, alors $a+a'<b+b'$
- $a<b \iff -b<-a$
- si $a<b$ et $c>0$, alors $ac<bc$

et la propriété fondamentale (dite d'Archimède) :

- *si A est un nombre réel positif ou nul, il existe un entier n tel que $n>A$.*

Voici une conséquence importante de la propriété d'Archimède :

si $a>0$ et $A \geqslant 0$, il existe un entier $n \geqslant 1$ tel que $\dfrac{A}{n}<a$.

En effet, puisqu'on a $A/a \geqslant 0$, il existe un entier n tel que $n>A/a$ donc $n>0$. En multipliant cette inégalité par a qui est positif, il vient $na>A$ ou encore $A/n<a$.
On en déduit aussi la proposition suivante.

Proposition. *Soit a un nombre réel strictement positif et soit x un nombre réel. Il existe un unique entier $k \in \mathbb{Z}$ tel que $ka \leqslant x < (k+1)a$.*

Démonstration. Supposons $x \geqslant 0$. Puisque a est strictement positif, le nombre réel x/a est positif ou nul. D'après la propriété d'Archimède, il existe donc au moins un entier $n \geqslant 1$ tel que $n > x/a$. Si p est un entier naturel tel que $p \leqslant x/a$, alors on a $0 \leqslant p < n$; il n'y a donc qu'un nombre fini d'entiers naturels inférieurs ou égaux à x/a. Si nous appelons k le plus grand de ces entiers, alors les deux inégalités $k \leqslant x/a$ et $k+1 > x/a$ sont vérifiées. En multipliant celles-ci par le nombre positif a, il vient $ka \leqslant x < (k+1)a$.

Supposons $x < 0$. D'après la propriété d'Archimède, il existe un entier $n \in \mathbb{Z}$ tel que $-n > -x/a$ c'est-à-dire $n < x/a$. Il n'y a qu'un nombre fini d'entiers p tels que $n \leqslant p \leqslant x/a$. En appelant k le plus grand de ces entiers, nous avons $k \leqslant x/a$ et $k+1 > x/a$, c'est-à-dire $ka \leqslant x < (k+1)a$.

Nous avons démontré qu'il existe au moins un entier $k \in \mathbb{Z}$ qui vérifie l'encadrement de la proposition. Montrons maintenant que cet entier k est unique. Supposons que ℓ est un entier vérifiant aussi les inégalités $\ell a \leqslant x < (\ell+1)a$. Nous avons $\ell a \leqslant x < (k+1)a$ donc en simplifiant par a qui est strictement positif, il vient $\ell < k+1$. Puisque k et ℓ sont des entiers, on en déduit $\ell \leqslant k$. De même, les inégalités $ka \leqslant x < (\ell+1)a$ impliquent $k < \ell + 1$ donc $k \leqslant \ell$. Ainsi nous avons $\ell = k$ et cela montre l'unicité de l'entier k vérifiant les inégalités $ka \leqslant x < (k+1)a$. ■

Appliquons la proposition en choisissant $a = 1$: pour tout nombre réel x, il existe un unique entier $k \in \mathbb{Z}$ tel que $k \leqslant x < k+1$. L'entier k est le plus grand entier inférieur ou égal à x. Cela justifie la définition suivante.

Définition

Soit x un nombre réel. Le plus grand entier inférieur ou égal à x s'appelle la *partie entière* de x ; nous le noterons $E(x)$.

Par définition, $E(x)$ est l'unique entier tel que $E(x) \leqslant x < E(x) + 1$.

On a par exemple

$$\big(E(x) = 0 \iff 0 \leqslant x < 1\big) \text{ et } \big(E(x) = -3 \iff -3 \leqslant x < -2\big).$$

Définitions

Soient a et b des nombres réels.

- Si $a \leqslant b$, le *segment* $[a, b]$ est l'ensemble des nombres réels x tels que $a \leqslant x \leqslant b$.
- On définit des *intervalles ouverts* :
  - si $a < b$, l'intervalle $]a, b[$ est l'ensemble des nombres réels x tels que $a < x < b$.
  - l'intervalle $]a, +\infty[$ est l'ensemble des nombres réels x tels que $x > a$.
  - l'intervalle $]-\infty, a[$ est l'ensemble des nombres réels x tels que $x < a$.
  - $]-\infty, +\infty[= \mathbb{R}$.
- Si $a < b$, *l'intervalle* $]a, b]$ est l'ensemble des nombres réels x tels que $a < x \leqslant b$ et *l'intervalle* $[a, b[$ est l'ensemble des nombres réels x tels que $a \leqslant x < b$.
- Les *intervalles* $[a, +\infty[$ *et* $]-\infty, a]$ sont formés respectivement des nombres réels x tels que $x \geqslant a$ et $x \leqslant a$.

  Si $a < b$, les nombres a et b s'appellent les *extrémités* des intervalles $[a, b]$, $]a, b[$, $]a, b]$ ou $[a, b[$; le nombre positif $b - a$ s'appelle la *longueur* de l'intervalle ; le *centre*, ou le *milieu* de l'intervalle, est le nombre $c = (a + b)/2$; on a $c - a = b - c = (b - a)/2 > 0$, donc c appartient à l'intervalle ouvert $]a, b[$.

  Enfin, nous dirons qu'un nombre réel x *est compris entre* a *et* b si l'on a ($a \leqslant b$ et $a \leqslant x \leqslant b$) ou bien si l'on a ($b \leqslant a$ et $b \leqslant x \leqslant a$).

Remarquons que le segment $[a, a]$ est l'ensemble $\{a\}$ dont le seul élément est a.

Voici deux propriétés importantes des intervalles.

Proposition. *Soit I un intervalle.*

- *Si x et y sont des éléments de I tels que $x < y$, alors on a $[x, y] \subset I$.*
- *Si I est un intervalle ouvert, alors pour tout nombre $x \in I$, il existe un intervalle ouvert de centre x contenu dans I.*

Démonstration. Faisons la démonstration dans le cas où I possède des extrémités a et b ; les autres cas sont plus simples. Soient x et y des éléments de I tels que $x < y$ et soit $z \in]x, y[$. On a $a \leqslant x$, $x < z < y$ et $y \leqslant b$ donc aussi $a < z < b$. Ainsi z appartient à l'intervalle $]a, b[$. Puisque $]a, b[$ est inclus dans I, cela entraîne que z appartient à I. Il s'ensuit $]x, y[\subset I$, d'où $[x, y] \subset I$ car x et y appartiennent à I.

Supposons par exemple $I =]a, b[$ et $x \in I$. Les nombres $b - x$ et $x - a$ sont strictement positifs. Notons r le plus petit de ces nombres, de sorte qu'on a $r > 0$ et $a \leqslant x - r < x + r \leqslant b$. Quel que soit le nombre z appartenant à $]x - r, x + r[$, nous avons $a \leqslant x - r < z < x + r \leqslant b$ donc $a < z < b$, c'est-à-dire $z \in I$. L'intervalle ouvert $]x - r, x + r[$ est donc contenu dans I. Les dessins ci-dessous permettent de visualiser ce raisonnement.

■

Lemme. *Soient a et b des nombres réels tels que $a < b$ et soit s un nombre réel tel que $0 < s < b - a$. Il existe un entier $n \in \mathbb{Z}$ tel que $ns \in]a, b[$.*

Démonstration. Soit p la partie entière de a/s. Par définition, p est un entier et vérifie $p \leqslant a/s < p + 1$, donc on a $ps \leqslant a < (p + 1)s$ car s est positif. On a $(p + 1)s = ps + s \leqslant a + s < a + (b - a) = b$ donc il vient $a < (p + 1)s < b$. L'entier $n = p + 1$ vérifie donc la conclusion du lemme. ■

Proposition. *Dans tout intervalle ouvert non vide, il y a une infinité de nombres rationnels et une infinité de nombres irrationnels.*

Démonstration. Puisque tout intervalle ouvert contient un intervalle $]a, b[$ où a et b sont des nombres réels tels que $a < b$, il suffit de faire la démonstration pour un intervalle $]a, b[$. Soit A un nombre réel strictement positif. D'après la propriété d'Archimède, il existe un entier $q \geqslant 1$ tel que $A/q < b - a$. D'après le lemme, il existe un entier p tel que $p(A/q) \in]a, b[$. En choisissant $A = 1$, on trouve que le nombre rationnel p/q appartient à $]a, b[$.
Nous venons de montrer que tout intervalle ouvert non vide contient au moins un nombre rationnel. Appliquons cela à l'intervalle $]a - \sqrt{2}, b - \sqrt{2}[$: il existe un nombre rationnel r tel que $a - \sqrt{2} < r < b - \sqrt{2}$. On a donc $a < r + \sqrt{2} < b$, autrement dit $r + \sqrt{2} \in]a, b[$. On sait que le nombre $\sqrt{2}$ est irrationnel (voir le chapitre 9 du tome d'algèbre), donc $r + \sqrt{2}$ est irrationnel (sinon, $(r + \sqrt{2}) - r = \sqrt{2}$ serait rationnel). L'intervalle $]a, b[$ contient donc au moins un nombre irrationnel.
Pour tout entier $N \geqslant 1$, montrons que l'intervalle $]a, b[$ contient au moins N nombres rationnels et N nombres irrationnels. Pour cela, posons $\ell = b - a$ et partageons l'intervalle $]a, b[$ en N intervalles de longueur ℓ/N :

$$\Big]a, a + \frac{\ell}{N}\Big[, \quad \Big]a + \frac{\ell}{N}, a + \frac{2\ell}{N}\Big[, \quad \ldots, \quad \Big]a + \frac{(N-1)\ell}{N}, b\Big[.$$

Dans chacun de ces intervalles, il y a au moins un nombre rationnel et un nombre irrationnel, et ces intervalles sont disjoints deux-à-deux ; il y a donc au moins N nombres rationnels et N nombres irrationnels dans l'intervalle $]a, b[$. Nous avons montré que, pour tout entier $N \geqslant 1$, l'intervalle $]a, b[$ contient au moins N nombres rationnels et N nombres irrationnels. Cela étant vrai quel que soit l'entier N, l'intervalle $]a, b[$ contient une infinité de nombres rationnels et une infinité de nombres irrationnels. ■

Majorant, minorant

Définitions

Soit A une partie non vide de l'ensemble $\mathbb{R}$. On dit que

- A est *majorée* s'il existe un nombre réel M tel que $x \leqslant M$ quel que soit $x \in A$; un tel nombre M s'appelle un *majorant* de A ;
- A est *minorée* s'il existe un nombre réel m tel que $m \leqslant x$ quel que soit $x \in A$; un tel nombre m s'appelle un *minorant* de A ;
- A est *bornée* si A est majorée et minorée.

Exemples

- Un intervalle $[a, +\infty[$ est minoré (par exemple, a et $a-1$ sont des minorants). Les intervalles $[a, b]$, $[a, b[$ et $]a, b]$ sont bornés : ils sont en effet minorés par a et majorés par b.
- Si M est un majorant de A, tout nombre réel $M' \geqslant M$ est aussi un majorant de A. De même, si m est un minorant de A et si l'on a $m' \leqslant m$, alors m' est un minorant de A.
- L'ensemble $A = \left\{ x \in \mathbb{R} \mid \exists n \in \mathbb{N} \ , \ x = \dfrac{n}{n+1} \right\}$ est borné : en effet, nous avons $0 \leqslant \dfrac{n}{n+1} \leqslant 1$ pour tout entier $n \geqslant 0$, donc 0 est un minorant de A et 1 est un majorant de A.
- L'ensemble $A = \left\{ x \in \mathbb{R} \mid \exists n \in \mathbb{N} \ , \ x = n^2 - n \right\}$ est minoré et non majoré. Montrons que A est minoré par 0 : pour tout entier $n \geqslant 2$, le nombre $n^2 - n = n(n-1)$ est strictement positif et l'on a $n(n-1) = 0$ si $n = 0$ ou si $n = 1$; on en déduit que l'on a $x \geqslant 0$ quel que soit $x \in A$. Montrons que A n'est pas majoré. Soit M un nombre réel. Par la propriété d'Archimède, il existe un entier $n \geqslant 2$ tel que $n > M$. Puisque $n(n-1) \geqslant n$, nous avons aussi $n(n-1) > M$. Ainsi $n^2 - n \in A$ et $n^2 - n > M$, donc M n'est pas un majorant de A. Nous avons ainsi montré qu'aucun nombre réel ne peut être majorant de A.

2. Fonction numérique de variable réelle

En analyse, on s'intéresse en premier lieu aux applications $f : U \rightarrow \mathbb{R}$ où U est une partie de $\mathbb{R}$, en général un intervalle ou une réunion d'intervalles. Une telle application s'appelle une *fonction* et l'ensemble U est son *domaine de définition*.

Lorsque nous considérerons une fonction définie sur un intervalle I, il sera sous-entendu que I n'est pas un segment $[a, a]$ réduit à un seul élément.

Si la fonction f est définie par une formule, il nous arrivera de ne pas indiquer l'ensemble de départ : celui-ci sera « la plus grande » partie de $\mathbb{R}$ (au sens de l'inclusion) où la formule qui définit f a un sens.

Ainsi l'expression « la fonction $x \mapsto x^2$ » désigne précisément l'application $f : \mathbb{R} \rightarrow \mathbb{R}$ telle que $f(x) = x^2$ pour tout nombre réel x.

De même, la fonction $x \mapsto 1/x$ est l'application $f :]-\infty, 0[\cup]0, +\infty[\rightarrow \mathbb{R}$ définie par $f(x) = 1/x$ pour tout nombre réel $x \neq 0$.

Les opérations et relations entre nombres réels s'étendent aux fonctions de façon naturelle. Voici les définitions qui seront utiles dans la suite du cours.

Définitions

Soient $f : U \rightarrow \mathbb{R}$ et $g : U \rightarrow \mathbb{R}$ des fonctions définies sur le même ensemble de départ U. On définit

- la fonction *somme* $f+g : U \rightarrow \mathbb{R}$ et pour tout nombre réel λ, la fonction $\lambda f : U \rightarrow \mathbb{R}$, en posant $(f+g)(x) = f(x) + g(x)$ et $(\lambda f)(x) = \lambda f(x)$ pour tout $x \in U$,
- la fonction *produit* $fg : U \rightarrow \mathbb{R}$ en posant $(fg)(x) = f(x)g(x)$ pour tout $x \in U$.

On dit que f est *inférieure ou égal à* g, et l'on note $f \leqslant g$, si l'on a $f(x) \leqslant g(x)$ pour tout $x \in U$. On définit de même la relation *supérieure ou égale.*

Définitions

Soit $f : U \rightarrow \mathbb{R}$ une fonction et soit V une partie non vide de U.

- La fonction f est *positive ou nulle sur* V si $f(x) \geqslant 0$ pour tout $x \in V$.
- La fonction f est *strictement positive sur* V si $f(x) > 0$ pour tout $x \in V$.

On définit de même une fonction *négative ou nulle sur* V et une fonction *strictement négative sur* V.

S'il existe un nombre a tel que $f(x) = a$ pour tout $x \in V$, on dit que f est *constante sur* V. Si $a = 0$, on dit que f est *nulle sur* V ; si de plus $U = V$, on dit simplement que f est constante de valeur a et que f est nulle si $a = 0$.

Définitions

- Soit U une partie de $\mathbb{R}$ telle que pour tout $x \in U$, on ait $-x \in U$. Soit $f : U \to \mathbb{R}$ une fonction. On dit que
  - f est *paire* si l'on a $f(-x) = f(x)$ quel que soit $x \in U$,
  - f est *impaire* si l'on a $f(-x) = -f(x)$ quel que soit $x \in U$.
- Soit $f : \mathbb{R} \to \mathbb{R}$ une fonction et soit T un nombre réel strictement positif. On dit que f est *T-périodique*, ou *périodique de période T*, si $f(x+T) = f(x)$ quel que soit $x \in \mathbb{R}$.

Exemples

- La fonction exponentielle, que l'on note $\exp : \mathbb{R} \to \mathbb{R}$ est strictement positive, car pour tout nombre réel x, on a $\exp(x) > 0$.
- Deux fonctions ne sont pas toujours comparables pour la relation d'inégalité. Ainsi pour les fonctions f et g définies sur $\mathbb{R}$ en posant $f(x)=x$ et $g(x)=x^2$, aucune des relations $f \leqslant g$ ou $g \leqslant f$ n'est vraie ; en effet, on a $g(1/2) = 1/4 < 1/2 = f(1/2)$ et $g(2) = 4 > 2 = f(2)$: il n'est donc pas vrai que l'on a $g(x) \geqslant f(x)$ quelque soit x et il n'est pas vrai non plus que l'on a $g(x) \leqslant f(x)$ quelque soit x.
- Définissons les fonctions $f, g, h : [0,1] \to \mathbb{R}$ en posant $f(x)=x$, $g(x)=x^2$ et $h(x)=x^3$. Pour tout $x \in [0,1]$, on a $x^3 \leqslant x^2 \leqslant x$, autrement dit on a $h \leqslant g \leqslant f$.
- La fonction $x \mapsto 2\cos^2 x - \cos 2x$ est constante de valeur 1 : cela résulte de la formule de trigonométrie $\cos 2x = \cos^2 x - \sin^2 x = 2\cos^2 x - 1$.
- La fonction cosinus est paire et 2π-périodique. Puisque $\sin(x+\pi) = -\sin x$, la fonction $x \mapsto \sin^2 x$ est π-périodique. La fonction $x \mapsto \sin(2x/3)$ est impaire et 3π-périodique.

Définitions

Soit $f : U \to \mathbb{R}$ une fonction et soit V une partie non vide de U. On dit que

- f est *croissante sur V* si pour tous x et y appartenant à V, on a
$$x \geqslant y \quad \Longrightarrow \quad f(x) \geqslant f(y)$$
- f est *strictement croissante sur V* si pour tous x et y appartenant à V, on a
$$x > y \quad \Longrightarrow \quad f(x) > f(y)$$
- f est *décroissante sur V* si pour tous x et y appartenant à V, on a
$$x \geqslant y \quad \Longrightarrow \quad f(x) \leqslant f(y)\,.$$

On définit de même une fonction *strictement décroissante sur V*. On dit que f est *monotone sur V* si f est croissante ou décroissante sur V, *strictement monotone* sur V si f est strictement croissante ou strictement décroissante sur V.

Si une fonction $f : U \to \mathbb{R}$ est (par exemple) croissante sur U, on dit simplement qu'elle est croissante.

Remarquons qu'une fonction f est croissante si et seulement si $-f$ est décroissante et qu'une fonction est constante si et seulement si elle est à la fois croissante et décroissante.

La proposition suivante est simple et commode.

Proposition. *Soient f et g des fonctions.*
- *Si f et g sont croissantes sur U, la somme $f+g$ est croissante sur U.*
- *Supposons que f et g sont positives ou nulles sur U. Si f et g sont croissantes sur U, alors leur produit fg est croissante sur U.*
- *Si f et g sont toutes deux croissantes ou bien toutes deux décroissantes, alors leur composée, si elle existe, est croissante. Si l'une des fonctions f ou g est croissante et l'autre décroissante, la composée est décroissante.*

Démonstration. Les deux premières affirmations résultent des définitions et des règles de calcul sur les inégalités. Démontrons l'affirmation concernant la composée de deux fonctions croissantes. Soient $f : U \to \mathbb{R}$ et $g : W \to \mathbb{R}$ des fonctions croissantes telles que la composée $g \circ f$ existe. Si x et y sont des éléments de U tels que $x \geqslant y$, on a $f(x) \geqslant f(y)$ car f est croissante. Puisque l'application composée $g \circ f$ existe, c'est que l'on a l'inclusion $f(U) \subset W$, donc $f(x)$ et $f(y)$ appartiennent à W. Comme g est croissante, on en déduit $g\big(f(x)\big) \geqslant g\big(f(y)\big)$ c'est-à-dire, par définition de la fonction $g \circ f$, $g \circ f(x) \geqslant g \circ f(y)$. Nous avons ainsi montré que pour tous éléments x et y appartenant à U, on a l'implication $\big(x \geqslant y \implies g \circ f(x) \geqslant g \circ f(y)\big)$. L'application $g \circ f$ est donc croissante. La démonstration est tout à fait semblable pour la composée de deux fonctions décroissantes ou la composée d'une fonction croissante et d'une fonction décroissante. ■

Exemples

- La fonction $x \mapsto 1/x$ est décroissante sur $]0, +\infty[$. Si x et y sont des nombres tels que $x < y < 0$, alors en divisant par le produit xy qui est positif, il vient $1/y < 1/x$: la fonction $x \mapsto 1/x$ est donc aussi strictement décroissante sur $]-\infty, 0[$.
- Soit f une fonction strictement positive. Si f est croissante, alors la fonction $1/f$, qui à x associe $1/f(x)$, est décroissante : posons en effet, $u(x) = 1/x$. Puisqu'on a $f(x) \in]0, +\infty[$ pour tout x, la composée $u \circ f$ est définie et l'on a $1/f(x) = (u \circ f)(x)$. La fonction u étant décroissante sur $]0, +\infty[$, la composée $u \circ f$ est décroissante si f est croissante.

  Si f est décroissante, alors la fonction $1/f$ est croissante. On a les mêmes résultats pour une fonction f strictement négative.
- La fonction racine carrée $[0, +\infty[\to \mathbb{R}$, notée $x \mapsto \sqrt{x}$, est strictement croissante.
- La fonction logarithme, notée Log : $]0, +\infty[\to \mathbb{R}$, est strictement croissante.

- La fonction exponentielle, notée $\exp : \mathbb{R} \to \mathbb{R}$, est strictement croissante.
- Considérons la fonction *homographique* définie par $f(x) = \dfrac{ax+b}{cx+d}$, où a,b,c et d sont des nombres réels tels que $c \neq 0$.

  Le domaine de définition de f est l'ensemble $\mathbb{R}\setminus\{-d/c\} =]-\infty,-d/c[\cup]-d/c,+\infty[$.

  Les coefficients de x au numérateur et au dénominateur étant les nombres a et c, formons l'expression $\dfrac{ax+b}{cx+d} - \dfrac{a}{c}$ et réduisons au même dénominateur :

$$\frac{ax+b}{cx+d} - \frac{a}{c} = \frac{(ax+b)c - a(cx+d)}{c(cx+d)} = \frac{bc-ad}{c(cx+d)} = \frac{bc-ad}{c^2}\,\frac{1}{x+d/c}.$$

  Il vient donc $f(x) = \dfrac{a}{c} + \dfrac{bc-ad}{c^2}\dfrac{1}{x+d/c}$. Puisque la fonction $x \mapsto \dfrac{1}{x+d/c}$ est décroissante sur chacun des intervalles $]-\infty,-d/c[$ et $]-d/c,+\infty[$, on en déduit les variations de la fonction f :

  Si $bc-ad=0$, alors f est constante de valeur a/c.
  Si $bc-ad>0$, alors f est décroissante sur $]-\infty,-d/c[$ et sur $]-d/c,+\infty[$.
  Si $bc-ad<0$, alors f est croissante sur $]-\infty,-d/c[$ et sur $]-d/c,+\infty[$.

Remarque

Reconnaître qu'une fonction est monotone permet de démontrer des inégalités entre nombres réels. Par exemple, la fonction $f : x \mapsto \dfrac{1+x}{2-\sqrt{x}}$ est strictement croissante sur l'intervalle $[0,4[$ comme produit des deux fonctions strictement croissantes positives ou nulles $x \mapsto 1+x$ et $x \mapsto \dfrac{1}{2-\sqrt{x}}$. On en déduit que l'on a $\dfrac{1+x^2}{2-x} < \dfrac{1+x}{2-\sqrt{x}}$ quel que soit le nombre x appartenant à $]0,1[$: en effet, si $0<x<1$, alors il vient $0 \leqslant x^2 < x < 4$ et donc $f(x^2) < f(x)$.

Définitions

Soit $f : U \to \mathbb{R}$ une fonction.

- Un *majorant de* f est un nombre réel M tel que $f(x) \leqslant M$ quel que soit $x \in U$. S'il existe un majorant M de f, on dit que f est *majorée* (par M).
- Un *minorant de* f est un nombre réel m tel que $f(x) \geqslant m$ quel que soit $x \in U$. S'il existe un minorant m de f, on dit que f est *minorée* (par m).
- On dit que f est *bornée* si f est majorée et minorée.

Remarquons qu'une fonction f est majorée par M si et seulement si f est inférieure ou égale à la fonction constante de valeur M ; de même, f est minorée par m signifie que f est supérieure ou égale à la fonction constante de valeur m.

Rappelons que si $f : U \to \mathbb{R}$ est une fonction, *l'image de* U *par* f, noté $f(U)$, est l'ensemble constitué de tous les éléments $f(x)$, où $x \in U$. Par suite, *la fonction* f *est majorée si et seulement si l'ensemble* $f(U)$ *est une partie majorée*.

Il est clair que f est majorée par M si et seulement si $-f$ est minorée par $-M$. D'autre part, si f est minorée par un nombre $m > 0$, alors la fonction $1/f$ est majorée par $1/m$.

Proposition. *Soient* $f : U \to \mathbb{R}$ *et* $g : U \to \mathbb{R}$ *des fonctions.*

- *Si* f *et* g *sont majorées, alors* $f + g$ *est majorée.*
- *Si* f *et* g *sont minorées, alors* $f + g$ *est minorée.*
- *Supposons que* f *et* g *sont positives ou nulles. Si* f *et* g *sont majorées, leur produit* fg *est majoré.*

Démonstration. Soient M un majorant de f et M' un majorant de g. Quel que soit le nombre $x \in U$, nous avons $f(x) \leqslant M$ et $g(x) \leqslant M'$ donc aussi $(f+g)(x) = f(x) + g(x) \leqslant M + M'$; ainsi $M + M'$ est un majorant de $f + g$. La démonstration est analogue pour montrer que $f + g$ est minorée si f et g le sont.
Supposons les fonctions f et g positives ou nulles. Puisque les nombres $f(x)$ et $g(x)$ sont positifs ou nuls quel que soit x, les majorants M et M' le sont aussi. En multipliant les inégalités $f(x) \leqslant M$ et $g(x) \leqslant M'$, il vient $(fg)(x) = f(x)g(x) \leqslant MM'$, donc la fonction fg est majorée par MM'. ■

Exemples

- La fonction $f : \mathbb{R} \to \mathbb{R}$ définie par $f(x) = x^2$ est positive ou nulle donc minorée par 0, mais f n'est pas majorée : en effet, si M est un nombre réel, on a $M^2 + M + 1 > 0$ donc $f(M+1) = M^2 + 2M + 1 > M$ et par suite M n'est pas un majorant de f.
- Soit a un nombre réel strictement positif. La fonction $f : [-a, a] \to \mathbb{R}$ définie par $f(x) = x^2$ est majorée par a^2. De plus, la fonction f est positive ou nulle donc minorée par 0. La fonction f est donc bornée.
- La fonction $f : \mathbb{R} \to \mathbb{R}$ définie par $f(x) = \dfrac{x^2}{x^2+1}$ est majorée par 1 car on a $0 \leqslant x^2 \leqslant x^2 + 1$ quel que soit x. Puisqu'on a $f(x) \geqslant 0$ pour tout x, la fonction f est minorée par 0, donc f est bornée.
- Soit $f : [0, +\infty[\to \mathbb{R}$ la fonction définie par $f(x) = \dfrac{x^2}{x+1}$. La fonction f est positive ou nulle, donc minorée par 0. Nous avons l'égalité $x^2 = (x+1)(x-1) + 1$, donc il vient $f(x) = x - 1 + \dfrac{1}{x+1}$; on en déduit $f(x) > x - 1$ pour tout $x \geqslant 0$. Quel que soit le nombre $M > 0$, l'inégalité $f(M+1) > M$ montre que M n'est pas majorant de f. La fonction f n'est donc pas majorée.

Exercice. Pour tout nombre réel $x \neq -1/3$, posons $g(x) = \dfrac{2x+1}{3x+1}$ ·

1) Quel est le plus petit majorant de l'ensemble $g(\mathbb{N})$? de l'ensemble $g(\mathbb{Z})$?

2) Trouver le plus grand minorant de l'ensemble $g(\mathbb{N})$.

3) L'ensemble $g(\mathbb{Z})$ est-il borné ?

Réponse.

1) En procédant comme dans l'exemple général exemples page 10, on a

$$\frac{2x+1}{3x+1} - \frac{2}{3} = \frac{6x+3-6x-2}{3(3x+1)} = \frac{1}{3(3x+1)},$$

donc $g(x) = \dfrac{2}{3} + \dfrac{1}{3(3x+1)}$ · On en déduit que la fonction g est strictement décroissante sur $]-1/3, +\infty[$.

En particulier, il vient $g(n) \leqslant g(0)$ pour tout $n \in \mathbb{N}$. Le plus petit majorant de l'ensemble $g(\mathbb{N})$ est donc $g(0) = 1$.

Pour tout entier n strictement négatif, on a $3n+1 < 0$ donc $g(n) < 2/3 < 1$. Le plus petit majorant de $g(\mathbb{Z})$ est donc encore 1.

2) Pour tout $n \in \mathbb{N}$, on a $3n+1 > 0$ donc $g(n) > 2/3$. Le nombre $2/3$ est donc un minorant de l'ensemble $g(\mathbb{N})$.

Remarquons qu'il n'existe cependant aucun nombre x tel que $g(x) = 2/3$: en effet, $g(x) - 2/3 = \dfrac{1}{3(3x+1)}$ est toujours différent de 0.

Montrons que $2/3$ est le plus grand minorant de $g(\mathbb{N})$. Supposons pour cela que a est un minorant de $g(\mathbb{N})$ tel que $a > 2/3$, et cherchons une contradiction. Puisque a est un minorant de $g(\mathbb{N})$, nous avons $g(n) \geqslant a$ quel que soit $n \in \mathbb{N}$. Pour tout entier $n \in \mathbb{N}$, il vient

$$g(n) \geqslant a \iff \frac{1}{3(3n+1)} \geqslant a - \frac{2}{3} \iff \frac{1}{3n+1} \geqslant 3a - 2 \iff 3n+1 \leqslant \frac{1}{3a-2},$$

la dernière équivalence étant justifiée par le fait que $3a-2$ est strictement positif. Mais il existe des entiers $n \geqslant 0$ tels que $3n+1$ est supérieur au nombre $1/(3a-2)$: les équivalences ci-dessus ne peuvent donc être vérifiées quel que soit n appartenant à $\mathbb{N}$. Ce que nous avons supposé n'est pas vrai, donc aucun nombre $a > 1/3$ n'est minorant de $g(\mathbb{N})$.

3) Si n est un entier positif ou nul, nous savons que $g(n) > 2/3$. Si n est un entier strictement négatif, alors $n \leqslant -1$, donc $g(n) \geqslant g(-1) = 1/2$ car g est décroissante sur $]-\infty, -1]$. Le nombre $1/2$ est donc un minorant de $g(\mathbb{Z})$. Puisque $g(\mathbb{Z})$ est majoré (d'après **a)**), l'ensemble $g(\mathbb{Z})$ est borné.

La fonction valeur absolue

Définition

Soit x un nombre réel. La *valeur absolue* de x est le nombre réel défini par

$$|x| = \begin{cases} x & \text{si } x \geqslant 0 \\ -x & \text{si } x < 0. \end{cases}$$

La *fonction valeur absolue* : $x \mapsto |x|$ est définie sur $\mathbb{R}$.

Formulons une définition équivalente : la valeur absolue d'un nombre réel x est le plus grand des nombres x et $-x$. Il en résulte que la fonction valeur absolue est paire.

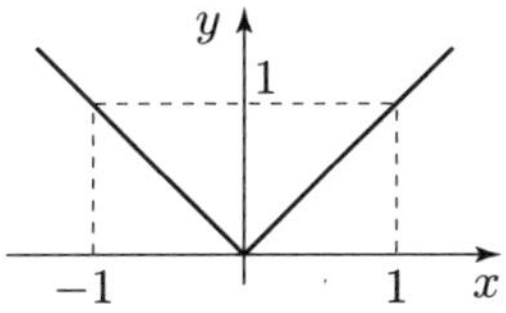

graphe de $x \mapsto |x|$

Voici les propriétés de la fonction valeur absolue.

Proposition. *Pour tous nombres réels x et y, on a*

1) $|x| \geqslant 0$, $-|x| \leqslant x \leqslant |x|$, $|-x| = |x|$ *et* $\big(|x| > 0 \iff x \neq 0\big)$

2) $\sqrt{x^2} = |x|$

3) $|xy| = |x|\,|y|$ *et si $x \neq 0$, alors* $|1/x| = 1/|x|$

4) $|x+y| \leqslant |x| + |y|$ *(inégalité triangulaire)*

5) $\big|\,|x| - |y|\,\big| \leqslant |x-y|$

Démonstration. Les trois premières propriétés sont évidentes. Démontrons la quatrième. On a $-|x| \leqslant x \leqslant |x|$ et $-|y| \leqslant y \leqslant |y|$. En ajoutant ces inégalités, il vient $-(|x|+|y|) \leqslant x+y \leqslant |x|+|y|$. On en déduit $x+y \leqslant |x|+|y|$ et $-(x+y) \leqslant |x|+|y|$. Par définition de la valeur absolue de $x+y$, on a donc $|x+y| \leqslant |x|+|y|$.
Nous allons en déduire la dernière inégalité. Puisque $x=(x-y)+y$, on a $|x| \leqslant |x-y|+|y|$ d'après l'inégalité 4). Il vient donc $|x|-|y| \leqslant |x-y|$. De même, on a $|y|-|x| \leqslant |y-x|$. Ainsi les nombres $|x|-|y|$ et $|y|-|x|$ sont opposés et tous deux inférieurs ou égaux à $|x-y|$; cela veut dire que l'on a $\big|\,|x|-|y|\,\big| \leqslant |x-y|$. ■

Proposition. *Soit r un nombre réel strictement positif. Pour tous nombres réels a et x, on a les équivalences*

$$|x-a| < r \iff a-r < x < a+r\,, \qquad |x-a| \leqslant r \iff a-r \leqslant x \leqslant a+r\,.$$

Démonstration. Démontrons par exemple la première équivalence. Puisque $|x-a|$ est le plus grand des nombres $x-a$ et $a-x$, l'inégalité $|x-a| < r$ équivaut à $(\,x-a < r$ et $a-x < r\,)$ c'est-à-dire à l'encadrement $a-r < x < a+r$. ■

Proposition. *Soit f une fonction. La fonction f est bornée si et seulement si la fonction $|f| : x \mapsto |f(x)|$ est majorée.*

Démonstration. Si f est bornée, il existe des nombres réels M et m tels que $m \leqslant f(x) \leqslant M$ quel que soit x. Soit P le plus grand des nombres $|M|$ et $|m|$. On a $M \leqslant P$ et $-m \leqslant P$ donc $-P \leqslant m \leqslant f(x) \leqslant M \leqslant P$ et par suite $-P \leqslant f(x) \leqslant P$ pour tout x. Il vient $|f(x)| \leqslant P$ quel que soit x, donc la fonction $|f|$ est majorée. Réciproquement, si $|f|$ est majorée, il existe P tel que $-P \leqslant f(x) \leqslant P$ quel que soit x, donc f est majorée par P et minorée par $-P$. ■

La fonction partie entière

Nous avons défini au paragraphe 1 la partie entière d'un nombre réel x : c'est l'entier $E(x) \in \mathbb{Z}$ tel que $E(x) \leqslant x < E(x) + 1$. La fonction $E : \mathbb{R} \to \mathbb{R}$ qui à tout nombre réel x associe sa partie entière $E(x)$, s'appelle la fonction *partie entière*.

- Montrons que la fonction partie entière est croissante. Soient deux nombres réels x et y vérifiant $x \leqslant y$. On a $E(x) \leqslant x$, donc aussi $E(x) \leqslant y$. L'entier $E(x)$ est inférieur ou égal à y et $E(y)$ est le plus grand entier inférieur ou égal à y, donc on a $E(x) \leqslant E(y)$.

- Soit N un entier relatif. Pour tout nombre réel $x \in [N, N+1[$, on a $N \leqslant x < N+1$ donc $E(x) = N$. La fonction E est donc constante (de valeur N) sur l'intervalle $[N, N+1[$.

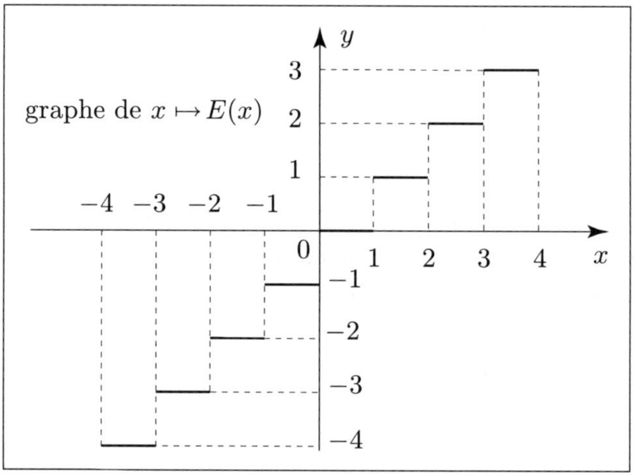

Exercices

1. Soient x, y, z des nombres réels.

a) Montrer que l'on a $x^2 + y^2 \geqslant 2xy$. En déduire l'inégalité

$$x^2 + y^2 + z^2 \geqslant xy + yz + zx\,.$$

b) Montrer que l'on a $(x+y)^2 \geqslant 4xy$. En déduire que si x, y et z sont positifs ou nuls, alors on a $(x+y)(y+z)(z+x) \geqslant 8xyz$.

2. Soient p et q des nombres réels et soit $f : \mathbb{R} \to \mathbb{R}$ l'application définie par $f(x) = x^2 + px + q$. Posons $\delta = p^2 - 4q$.

a) Montrer que l'on a $f(x) = \left(x + \frac{p}{2}\right)^2 - \frac{\delta}{4}\cdot$

b) En déduire que si $\delta < 0$, la fonction f est strictement positive.

c) Montrer que si $\delta > 0$, il existe des nombres α et β tels que $\alpha < \beta$ et $f(\alpha) = f(\beta) = 0$. Exprimer le milieu de l'intervalle $]\alpha, \beta[$ au moyen de p.

d) On suppose $\delta > 0$. Soit t un nombre réel. Montrer que t appartient à l'intervalle $]\alpha, \beta[$ si et seulement si $f(t)$ est strictement négatif. Montrer que l'on a $t > \beta$ si et seulement si $f(t) > 0$ et $2t + p > 0$. Exprimer de même des conditions nécessaires et suffisantes pour que l'on ait $t < \alpha$.

3. Soient a et x des nombres réels. Supposons que a est non nul et que l'on a $|x - a| < |a|$. Montrer que x est non nul et que x a le signe de a.

4. Soit x un nombre réel positif ou nul tel que $x \neq \sqrt{3}$. Posons $y = \dfrac{x+3}{x+1}\cdot$

a) Montrer que l'on a $y \neq \sqrt{3}$.

b) Calculer $\dfrac{y - \sqrt{3}}{x - \sqrt{3}}$. En déduire l'inégalité $\left|y - \sqrt{3}\right| < \left|x - \sqrt{3}\right|$.

5. Soient x et y des nombres réels tels que $x < y$ et soit $f :]0, +\infty[\to \mathbb{R}$ la fonction définie par $f(t) = \dfrac{x + ty}{1 + t}\cdot$

a) Montrer que l'application f est strictement croissante.

b) Montrer que pour tout nombre réel $t > 0$, on a $x < f(t) < y$.

c) Supposons que x et y sont des nombres rationnels.

(i) Soit $t \in]0, +\infty[$. Montrer que t est rationnel si et seulement si $f(t)$ est rationnel.

(ii) Soient R l'ensemble des nombres rationnels strictement positifs, I l'ensemble des nombres irrationnels strictement positifs, R' l'ensemble des nombres rationnels de l'intervalle $]x, y[$ et I' l'ensemble des nombres irrationnels de l'intervalle $]x, y[$. Montrer que l'application f définit une bijection de R sur R' et une bijection de I sur I'.

6. a) Démontrer l'égalité $\left\{ x \in [0,1] \mid \exists n \in \mathbb{N} \text{ , } n \geqslant 1 \text{ et } 1/n \leqslant x \leqslant 1 \right\} =]0,1]$.

b) Déterminer explicitement l'ensemble $\left\{ x \in [0,1] \mid \forall n \in \mathbb{N} \setminus \{0\} \text{ , } 1/n \leqslant x \leqslant 1 \right\}$.

7. Trouver une période pour la fonction $x \mapsto \sin \dfrac{\pi x}{2} + \cos \dfrac{3\pi x}{5}\cdot$

8. Rappelons que l'on note $\exp : \mathbb{R} \to \mathbb{R}$ la fonction exponentielle. Montrer que la fonction $x \mapsto \dfrac{1}{2} - \dfrac{1}{1 + \exp(x)}$ est impaire, croissante et bornée sur $\mathbb{R}$.

9. On note $\exp : \mathbb{R} \to]0, +\infty[$ la fonction exponentielle et $\mathrm{Log} :]0, +\infty[\to \mathbb{R}$ la fonction logarithme.

a) Soit $u : \mathbb{R} \to \mathbb{R}$ une fonction paire et soit $f = u \circ \mathrm{Log}$. Montrer que l'on a $f(x) = f(1/x)$ quel que soit le nombre $x > 0$.

b) Soit $f :]0, +\infty[\to \mathbb{R}$ une fonction telle que $f(x) = f(1/x)$ pour tout $x > 0$. Montrer que la fonction $f \circ \exp$ est paire. En déduire qu'il existe une fonction paire $u : \mathbb{R} \to \mathbb{R}$ telle que $f = u \circ \mathrm{Log}$.

10. Soit $f : \mathbb{R} \to \mathbb{R}$ la fonction définie par $f(x) = \dfrac{\cos x}{1 + x^2} \cdot$

a) Montrer que la fonction $x \mapsto 1 + x^2$ est croissante sur $[0, +\infty[$. En déduire que la fonction f est décroissante sur $[0, \pi]$ et croissante sur $[-\pi, 0]$.

b) Montrer que f est bornée.

11. Soit $f : \mathbb{R} \to \mathbb{R}$ la fonction définie par $f(x) = \dfrac{x}{1 + x^2} \cdot$

a) Montrer que l'on a $\big|f(x)\big| \leqslant \dfrac{1}{2}$ pour tout x.

b) Calculer $f'(x)$ et étudier le sens de variation de la fonction f.

c) Montrer que la fonction $x \mapsto \sin\big(\pi f(x)\big)$ est croissante sur l'intervalle $[-1, 1]$ et décroissante sur chacun des intervalles $]-\infty, -1]$ et $[1, +\infty[$. Dessiner le graphe de cette fonction.

12. Soit $f : \mathbb{R} \to \mathbb{R}$ la fonction définie par $f(x) = \dfrac{x}{1 + |x|} \cdot$

a) Étudier le sens de variation de f.

b) Montrer que f est bornée. Dessiner le graphe de f.

13. Soit $f : \mathbb{R} \to \mathbb{R}$ la fonction définie par $f(x) = |x + 1| - |x - 1|$. Dessiner le graphe de f.

14. Soit $f : \mathbb{R} \to \mathbb{R}$ la fonction définie par $f(x) = x \cos x$. Calculer $f(n\pi)$. La fonction f est-elle majorée ? Est-elle minorée ?

15. Soient a et b des entiers positifs. Montrer que pour tout nombre réel x, on a l'égalité

$$E\Big(\frac{x}{ab}\Big) = E\Big(\frac{1}{b} E\Big(\frac{x}{a}\Big)\Big) .$$

16. Soit $f :]0, +\infty[\to \mathbb{R}$ la fonction définie par $f(x) = \dfrac{E(x)}{x}$ et soit n un entier positif. Déterminer l'image de l'intervalle $[n, +\infty[$ par la fonction f.

17. Soit $f : \mathbb{R} \to \mathbb{R}$ la fonction définie par $f(x) = x - E(x)$.

a) Montrer que l'on a $0 \leqslant f(x) < 1$ pour tout x.

b) Montrer que la fonction f est périodique de période 1.

c) Dessiner le graphe de f.

18. Soient f et g des fonctions numériques définies sur un intervalle I. Pour tout nombre $x \in I$, on pose $M(x) = \max\big(f(x), g(x)\big)$ et $m(x) = \min\big(f(x), g(x)\big)$. Montrer que si les fonctions f et g sont croissantes alors les fonctions M et m sont croissantes.

19. Soient $E = \{\, x \in \mathbb{R} \mid \exists p, q \in \mathbb{Z}\ ,\ x = p + q\sqrt{2} \,\}$ et $u = \sqrt{2} - 1$.

a) Montrer que pour tout entier $n \in \mathbb{Z}$ et pour tout $v \in E$, on a $nv \in E$.

b) Montrer par récurrence que l'on a $u^n \in E$ quel que soit l'entier $n \geqslant 1$.

c) Montrer que l'on a $0 < u < 1/2$. En déduire que l'on a $0 < u^n < 1/n$ pour tout entier $n \geqslant 1$.

d) Soient a et b des nombres réels tels que $0 < a < b$. Montrer qu'il existe un entier $n \geqslant 1$ tel que $0 < u^n < b - a$. En déduire qu'il existe un élément de E appartenant à l'intervalle $]a, b[$.

20. Soit $f : \mathbb{R} \to \mathbb{R}$ une fonction telle que $f(0) = 0$ et $f \circ f(x) = x$ quel que soit $x \in \mathbb{R}$.

a) Montrer que l'application f est bijective.

b) Soit a un nombre réel tel que $f(a) \neq a$. Montrer que la fonction f n'est pas croissante sur le segment d'extrémités a et $f(a)$.

c) On suppose que la fonction f est strictement monotone. Montrer que, ou bien f est strictement décroissante, ou bien $f(x) = x$ quel que soit $x \in \mathbb{R}$.

d) Trouver une fonction $g : \mathbb{R} \to \mathbb{R}$ strictement décroissante et telle que $g \circ g(x) = x$ quel que soit $x \in \mathbb{R}$.

Quelques réponses ou indications

2. c) On a l'égalité $\alpha + \beta = -p$.

   d) L'égalité $f(t) = (t - \alpha)(t - \beta)$ montre que t appartient à $]\alpha, \beta[$ si et seulement si $f(t) < 0$. La condition $f(t) > 0$ équivaut donc à $(t < \alpha$ ou $t > \beta)$. Remarquer que si $t \notin [\alpha, \beta]$, alors on a l'équivalence $t > \beta \iff t > (\alpha + \beta)/2$.

3. Écrire l'inégalité $|x - a| < |a|$ sous la forme d'un encadrement.

4. a) Raisonner par l'absurde.

   b) On a $\frac{y-\sqrt{3}}{x-\sqrt{3}} = \frac{1-\sqrt{3}}{x+1}$ et $0 < \sqrt{3} - 1 < 1$.

5. a) Utiliser la méthode expliquée dans l'un des exemples page 10.

   c) (i) Exprimer t au moyen de $f(t)$.

6. a) Penser à la propriété d'Archimède.

8. Il faut se rappeler que $\exp(x)$ est strictement positif quelque soit le nombre réel x, que la fonction exponentielle est croissante et que l'on a $\exp(-x) = 1/\exp(x)$ pour tout x.

9. a) Si a est un nombre réel strictement positif, alors $\operatorname{Log}(1/a) = -\operatorname{Log} a$.

   b) On a $u = f \circ \exp$.

10. a) La fonction cosinus est décroissante sur $[0, \pi]$ et f est paire.

11. a) On a $-1 - x^2 \leqslant 2x \leqslant 1 + x^2$, car $(1+x)^2$ et $(1-x)^2$ sont des nombres positifs ou nuls. Remarquer que l'on a $f(1) = 1/2$.

    b) On obtient $f'(x) = (1-x)(1+x)/(1+x^2)^2$.

    c) D'après (a), on a $-\pi/2 \leqslant \pi f(x) \leqslant \pi/2$ pour tout x. Puisque la fonction sinus est croissante sur $[-\pi/2, \pi/2]$, on en déduit que la fonction composée $x \mapsto \sin(\pi f(x))$ a le même sens de variation que f. Les fonctions f et sin étant impaires, la composée est impaire. Enfin, $f(x)$ tend vers 0 quand x tend vers $+\infty$, donc aussi $\sin(\pi f(x))$. Le graphe se trouve ci-contre.

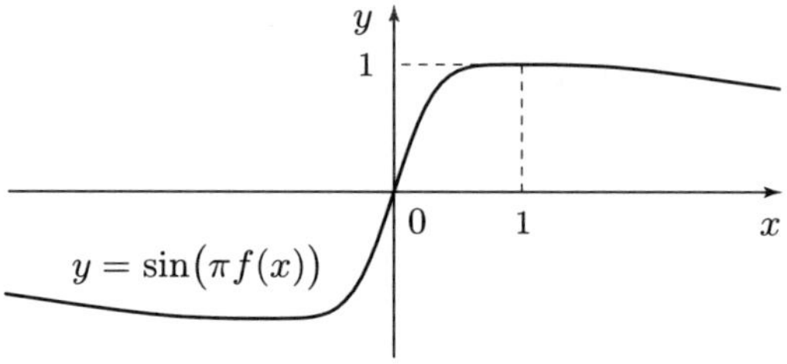

12. b) La fonction f est majorée par 1 et minorée par -1.

13. Calculer $f(x)$ lorsque $x \leqslant -1$, lorsque $-1 \leqslant x \leqslant 1$ et lorsque $x \geqslant 1$.

15. Démontrer que chaque membre de l'égalité est inférieur ou égal à l'autre. On sera amené à comparer $E(ny)$ et $nE(y)$ lorsque n est un entier positif et y un nombre réel.

16. Montrer que si p est un entier positif, l'image par f de l'intervalle $[p, p+1[$ est $]1 - 1/(p+1), 1]$. Remarquer ensuite que si l'on a $p \geqslant n > 0$, alors $]1 - 1/(p+1), 1]$ est inclus dans $]1 - 1/(n+1), 1]$. En déduire l'égalité $f([n, +\infty[) =]1 - 1/(n+1), 1]$.

18. Si x et y appartiennent à I, distinguer les cas $f(x) \geqslant g(x)$, $f(x) \leqslant g(x)$, $f(y) \geqslant g(y)$ et $f(y) \leqslant g(y)$.

19. c) Raisonner par récurrence.

    d) D'après (c) et la propriété d'Archimède, il existe un entier $n \geqslant 1$ tel que $0 < u^n < b - a$. On conclut en utilisant (a) et le lemme du paragraphe 1.

20. a) Montrer que l'application f est injective et surjective.

    b) Traiter chacun des cas $f(a) < a$ et $f(a) > a$.

    c) Utiliser (b).

    d) La fonction $x \mapsto -x$ convient, mais il en existe beaucoup d'autres.

Chapitre 2

Limite et continuité

La notion de limite est à la base de l'analyse : il est nécessaire de s'en faire une idée intuitive et d'en bien comprendre la définition.

1. Limite d'une fonction

Soient I un intervalle et $f : I \to \mathbb{R}$ une fonction. Soit x_0 un nombre réel qui appartient à I ou bien est une extrémité de I.

Définition

Soit ℓ un nombre réel. On dit que *f a pour limite ℓ en x_0*, ou encore que *$f(x)$ tend vers ℓ quand x tend vers x_0*, si pour tout nombre $\varepsilon > 0$, il existe un nombre $\alpha > 0$ ayant la propriété suivante :

$$\big(x \in I \ , \ x \neq x_0 \ \text{ et } \ |x - x_0| < \alpha\big) \implies \big|f(x) - \ell\big| < \varepsilon\,.$$

La propriété « f a pour limite ℓ en x_0 », se note $\lim\limits_{x \to x_0} f(x) = \ell$.

Intuitivement, la définition signifie : $f(x)$ est aussi près que l'on veut de ℓ à condition de choisir x assez près de x_0 mais différent de x_0.

Par définition de la limite, il revient au même de dire que $f(x)$ tend vers ℓ ou que $f(x) - \ell$ tend vers 0 quand x tend vers x_0. On a ainsi les équivalences très utiles

$$\lim_{x \to x_0} f(x) = \ell \iff \lim_{x \to x_0} \big(f(x) - \ell\big) = 0 \iff \lim_{x \to x_0} \big|f(x) - \ell\big| = 0\,.$$

Exemple 1. Montrons que pour tout nombre $x_0 \geqslant 0$, on a $\lim\limits_{x \to x_0} \sqrt{x} = \sqrt{x_0}$.

Supposons d'abord $x_0 = 0$. Donnons-nous un nombre $\varepsilon > 0$ et posons $\alpha = \varepsilon^2$. Le nombre α est strictement positif et si l'on a $0 < x < \alpha$, alors il vient $0 \leqslant \sqrt{x} < \varepsilon$ car la fonction racine carrée est strictement croissante. Nous avons ainsi montré que $\sqrt{x}$ tend vers 0 quand x tend vers 0.

Supposons maintenant $x_0 > 0$. On a l'égalité $\left|\sqrt{x} - \sqrt{x_0}\right| = \dfrac{|x - x_0|}{\sqrt{x} + \sqrt{x_0}}$ et puisque $\sqrt{x} + \sqrt{x_0} \geqslant \sqrt{x_0} > 0$, on en déduit

$$\left|\sqrt{x} - \sqrt{x_0}\right| \leqslant \frac{|x - x_0|}{\sqrt{x_0}}.$$

Donnons-nous un nombre $\varepsilon > 0$ et posons $\alpha = \varepsilon\sqrt{x_0}$. Le nombre α est strictement positif et si l'on a $|x - x_0| < \alpha$, alors il vient $\dfrac{|x - x_0|}{\sqrt{x_0}} < \varepsilon$ et par suite $\left|\sqrt{x} - \sqrt{x_0}\right| < \varepsilon$. Nous venons ainsi de montrer que $\sqrt{x}$ tend vers $\sqrt{x_0}$ quand x tend vers x_0.

Exemple 2. Considérons la fonction $f : [0, +\infty[\to \mathbb{R}$ définie par $f(x) = E\left(\dfrac{(1+x)^2}{1+x^2}\right)$ où E est la fonction partie entière.

Posons $u(x) = \dfrac{(1+x)^2}{1+x^2}\cdot$ Si $x \geqslant 0$, alors on a $(1+x)^2 = 1 + 2x + x^2 \geqslant 1 + x^2$ donc $u(x) \geqslant 1$. De plus, $u(1) = 2$ et pour tout $x \neq 1$,

$$u(x) - 2 = \frac{2x - 1 - x^2}{1 + x^2} = -\frac{(x-1)^2}{1+x^2} < 0\,.$$

Finalement nous avons $1 \leqslant u(x) < 2$ si $x \geqslant 0$ et $x \neq 1$. Puisque $f(x)$ est la partie entière de $u(x)$, il vient simplement

$$\begin{cases} f(x) = 1 & \text{si } x \neq 1, \\ f(1) = 2\,. \end{cases}$$

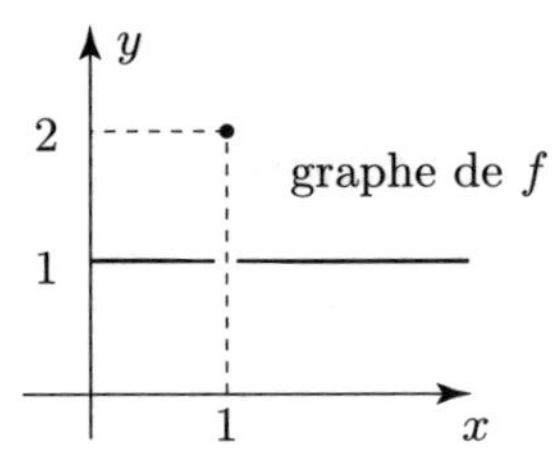

Montrons que si $x_0 \geqslant 0$, alors la fonction f a pour limite 1 en x_0. Afin de vérifier la définition, donnons-nous un nombre $\varepsilon > 0$.

Supposons $x_0 = 1$. Si $x \geqslant 0$ et $x \neq 1$ alors $f(x) - 1 = 0$ donc $\left|f(x) - 1\right| < \varepsilon$. Si l'on choisit un nombre réel α strictement positif quelconque, l'implication suivante est vraie :

$$\big(x \in [0, +\infty[\;,\; x \neq 1 \;\text{ et }\; |x - 1| < \alpha\big) \implies \left|f(x) - 1\right| < \varepsilon\,.$$

Cela démontre que l'on a $\lim\limits_{x \to 1} f(x) = 1$.

Supposons $x_0 \neq 1$. Puisqu'on a $|x_0 - 1| > 0$, nous pouvons trouver un nombre α tel que $0 < \alpha < |x_0 - 1|$. Si $|x - x_0| < \alpha$, alors évidemment x est différent de 1, donc $f(x) = 1$ et $\left|f(x) - 1\right| = 0$. Ainsi nous avons

$$\big(x \in [0, +\infty[\;, x \neq x_0 \;\text{ et }\; |x - x_0| < \alpha\big) \implies \left|f(x) - 1\right| < \varepsilon$$

et cela montre $\lim\limits_{x \to x_0} f(x) = 1$.

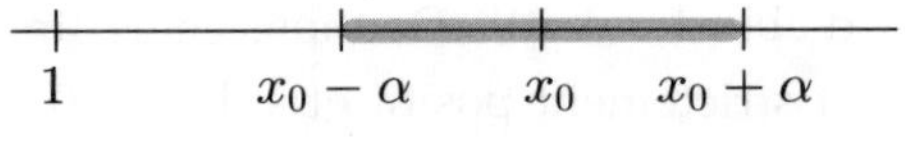

Exemple 3. Soit $f : \mathbb{R} \to \mathbb{R}$ une fonction et soit $x_0 \in \mathbb{R}$. Choisissons des nombres réels a et b tels que x_0 appartienne à l'intervalle ouvert $]a,b[$ et modifions la fonction f

– en changeant ses valeurs en dehors de l'intervalle $]a,b[$,
– et en changeant la valeur de f en x_0.

On définit ainsi une fonction $g : \mathbb{R} \to \mathbb{R}$ telle que

$$g(x) = f(x) \text{ quel que soit } x \in]a,b[\setminus\{x_0\}.$$

Alors la fonction f a pour limite ℓ en x_0 si et seulement si la fonction g a pour limite ℓ en x_0.
Supposons en effet que l'on a $\lim\limits_{x \to x_0} f(x) = \ell$. Donnons-nous un nombre $\varepsilon > 0$. Par hypothèse, il existe $\alpha > 0$ tel que l'on a $|f(x) - \ell| < \varepsilon$ si $x \neq x_0$ et $|x - x_0| < \alpha$. Puisque x_0 appartient à l'intervalle ouvert $]a,b[$, on sait (proposition page 4) qu'il existe un nombre $\beta > 0$ tel que $]x_0 - \beta, x_0 + \beta[\subset]a,b[$. Tout nombre x vérifiant $|x - x_0| < \beta$ appartient donc à $]a,b[$. Posons $\gamma = \min(\alpha, \beta)$. Le nombre γ est strictement positif. Soit x un nombre tel que $x \neq x_0$ et $|x - x_0| < \gamma$; alors on a $|x - x_0| < \beta$, donc $x \in]a,b[$ et comme $x \neq x_0$, on en déduit $f(x) = g(x)$; de plus, on a $|x - x_0| < \alpha$, donc aussi $|f(x) - \ell| < \varepsilon$, c'est-à-dire $|g(x) - \ell| < \varepsilon$. Cela montre que la fonction g a pour limite ℓ en x_0.
La même démonstration prouve que si g a pour limite ℓ en x_0, alors la fonction f a aussi pour limite ℓ en x_0 ; en effet, la fonction f s'obtient en modifiant g au point x_0 et en dehors de l'intervalle $]a,b[$.
Cette propriété signifie qu'en ce qui concerne la limite en x_0, seules comptent les valeurs que prend la fonction aux points x assez proches de x_0, mais différents de x_0.

Supposons que deux fonctions ne diffèrent qu'en x_0 et en dehors d'un intervalle ouvert contenant x_0. Alors si l'une a pour limite ℓ en x_0, l'autre aussi.

L'exemple 3 montre que dans la définition de la limite en x_0, la fonction f n'a pas besoin d'être définie en x_0 et que si elle l'est, la valeur $f(x_0)$ n'a aucune influence sur l'existence ou la valeur de la limite.
Par exemple, si l'on a $x_0 \in]a,b[$ et si f est une fonction $]a,x_0[\, \cup \,]x_0,b[\to \mathbb{R}$, la définition "*$f$ a pour limite ℓ en x_0*" a encore un sens.
Ainsi, il sera possible de chercher si $\dfrac{\sqrt{x} - 1}{x - 1}$ a une limite quand x tend vers 1, ou bien si $\dfrac{\sin \pi x}{x^2 - 4}$ a une limite quand x tend vers 2.

Remarque

Si f est une fonction constante de valeur a, alors pour tout x_0, on a $\lim_{x \to x_0} f(x) = a$.

Définitions

- Soit I l'un des intervalles $]-\infty, +\infty[$, $[a, +\infty[$, $]a, +\infty[$ où a est un nombre réel, et soit $f : I \to \mathbb{R}$ une fonction. Si ℓ est un nombre réel, on dit que f *a pour limite* ℓ *en* $+\infty$, ou encore que $f(x)$ *tend vers* ℓ *quand* x *tend vers* $+\infty$, si pour tout nombre $\varepsilon > 0$, il existe un nombre $r > 0$ ayant la propriété suivante :
$$(x \in I \text{ et } x > r) \implies |f(x) - \ell| < \varepsilon\,.$$
Cette propriété se note $\lim_{x \to +\infty} f(x) = \ell$.
- Si I est l'un des intervalles $]-\infty, +\infty[$, $]-\infty, a[$, $]-\infty, a]$ et si $f : I \to \mathbb{R}$, on dit que f *a pour limite* ℓ *en* $-\infty$, ou encore que $f(x)$ *tend vers* ℓ *quand* x *tend vers* $-\infty$, si pour tout nombre $\varepsilon > 0$, il existe un nombre $r < 0$ ayant la propriété suivante :
$$(x \in I \text{ et } x < r) \implies |f(x) - \ell| < \varepsilon\,.$$
On note $\lim_{x \to -\infty} f(x) = \ell$ cette propriété.

Exemple 4. Montrons que l'on a $\lim_{x \to +\infty} \frac{x}{E(x)} = 1$.

En effet, si $x \geqslant 1$, alors $E(x) \geqslant 1$ et $\frac{x}{E(x)} - 1 = \frac{x - E(x)}{E(x)}$ · Par définition de la partie entière, nous savons que l'on a $0 \leqslant x - E(x) < 1$; il vient donc $0 \leqslant \frac{x}{E(x)} - 1 < \frac{1}{E(x)}$. Soit un nombre $\varepsilon > 0$. Choisissons un entier N tel que $N > \frac{1}{\varepsilon}$. Puisque N est un entier positif, on a $N \geqslant 1$. Si $x > N$, alors $E(x) \geqslant N$ donc $E(x) > \frac{1}{\varepsilon}$ ou encore $\frac{1}{E(x)} < \varepsilon$. Par suite $\left|\frac{x}{E(x)} - 1\right| < \varepsilon$. Pour tout nombre $\varepsilon > 0$, nous avons trouvé un nombre $N > 0$ tel que $\left|\frac{x}{E(x)} - 1\right| < \varepsilon$ si $x > N$. Cela montre que $\frac{x}{E(x)}$ tend vers 1 quand x tend vers $+\infty$.

L'énoncé suivant est une conséquence utile des définitions.

Proposition. *Soient f une fonction et a, ℓ des nombres réels tels que $\ell > a$.*

- *Supposons que x_0 est un nombre réel et que $\lim_{x \to x_0} f(x) = \ell$. Alors il existe un nombre $\alpha > 0$ ayant la propriété suivante : $(x \neq x_0$ et $|x - x_0| < \alpha) \implies f(x) > a$.*
- *Si $\lim_{x \to +\infty} f(x) = \ell$, il existe un nombre $r > 0$ tel que $f(x) > a$ pour tout $x > r$.*
- *Si $\lim_{x \to -\infty} f(x) = \ell$, il existe un nombre $r < 0$ tel que $f(x) > a$ pour tout $x < r$.*

Démonstration. Puisque le nombre $\ell - a$ est strictement positif par hypothèse, nous pouvons appliquer la définition de la limite en x_0 en choisissant $\varepsilon = \ell - a$. Si $\lim_{x \to x_0} f(x) = \ell$, il existe un nombre $\alpha > 0$ ayant la propriété suivante :

$$(\, x \neq x_0 \text{ et } |x - x_0| < \alpha \,) \implies \ell - \varepsilon < f(x) < \ell + \varepsilon\,.$$

Puisque $\ell - \varepsilon = a$, on a bien $f(x) > a$ pour tous ces nombres x.
Si $\lim_{x \to +\infty} f(x) = \ell$, il existe un nombre $r > 0$ tel que, pour tout $x > r$, on a $\ell - \varepsilon < f(x) < \ell + \varepsilon$, donc aussi $f(x) > a$. Le raisonnement est le même dans le cas de la limite en $-\infty$. ■

On a un énoncé analogue si l'on suppose $\ell < b$: dans le cas de la limite en x_0, il existe un nombre $\alpha > 0$ tel que $f(x) < b$ pour tout $x \neq x_0$ vérifiant $|x - x_0| < \alpha$.

Corollaire. *Si une fonction a une limite, cette limite est unique.*

Démonstration. Soit x_0 un nombre réel et soit f une fonction ayant pour limites ℓ et ℓ' en x_0. Nous devons montrer l'égalité $\ell = \ell'$. Raisonnons par l'absurde en supposant par exemple $\ell > \ell'$. Choisissons un nombre réel a tel que $\ell > a > \ell'$, ce qui est possible d'après notre hypothèse. D'après la proposition précédente, il existe un nombre $\alpha > 0$ tel que $f(x) > a$ si $x \neq x_0$ et $|x - x_0| < \alpha$. Puisqu'on a $\ell' < a$, il existe de même un nombre $\beta > 0$ tel que $f(x) < a$ si $x \neq x_0$ et $|x - x_0| < \beta$. Soit u le plus petit des nombres α et β. Ce nombre u est strictement positif, donc on peut trouver un nombre $y \neq x_0$ tel que $|y - x_0| < u$. Nous avons alors $a < f(y) < a$, ce qui est impossible. La démonstration est semblable dans le cas d'une limite en $+\infty$ ou d'une limite en $-\infty$. ■

Nous pourrons désormais parler de ***la*** limite d'une fonction en x_0, en $+\infty$ ou $-\infty$. Mais attention, la limite d'une fonction en un point n'existe pas toujours (voir l'exemple 9 page 30).

Corollaire. *Soient I un intervalle, $f : I \to \mathbb{R}$ une fonction et ℓ un nombre réel.*

- *Si $x_0 \in \mathbb{R}$ et $\lim_{x \to x_0} f(x) = \ell$, alors il existe un nombre $\alpha > 0$ tel que f est bornée sur l'ensemble $\{\, x \in I \mid x \neq x_0 \text{ et } |x - x_0| < \alpha \,\}$.*
- *Si $\lim_{x \to +\infty} f(x) = \ell$, alors il existe un nombre $r > 0$ tel que f est bornée sur $]r, +\infty[$. On a un résultat analogue si $\lim_{x \to -\infty} f(x) = \ell$.*

Démonstration. Il suffit de choisir des nombres réels a et b tels que $a < \ell < b$ et d'appliquer la proposition précédente. ■

Limite infinie

Définitions

- On dit que $f(x)$ *tend vers* $+\infty$ *quand* x *tend vers* x_0, et l'on note $\lim\limits_{x \to x_0} f(x) = +\infty$, si pour tout nombre $A > 0$, il existe un nombre $\alpha > 0$ ayant la propriété suivante :
$$\left(x \in I\,,\ x \neq x_0 \text{ et } |x - x_0| < \alpha\right) \implies f(x) > A\,.$$
- Si I est l'un des intervalles $]-\infty, +\infty[$, $]a, +\infty[$ ou $[a, +\infty[$, on dit que $f(x)$ *tend vers* $+\infty$ *quand* x *tend vers* $+\infty$, et l'on note $\lim\limits_{x \to +\infty} f(x) = +\infty$, si pour tout nombre $A > 0$, il existe un nombre $r > 0$ tel que
$$x > r \implies f(x) > A\,.$$
- Si I est l'un des intervalles $]-\infty, +\infty[$, $]-\infty, b[$ ou $]-\infty, b]$, on dit que $f(x)$ *tend vers* $+\infty$ *quand* x *tend vers* $-\infty$, et l'on note $\lim\limits_{x \to -\infty} f(x) = +\infty$, si pour tout nombre $A > 0$, il existe un nombre $r < 0$ tel que
$$x < r \implies f(x) > A\,.$$
- On dit que $f(x)$ *tend vers* $-\infty$ *quand* x *tend vers* x_0 (ou bien *quand* x *tend vers* $+\infty$, ou bien *quand* x *tend vers* $-\infty$), si $-f(x)$ tend vers $+\infty$.
Cette propriété se note $\lim\limits_{x \to x_0} f(x) = -\infty$ dans le cas, par exemple, de la limite en x_0.

Exemple 5. On a $\lim\limits_{x \to +\infty} \sqrt{x} = +\infty$.

En effet, soit A un nombre réel strictement positif. Posons $r = A^2$. Puisque la fonction racine carrée est strictement croissante, on a $\sqrt{x} > A$ si $x > r$.

2. Propriétés des limites et opérations

Dans ce paragraphe, nous établissons les règles générales de calcul sur les limites. Nous énonçons les propriétés pour la limite en $x_0 \in \mathbb{R}$, mais dans les propositions de ce paragraphe, les résultats restent vrais si l'on remplace x_0 par $+\infty$ ou $-\infty$ et les démonstrations s'adaptent facilement.

Proposition. *Soient f et g des fonctions et ℓ, ℓ' des nombres réels. Supposons $\lim\limits_{x \to x_0} f(x) = \ell$ et $\lim\limits_{x \to x_0} g(x) = \ell'$.*

1) *On a $\lim\limits_{x \to x_0} \big(f(x) + g(x)\big) = \ell + \ell'$, $\lim\limits_{x \to x_0} \big(f(x)\,g(x)\big) = \ell\ell'$ et pour tout $\lambda \in \mathbb{R}$, $\lim\limits_{x \to x_0} \lambda f(x) = \lambda\ell$.*

2) *Si $\ell' \neq 0$, alors $\lim\limits_{x \to x_0} \dfrac{f(x)}{g(x)} = \dfrac{\ell}{\ell'}\cdot$*

Démonstration. Soit ε un nombre strictement positif.

1) Pour démontrer la première formule, on utilise l'inégalité triangulaire (page 13) :

$$\left|f(x)+g(x)-(\ell+\ell')\right| = \left|\bigl(f(x)-\ell\bigr)+\bigl(g(x)-\ell'\bigr)\right| \leqslant \left|f(x)-\ell\right| + \left|g(x)-\ell'\right|.$$

D'après l'hypothèse sur la limite des fonctions f et g, il existe un nombre $\alpha_1 > 0$ tel que $\left|f(x)-\ell\right| < \varepsilon/2$ si $x \neq x_0$ et $|x-x_0| < \alpha_1$ et il existe un nombre $\alpha_2 > 0$ tel que $\left|g(x)-\ell'\right| < \varepsilon/2$ si $x \neq x_0$ et $|x-x_0| < \alpha_2$. Notons α le plus petit des nombres α_1 et α_2. Les deux inégalités $\left|f(x)-\ell\right| < \varepsilon/2$ et $\left|g(x)-\ell'\right| < \varepsilon/2$ sont vérifiées si l'on a $x \neq x_0$ et $|x-x_0| < \alpha$. Pour ces nombres réels x, on a donc $\left|f(x)+g(x)-(\ell+\ell')\right| < \varepsilon$, d'où le résultat.

Pour la deuxième formule, remarquons que l'on a

$$f(x)\,g(x)-\ell\ell' = \bigl(f(x)-\ell\bigr)g(x)+\ell\bigl(g(x)-\ell'\bigr)$$

et par suite (inégalité triangulaire)

$$|f(x)\,g(x)-\ell\ell'| \leqslant |f(x)-\ell|\,|g(x)| + |\ell|\,|g(x)-\ell'|.$$

Il existe un nombre $\beta > 0$ tel que, pour $x \neq x_0$ et $|x-x_0| < \beta$, on a $\left|g(x)-\ell'\right| < 1$, donc aussi

$$\left|g(x)\right| = |g(x)-\ell'+\ell'| \leqslant |g(x)-\ell'| + |\ell'| < 1+|\ell'|.$$

Posons $M = 1+|\ell'|$. Puisque M est strictement positif, $M+|\ell|$ aussi, et l'on peut trouver un nombre $\varepsilon' > 0$ tel que $\varepsilon'\bigl(M+|\ell|\bigr) < \varepsilon$. En raisonnant comme pour la limite de $f+g$, il existe un nombre $\alpha > 0$ tel que

$$\left|f(x)-\ell\right| < \varepsilon' \quad \text{et} \quad \left|g(x)-\ell'\right| < \varepsilon' \quad \text{si } x \neq x_0 \text{ et } |x-x_0| < \alpha.$$

Finalement, si $x \neq x_0$ et $|x-x_0| < \min(\alpha,\beta)$, il vient

$$|f(x)\,g(x)-\ell\ell'| \leqslant |f(x)-\ell|\,|g(x)| + |\ell|\,|g(x)-\ell'| \leqslant \varepsilon' M + |\ell|\varepsilon' = \varepsilon'\bigl(M+|\ell|\bigr) < \varepsilon$$

ce qui démontre le résultat.

La troisième formule est évidente si $\lambda = 0$. Supposons $\lambda \neq 0$. Par hypothèse, il existe un nombre $\alpha > 0$ tel que $\left|f(x)-\ell\right| < \varepsilon/|\lambda|$ si $x \neq x_0$ et $|x-x_0| < \alpha$. Pour ces nombres réels x, nous avons donc

$$\left|\lambda f(x)-\lambda\ell\right| = |\lambda|\left|f(x)-\ell\right| < |\lambda|\,(\varepsilon/|\lambda|) = \varepsilon$$

et cela montre que λf a pour limite $\lambda\ell$ en x_0.

2) Pour changer, écrivons la démonstration dans le cas de la limite en $+\infty$. Puisque nous savons déjà que la limite d'un produit est le produit des limites, il suffit de montrer que $1/g(x)$ tend vers $1/\ell'$ quand x tend vers $+\infty$. Supposons d'abord $\ell' > 0$. Puisqu'on a $\ell' > \ell'/2$, il existe un nombre $r > 0$ tel que $g(x) > \ell'/2$ si $x > r$.

Pour de tels nombres x, on a $g(x) > 0$, donc

$$\left|\frac{1}{g(x)} - \frac{1}{\ell'}\right| = \frac{|\ell' - g(x)|}{g(x)\,\ell'} \leqslant \frac{2}{\ell'^2}\,|\ell' - g(x)|\,.$$

Choisissons un nombre $\varepsilon' > 0$ tel que $2\varepsilon'/\ell'^2 < \varepsilon$. Par définition de la limite en $+\infty$, il existe un nombre $r' > 0$ tel que $|\ell' - g(x)| < \varepsilon'$ si $x > r'$. Pour tout nombre $x > \max(r, r')$ on a $\frac{2}{\ell'^2}|\ell' - g(x)| < \varepsilon$ donc aussi $\left|\frac{1}{g(x)} - \frac{1}{\ell'}\right| < \varepsilon$. Cela montre le résultat dans le cas $\ell' > 0$. Si $\ell' < 0$, on applique le résultat que nous venons de démontrer à la fonction $-g$ qui a bien pour limite le nombre $-\ell' > 0$. ■

Proposition. *Soient f et g des fonctions. Supposons $\lim_{x \to x_0} g(x) = +\infty$.*

1) *On a $\lim_{x \to x_0} \frac{1}{g(x)} = 0$.*

2) *Si f est minorée, alors $\lim_{x \to x_0} \big(f(x) + g(x)\big) = +\infty$.*

3) *Si f est minorée par un nombre réel strictement positif, alors on a $\lim_{x \to x_0} f(x)\,g(x) = +\infty$.*

4) *Si $\lim_{x \to x_0} f(x) = 0$ et $f(x) > 0$ pour tout x, alors $\lim_{x \to x_0} \frac{1}{f(x)} = +\infty$.*

Démonstration

1) Soit un nombre $\varepsilon > 0$. Par hypothèse, on peut trouver un nombre $\alpha > 0$ tel que $g(x) > 1/\varepsilon$ si $x \neq x_0$ et $|x - x_0| < \alpha$. Pour de tels nombres x, on a alors $g(x) > 0$ et $0 < 1/g(x) < \varepsilon$. Cela montre que $1/g(x)$ tend vers 0 quand x tend vers x_0.

2) Puisque la fonction f est minorée, il existe un nombre réel m tel que $f(x) \geqslant m$ quel que soit x. Soit A un nombre strictement positif. Puisque $g(x)$ tend vers $+\infty$ quand x tend vers x_0, il existe un nombre $\alpha > 0$ tel que $g(x) > A - m$ si $x \neq x_0$ et $|x - x_0| < \alpha$. Pour tous ces nombres réels x, on a $f(x) + g(x) > m + A - m = A$, d'où le résultat.

3) Supposons $f(x) \geqslant m > 0$ pour tout x et donnons-nous un nombre A strictement positif. Par hypothèse, il existe un nombre $\alpha > 0$ tel que $g(x) > A/m$ si $x \neq x_0$ et $|x - x_0| < \alpha$. Pour de tels nombres x, on a alors $f(x)g(x) > A$, ce qui démontre le résultat.

4) Écrivons par exemple la démonstration dans le cas de la limite en $-\infty$. Soit un nombre $A > 0$. Puisque $f(x)$ tend vers 0 quand x tend vers $-\infty$, il existe un nombre $r < 0$ tel que $|f(x)| < 1/A$ si $x < r$. Comme on a $f(x) > 0$, cette inégalité s'écrit $f(x) < 1/A$ ou encore $1/f(x) > A$. Le résultat est démontré. ■

Corollaire. *Soit ℓ un nombre réel strictement positif. Si $\lim_{x \to x_0} f(x) = \ell$ et $\lim_{x \to x_0} g(x) = +\infty$, alors $\lim_{x \to x_0} f(x)\,g(x) = +\infty$.*

Démonstration. D'après l'hypothèse sur la limite de la fonction f, nous savons qu'il existe un nombre $\alpha > 0$ tel que $f(x) > \ell/2$ si $x \neq x_0$ et $|x - x_0| < \alpha$. Le corollaire se déduit donc de la troisième affirmation de la proposition précédente. ■

Exemple 6. Si n est un entier différent de 0, alors on a

$$\lim_{x \to +\infty} x^n = \begin{cases} +\infty & \text{si } n > 0 \\ 0 & \text{si } n < 0\,. \end{cases}$$

Supposons $n > 0$ et donnons-nous un nombre $A > 1$. Si $x > A$, alors on a $x \geqslant 1$ donc $x^n \geqslant x$ et par conséquent $x^n \geqslant x > A$. Cela montre que x^n tend vers $+\infty$ quand x tend vers $+\infty$.

Supposons $n < 0$. Puisque $-n$ est un entier positif, on a $\lim_{x \to +\infty} x^{-n} = +\infty$ d'après le cas ci-dessus. Par la proposition précédente, on en déduit que $x^n = 1/x^{-n}$ tend vers 0 quand x tend vers $+\infty$.

Théorème. *Soient f une fonction et ℓ un nombre réel. Si $f(x) \geqslant 0$ quel que soit x et si $\lim_{x \to x_0} f(x) = \ell$, alors $\ell \geqslant 0$.*

Démonstration. Raisonnons par l'absurde en supposant $\ell < 0$. D'après une proposition précédente, nous savons qu'il existe un nombre $\alpha > 0$ tel que $f(x) < 0$ si $x \neq x_0$ et $|x - x_0| < \alpha$. Il existe de tels nombres x et pour chacun d'eux nous avons $f(x) \geqslant 0$ et $f(x) < 0$, ce qui est impossible.

Il reste à faire la démonstration dans le cas où $f(x)$ tend vers ℓ quand x tend vers $+\infty$ ou quand x tend vers $-\infty$. Traitons par exemple le cas $+\infty$. En supposant à nouveau $\ell < 0$, nous savons qu'il existe un nombre $r > 0$ tel que $f(x) < 0$ si $x > r$. Puisque f est définie sur un intervalle $[a, +\infty[$ ou $]a, +\infty[$, on peut trouver de tels nombres x ; cela est impossible pour la même raison que ci-dessus. ■

Passage à la limite dans les inégalités. *Soient f et g des fonctions telles que $f \geqslant g$. Si $\lim_{x \to x_0} f(x) = \ell$ et $\lim_{x \to x_0} g(x) = \ell'$, alors $\ell \geqslant \ell'$.*

Il suffit d'appliquer le théorème précédent à la fonction $f - g$: cette fonction est positive ou nulle, donc sa limite $\ell - \ell'$ est positive ou nulle.

Attention : même si l'on a l'inégalité stricte $f > g$, il se peut que qu'on ait l'égalité $\ell = \ell'$; par exemple, si les fonctions f et g sont définies sur $]0, +\infty[$ par $f(x) = x$ et $g(x) = 0$, alors nous avons $f(x) > g(x)$ quel que soit x et $\lim_{x \to 0} f(x) = 0 = \lim_{x \to 0} g(x)$.

Les énoncés suivants sont précieux car ils permettent d'affirmer l'existence de la limite et parfois de la calculer.

Théorème. *Soit ℓ un nombre réel et soient f, g, h des fonctions.*
- *Si $f \leqslant g \leqslant h$ et $\lim_{x \to x_0} f(x) = \lim_{x \to x_0} h(x) = \ell$, alors $\lim_{x \to x_0} g(x) = \ell$.*
- *Si $f \leqslant g$ et si $\lim_{x \to x_0} f(x) = +\infty$, alors $\lim_{x \to x_0} g(x) = +\infty$.*

Démonstration. Supposons vérifiées les hypothèses de la première affirmation. Pour tout nombre x, on a par hypothèse $f(x) - \ell \leqslant g(x) - \ell \leqslant h(x) - \ell$. Donnons nous un nombre $\varepsilon > 0$. Puisque $f(x)$ et $h(x)$ tendent vers ℓ quand x tend vers x_0, il existe un nombre $\alpha > 0$ tel que

$$-\varepsilon < f(x) - \ell < \varepsilon \quad \text{et} \quad -\varepsilon < h(x) - \ell < \varepsilon$$

si $x \neq x_0$ et $|x - x_0| < \alpha$. Pour de tels nombres x, on a alors $-\varepsilon < g(x) - \ell < \varepsilon$, d'où le résultat.
Pour la seconde affirmation, écrivons la démonstration dans le cas de la limite en $+\infty$. Soit un nombre $A > 0$. Puisque $f(x)$ tend vers $+\infty$ quand x tend vers $+\infty$, il existe un nombre $r > 0$ tel que $f(x) > A$ si $x > r$. Puisqu'on a $g(x) \geqslant f(x)$ quel que soit x, on a aussi $g(x) > A$ si $x > r$. Nous avons ainsi démontré que $g(x)$ tend vers $+\infty$ quand x tend vers $+\infty$. ■

Corollaire. *Soient f et g des fonctions. Si f est bornée et si $\lim_{x \to x_0} g(x) = 0$, alors $\lim_{x \to x_0} f(x)\, g(x) = 0$.*

Démonstration. Puisque f est bornée, il existe par définition un nombre $M > 0$ tel que $|f(x)| \leqslant M$ quel que soit x. On a $0 \leqslant \big|f(x)\, g(x)\big| \leqslant M|g(x)|$ et $\lim_{x \to x_0} M|g(x)| = M \lim_{x \to x_0} |g(x)| = 0$. Par le théorème, nous en déduisons $\lim_{x \to x_0} \big|f(x)g(x)\big| = 0$ c'est-à-dire $\lim_{x \to x_0} f(x)\, g(x) = 0$. ■

Exemple 7. On a $\lim_{x \to +\infty} (\cos x)/\sqrt{x} = 0$ car la fonction cosinus est bornée et d'après l'exemple 5, $1/\sqrt{x}$ tend vers 0 quand x tend vers $+\infty$.

Voici un résultat sur certaines limites de fonctions composées ; la démonstration est facile et laissée en exercice.

Proposition. *Soient f et g des fonctions. Si $\lim_{x \to x_0} f(x) = +\infty$ et $\lim_{x \to +\infty} g(x) = \ell$ (ou $+\infty$ ou $-\infty$), alors $\lim_{x \to x_0} g \circ f(x) = \ell$ (ou $+\infty$ ou $-\infty$).*

Exemple 8. Soit n un entier supérieur ou égal à 1 et soient $a_0, \ldots, a_n$ des nombres réels. Si $P : \mathbb{R} \to \mathbb{R}$ est la fonction polynôme $x \mapsto P(x) = a_n x^n + \cdots + a_1 x + a_0$, alors

$$\lim_{x \to +\infty} P(x) = \begin{cases} +\infty & \text{si } a_n > 0 \\ -\infty & \text{si } a_n < 0 \, . \end{cases}$$

En mettant x^n en facteur, il vient pour tout $x \neq 0$

$$P(x) = x^n \left(a_n + \frac{a_{n-1}}{x} + \cdots + \frac{a_0}{x^n} \right) = x^n f(x) \, ,$$

où l'on a posé $f(x) = a_n + \frac{a_{n-1}}{x} + \cdots + \frac{a_0}{x^n}$. Nous avons vu que chacune des fonctions $\frac{1}{x}, \ldots, \frac{1}{x^n}$ tend vers 0 quand x tend vers $+\infty$. Il en va de même de leur somme, car le théorème sur la limite d'une somme (ou d'un produit) de deux fonctions s'étend à un nombre quelconque de termes. On a donc $\lim_{x \to +\infty} f(x) = a_n$. Supposons $a_n > 0$. Puisque $\lim_{x \to +\infty} x^n = +\infty$, un corollaire précédent affirme que l'on a $\lim_{x \to +\infty} x^n f(x) = +\infty$, d'où le résultat. Si $a_n < 0$, on applique le résultat que nous venons de démontrer à la fonction $-P$.

Proposition. *Soient n et p des entiers supérieurs ou égaux à 1 et les fonctions polynôme*

$$x \mapsto P(x) = a_n x^n + \cdots + a_1 x + a_0$$
$$x \mapsto Q(x) = b_p x^p + \cdots + b_1 x + b_0 \, .$$

Si les nombres réels a_n et b_p sont tous deux strictement positifs, alors

$$\lim_{x \to +\infty} \frac{P(x)}{Q(x)} = \begin{cases} +\infty & si \ n > p \\ a_n / b_n & si \ n = p \\ 0 & si \ n < p \, . \end{cases}$$

Démonstration. Quel que soit le nombre $x \neq 0$, posons $f(x) = a_n + \frac{a_{n-1}}{x} + \cdots + \frac{a_0}{x^n}$ et $g(x) = b_p + \frac{b_{p-1}}{x} + \cdots + \frac{b_0}{x^p}$ de sorte que l'on a

$$\frac{P(x)}{Q(x)} = \frac{x^n f(x)}{x^p g(x)} = x^{n-p} \frac{f(x)}{g(x)} \, .$$

Puisque $\lim_{x \to +\infty} f(x) = a_n$ et $\lim_{x \to +\infty} g(x) = b_p$, il vient $\lim_{x \to +\infty} f(x)/g(x) = a_n / b_p$.

Si $n > p$, alors $\lim_{x \to +\infty} x^{n-p} = +\infty$ donc aussi $\lim_{x \to +\infty} \frac{P(x)}{Q(x)} = +\infty$.

Si $n < p$, alors $\lim_{x \to +\infty} x^{n-p} = 0$ donc $\lim_{x \to +\infty} \frac{P(x)}{Q(x)} = 0$.

Si $n = p$, on a $x^{n-p} = 1$ donc $\frac{P(x)}{Q(x)} = \frac{f(x)}{g(x)}$ tend vers $\frac{a_n}{b_n}$ quand x tend vers $+\infty$. ■

Limite à droite, limite à gauche

Soit $]a,b[$ un intervalle ouvert, soit $x_0 \in]a,b[$ et soit f une fonction définie sur la réunion $]a,x_0[\cup]x_0,b[$.

Par exemple, la fonction $x \mapsto \dfrac{\sqrt{2x}-x}{|x-2|}$ vérifie ces hypothèses si l'on choisit $x_0 = 2$, $a = 0$ et $b = 5$.

Définissons les fonctions $g :]a,x_0[\to \mathbb{R}$ et $h :]x_0,b[\to \mathbb{R}$ en posant

$$g(x) = f(x) \text{ pour tout } x \in]a,x_0[\quad \text{et} \quad h(x) = f(x) \text{ pour tout } x \in]x_0,b[\,.$$

Définitions

Si $\lim\limits_{x\to x_0} g(x) = \ell$ (ou $+\infty$ ou $-\infty$), on dit que $f(x)$ *tend vers* ℓ *(ou* $+\infty$ *ou* $-\infty$*) quand* x *tend vers* x_0 *à gauche* et l'on note $\lim\limits_{x\to x_0^-} f(x) = \ell$. On définit de même la *limite à droite en* x_0 : $\lim\limits_{x\to x_0^+} f(x) = \ell$ signifie $\lim\limits_{x\to x_0} h(x) = \ell$.

Si $\lim\limits_{x\to x_0} f(x) = \ell$, alors ℓ est aussi la limite à gauche et à droite de f en x_0. Réciproquement, si f a une limite à gauche et une limite à droite en x_0 et si ces limites sont égales, alors c'est la limite de f en x_0.

Exemple 9. Soit $f :]-\infty,0[\cup]0,+\infty[\to \mathbb{R}$ la fonction définie par $f(x) = x\sqrt{1+\dfrac{1}{x^2}}$.

Pour tout nombre $x > 0$, on a $\dfrac{1}{x} \leqslant \sqrt{1+\dfrac{1}{x^2}} \leqslant 1+\dfrac{1}{x}$ donc $1 \leqslant f(x) \leqslant x+1$. Puisque $\lim\limits_{x\to 0}(x+1) = 1$, il s'ensuit que l'on a $\lim\limits_{x\to 0^+} f(x) = 1$. Pour tout nombre $x \neq 0$, on a $f(-x) = -f(x)$, d'où $\lim\limits_{x\to 0^-} f(x) = -\lim\limits_{x\to 0^+} f(x) = -1$. La limite à gauche n'est pas égale à la limite à droite, donc f n'a pas de limite en 0.

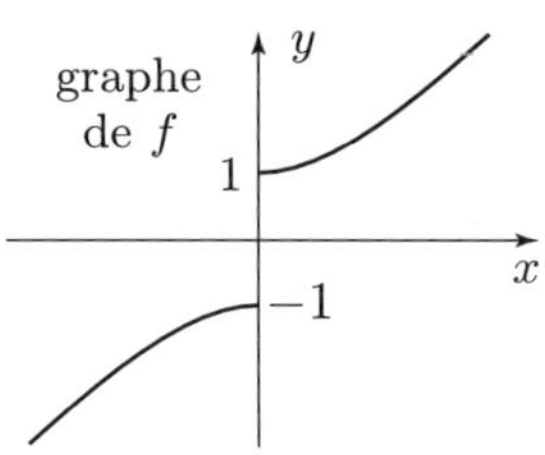

Formes indéterminées

Les propriétés que nous venons de démontrer ne permettent pas de calculer toutes les limites. Par exemple, il n'y a pas d'énoncé pour le produit d'une fonction qui tend vers 0 par une fonction qui tend vers $+\infty$: selon les cas, le résultat peut d'ailleurs être 0 ou $\pm\infty$ ou une limite finie non nulle, ou bien il n'y a pas de limite ; on dit que $0 \times \infty$ est une forme indéterminée.

Il existe d'autres formes indéterminées, comme $\dfrac{\infty}{\infty}$, $\dfrac{0}{0}$, $(+\infty - \infty)$, 1^∞ ou ∞^0.

Pour voir si de telles expressions ont des limites et éventuellement calculer ces limites, il suffit parfois de transformer convenablement l'expression pour que les théorèmes précédents puissent s'appliquer : c'est ainsi que nous avons procédé dans le cas des fonctions rationnelles et c'est ce que vous ferez dans certains exercices de ce chapitre.

Mais le plus souvent, il faudra faire appel à la technique, systématique et plus sûre, des développements limités ; cela sera expliqué dans un chapitre ultérieur.

3. Fonctions continues

Soit I un intervalle et soit $f : I \to \mathbb{R}$ une fonction.

Définitions

- Si $x_0 \in I$, on dit que la fonction f est *continue* en x_0 si $\lim_{x \to x_0} f(x) = f(x_0)$.
- La fonction f est *continue sur I* si, quel que soit $x_0 \in I$, f est continue en x_0.

Écrivons la continuité de f en x_0 en utilisant la définition de la limite : pour tout nombre $\varepsilon > 0$, il existe un nombre $\alpha > 0$ ayant la propriété suivante

$$\big(x \in I \ , \ x \neq x_0 \text{ et } |x - x_0| < \alpha\big) \implies \big|f(x) - f(x_0)\big| < \varepsilon \, .$$

Mais si $x = x_0$, alors on a $f(x) - f(x_0) = 0$ et donc l'inégalité $\big|f(x) - f(x_0)\big| < \varepsilon$ est vérifiée. La continuité de f en x_0 s'exprime donc plus simplement comme suit :

pour tout nombre $\varepsilon > 0$, il existe un nombre $\alpha > 0$ ayant la propriété

$$\big(x \in I \text{ et } |x - x_0| < \alpha\big) \implies \big|f(x) - f(x_0)\big| < \varepsilon \, .$$

Exemples

- Une fonction constante sur I est continue sur I.
- La fonction racine carrée est continue sur $[0, +\infty[$, d'après l'exemple 1) du paragraphe 1.
- La fonction valeur absolue est continue sur $\mathbb{R}$.

  Posons en effet $v(x) = |x|$. D'après les propriétés de la valeur absolue, nous savons que pour tous nombres x et x_0, on a

  $$0 \leqslant \big|v(x) - v(x_0)\big| = \big|\, |x| - |x_0| \,\big| \leqslant |x - x_0| \, .$$

  Puisque $\lim_{x \to x_0} |x - x_0| = 0$, on en déduit $\lim_{x \to x_0} \big(v(x) - v(x_0)\big) = 0$. La fonction v est donc continue en x_0. Comme cela est vrai pour tout nombre réel x_0, la fonction v est continue sur $\mathbb{R}$.

La proposition sur la limite d'une somme, d'un produit et d'un inverse permet d'énoncer :

Proposition. *Soient f et g des fonctions de I dans $\mathbb{R}$. Supposons que f et g sont continues en $x_0 \in I$.*

- *Les fonctions $f + g$, fg et pour tout $\lambda \in \mathbb{R}$, λf sont continues en x_0.*
- *Si $g(x_0) \neq 0$, la fonction f/g est continue en x_0.*

Corollaire

- *Une fonction polynôme est continue sur $\mathbb{R}$.*
- *Soit f une fonction rationnelle. Si f est définie sur un intervalle I, alors f est continue sur I.*

Démonstration. Puisqu'un polynôme est une somme de monômes, il suffit de montrer que si n est un entier positif ou nul, la fonction $x \mapsto ax^n$ est continue sur $\mathbb{R}$. Si $n = 0$, cette fonction est constante (de valeur a), donc continue sur $\mathbb{R}$. Si $n \geqslant 1$, la fonction $x \mapsto x^n$ est le produit n fois par elle même de la fonction $x \mapsto x$ qui est continue sur $\mathbb{R}$. D'après la proposition précédente, la fonction $x \mapsto x^n$ est continue sur $\mathbb{R}$ et la fonction $x \mapsto ax^n$ aussi.

Supposons que f est une fonction rationnelle, c'est-à-dire qu'il existe des fonctions polynôme P et Q telles que $f(x) = P(x)/Q(x)$. Si f est définie sur I, c'est que l'on a $Q(x) \neq 0$ quel que soit $x \in I$. Puisque les fonctions polynôme P et Q sont continues sur I, la fonction $f = P/Q$ est continue sur I d'après la proposition précédente. ■

Nous démontrerons au chapitre **8** que la fonction exponentielle est continue sur $\mathbb{R}$ et que la fonction logarithme est continue sur l'intervalle $]0, +\infty[$. Les fonctions cosinus et sinus sont continues sur $\mathbb{R}$ (voir l'exercice **15**).

Théorème. *Soient $f : I \to \mathbb{R}$ et $g : J \to \mathbb{R}$ des fonctions telles que $f(I) \subset J$. Supposons que l'on a $\ell \in J$ et $\lim\limits_{x \to x_0} f(x) = \ell$. Si g est continue en ℓ, alors $\lim\limits_{x \to x_0} g \circ f(x) = g(\ell)$.*

Démonstration. Soit un nombre $\varepsilon > 0$. Puisque g est continue en ℓ, il existe un nombre $\alpha > 0$ tel que

$$\big|g(y) - g(\ell)\big| < \varepsilon \quad \text{si} \quad y \in J \text{ et } |y - \ell| < \alpha \,. \tag{$*$}$$

Puisque $f(x)$ tend vers ℓ quand x tend vers x_0, il existe un nombre $\beta > 0$ tel que

$$\big|f(x) - \ell\big| < \alpha \quad \text{si } x \in I,\ x \neq x_0 \text{ et } |x - x_0| < \beta$$

(où nous avons choisi le nombre α comme « ε » dans la définition de la continuité de f en x_0). Pour tous les nombres $x \in I$ vérifiant $|x - x_0| < \beta$ et $x \neq x_0$, on a $f(x) \in J$ et par suite $\big|g\big(f(x)\big) - g(\ell)\big| < \varepsilon$ d'après $(*)$. Cela montre que $g \circ f(x)$ tend vers $g(\ell)$ quand x tend vers x_0. ■

Corollaire. *La composée de deux fonctions continues est continue.*

Prolongement par continuité. Soient a et b des nombres réels tels que $a < b$, soit $f :]a, b[\to \mathbb{R}$ une fonction et soit ℓ un nombre réel.

Supposons que l'on a $\lim_{x\to a} f(x) = \ell$ et définissons la fonction $g : [a, b[\to \mathbb{R}$ en posant

$$g(x) = \begin{cases} f(x) & \text{si } x \in]a, b[\\ \ell & \text{si } x = a\,. \end{cases}$$

Nous avons $\lim_{x\to a} g(x) = \lim_{x\to a} f(x)$ donc $\lim_{x\to a} g(x) = \ell = g(a)$. Ainsi la fonction g est continue en a.

La fonction g s'appelle le *prolongement par continuité de* f *en* a.

Exercice. Soient a et b des nombres réels et soit f la fonction définie par

$$f(x) = \sqrt{x^3 + ax^2 + b} - x\sqrt{x}\,.$$

Calculer la limite de $f(x)$ quand x tend vers $+\infty$.

Réponse. Quand x tend vers $+\infty$, $x^3 + ax^2 + b$ tend vers $+\infty$ donc aussi $\sqrt{x^3 + ax^2 + b}$ car $\sqrt{x}$ tend vers $+\infty$ quand x tend vers $+\infty$. Puisque $x\sqrt{x}$ tend aussi vers $+\infty$, on est en présence d'une forme indéterminée $+\infty - \infty$. Écrivons

$$f(x) = \frac{x^3 + ax^2 + b - x^3}{\sqrt{x^3 + ax^2 + b} + x\sqrt{x}} = \frac{ax^2 + b}{v(x)}$$

où l'on a posé $v(x) = \sqrt{x^3 + ax^2 + b} + x\sqrt{x}$. Pour tout nombre $x > 0$, mettons $x\sqrt{x} = \sqrt{x^3}$ en facteur dans $v(x)$ et mettons x^2 en facteur dans $ax^2 + b$:

$$ax^2 + b = x^2\left(a + \frac{b}{x^2}\right) \quad \text{et} \quad v(x) = x\sqrt{x}\left(1 + \sqrt{1 + \frac{a}{x} + \frac{b}{x^3}}\right).$$

En simplifiant par $x\sqrt{x}$, il vient $f(x) = \sqrt{x}\left(\dfrac{a + \dfrac{b}{x^2}}{1 + \sqrt{1 + \dfrac{a}{x} + \dfrac{b}{x^3}}}\right)$.

Quand x tend vers $+\infty$, $\dfrac{a}{x}$, $\dfrac{b}{x^2}$ et $\dfrac{b}{x^3}$ tendent vers 0. Dans le facteur entre parenthèses, le numérateur tend vers a et le dénominateur vers $1 + \sqrt{1} = 2$ donc (limite d'un quotient) le terme entre parenthèses tend vers $a/2$.

► Supposons $a \neq 0$. Alors $f(x)$ est le produit de $\sqrt{x}$ qui tend vers $+\infty$ et d'une fonction qui tend vers le nombre non nul $a/2$, donc on a

$$\lim_{x\to+\infty} f(x) = \begin{cases} +\infty & \text{si } a > 0 \\ -\infty & \text{si } a < 0\,. \end{cases}$$

► Supposons $a = 0$. On a $f(x) = \dfrac{1}{x\sqrt{x}}\left(\dfrac{b}{1 + \sqrt{1 + \dfrac{b}{x^3}}}\right)$. Quand x tend vers $+\infty$, le terme entre parenthèses tend vers $b/2$ et $\dfrac{1}{x\sqrt{x}}$ tend vers 0, donc (limite d'un produit) $\lim_{x\to+\infty} f(x) = 0$.

Exercices

Rappelons que les fonctions logarithme, exponentielle, sinus et cosinus sont continues. Voici également les limites de la classe Terminale qu'il faut connaître et qui seront utilisées dans les exercices.

$$\lim_{x\to+\infty} \exp x = +\infty \qquad \lim_{x\to-\infty} \exp x = 0$$
$$\lim_{x\to+\infty} \operatorname{Log} x = +\infty \qquad \lim_{x\to 0} \operatorname{Log} x = -\infty\,.$$

1. Calculer

a) $\lim\limits_{x\to+\infty} (\sqrt{x} - x)$ puis $\lim\limits_{x\to+\infty} \exp(\sqrt{x} - x)$

b) $\lim\limits_{x\to+\infty} \big(2\operatorname{Log}(x+1) - \operatorname{Log}(x^2+1)\big)$

c) la limite de $\exp\left(\dfrac{1}{x}\right)$ à gauche et à droite en 0

d) la limite de $\dfrac{1+\exp x}{1-\exp x}$ quand x tend vers $+\infty$ et quand x tend vers $-\infty$.

e) $\lim\limits_{x\to+\infty} \dfrac{\operatorname{Log}(x+1)}{\operatorname{Log} x}$.

2. Soit a un nombre réel.

a) Calculer la limite de $\dfrac{x^2+ax-2}{x^2-1}$ quand x tend vers $+\infty$, $-\infty$ et les limites à gauche et à droite en 1.

b) Calculer $\lim\limits_{x\to+\infty} \left(\dfrac{a+x}{1-ax} - \sqrt{x}\right)$.

c) Calculer $\lim\limits_{x\to-\infty} (ax + \sqrt{x^2+1})$.

3. Soit a un nombre réel strictement positif et soit $f : [a, +\infty[\to \mathbb{R}$ la fonction définie par $f(x) = \sqrt{x^2+a^2} - \sqrt{x^2-a^2}$.

a) Montrer que la fonction f est décroissante.

b) Montrer que la fonction f est bornée.

c) Calculer la limite de $f(x)$ quand x tend vers $+\infty$.

d) Calculer la limite de $xf(x)$ quand x tend vers $+\infty$.

4. Soient a et b des nombres réels. Calculer $\lim\limits_{x\to+\infty} \sqrt{(x+a)(x+b)} - x$.

5. Calculer les limites suivantes :

a) $\lim\limits_{x\to+\infty} \dfrac{\sqrt{2x^3+1}}{\sqrt{x^3+2}}$

b) $\lim\limits_{x\to-\infty} \left(1 + \dfrac{\sqrt{x^2+1}}{x+1}\right)$

c) $\lim\limits_{x\to+\infty} \operatorname{tg} \dfrac{(\pi+x)(1-\pi x)}{(1-2x)^2}$

d) $\lim\limits_{x\to+\infty} (\sqrt{x} + \sin x)$.

6. Montrer que la fonction $x \mapsto \dfrac{x^3+8}{x+2}$ se prolonge par continuité en -2.

7. Calculer les limites suivantes :

a) $\lim\limits_{x \to \pi^+} \dfrac{x-4}{\sin x}$ **b)** $\lim\limits_{x \to 3^-} \dfrac{x^2-x-6}{x^2-9} \cos \pi x$.

8. Calculer les limites suivantes :

a) $\lim\limits_{x \to +\infty} E(1/x)$ **b)** $\lim\limits_{x \to +\infty} \dfrac{E(2x)}{E(x)}$

c) $\lim\limits_{x \to 0} \dfrac{x}{a} E\left(\dfrac{b}{x}\right)$, où a et b sont des nombres réels strictement positifs.

9. Soit f la fonction définie par $f(x) = xE(1/x)$ si $x \neq 0$ et $f(0) = 1$. Montrer que f est continue en 0 et n'est pas continue en 1. Trouver des nombres a, b, c, d vérifiant $0 < a < b < 1 < c < d$ et tels que f est continue sur $[a, b]$ et sur $[c, d]$.

10. Soit $f : \mathbb{R} \to \mathbb{R}$ une fonction. On suppose qu'il existe un nombre réel a tel que la fonction $x \mapsto f(x) - x$ est bornée sur $[a, +\infty[$. Calculer la limite de $f(x)/x$ quand x tend vers $+\infty$.

11. Trouver une fonction $f : \mathbb{R} \to \mathbb{R}$ telle que $\lim\limits_{x \to +\infty} \big(f(x)/x\big) = 1$ et telle que

a) $\lim\limits_{x \to +\infty} (f(x) - x) = 0$

b) $\lim\limits_{x \to +\infty} (f(x) - x) = \pi$

c) $\lim\limits_{x \to +\infty} (f(x) - x) = -\infty$

d) $f(x) - x$ n'ait pas de limite quand x tend vers $+\infty$.

12. Soit f une fonction strictement positive telle que $\lim\limits_{x \to x_0} f(x) = 0$. Démontrer que $\lim\limits_{x \to x_0} \operatorname{Log} f(x) = -\infty$. En déduire la limite de $\operatorname{Log}(1 + \cos x)$ quand x tend vers π.

13. Soit $f : \mathbb{R} \to \mathbb{R}$ la fonction définie par $f(x) = x \sin x$.

a) Soit a un nombre réel. Montrer que f n'est ni majorée, ni minorée sur $[a, +\infty[$.

b) Est-ce que $f(x)$ a une limite quand x tend vers $+\infty$?

14. Posons $u(x) = x - E(x)$ et définissons la fonction $f : \mathbb{R} \to \mathbb{R}$ en posant

$$f(x) = u(x)\big(1 - u(x)\big).$$

a) Calculer $f(x)$ lorsque $x \in [0, 1]$. Montrer que f est continue sur $[0, 1]$.

b) Montrer que les fonctions u et f sont 1-périodiques.

c) Montrer que f est continue sur $\mathbb{R}$ et dessiner le graphe de f.

15. a) Soit I un intervalle ouvert et soit $a \in I$. Soit $f : I \to \mathbb{R}$ une fonction. On suppose qu'il existe une fonction $g : I \to \mathbb{R}$ continue en a, telle que $g(a) = 0$ et $|f(x)| \leqslant g(x)$ pour tout $x \in I$. Montrer que f est continue en a.

b) On rappelle que pour tout $x \in \mathbb{R}$, on a $|\sin x| \leqslant |x|$. Montrer que la fonction sinus est continue sur $\mathbb{R}$. Montrer que la fonction cosinus est continue sur $\mathbb{R}$.

Quelques réponses ou indications

1. a) $\sqrt{x} - x = x\left(\frac{1}{\sqrt{x}} - 1\right)$ tend vers $-\infty$ quand x tend vers $+\infty$.

b) Écrire la fonction sous la forme du logarithme d'un quotient.

e) $\operatorname{Log}(x+1) = \operatorname{Log} x + \operatorname{Log}\left(1 + \frac{1}{x}\right)$.

2. a) La limite quand x tend vers $+\infty$ ou vers $-\infty$ est égale à 1. Si $a = 1$, la limite en 1 est $3/2$. Si $a > 1$, la limite à droite en 1 est $+\infty$ et si $a < 1$, la limite à droite est $-\infty$.

b) Si $a \neq 0$, la limite est $-\infty$. Si $a = 0$, la limite est $+\infty$.

c) Pour tout $x < 0$, on a $ax + \sqrt{x^2+1} = x\big(a - \sqrt{1 + (1/x^2)}\big)$; si $a > 1$, la limite est $-\infty$; si $a < 1$, la limite est $+\infty$; si $a = 1$, la limite est 0 (s'inspirer de l'exercice du cours).

3. Utiliser la relation $\left(\sqrt{x^2+a^2} - \sqrt{x^2-a^2}\right)\left(\sqrt{x^2+a^2} + \sqrt{x^2-a^2}\right) = 2a^2$.

4. La limite est $(a+b)/2$.

5. a) $\sqrt{2}$; b) 0 ; c) -1 ; d) $+\infty$.

6. Utiliser l'identité $x^3 - a^3 = (x-a)(x^2+ax+a^2)$ où l'on choisit $a = -2$. Pour prolonger la fonction par continuité en -2, il faut lui donner en ce point la valeur $(-2)^2 + (-2)(-2) + (-2)^2 = 12$.

7. a) $-\infty$; b) $5/6$.

8. b) La limite est 2.

c) La limite est b/a.

9. Si $x > 0$, on a $1 - x < f(x) \leqslant 1$; si $x < 0$, on a $1 \leqslant f(x) < 1 - x$. On en déduit $\lim\limits_{x\to 0} f(x) = 1 = f(0)$.

On a $\lim\limits_{x\to 1+} f(x) = 0$ et $\lim\limits_{x\to 1-} f(x) = 1$. La fonction f est nulle, donc continue, sur $]1, +\infty[$.

Pour que des nombres $a, b \in]0,1[$ répondent à la question, il suffit que la fonction partie entière soit continue sur l'intervalle $[1/b, 1/a]$.

13. a) Pour tout entier $n \in \mathbb{Z}$, on a $f(n\pi + \pi/2) = (-1)^n (n\pi + \pi/2)$.

b) Il résulte de (a) que $f(x)$ n'a pas de limite finie quand x tend vers $+\infty$ et que $f(x)$ ne tend ni vers $+\infty$, ni vers $-\infty$ quand x tend vers $+\infty$.

15. a) Que vaut $f(a)$? Utiliser la définition de la continuité.

b) Pour montrer que la fonction sinus est continue en a, utiliser la formule $\sin x - \sin a = 2 \sin\frac{x-a}{2} \cos\frac{x+a}{2}$ et appliquer la question (a) à la fonction f définie par $f(x) = \sin x - \sin a$.

Chapitre 3
Les suites

Désignons par la lettre $\mathbf{K}$ l'ensemble $\mathbb{R}$ des nombres réels ou bien l'ensemble $\mathbb{C}$ des nombres complexes. Dans ce chapitre, nous utiliserons les règles de calcul sur les nombres complexes et les notions de module, de partie réelle et de partie imaginaire d'un nombre complexe : celles-ci sont rappelées au chapitre 3 du tome d'algèbre.

Définition

Une *suite* est une application $u : \mathbb{N} \to \mathbf{K}$. Pour tout entier $n \in \mathbb{N}$, le nombre $u(n)$ est noté u_n et s'appelle un *terme* de la suite. Si $\mathbf{K} = \mathbb{R}$, on dit que c'est une *suite de nombres réels* ou une suite *à termes réels* ; si $\mathbf{K} = \mathbb{C}$, on dit que c'est une *suite de nombres complexes*.

La suite u se note $(u_n)_{n\in\mathbb{N}}$ ou plus simplement (u_n).

Par exemple, les quatre premiers termes de la suite $(\sqrt{n})$ sont $0,\ 1,\ \sqrt{2},\ \sqrt{3}$; les six premiers termes de la suite (i^n) sont $i^0 = 1,\ i,\ i^2 = -1,\ i^3 = -i,\ i^4 = 1,\ i^5 = i$.

Il arrive qu'on ne prenne pas la peine de définir quelques premiers termes de la suite ; si l'on veut, on peut alors préciser l'entier n_0 à partir duquel la définition donnée a un sens, en notant $(u_n)_{n\geqslant n_0}$ la suite en question. Ainsi pourrons-nous parler de la suite $(1/n^2)$ ou de la *suite de terme général* $\sqrt{n-2}$ sans avoir à définir le terme u_0 pour la première, les termes u_0 et u_1 pour la seconde.

Formulons dans le cadre des suites certaines définitions relatives aux fonctions.

Définitions

- Soit (u_n) une suite de nombres réels. On dit que (u_n) *est majorée* s'il existe un nombre réel M tel que $u_n \leqslant M$ quel que soit n. On définit de même une suite *minorée*.

- Une suite (u_n) est *bornée* si la suite $(|u_n|)$ est majorée (où $|\ |$ désigne la valeur absolue si (u_n) est à termes réels et le module si (u_n) est à termes complexes).
- Supposons que (u_n) est une suite de nombres réels.

  La suite (u_n) est *croissante* si l'on a $u_{n+1} \geqslant u_n$ quel que soit n.

  La suite (u_n) est *strictement croissante* si l'on a $u_{n+1} > u_n$ quel que soit n.

  On définit de même une suite *décroissante* et une suite *strictement décroissante*.
- La *somme* de deux suites (u_n) et (v_n) est la suite $(u_n + v_n)$. Si $\lambda \in \mathbf{K}$, *le produit de* (u_n) *par* λ est la suite (λu_n).
- Le *produit* de deux suites (u_n) et (v_n) est la suite $(u_n v_n)$.

Exemples

- Soit a un nombre réel.

  Si $a > 1$, alors la suite (a^n) est strictement croissante, car pour tout entier $n \in \mathbb{N}$, on a $a^{n+1} = aa^n > a^n$.

  Si $0 < a < 1$, alors on a $0 < a^{n+1} < a^n \leqslant 1$ pour tout $n \in \mathbb{N}$ et la suite (a^n) est bornée et strictement décroissante.
- Pour tout entier $n \geqslant 1$, posons $u_n = \dfrac{n}{2^n}$. On a

$$\frac{u_{n+1}}{u_n} = \frac{n+1}{2^{n+1}}\frac{2^n}{n} = \frac{1}{2}\frac{n+1}{n} = \frac{1}{2}\left(1 + \frac{1}{n}\right) \leqslant \frac{1}{2}(1+1) = 1\,.$$

  Puisque les termes u_n sont positifs, on en déduit $u_{n+1} \leqslant u_n$ pour tout $n \geqslant 1$. La suite (u_n) est donc décroissante. Elle est aussi bornée, car on a $0 < u_n \leqslant u_1$.
- La suite de terme général $\dfrac{(-1)^n}{n}$ est majorée par $1/2$ et minorée par -1, elle est donc bornée ; cette suite n'est ni croissante, ni décroissante, car ses termes sont alternativement positifs ou négatifs.
- La suite de terme général $n + \dfrac{(-1)^n}{n}$ est strictement croissante et non majorée.
- La suite de terme général $(-1)^n \dfrac{n}{n+2}$ est bornée, car la valeur absolue du terme général est $n/(n+2) < 1$.

> Pour montrer qu'une suite (u_n) à termes positifs est croissante, on peut vérifier que l'on a $u_{n+1} \geqslant u_n$ pour tout n,
> ou bien que l'on a $\dfrac{u_{n+1}}{u_n} \geqslant 1$ pour tout n.

1. Limite d'une suite

Définitions

Soit (u_n) une suite.

- Soit un nombre $\ell \in \mathbf{K}$. On dit que *la suite (u_n) a pour limite ℓ*, ou que *u_n tend vers ℓ*, si pour tout nombre $\varepsilon > 0$, il existe un entier N ayant la propriété suivante
$$n \geqslant N \quad \Longrightarrow \quad |u_n - \ell| < \varepsilon\,.$$
La propriété « u_n tend vers ℓ » se note $\lim u_n = \ell$.
- S'il existe un nombre $\ell \in \mathbf{K}$ tel que $\lim u_n = \ell$, on dit que la suite (u_n) est *convergente*, ou simplement que la suite (u_n) *converge*.

On a immédiatement les équivalences bien utiles :

$$\lim u_n = \ell \quad \Longleftrightarrow \quad \lim\,(u_n - \ell) = 0 \quad \Longleftrightarrow \quad \lim |u_n - \ell| = 0\,.$$

Définition

Soit (u_n) une suite de nombres réels. On dit que *u_n tend vers $+\infty$* et l'on note $\lim u_n = +\infty$, si pour tout nombre réel $A > 0$, il existe un entier N tel que
$$n \geqslant N \quad \Longrightarrow \quad u_n > A\,.$$
Si $-u_n$ tend vers $+\infty$, on dit que *u_n tend vers $-\infty$*, ce qui se note $\lim u_n = -\infty$.

La première proposition que nous allons démontrer nous permet de parler de ***la*** limite d'une suite convergente.

Proposition. *Si une suite est convergente, sa limite est unique.*

Démonstration. Raisonnons par l'absurde en supposant que la suite (u_n) a pour limites ℓ et ℓ' et que l'on a $\ell \neq \ell'$. D'après les propriétés de la valeur absolue ou du module, on a $|\ell - \ell'| > 0$, de sorte qu'on peut choisir un nombre $\varepsilon > 0$ tel que $2\varepsilon < |\ell - \ell'|$. Puisque u_n tend vers ℓ et vers ℓ', il existe des entiers N_1 et N_2 ayant la propriété suivante : si $n \geqslant N_1$, alors $|u_n - \ell| < \varepsilon$ et si $n \geqslant N_2$, alors $|u_n - \ell'| < \varepsilon$. Notons N le plus grand des entiers N_1 et N_2. On a les deux inégalités $|u_N - \ell| < \varepsilon$ et $|u_N - \ell'| < \varepsilon$. Grâce à l'inégalité triangulaire, on en déduit $|\ell - \ell'| \leqslant |\ell - u_N| + |u_N - \ell'| < \varepsilon + \varepsilon = 2\varepsilon < |\ell - \ell'|$, donc $|\ell - \ell'| < |\ell - \ell'|$, ce qui est impossible. ■

Exemples

- On a $\lim(1/n) = 0$. Soit en effet un nombre $\varepsilon > 0$. La propriété d'Archimède affirme qu'il existe un entier $N > 0$ tel que $1/N < \varepsilon$. Si $n \geqslant N$, alors nous avons $1/n \leqslant 1/N < \varepsilon$. Cela montre que $1/n$ tend vers 0 ; la suite $(1/n)$ est donc convergente.
- On a $\lim n = +\infty$, la suite (n) n'est donc pas convergente.
- Soient (u_n) et (v_n) des suites et soit $n_0 \geqslant 0$ un entier. Supposons que l'on a $u_n = v_n$ pour tout entier n supérieur ou égal à n_0. Si la suite (u_n) est convergente, alors la suite (v_n) est convergente et $\lim u_n = \lim v_n$. Si u_n tend vers $+\infty$, alors v_n aussi.

2. Théorèmes sur les limites

Les propriétés des limites de suites sont analogues aux propriétés des limites de fonctions et les démonstrations se transposent facilement. C'est pourquoi nous nous contenterons d'énoncer les propositions et de n'en démontrer que quelques unes.

Proposition. *Une suite convergente est bornée.*

Démonstration. Supposons $\lim u_n = \ell$. D'après la définition, il existe un entier $N \geqslant 1$ tel que $|u_n - \ell| < 1$ si $n \geqslant N$. Pour tous ces entiers n, l'inégalité triangulaire implique $|u_n| \leqslant |u_n - \ell| + |\ell| < 1 + |\ell|$. Appelons M le plus grand des nombres réels $1 + |\ell|, |u_0|, |u_1|, \ldots, |u_{N-1}|$. On a $|u_n| \leqslant M$ quel que soit $n \in \mathbb{N}$, donc M est un majorant de la suite (u_n). ■

Proposition. *Soient (u_n) et (v_n) des suites convergentes.*

- *Si $\lim u_n = \ell$, alors pour tout $\lambda \in \mathbf{K}$, on a $\lim(\lambda u_n) = \lambda \ell$.*
- *Si $\lim u_n = \ell$ et $\lim v_n = \ell'$, alors $\lim(u_n + v_n) = \ell + \ell'$ et $\lim(u_n v_n) = \ell \ell'$.*
- *Si $\lim u_n = \ell$ et $\ell \neq 0$, alors $\lim(1/u_n) = 1/\ell$.*

Proposition. *Soit (u_n) une suite bornée et soit (v_n) une suite ayant pour limite 0. La suite $(u_n v_n)$ a pour limite 0.*

Proposition. *Soient (u_n) et (v_n) des suites de nombres réels. Supposons $\lim v_n = +\infty$.*

- *On a $\lim(1/v_n) = 0$.*
- *Si (u_n) est minorée, alors $\lim(u_n + v_n) = +\infty$.*
- *Si (u_n) est minorée par un nombre réel strictement positif, alors $\lim(u_n v_n) = +\infty$.*
- *Si $\lim u_n = 0$ et si l'on a $u_n > 0$ quel que soit n, alors $\lim(1/u_n) = +\infty$.*

En particulier, la somme et le produit de deux suites qui tendent vers $+\infty$ tend vers $+\infty$.

Passage à la limite dans les inégalités. *Soient (u_n) et (v_n) des suites convergentes de nombres réels. Si $u_n \leqslant v_n$ quel que soit n, alors $\lim u_n \leqslant \lim v_n$.*

Corollaire. *Soit (v_n) une suite convergente de nombres réels. Si $v_n \geqslant 0$ quel que soit n, alors $\lim v_n \geqslant 0$.*

Théorème. *Soient (u_n), (v_n) et (w_n) des suites de nombres réels.*

- *Supposons $u_n \leqslant v_n \leqslant w_n$ quel que soit n. Si les suites (u_n) et (w_n) sont convergentes et si $\lim u_n = \lim w_n$, alors la suite (v_n) est convergente et $\lim v_n = \lim u_n = \lim w_n$.*
- *Si $u_n \leqslant v_n$ quel que soit n et si $\lim u_n = +\infty$, alors $\lim v_n = +\infty$.*

Voici enfin un théorème très souvent utilisé pour calculer des limites de suites.

Théorème. *Soit $f : I \to \mathbb{R}$ une fonction et soit (u_n) une suite convergente dont tous les termes appartiennent à I. Si $\lim u_n = \ell$ et si f est continue en ℓ, alors $\lim f(u_n) = f(\ell)$.*

Démonstration. Soit un nombre $\varepsilon > 0$. Puisque f est continue en ℓ, on peut trouver un nombre $\alpha > 0$ tel que $|f(x) - f(\ell)| < \varepsilon$ pour tout x vérifiant $x \in I$ et $|x - \ell| < \alpha$. Puisque la suite (u_n) a pour limite ℓ, il existe un entier N tel que $|u_n - \ell| < \alpha$ si $n \geqslant N$. Pour tous ces entiers n, on a donc $|f(u_n) - f(\ell)| < \varepsilon$. Cela montre que l'on a $\lim f(u_n) = f(\ell)$. ■

La proposition suivante, qui complète le théorème, se prouve en adaptant simplement la démonstration précédente.

Proposition. *Soit (u_n) une suite de nombres réels, soit f une fonction et soit ℓ un nombre réel. Si $\lim u_n = +\infty$ et si $\lim\limits_{x \to +\infty} f(x) = \ell$ (ou $+\infty$), alors $\lim f(u_n) = \ell$ (ou $+\infty$).*

Mentionnons aussi le résultat suivant.

Proposition. *Si $\lim u_n = \ell$, alors $\lim |u_n| = |\ell|$.*

Démonstration. D'après les propriétés de la valeur absolue ou du module d'un nombre complexe (chapitre 3 du tome d'algèbre), on a $0 \leqslant \big| |u_n| - |\ell| \big| \leqslant |u_n - \ell|$. Si u_n tend vers ℓ, alors $|u_n - \ell|$ tend vers 0. On en déduit $\lim \big(|u_n| - |\ell|\big) = 0$, autrement dit $|u_n|$ tend vers $|\ell|$. ■

Rappelons que si z est un nombre complexe, on note $\mathscr{R}e\, z$ la partie réelle de z et $\mathscr{I}m\, z$ la partie imaginaire de z.

Proposition. *Soit (u_n) une suite convergente de nombres complexes.*

$$\lim u_n = \ell \text{ si et seulement si } \lim \mathscr{R}e\, u_n = \mathscr{R}e\, \ell \text{ et } \lim \mathscr{I}m\, u_n = \mathscr{I}m\, \ell\,.$$

Démonstration. Posons $u_n = a_n + ib_n$ et $\ell = a + ib$ où a_n, b_n, a et b sont des nombres réels. Si a_n tend vers a et si b_n tend vers b, alors ib_n tend vers ib et $a_n + ib_n$ tend vers $a + ib$. Réciproquement, supposons que u_n tend vers ℓ. On a $u_n - \ell = (a_n - a) + i(b_n - b)$ donc

$$0 \leqslant |a_n - a| \leqslant |u_n - \ell| \quad \text{et} \quad 0 \leqslant |b_n - b| \leqslant |u_n - \ell|$$

car pour tout nombre complexe z, on sait que $|\mathscr{R}e\, z| \leqslant |z|$ et $|\mathscr{I}m\, z| \leqslant |z|$. Puisque $|u_n - \ell|$ tend vers 0 par hypothèse, on en déduit que $|a_n - a|$ et $|b_n - b|$ tendent vers 0. Autrement dit, a_n tend vers a et b_n tend vers b. ■

Ainsi, pour calculer la limite d'une suite de nombres complexes, il suffit de calculer la limite de sa partie réelle et la limite de sa partie imaginaire.

Voici des exercices où l'on utilise les résultats que nous venons d'énoncer. Commençons par un exercice de raisonnement.

Exercice 1. Soit $f : \mathbb{R} \to \mathbb{R}$ une fonction périodique. Montrer que si $f(x)$ a une limite finie quand x tend vers $+\infty$, alors f est constante.

Réponse. Puisque f est une fonction périodique, il existe un nombre $T > 0$ tel que $f(x + T) = f(x)$ quelque soit $x \in \mathbb{R}$. En raisonnant par récurrence, on en déduit que l'on a $f(x + nT) = f(x)$ pour tout $x \in \mathbb{R}$ et pour tout entier $n \in \mathbb{N}$. Soit a un nombre réel. Puisque T est strictement positif, on a $\lim(a + nT) = +\infty$. Par hypothèse, $f(x)$ tend vers une limite ℓ quand x tend vers $+\infty$. On en déduit, d'après une proposition précédente, que $\lim f(a + nT) = \ell$. Mais pour tout n, on a $f(a + nT) = f(a)$, donc la suite de terme général $f(a + nT)$ est constante : sa limite est donc $f(a)$. Puisque la limite d'une suite est unique, on en déduit $f(a) = \ell$. Nous avons ainsi montré que pour tout nombre réel a, on a l'égalité $f(a) = \ell$. La fonction f est donc constante de valeur ℓ.

Exercice 2. Calculer $\lim \exp \dfrac{n^2}{-2 + \cos n}$.

Réponse. Pour tout nombre réel x, on a $1 \leqslant 2 - \cos x \leqslant 3$ donc aussi $\dfrac{1}{3} \leqslant \dfrac{1}{2 - \cos x} \leqslant 1$. La fonction $x \mapsto \dfrac{1}{2 - \cos x}$ est donc minorée par $1/3$. Puisque $\lim\limits_{x \to +\infty} x^2 = +\infty$, on en déduit $\lim\limits_{x \to +\infty} \dfrac{x^2}{2 - \cos x} = +\infty$, c'est-à-dire $\lim\limits_{x \to +\infty} \dfrac{x^2}{-2 + \cos x} = -\infty$. On sait que $\lim\limits_{x \to -\infty} \exp x = 0$, donc il vient $\lim\limits_{x \to +\infty} \exp \dfrac{x^2}{-2 + \cos x} = 0$ (propriété des limites). Posons

$f(x) = \exp \dfrac{x^2}{-2+\cos x}$ et $v_n = n$, de sorte que l'on a $f(v_n) = \exp \dfrac{n^2}{-2+\cos n}$. Puisque $\lim v_n = +\infty$ et $\lim\limits_{x\to+\infty} f(x) = 0$, on en déduit $\lim f(v_n) = 0$. La suite a donc pour limite 0.

Exercice 3. Calculer $\lim \dfrac{n}{(1+ni)^2}$.

Réponse. D'après les propriétés du module d'un nombre complexe, on a $\left|(1+ni)^2\right| = |1+ni|^2 = 1+n^2$ donc $\left|\dfrac{n}{(1+ni)^2}\right| = \dfrac{n}{1+n^2}$. Posons $f(x) = \dfrac{x}{x^2+1}$. La fonction rationnelle f a pour limite 0 quand x tend vers $+\infty$, donc $\lim f(n) = 0$. On en déduit $\lim \left|\dfrac{n}{(1+ni)^2}\right| = 0$ donc $\lim \dfrac{n}{(1+ni)^2} = 0$.

Exercice 4. Pour tout entier $n \geqslant 1$, posons

$$u_n = \frac{1}{n} + \frac{1}{n+\sqrt{1}} + \frac{1}{n+\sqrt{2}} + \frac{1}{n+\sqrt{3}} + \cdots + \frac{1}{n+\sqrt{n}}.$$

Montrer que la suite (u_n) est convergente et calculer sa limite.

Réponse. Si k est un entier tel que $0 \leqslant k \leqslant n$, on a $n \leqslant n+\sqrt{k} \leqslant n+\sqrt{n}$, d'où l'encadrement

$$\frac{1}{n+\sqrt{n}} \leqslant \frac{1}{n+\sqrt{k}} \leqslant \frac{1}{n}.$$

Ajoutons ces inégalités pour $k = 0, 1, \ldots, n$; puisqu'il y a $n+1$ termes à ajouter, il vient

$$\frac{n+1}{n+\sqrt{n}} \leqslant u_n \leqslant \frac{n+1}{n}.$$

Posons $v_n = \dfrac{n+1}{n+\sqrt{n}}$ et $w_n = \dfrac{n+1}{n}$. On a $w_n = 1 + \dfrac{1}{n}$, la suite $\dfrac{1}{n}$ a pour limite 0, donc $\lim w_n = 1$. De même, en mettant n en facteur au numérateur et au dénominateur de v_n, il vient $v_n = \dfrac{1+1/n}{1+1/\sqrt{n}}$. Dans cette expression, le numérateur et le dénominateur tendent vers 1 donc $\lim v_n = 1$. Nous avons $v_n \leqslant u_n \leqslant w_n$ pour tout n, $\lim v_n = \lim w_n = 1$, donc $\lim u_n = 1$.

Exercice 5. Montrer que la fonction $x \mapsto \cos(1/x)$ n'a pas de limite en 0.

Réponse. Raisonnons par l'absurde en supposant qu'il existe un nombre réel ℓ tel que $\lim\limits_{x\to 0} \cos(1/x) = \ell$. Pour tout entier $n \geqslant 1$, posons $u_n = 1/2n\pi$ et $v_n = 1/(2n+1)\pi$. Puisque les suites (u_n) et (v_n) ont pour limite 0, on en déduit $\lim \cos(1/u_n) = \lim \cos(1/v_n) = \ell$. Mais puisqu'on a $\cos(1/u_n) = \cos 2n\pi = 1$ et $\cos(1/v_n) = \cos(2n+1)\pi = -1$, il vient $1 = \ell = -1$, ce qui est impossible.

> Pour montrer que u_n tend vers 0, démontrez que $|u_n|$ tend vers 0.
> Pour montrer que u_n tend vers ℓ, démontrez que $|u_n - \ell|$ tend vers 0.

3. Des exemples importants

La suite géométrique (a^n), $a \in \mathbf{K}$

1) *Si* $a \in \mathbb{R}$ *et* $a > 1$, *alors* $\lim a^n = +\infty$.

Posons $h = a - 1$. On a $a = 1 + h$ donc $a^n = (1+h)^n$ pour tout entier $n \geqslant 0$. Développons en utilisant la formule du binôme (chapitre 3 du tome d'algèbre) :

$$(1+h)^n = 1 + n\,h + C_n^2\,h^2 + \cdots + C_n^k\,h^k + \cdots + h^n\,.$$

Puisque le nombre h est strictement positif, tous les termes de la somme ci-dessus le sont aussi. On a donc l'inégalité

$$(1+h)^n \geqslant 1 + nh\,.$$

Puisque $\lim n = +\infty$, on en déduit $\lim(nh) = +\infty$ et par suite $\lim a^n = \lim(1+h)^n = +\infty$. L'inégalité $(1+h)^n \geqslant 1 + nh$ peut aussi se démontrer par récurrence sur n.

2) *Si* $|a| < 1$, *alors* $\lim a^n = 0$.

Dans le cas $a = 0$, nous avons $a^n = 0$ quel que soit $n \geqslant 1$, la suite $(a^n)_{n \geqslant 1}$ est constante et sa limite est 0.
Supposons $a \neq 0$ et posons $r = |a|$. On a $0 < r < 1$ donc $1/r > 1$. D'après le résultat démontré en **(1)**, nous savons que $(1/r)^n = 1/r^n$ tend vers $+\infty$ et donc il vient $\lim r^n = 0$. D'après les propriétés du module, nous avons $r^n = |a|^n = |a^n|$ donc $\lim |a^n| = 0$, c'est-à-dire $\lim a^n = 0$.

3) *Si* $a = 1$, *alors* $\lim a^n = 1$.

C'est clair, car on a dans ce cas $a^n = 1$ pour tout n.

4) *Si* $|a| > 1$, *la suite* (a^n) *n'est pas convergente.*

D'après le résultat **(1)**, on a $\lim |a|^n = +\infty$, car $|a| > 1$. Cela veut dire que pour tout nombre positif M, il existe un entier N tel que $|a|^n > M$ si $n \geqslant N$; la suite $(|a|^n)$ n'est donc pas majorée. Puisqu'on a $|a^n| = |a|^n$, la suite (a^n) n'est pas bornée. Mais nous savons que toute suite convergente est bornée (voir page 40) ; la suite (a^n) n'est donc pas convergente.

Si $|a| < 1$, alors $\lim a^n = 0$.
Si $a \in \mathbb{R}$ et $a > 1$, alors $\lim a^n = +\infty$.

Conséquence. Rappelons que si a est un nombre complexe différent de 1, on a (somme des $n+1$ termes d'une progression géométrique)

$$1 + a + a^2 + \cdots + a^n = \frac{1 - a^{n+1}}{1 - a} \cdot$$

Si $|a| < 1$, alors $\lim a^{n+1} = 0$ et donc $\lim \left(1 - a^{n+1}\right) = 1 - \lim a^{n+1} = 1$. Nous venons de démontrer :

quel que soit le nombre complexe a de module strictement plus petit que 1,

$$\lim \left(1 + a + a^2 + \cdots + a^n\right) = \frac{1}{1 - a} \cdot$$

Remarque

Supposons que a est un nombre réel tel que $a \leqslant -1$ et posons $u_n = a^n$.

On a alors $a = -|a|$ et $u_n = (-1)^n |a|^n$. Considérons les suites (v_n) et (w_n) définies par $v_n = u_{2n}$ et $w_n = u_{2n+1}$. On a $v_n = a^{2n} = (-1)^{2n}|a|^{2n} = |a|^{2n}$ et $w_n = a^{2n+1} = (-1)^{2n+1}|a|^{2n+1} = -|a|^{2n+1} = -|a|v_n$.

Si $a < -1$, alors $|a| > 1$ donc $|a|^2 > 1$. D'après ce que nous avons vu précédemment, $v_n = \left(|a|^2\right)^n$ tend vers $+\infty$ et $\lim w_n = \lim\left(-|a|v_n\right) = -\infty$.

Si $a = -1$, alors $|a| = 1$ donc $v_n = 1$ et $w_n = -1$ pour tout n ; les suites (v_n) et (w_n) sont constantes et l'on a $\lim v_n = 1$ et $\lim w_n = -1$.

Dans tous les cas, la proposition suivante montre que la suite (u_n) n'a pas de limite.

Proposition. *Soit (u_n) une suite d'éléments de $\mathbf{K}$. Posons $v_n = u_{2n}$ et $w_n = u_{2n+1}$. Si $\ell \in \mathbf{K}$, alors*

$$\lim u_n = \ell \text{ (ou } +\infty\text{) si et seulement si } \lim v_n = \lim w_n = \ell \text{ (ou } +\infty\text{)}.$$

Démonstration. Supposons $\lim u_n = \ell$ et donnons-nous un nombre $\varepsilon > 0$. Il existe un entier N tel que $|u_n - \ell| < \varepsilon$ si $n \geqslant N$. Pour de tels entiers n, on a $2n \geqslant 2N \geqslant N$ et $2n+1 \geqslant 2N+1 > N$ donc $|v_n - \ell| = |u_{2n} - \ell| < \varepsilon$ et $|w_n - \ell| = |u_{2n+1} - \ell| < \varepsilon$. Cela montre que $\lim v_n = \lim w_n = \ell$.

Réciproquement, supposons que v_n et w_n tendent vers ℓ. On peut trouver un entier N tel que $|v_n - \ell| < \varepsilon$ et $|w_n - \ell| < \varepsilon$ si $n \geqslant N$. Soit n un entier tel que $n > 2N$. Si n est pair, alors $n = 2p$ et $p > N$, donc on a $|u_n - \ell| = |u_{2p} - \ell| = |v_p - \ell| < \varepsilon$. Si n est impair, alors $n = 2p+1$ et $2p+1 > 2N$ donc $2p \geqslant 2N$ et par suite $p \geqslant N$. On a alors $|u_n - \ell| = |u_{2p+1} - \ell| = |w_p - \ell| < \varepsilon$. Finalement, dès que l'on a $n > 2N$, alors $|u_n - \ell| < \varepsilon$. Cela prouve $\lim u_n = \ell$.

La démonstration est analogue dans le cas où u_n est réel et tend vers $+\infty$. ■

La suite $u_n = n^p a^n$, où $a \in \mathbb{R}$ et $p \in \mathbb{Z}$

Par exemple,

en prenant $a = 1/2$ et $p = 3$, on obtient la suite de terme général $n^3(1/2)^n = \dfrac{n^3}{2^n}$;

en prenant $a = 2$ et $p = -10$, on obtient la suite $\left(\dfrac{2^n}{n^{10}}\right)$.

1) *Si $a > 1$, alors quelque soit l'entier $p \in \mathbb{Z}$, on a* $\lim\,(n^p a^n) = +\infty$.

Remarquons d'abord que si $p \geqslant 0$, alors on a $n^p \geqslant 1$ pour tout $n > 0$ donc aussi $u_n = n^p a^n \geqslant a^n$. Si $a > 1$, nous savons que a^n tend vers $+\infty$, donc u_n tend aussi vers $+\infty$.

Supposons maintenant $p = -1$, de sorte que l'on a $u_n = n^{-1}a^n = \dfrac{a^n}{n}$. Posons $h = a - 1$. Par hypothèse, le nombre h est strictement positif. Dans la formule du binôme $(1+h)^n = 1 + n\,h + C_n^2\,h^2 + \cdots + C_n^k\,h^k + \cdots + h^n$, tous les termes de la somme sont positifs. Pour tout entier $n \geqslant 2$, on a donc l'inégalité

$$(1+h)^n > C_n^2\,h^2 = \frac{n(n-1)}{2}h^2\,.$$

Il vient alors $u_n = \dfrac{(1+h)^n}{n} > \dfrac{n-1}{2}h^2$ et par suite $\lim u_n = +\infty$.

Supposons enfin $p \leqslant -2$ et posons $q = -p$, de sorte que l'on a $q \geqslant 2$. Rappelons que si x est un nombre réel positif, il existe un unique nombre réel positif $\sqrt[q]{x}$ dont la puissance q-ième est égale à x (cela sera démontré au chapitre **5**). Posons $b = \sqrt[q]{a}$. Puisqu'on a $b^q = a$, il vient

$$u_n = n^{-q}a^n = \frac{a^n}{n^q} = \frac{\left(b^q\right)^n}{n^q} = \frac{b^{nq}}{n^q} = \frac{\left(b^n\right)^q}{n^q} = \left(\frac{b^n}{n}\right)^q.$$

Puisque $a > 1$, on a $b > 1$ donc b^n/n tend vers $+\infty$ d'après le cas précédent. Les résultats sur la limite d'un produit de deux suites s'étendent à un produit de q suites. On en déduit $\lim u_n = +\infty$.

2) *Si $|a| < 1$, alors quelque soit l'entier $p \in \mathbb{Z}$, on a* $\lim\,(n^p a^n) = 0$.

Si $a = 0$, alors $u_n = n^p a^n = 0$ pour tout $n \geqslant 1$, donc la suite $(u_n)_{n\geqslant 1}$ est nulle. Supposons $a \neq 0$ et $|a| < 1$; posons $b = 1/|a|$. Il vient $|u_n| = |n^p a^n| = n^p|a|^n = \dfrac{n^p}{|b|^n}$ et $\dfrac{1}{|u_n|} = \dfrac{|b|^n}{n^p} = n^{-p}|b|^n$. Puisqu'on a $b > 1$ par hypothèse, on en déduit que $n^{-p}|b|^n$ tend vers $+\infty$ d'après le cas précédent. Ainsi $\dfrac{1}{|u_n|}$ tend vers $+\infty$ et par suite $|u_n|$ tend vers 0. On a donc $\lim u_n = 0$.

Exemples

- On a $\lim \dfrac{2^n}{n^{10}} = \lim (n^{-10}2^n) = +\infty$.
- Pour tout $a > 1$, on a $\lim \dfrac{n}{a^n} = 0$, car $\dfrac{a^n}{n} = n^{-1}a^n$ tend vers $+\infty$.
- Puisque $1,01 > 1$, on a de même $\lim \dfrac{n^{100}}{(1,01)^n} = 0$. Pourtant les premiers termes de la suite deviennent de plus en plus grands et ce n'est que pour des valeurs de n supérieures à 10050 que les termes de la suite commencent à décroître pour s'approcher de 0 (le plus grand terme de la suite est de l'ordre de 10^{356}).

Si a est un nombre réel positif différent de 1, alors pour tout entier $p \in \mathbb{Z}$, la suite $(n^p a^n)$ a même limite que la suite géométrique (a^n).

Suite telle que pour tout n, $\left|\dfrac{u_{n+1}}{u_n}\right| < L < 1$

Soit L un nombre réel tel que $0 < L < 1$ et soit (u_n) une suite. Supposons que pour tout n, on a $u_n \neq 0$ et $\left|\dfrac{u_{n+1}}{u_n}\right| < L$. Alors $\lim u_n = 0$.

On a $\dfrac{u_n}{u_0} = \dfrac{u_1}{u_0}\dfrac{u_2}{u_1}\dfrac{u_3}{u_2}\cdots\dfrac{u_n}{u_{n-1}}$, car les termes $u_1, u_2, \ldots, u_{n-1}$ se simplifient dans le produit de droite. Puisque chacun des n facteurs du produit a un module strictement plus petit que L, il vient $\left|\dfrac{u_n}{u_0}\right| = \left|\dfrac{u_1}{u_0}\right|\left|\dfrac{u_2}{u_1}\right|\cdots\left|\dfrac{u_n}{u_{n-1}}\right| < L^n$, c'est-à-dire

$$|u_n| < L^n\,|u_0| \text{ pour tout } n\,.$$

Puisqu'on a $0 < L < 1$, la suite géométrique (L^n) a pour limite 0, donc aussi la suite $(|u_n|)$. Cela signifie $\lim u_n = 0$.

Application. *Pour tout nombre complexe a, on a $\lim \dfrac{a^n}{n!} = 0$.*

Si $a = 0$, le résultat est évident. Supposons $a \neq 0$ et posons $u_n = a^n/n!$. On a $\dfrac{u_{n+1}}{u_n} = \dfrac{a^{n+1}}{(n+1)!}\,\dfrac{n!}{a^n} = \dfrac{a}{n+1}$. Choisissons un entier N tel que $N > 2|a|$. Quel que soit l'entier $n \geqslant N$, il vient $\left|\dfrac{u_{n+1}}{u_n}\right| = \dfrac{|a|}{n+1} \leqslant \dfrac{|a|}{N+1} < \dfrac{|a|}{N} < \dfrac{1}{2}$. Raisonnons comme précédemment. Si $n > N$, alors

$$\left|\frac{u_n}{u_N}\right| = \left|\frac{u_{N+1}}{u_N}\,\frac{u_{N+2}}{u_{N+1}}\cdots\frac{u_n}{u_{n-1}}\right| = \left|\frac{u_{N+1}}{u_N}\right|\left|\frac{u_{N+2}}{u_{N+1}}\right|\cdots\left|\frac{u_n}{u_{n-1}}\right| < \left(\frac{1}{2}\right)^{n-N} = \left(\frac{1}{2}\right)^n 2^N$$

et donc $|u_n| < \left(\frac{1}{2}\right)^n 2^N\,|u_N|$. Puisque $\left(\frac{1}{2}\right)^n$ tend vers 0, on en déduit $\lim u_n = 0$.

Suite $(\sqrt[n]{a})$

Pour tout nombre réel a *strictement positif, on a* $\lim \sqrt[n]{a} = 1$.

Si $a = 1$, la suite $(\sqrt[n]{a})$ est constante de valeur 1.

Supposons $a > 1$ et posons $h = a - 1$. Dans l'inégalité $(1+h)^n \geqslant 1 + nh$ utilisée dans le premier exemple, remplaçons h par h/n. Il vient $\big(1 + (h/n)\big)^n \geqslant 1 + h = a$. Prenons les racines n-ièmes, ce qui conserve le sens de l'inégalité. On obtient l'encadrement

$$1 + \frac{h}{n} \geqslant \sqrt[n]{a} \geqslant 1 \text{ pour tout } n \geqslant 1\,.$$

La suite (h/n) a pour limite 0, donc $\lim\big(1 + (h/n)\big) = 1$. D'après l'encadrement précédent, on en déduit $\lim \sqrt[n]{a} = 1$.

Supposons $0 < a < 1$ et posons $b = 1/a$. On a $\sqrt[n]{a} = 1/\sqrt[n]{b}$. D'après le cas précédent, nous avons $\lim \sqrt[n]{b} = 1$ car le nombre b est strictement plus grand que 1. Il vient donc (limite de l'inverse) $\lim \sqrt[n]{a} = 1/1 = 1$.

L'approximation décimale d'un nombre réel

Soit a un nombre réel. Pour tout entier $n \geqslant 0$, posons $u_n = \dfrac{E(10^n a)}{10^n}$ où E est la fonction partie entière. Les nombres réels u_n sont des nombres décimaux.

Par définition de la partie entière, nous avons $E\big(10^n a\big) \leqslant 10^n a < E\big(10^n a\big) + 1$, donc il vient $u_n \leqslant a < u_n + 1/10^n$ ou encore

$$a - \frac{1}{10^n} < u_n \leqslant a\,.$$

Puisque la suite géométrique $(1/10^n)$ a pour limite 0, on en déduit $\lim u_n = a$.

La suite (u_n) s'appelle *l'approximation décimale de* a. Cette suite a pour limite a et quel que soit l'entier $n \in \mathbb{N}$, nous avons l'encadrement

$$0 \leqslant a - u_n < 1/10^n\,.$$

Montrons que la suite (u_n) est croissante. Remarquons d'abord que si x est un nombre réel, alors $10E(x)$ est un entier inférieur ou égal à $10x$, donc $10E(x) \leqslant E(10x)$ par définition même de la partie entière. Appliquons cela aux nombres $10^n a$; on obtient $10E\big(10^n a\big) \leqslant E\big(10^{n+1} a\big)$. Alors en divisant par 10^{n+1}, il vient

$$\frac{E\big(10^n a\big)}{10^n} \leqslant \frac{E\big(10^{n+1} a\big)}{10^{n+1}}$$

c'est-à-dire $u_n \leqslant u_{n+1}$ pour tout n.

Par exemple, si $2,50378\cdots$ est le début de l'écriture décimale de a, les premiers termes de l'approximation décimale sont

$$u_0 = E(a) = 2, \quad u_1 = \frac{E(10a)}{10} = \frac{25}{10}, \quad u_2 = \frac{250}{10^2} = u_1, \quad u_3 = \frac{2503}{10^3}\,.$$

Remarque

Nous avons démontré au premier chapitre que pour tout nombre réel a et pour tout $\varepsilon > 0$, l'intervalle $]a-\varepsilon, a+\varepsilon[$ contient des nombres rationnels. Nous disposons maintenant d'une autre démonstration de ce résultat : si (u_n) est l'approximation décimale de a, alors u_n tend vers a, donc il existe un entier N tel que $a-\varepsilon < u_N < a+\varepsilon$. Le nombre rationnel u_N appartient donc à l'intervalle $]a-\varepsilon, a+\varepsilon[$.

Exercices

Calculer la limite d'une suite (u_n), cela signifie : montrer que la limite existe et calculer ensuite le nombre $\lim u_n$, ou bien montrer que u_n tend vers $+\infty$ ou tend vers $-\infty$.

1. Soit a un nombre réel non nul.

a) Calculer la limite de la suite $\left(\dfrac{2^n + 3^n}{a^n}\right)$.

b) Calculer la limite de la suite de nombres complexes $\left(\dfrac{1+ina}{|1+ni|}\right)$.

2. Soit a un nombre réel strictement positif. Montrer que la suite $(\sqrt[n]{a})$ est décroissante si $a > 1$, croissante si $0 < a < 1$.

3. Calculer la limite de la suite (u_n) lorsque u_n est égal à

(i) $\cos \dfrac{2^n}{n!}$; **(ii)** $\sqrt[n]{3 - \sin^2 n}$; **(iii)** $\dfrac{n^3 + 2^n}{3^n}$

(iv) $\dfrac{n^2 + (-1)^n}{n^2 + \sqrt{n}}$; **(v)** $(\cos n) \sin \dfrac{(-1)^n}{\sqrt{n}}$; **(vi)** $\left(\dfrac{1+i}{2-i}\right)^n$.

4. Soit q un entier au moins égal à 2. Pour tout entier $n \geqslant 0$, on pose $u_n = \cos \dfrac{2n\pi}{q}$.

a) Montrer que l'on a $u_{n+q} = u_n$ pour tout n.

b) Calculer u_{nq} et u_{nq+1}. En déduire que la suite (u_n) n'a pas de limite.

5. Posons $u_1 = \dfrac{1}{4}$, $u_2 = \dfrac{1 \times 3}{4^2\, 2!}$ et pour tout entier $n \geqslant 3$, $u_n = \dfrac{1 \times 3 \times \cdots \times (2n-1)}{4^n\, n!}$.

Démontrer l'inégalité $\dfrac{u_{n+1}}{u_n} < \dfrac{1}{2}$. En déduire la limite de la suite (u_n).

6. Pour tout entier $n \geqslant 1$, posons $u_n = \sqrt{1} + \sqrt{2} + \cdots + \sqrt{n}$.

a) Montrer par récurrence que l'on a $u_n \geqslant n\sqrt{n}/2$ pour tout entier $n \geqslant 1$. En déduire la limite de $\dfrac{n}{u_n}$.

b) Posons $v_n = u_{2n} - u_n$. Démontrer l'inégalité $n\sqrt{n+1} \leqslant v_n \leqslant n\sqrt{2n}$. En déduire la limite de v_n/n et la limite de v_n/n^2.

7. Pour tout entier $n \geqslant 1$, posons $u_n = \dfrac{1}{\sqrt{1}} + \dfrac{1}{\sqrt{2}} + \cdots + \dfrac{1}{\sqrt{n}}$. Montrer par récurrence que l'on a $u_n \geqslant \sqrt{n}$ pour tout $n \geqslant 1$. En déduire la limite de u_n.

8. Montrer que l'on a $\left(1 + \dfrac{1}{\sqrt{n}}\right)^n \geqslant 1 + \sqrt{n}$ pour tout entier $n \geqslant 1$. En déduire la limite de $\left(1 + \dfrac{1}{\sqrt{n}}\right)^n$.

9. a) Soit a un nombre réel tel que $0 \leqslant a \leqslant 1$. Montrer que l'on a $1 - a^n \leqslant n(1-a)$ pour tout entier $n \geqslant 1$.

b) En déduire que l'on a $1 - \left(1 - \dfrac{1}{n^2}\right)^n \leqslant \dfrac{1}{n}$ pour tout entier $n \geqslant 1$.

c) Calculer la limite de $\left(1 - \dfrac{1}{n^2}\right)^n$.

10. Proposons-nous d'étudier la suite de terme général $u_n = \left(1 + \dfrac{1}{2^n}\right)^n$.

a) Soient a et b des nombres réels tels que $0 < a < b$. Démontrer que pour tout entier $n \geqslant 2$, on a

$$n(b-a)a^{n-1} < b^n - a^n < n(b-a)b^{n-1}.$$

b) Montrer que l'on a $1 + \dfrac{1}{2^n} \leqslant \dfrac{3}{2}$ si n est un entier au moins égal à 1.

c) En déduire que pour tout entier $n \geqslant 1$, on a

$$0 < u_n - 1 \leqslant \frac{n}{2^n}\left(\frac{3}{2}\right)^{n-1} \leqslant n\left(\frac{3}{4}\right)^n.$$

d) Montrer que la suite (u_n) est convergente et déterminer sa limite.

e) Soit n un entier au moins égal à 2. Posons $a = 1 + \dfrac{1}{2^{n+1}}\cdot$

(i) Montrer que $\left(a + \dfrac{1}{2^{n+1}}\right)^n \geqslant a^n + \dfrac{n}{2^{n+1}}a^{n-1}$.

(ii) Montrer que $n \geqslant a$.

f) Montrer que la suite $(u_n)_{n\geqslant 2}$ est décroissante.

11. Posons $u_2 = 1 - \dfrac{1}{2^2}$ et pour tout entier $n \geqslant 3$, $u_n = \left(1 - \dfrac{1}{2^2}\right)\left(1 - \dfrac{1}{3^2}\right)\cdots\left(1 - \dfrac{1}{n^2}\right)$. Calculer u_n. En déduire que l'on a $\lim u_n = \dfrac{1}{2}\cdot$

12. Les suites suivantes sont-elles croissantes ? sont-elles décroissantes ? sont-elles bornées ?

(i) $\left(\dfrac{an+b}{n+1}\right)_{n\geqslant 1}$ où $(a,b)\in\mathbb{R}^2$; **(ii)** $(\sqrt[n]{n})_{n\geqslant 2}$; **(iii)** $\left(\dfrac{n^2}{2^n}\right)_{n\geqslant 1}$

(iv) $\left(\dfrac{1}{n^2+(-1)^n}\right)_{n\geqslant 2}$; **(v)** $\left(n+\dfrac{(-1)^n}{n}\right)_{n\geqslant 1}$; **(vi)** $\left(\dfrac{(n!)^2}{(2n)!}\right)_{n\geqslant 1}$

13. Supposons que f est une fonction de $\mathbb{R}$ dans $\mathbb{R}$ telle que $f(x)=f(2x)$ quel que soit le nombre réel x.

a) Soit a un nombre réel. Montrer que pour tout entier $n\geqslant 0$, on a $f\left(\dfrac{a}{2^n}\right)=f(a)$.

b) On suppose que f est continue en 0. Montrer que f est une fonction constante.

c) Soit $g:\,]0,+\infty[\,\to\mathbb{R}$ une fonction telle que $g(x^2)=g(x)$ pour tout nombre réel $x>0$. Comparer $g\circ\exp(x)$ et $g\circ\exp(2x)$. Montrer que si la fonction g est continue en 1, alors g est constante.

14. Soient p et q des entiers tels que $0\leqslant q<p$ et soit $f:\mathbb{N}\to\mathbb{N}$ la fonction définie par $f(n)=p^2n^2+2qn$ pour tout $n\in\mathbb{N}$.

a) Pour tout $n\in\mathbb{N}$, calculer la partie entière de $\sqrt{f(n)}$.

b) Soit la suite (v_n) définie par $v_n=\sqrt{f(n)}-E\left(\sqrt{f(n)}\right)$, où E désigne la fonction partie entière. Calculer la limite de v_n.

c) Posons $u_n=\sqrt{n}-E(\sqrt{n})$ pour tout $n\in\mathbb{N}$. Soient r un nombre réel tel que $0\leqslant r<1$, ε un nombre réel strictement positif et $N\in\mathbb{N}$. Montrer qu'il existe un entier $n\geqslant N$ tel que $|u_n-r|<\varepsilon$.

d) Montrer que la suite (u_n) est bornée. Est-elle convergente ?

15. Nous admettrons que le nombre π n'est pas rationnel.
Posons $E=\{\,x\in\mathbb{R}\mid \exists n,p\in\mathbb{Z}\ ,\ x=n+2p\pi\,\}$.

a) Soient x et y des éléments de E. Montrer que l'on a $x+y\in E$ et que pour tout entier $n\in\mathbb{Z}$, on a $nx\in E$.

b) Pour tout entier $k\in\mathbb{N}$, posons $x_k=2k\pi-E(2k\pi)$.

(i) Montrer que pour tout k, on a $x_k\in\,]0,1[$ et $x_k\in E$.

(ii) Soit n un entier supérieur ou égal à 1. En utilisant le principe des tiroirs, montrer qu'il existe des entiers k et ℓ tels que $k\neq\ell$ et $|x_k-x_\ell|\leqslant 1/n$.

(iii) En déduire que pour tout nombre $\alpha>0$, il existe un nombre $u\in E$ tel que $0<u<\alpha$.

c) Soient x et α des nombres réels strictement positifs et soit u un nombre appartenant à E et tel que $0<u<\alpha$.

(i) Notons p le plus grand entier tel que $pu\leqslant x$. Montrer que l'on a $0\leqslant x-pu<\alpha$.

(ii) En déduire qu'il existe un nombre $v\in E$ tel que $|x-v|<\alpha$.

d) Soit un nombre $t \in [-1, 1]$ et soit x un nombre réel tels que $\cos x = t$.

(i) Montrer qu'il existe une suite (x_n) telle que $x_n \in E$ quel que soit n et $\lim x_n = x$.

(ii) En déduire qu'il existe une suite (a_n) telle que $a_n \in \mathbb{N}$ quel que soit n et $\lim (\cos a_n) = t$.

16. Parmi les affirmations suivantes, lesquelles sont vraies, lesquelles sont fausses ? Justifiez votre réponse : cela consiste à démontrer l'énoncé si vous pensez qu'il est vrai et à trouver un contre-exemple dans le cas contraire.

Affirmation 1. Soit (u_n) une suite de nombres réels. On suppose que la suite (u_n^2) est convergente. Alors la suite (u_n) converge.

Affirmation 2. Soit (u_n) une suite de nombres réels. On suppose que la suite $(\cos u_n)$ a pour limite 1. Alors la suite $(\sin u_n)$ est convergente.

Affirmation 3. Soit (u_n) une suite de nombres réels strictement positifs. On suppose que la suite (u_n) a pour limite 0. Alors il existe un entier q tel que $u_{n+1} \leqslant u_n$ pour tout $n \geqslant q$.

Affirmation 4. Soit (u_n) une suite convergente. Alors $u_{n+1} - u_n$ tend vers 0.

Affirmation 5. Soit (u_n) une suite de nombres réels strictement positifs. On suppose que la suite (u_n) est convergente. Alors u_{n+1}/u_n tend vers 1.

Affirmation 6. Soit (u_n) une suite de nombres réels strictement positifs. On suppose que u_{n+1}/u_n tend vers $3/4$. Alors u_n tend vers 0.

Quelques réponses ou indications

1. **a)** Il s'agit de la somme de deux suites géométriques. Si $|a| > 3$, la limite est 0, si $a = 3$, la limite est 1 et si $0 < a < 3$, la suite tend vers $+\infty$. Dans le cas $-3 \leqslant a < 0$, étudier la suite des termes d'indice pair et la suite des termes d'indice impair.

   b) Étudier la suite des parties réelles et la suite des parties imaginaires ; la limite est ia.

3. **(i)** 1 ; **(ii)** encadrer le terme général ; **(v)** la suite $(\cos n)$ est bornée ; **(vi)** 0.

6. **b)** Si l'on a $n + 1 \leqslant p \leqslant 2n$, alors $\sqrt{n+1} \leqslant \sqrt{p} \leqslant \sqrt{2n}$.

8. Penser à la formule du binôme.

9. **a)** On a $1 - a^n = (1 - a)(1 + a + a^2 + \cdots + a^{n-1})$

10. **a)** On a $b^n - a^n = (b-a)(b^{n-1} + ab^{n-2} + \cdots + a^i b^{n-i-1} + \cdots + a^{n-2}b + a^{n-1})$. Pour tout entier $i \geqslant 1$, on a $a^i < b^i$, donc aussi $a^{n-1} = a^i a^{n-i-1} < a^i b^{n-i-1} < b^i b^{n-i-1} = b^{n-1}$ lorsque i est compris entre 1 et $n - 2$.

    e) **(i)** Utiliser la formule du binôme.

    f) Utiliser la question **(e)** en remarquant que $a + \frac{1}{2^{n+1}} = 1 + \frac{1}{2^n}$.

11. On a $1-\frac{1}{n^2}=\frac{n-1}{n}\frac{n+1}{n}$ et $u_n=\frac{n+1}{2n}$.

12. (i) Pour étudier la monotonie de la suite, utiliser la méthode pratiquée pour les fonctions homographiques, page 10. La suite est strictement croissante si $a>b$, strictement décroissante si $a<b$. La suite a pour limite a ; elle est convergente, donc bornée.

(ii) Cette suite n'est ni croissante, ni décroissante (mais la suite $(\sqrt[n]{n})_{n\geqslant 3}$ est décroissante). Pour montrer qu'elle est bornée, comparer n et 2^n.

(iii) En notant (u_n) la suite, calculer u_{n+1}/u_n ; la suite n'est décroissante qu'à partir du terme d'indice 3. Elle a pour limite 0, donc est convergente et par suite bornée.

(v) La suite est croissante et non majorée.

(vi) En notant (u_n) la suite, montrer que l'on a $u_{n+1}/u_n\leqslant 1/2$. En déduire que la suite est convergente : quelle est sa limite ? La suite est donc bornée.

13. b) Quelle est la limite de $\frac{a}{2^n}$?

c) Appliquer (b) ; si l'on a $g\circ\exp=u$, alors $g=u\circ\mathrm{Log}$.

14. a) On a $p^2n^2\leqslant p^2n^2+2qn<p^2n^2+2pn+1$.

b) Montrer que pour tout entier $n>0$, on a $v_n=\frac{2qn}{pn+\sqrt{p^2n^2+2qn}}$.

c) Commencer par le cas où r est un nombre rationnel : poser $r=q/p$, où p et q sont des entiers vérifiant $0\leqslant q<p$; remarquer que $f(n)$ est un entier positif, que l'on a $v_n=u_{f(n)}$ et utiliser (b). Dans le cas où r est irrationnel, il existe un nombre rationnel $r'\in[0,1[$ tel que $|r-r'|<\varepsilon/2$.

15. b) (ii) Le principe des tiroirs est expliqué au chapitre 2 paragraphe 4 du tome d'algèbre. Partager le segment $[0,1]$ en n intervalles de même longueur $1/n$ et remarquer que si des nombres réels a et b appartiennent à un même intervalle de longueur $1/n$ alors on a $|b-a|\leqslant 1/n$.

d) (i) Appliquer (c) (ii) en choisissant $\alpha=1/n$.

(ii) $x_n=u_n+2v_n\pi$ où u_n et v_n appartiennent à $\mathbb{Z}$; on a $\cos x_n=\cos u_n=\cos|u_n|$.

16. *Affirmation 2* : vraie. *Affirmation 3* : fausse. *Affirmation 5* : fausse. *Affirmation 6* : vraie.

Chapitre 4

Borne supérieure

1. La propriété des segments emboîtés

Il s'agit d'une propriété fort importante des nombres réels. Nous l'admettrons dans ce cours, comme nous avons admis les autres propriétés de l'ensemble $\mathbb{R}$.

► *Soient (a_n) et (b_n) des suites de nombres réels tels que $a_n \leqslant b_n$ pour tout n. Si l'on a $[a_{n+1}, b_{n+1}] \subset [a_n, b_n]$ pour tout n, alors il existe au moins un nombre réel appartenant à tous les segments $[a_n, b_n]$.*

L'inclusion $[a_{n+1}, b_{n+1}] \subset [a_n, b_n]$ signifie que l'on a

$$a_n \leqslant a_{n+1} \quad \text{et} \quad b_{n+1} \leqslant b_n \quad \text{pour tout } n\,.$$

La propriété des segments emboîtés se formule donc aussi de la manière suivante :

► *Soient (a_n) une suite croissante et (b_n) une suite décroissante. Si $a_n \leqslant b_n$ pour tout n, alors il existe au moins un nombre réel x tel que l'on a $a_n \leqslant x \leqslant b_n$ pour tout n.*

On applique souvent la propriété des segments emboîtés dans le cadre du théorème suivant.

Théorème. *Soient (a_n) une suite croissante et (b_n) une suite décroissante. Supposons $a_n \leqslant b_n$ pour tout n et $\lim(b_n - a_n) = 0$. Alors les suites (a_n) et (b_n) sont convergentes et ont la même limite ℓ. De plus, on a $a_n \leqslant \ell \leqslant b_n$ pour tout n.*

Démonstration. D'après la propriété des segments emboîtés, il existe un nombre ℓ tel que $a_n \leqslant \ell \leqslant b_n$ pour tout n. On a donc $0 \leqslant \ell - a_n \leqslant b_n - a_n$ et $0 \leqslant b_n - \ell \leqslant b_n - a_n$. Par hypothèse, la suite $(b_n - a_n)$ a pour limite 0, donc aussi les suites $(\ell - a_n)$ et $(b_n - \ell)$. ■

Remarque

Soient (a_n) et (b_n) des suites de nombres réels tels que $a_n \leqslant b_n$ pour tout n. Si $[a_{n+1}, b_{n+1}] \subset [a_n, b_n]$ pour tout n et si $\lim (b_n - a_n) = 0$, alors il existe un ***unique*** nombre réel x appartenant à tous les segments $[a_n, b_n]$.
En effet supposons que x et y appartiennent à tous les segments $[a_n, b_n]$. D'après la démonstration du théorème, on a $\lim a_n = x$ et $\lim a_n = y$ donc $x = y$.

Définition

Des suites (a_n) et (b_n) vérifiant les hypothèses du théorème précédent sont dites *adjacentes*.

Si les suites (a_n) et (b_n) sont adjacentes, on a donc $\lim a_n = \lim b_n = \ell$ et $a_n \leqslant \ell \leqslant b_p$ pour tous n et p.

Exemple. Soient (a_n) et (b_n) les suites définies par

$$a_n = \frac{1 \times 3 \times \cdots \times (2n+1)}{2 \times 4 \times \cdots \times (2n)} \frac{1}{\sqrt{n+1}} \text{ et } b_n = \frac{1 \times 3 \times \cdots \times (2n+1)}{2 \times 4 \times \cdots \times (2n)} \frac{1}{\sqrt{n}}.$$

Montrons que les suites (a_n) et (b_n) sont adjacentes.

Quel que soit l'entier $n \geqslant 1$, les nombres a_n et b_n sont positifs et puisqu'on a $\frac{1}{\sqrt{n+1}} < \frac{1}{\sqrt{n}}$, on en déduit $a_n < b_n$.
Montrons d'abord que la suite (a_n) est croissante. Si l'on forme le rapport $\frac{a_{n+1}}{a_n}$, les produits $1 \times 3 \times \cdots \times (2n+1)$ et $2 \times 4 \times \cdots \times (2n)$ s'éliminent et il reste

$$\frac{a_{n+1}}{a_n} = \frac{2n+3}{2n+2} \frac{\sqrt{n+1}}{\sqrt{n+2}} = \frac{2n+3}{2\sqrt{n+1}\sqrt{n+2}}.$$

Élevons cette expression au carré. Il vient

$$\left(\frac{a_{n+1}}{a_n}\right)^2 = \frac{(2n+3)^2}{4(n+1)(n+2)} = \frac{4n^2+12n+9}{4n^2+12n+8} > 1$$

donc $\frac{a_{n+1}}{a_n} > 1$. Puisque a_n est strictement positif, on en déduit $a_{n+1} > a_n$ quel que soit l'entier $n \geqslant 1$.
Vérifions que la suite (b_n) est décroissante. On a $\frac{b_{n+1}}{b_n} = \frac{2n+3}{2n+2} \frac{\sqrt{n}}{\sqrt{n+1}}$. En élevant au carré, on obtient

$$\left(\frac{b_{n+1}}{b_n}\right)^2 = \frac{n(2n+3)^2}{4(n+1)^3} = \frac{4n^3+12n^2+9n}{4n^3+12n^2+12n+4} < 1$$

donc aussi $b_{n+1} < b_n$ pour tout $n \geqslant 1$.

Calculons $b_n - a_n$ en posant pour simplifier $t_n = \dfrac{1 \times 3 \times \cdots \times (2n+1)}{2 \times 4 \times \cdots \times (2n)}$. Il vient

$$\begin{aligned}
0 < b_n - a_n = t_n\Big(\frac{1}{\sqrt{n}} - \frac{1}{\sqrt{n+1}}\Big) &= t_n\,\frac{\sqrt{n+1}-\sqrt{n}}{\sqrt{n}\sqrt{n+1}} \\
&= \frac{t_n}{\sqrt{n}\sqrt{n+1}\,(\sqrt{n+1}+\sqrt{n})} \\
&< \frac{t_n}{2n\sqrt{n}} \qquad \text{car } \sqrt{n+1} > \sqrt{n} \text{ et } \sqrt{n+1}+\sqrt{n} > 2\sqrt{n} \\
&\leqslant b_n/2n \qquad \text{car } b_n = t_n/\sqrt{n} \\
&\leqslant b_1/2n \qquad \text{car la suite } (b_n) \text{ étant décroissante, on a } b_n \leqslant b_1.
\end{aligned}$$

Puisque $1/n$ tend vers 0, on en déduit $\lim(b_n - a_n) = 0$. Les suites (a_n) et (b_n) sont adjacentes, donc elles sont convergentes et ont la même limite.
Nous venons de démontrer qu'il existe un nombre réel ℓ tel que $\lim a_n = \lim b_n = \ell$, mais nous ne sommes pas (encore) capables de calculer ce nombre.

Définition de la borne supérieure

Soit A une partie non vide de $\mathbb{R}$. Supposons que A est majorée, c'est-à-dire qu'il existe un nombre réel M tel que $M \geqslant x$ quel que soit $x \in A$.
Nous allons montrer qu'il existe un plus petit majorant de A, c'est-à-dire un nombre réel s ayant les deux propriétés

$$\begin{cases} s \text{ est un majorant de } A \\ \text{si } m \text{ est un majorant de } A, \text{ alors } m \geqslant s. \end{cases}$$

Premier cas. La partie A possède un plus grand élément.
Cela signifie qu'il existe un nombre $a \in A$ tel que $a \geqslant x$ quel que soit $x \in A$. Le nombre réel a est donc un majorant de A. Si m est un majorant de A, alors nous avons en particulier $m \geqslant a$ puisque a est un élément de A. Le nombre réel a vérifie donc les deux propriétés d'un plus petit majorant.

Second cas. La partie A ne possède pas de plus grand élément.
Cela signifie que si l'on a $a \in A$, alors a n'est pas majorant de A. Construisons des nombres réels a_n et b_n de la manière suivante :
On choisit pour a_0 un élément de A et pour b_0 un majorant de A. Puisque a_0 est un élément de A, a_0 n'est pas un majorant de A, donc on a $a_0 \neq b_0$. Puisque b_0 est un majorant de A, c'est que l'on a $a_0 < b_0$.
Appelons m_0 le milieu du segment $[a_0, b_0]$, c'est-à-dire $m_0 = \dfrac{a_0 + b_0}{2}$. Si m_0 est un majorant de A, on pose $a_1 = a_0$ et $b_1 = m_0$. Si m_0 n'est pas un majorant de A, il

existe un élément $a_1 \in A$ tel que $m_0 < a_1$; puisque b_0 est un majorant de A, nous avons aussi $a_1 < b_0$; on pose alors $b_1 = b_0$.

Par construction, nous avons les propriétés suivantes :

$$\begin{cases} a_0 \leqslant a_1 < b_1 \leqslant b_0 \quad \text{et} \quad b_1 - a_1 \leqslant \dfrac{b_0 - a_0}{2} \\ a_1 \in A \quad \text{et} \quad b_1 \text{ est majorant de } A. \end{cases}$$

Nous pouvons recommencer avec a_1 et b_1. Notons m_1 le centre du segment $[a_1, b_1]$. Si m_1 est majorant de A, on pose $a_2 = a_1$ et $b_2 = m_1$. Si m_1 n'est pas majorant de A, on choisit un élément $a_2 \in A$ tel que $m_1 < a_2$ et l'on pose $b_2 = b_1$. Nous avons les inégalités $a_1 \leqslant a_2 < b_2 \leqslant b_1$ et $b_2 - a_2 \leqslant (b_1 - a_1)/2$.

En itérant cette construction, on définit pour tout entier $n \geqslant 0$, des nombres réels a_n et b_n ayant les propriétés suivantes :

$$\begin{cases} \text{si } n \geqslant 1, \text{ alors } a_{n-1} \leqslant a_n < b_n \leqslant b_{n-1} \quad \text{et} \quad b_n - a_n \leqslant \dfrac{b_{n-1} - a_{n-1}}{2} \\ a_n \in A \quad \text{et} \quad b_n \text{ est majorant de } A. \end{cases}$$

Ainsi, la suite (a_n) est croissante et la suite (b_n) est décroissante. Puisqu'on a $b_n - a_n \leqslant (b_{n-1} - a_{n-1})/2$ quel que soit l'entier $n \geqslant 1$, une récurrence facile montre que l'on a $b_n - a_n \leqslant (b_0 - a_0)/2^n$ quel que soit n, donc $b_n - a_n$ tend vers 0. Les suites (a_n) et (b_n) sont adjacentes, par conséquent il existe un nombre réel s tel que $\lim a_n = \lim b_n = s$ et $a_n \leqslant s \leqslant b_n$ quel que soit n.

- Montrons que s est un majorant de A. Soit x un élément de A. Puisque b_n est un majorant de A, nous avons $x \leqslant b_n$ pour tout n, donc aussi (passage à la limite dans les inégalités) $x \leqslant \lim b_n$, c'est-à-dire $x \leqslant s$. Le nombre réel s est donc supérieur ou égal à tout élément de A.
- Montrons que si m est un majorant de A, alors on a $m \geqslant s$. Soit m un majorant de a. Puisque $a_n \in A$ quel que soit n, nous avons $m \geqslant a_n$ quel que soit n. En passant à la limite dans cette inégalité, nous obtenons $m \geqslant s$.

Nous avons démontré que le nombre s est un plus petit majorant de A.

Remarquons qu'un plus petit majorant est nécessairement unique : en effet, si s_1 et s_2 vérifient les deux propriétés d'un plus petit majorant de A, alors s_1 et s_2 sont des majorants, donc on a $s_1 \geqslant s_2$ et $s_2 \geqslant s_1$; on en déduit $s_1 = s_2$.

Définition

Soit A une partie de $\mathbb{R}$, non vide et majorée. Le plus petit majorant de A s'appelle la *borne supérieure* de A et se note $\sup A$.

Par définition, $\sup A$ est l'unique nombre réel tel que

$$\sup A \text{ est un majorant de } A \text{ et tout majorant } m \text{ de } A \text{ vérifie } m \geqslant \sup A\,.$$

De plus, il existe une suite (a_n) d'éléments de A telle que $\lim a_n = \sup A$.
Énonçons le résultat important que nous avons démontré.

Théorème. *Toute partie de $\mathbb{R}$, non vide et majorée, a une borne supérieure.*

Caractérisation de la borne supérieure. *Soit A une partie de $\mathbb{R}$, non vide et majorée. La borne supérieure de A est l'unique nombre réel tel que*

$$\begin{cases} \text{(i)} & \text{si } x \in A, \text{ alors } x \leqslant \sup A \\ \text{(ii)} & \text{pour tout nombre } t < \sup A, \text{ il existe un nombre } x \in A \text{ tel que } t < x. \end{cases}$$

Démonstration. Soit t un nombre réel tel que $t < \sup A$. Puisque $\sup A$ est le plus petit des majorants de A, on en déduit que t n'est pas majorant de A. C'est donc qu'il existe un élément $x \in A$ tel que $x > t$. Le nombre réel $\sup A$ possède donc les propriétés (i) et (ii) de la proposition. Réciproquement, soit s un nombre réel vérifiant (i) et (ii). Si t est un nombre réel tel que $t < s$, il existe un nombre $x \in A$ tel que $t < x$, donc t n'est pas majorant de A. Tout majorant de A est donc supérieur ou égal à s. D'après (i), s est un majorant de A, donc s est le plus petit majorant de A. ∎

Exemples

1) Soient a et b des nombres réels tels que $a < b$.

- Le segment $[a, b]$ et l'intervalle $]-\infty, b]$ ont pour plus grand élément b, donc $\sup\,[a, b] = \sup\,]-\infty, b] = b$.

- La borne supérieure de l'intervalle $I = [a, b[$ est égale à b. Pour le montrer, utilisons la caractérisation de la borne supérieure. Le nombre b est évidemment un majorant de I. De plus, quel que soit le nombre t tel que $t < b$, il existe des éléments $x \in I$ tels que $t < x$: en effet, si l'on a $t < a$, alors tout élément de I convient ; et si l'on a $a \leqslant t$, alors $\dfrac{t+b}{2}$ convient. On montre de même l'égalité $\sup\,]-\infty, b[= b$.

2) Pour tout $n \in \mathbb{N}$, posons $u_n = (-1)^n \dfrac{n}{n+2}$. Notons A l'ensemble des termes de la suite (u_n), c'est-à-dire

$$A = \left\{ x \in \mathbb{R} \mid \exists n \in \mathbb{N}\,,\ x = (-1)^n \frac{n}{n+2} \right\}.$$

Montrons que l'on a $\sup A = 1$.

Quel que soit l'entier $n \geqslant 0$, nous avons $u_n \leqslant |u_n| = \dfrac{n}{n+2} < 1$, donc le nombre 1 est un majorant de l'ensemble A. Puisqu'on a $u_{2n} = \dfrac{2n}{2n+2} = \dfrac{n}{n+1}$, il vient $\lim u_{2n} = 1$. Soit t un nombre réel tel que $t < 1$. Par définition de la limite, il existe un entier N tel que $u_{2n} > t$ si $n \geqslant N$. En particulier, l'élément u_{2N} de A est strictement plus grand que t. Le nombre 1 vérifie donc les deux propriétés qui caractérisent la borne supérieure de A.

3) Soit $f :]0, +\infty[\to \mathbb{R}$ la fonction définie par $f(x) = \dfrac{1}{x+2} \cos \dfrac{1}{x}$ et soit A l'ensemble des valeurs de f, c'est-à-dire

$$A = f\big(]0, +\infty[\big) = \{\, y \in \mathbb{R} \mid \exists x \in]0, +\infty[, y = f(x) \,\}.$$

Nous allons montrer que l'on a $\sup A = 1/2$.

Puisque la fonction cosinus est majorée par 1, on a $\cos(1/x) \leqslant 1$ pour tout $x > 0$. Si x est un nombre strictement positif, nous avons $x + 2 > 2$ donc $f(x) = \dfrac{1}{x+2} \cos \dfrac{1}{x} \leqslant \dfrac{1}{x+2} < \dfrac{1}{2}$. La partie A est donc majorée par $1/2$.

Posons $x_n = \dfrac{1}{2n\pi}$ pour tout entier $n > 0$. On a $\dfrac{1}{x_n} = 2n\pi$ donc $\cos \dfrac{1}{x_n} = 1$ pour tout n et par suite $f(x_n) = \dfrac{1}{x_n + 2}$. Puisqu'on a $\lim x_n = 0$, il vient $\lim f(x_n) = \lim \dfrac{1}{x_n + 2} = \dfrac{1}{2}$. Vérifions la propriété (ii) de la caractérisation de la borne supérieure. Donnons-nous un nombre t tel que $t < 1/2$. Puisque $f(x_n)$ tend vers $1/2$, il existe un entier positif p tels que $t < f(x_p)$. Or nous avons $f(x_p) \in A$, donc nous avons trouvé un élément de A strictement plus grand que t.

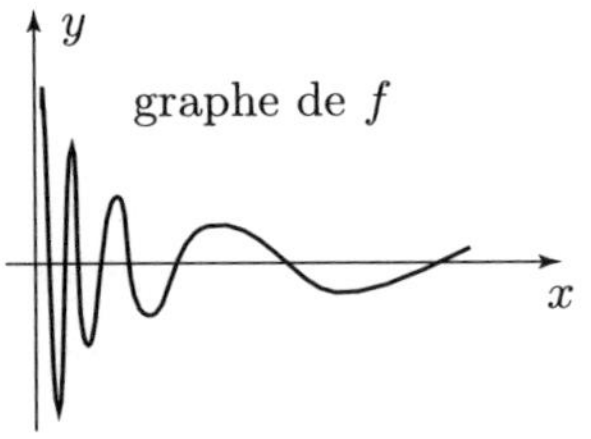

La proposition suivante fournit d'autres exemples importants de bornes supérieures.

Proposition. *Si une suite croissante a une limite finie, alors cette limite est la borne supérieure de l'ensemble des termes de la suite.*

Démonstration. Soit (u_n) une suite croissante et convergente. Puisque la suite est convergente, elle est bornée et en particulier l'ensemble $A = \{x \in \mathbb{R} \mid \exists n \in \mathbb{N},\ x = u_n\}$ des termes de la suite est majoré. Notons ℓ la limite de u_n et montrons que l'on a $\ell = \sup A$.

Voyons tout d'abord que ℓ est un majorant de A, c'est-à-dire que l'on a $u_n \leqslant \ell$ quel que soit n. Raisonnons par l'absurde en supposant qu'il existe un terme u_p de la suite tel que $u_p > \ell$. Puisque la suite est croissante, on a $u_n \geqslant u_p$ pour tout $n \geqslant p$ et donc (en passant à la limite quand n tend vers l'infini) $\ell \geqslant u_p$. Mais alors il vient $\ell \geqslant u_p > \ell$, ce qui n'est pas possible.

Soit t un nombre vérifiant $t < \ell$. Alors par définition de la limite d'une suite, il existe au moins un terme u_p tel que $t < u_p$.

D'après la caractérisation de la borne supérieure, cela montre que l'on a $\ell = \sup A$. ■

Remarque

Si A est une partie de $\mathbb{Q}$ non vide et majorée, l'ensemble des majorants rationnels de A peut ne pas avoir de plus petit élément ; autrement dit, la partie A peut ne pas avoir de borne supérieure appartenant à $\mathbb{Q}$.

Par exemple, considérons le nombre irrationnel $\sqrt{2}$ et l'ensemble A de ses approximations décimales (page 48). Les éléments de A forment une suite de nombres rationnels a_n qui est croissante et qui a pour limite $\sqrt{2}$. Un nombre rationnel m est un majorant de A si et seulement si $m \geqslant \sqrt{2}$, c'est-à-dire si et seulement si $m > \sqrt{2}$ puisque m n'est pas irrationnel. Il existe alors un nombre rationnel m' tels que $m > m' > \sqrt{2}$. Puisque le nombre m' est un majorant rationnel de A strictement inférieur à m, c'est que m n'est pas le plus petit majorant rationnel de A. Il n'existe donc pas de plus petit majorant rationnel pour l'ensemble A.

Borne inférieure

Si A est une partie de $\mathbb{R}$, non vide et minorée, on montre de même qu'il existe un unique minorant de A supérieur ou égal à tous les minorants de A.

Définition

Soit A une partie de $\mathbb{R}$, non vide et minorée. Le plus grand minorant de A s'appelle *la borne inférieure de* A et se note $\inf A$.

Par exemple, la limite d'une suite décroissante convergente est égale à la borne inférieure de l'ensemble des termes de la suite.

Caractérisation de la borne inférieure. La borne inférieure de A est l'unique nombre réel ayant les propriétés suivantes :

$$\begin{cases} \text{(i)} & \textit{si } x \in A \textit{ alors } x \geqslant \inf A \\ \text{(ii)} & \textit{pour tout nombre réel } t > \inf A, \textit{ il existe un nombre } x \in A \textit{ tel que } t > x. \end{cases}$$

Les notions de borne supérieure et de borne inférieure permettent de démontrer la proposition suivante.

Caractérisation des intervalles. *Soit I une partie non vide de $\mathbb{R}$. I est un intervalle si et seulement si, pour tous nombres réels x et y appartenant à I, le segment d'extrémités x et y est inclus dans I.*

Admettons ce résultat, mais précisons quelques points. Supposons que I, partie non vide de $\mathbb{R}$, vérifie la caractérisation précédente.

- Si I n'est ni majorée, ni minorée, alors $I = \mathbb{R}$.
- Si I est majorée et minorée, posons $a = \inf I$ et $b = \sup I$. Alors on a $]a,b[\subset I \subset [a,b]$, donc I est l'un des ensembles $]a,b[$, $]a,b]$, $[a,b[$ ou $[a,b]$.
- Si I est minorée et non majorée, alors en posant $a = \inf I$, on a $]a,+\infty[\subset I \subset [a,+\infty[$, donc I est l'un des ensembles $]a,+\infty[$ ou $[a,+\infty[$.
- De même, si I est majorée et non minorée, alors I est l'un des ensembles $]-\infty,b[$ ou bien $]-\infty,b]$, où $b = \sup I$.

2. Suites et fonctions croissantes

Nous avons montré page 60 que si une suite croissante est convergente, alors sa limite est la borne supérieure des termes de la suite. Grâce à l'existence de la borne supérieure, nous allons pouvoir prouver une importante réciproque : si l'ensemble des termes d'une suite croissante est majoré, alors la borne supérieure de cet ensemble est limite de la suite. Les résultats de ce paragraphe sont fondamentaux car ils permettent d'affirmer l'existence d'une limite.

Énonçons le théorème principal dans le cadre des fonctions croissantes.

Théorème. *Soit $f : [a,b[\to \mathbb{R}$ une fonction croissante, où a est un nombre réel et où b est un nombre réel ou bien le symbole $+\infty$.*

- *Si f est majorée, alors $f(x)$ a une limite quand x tend vers b et $\lim\limits_{x \to b} f(x)$ est la borne supérieure des valeurs de f sur $[a,b[$.*
- *Si f n'est pas majorée, alors $\lim\limits_{x \to b} f(x) = +\infty$.*

Démonstration. Supposons la fonction f majorée. Cela signifie qu'il existe un nombre M tel que $f(x) \leqslant M$ quel que soit $x \in [a,b[$. Notons A l'ensemble des valeurs de la fonction f. L'ensemble A est une partie de $\mathbb{R}$ non vide et A est majorée par hypothèse, donc la borne supérieure $\sup A$ existe : c'est le plus petit majorant de la fonction f.

Montrons que l'on a $\lim\limits_{x \to b} f(x) = \sup A$. Soit un nombre $\varepsilon > 0$. Puisqu'on a $\sup A - \varepsilon < \sup A$, il existe d'après la caractérisation de la borne supérieure, un élément $v \in A$ tel que

$v > \sup A - \varepsilon$. Par définition de l'ensemble A, on peut trouver un certain nombre $u \in [a, b[$ tel que $v = f(u)$. Si x est un élément de $[a, b[$ tel que $x \geqslant u$, alors il vient $f(x) \geqslant f(u) = v$, car f est croissante ; on a donc $f(x) > \sup A - \varepsilon$. Puisque $\sup A$ est un majorant de A, nous avons aussi $f(x) \leqslant \sup A$, d'où finalement

$$\sup A - \varepsilon < f(x) \leqslant \sup A \quad \text{si } x \in [a, b[\text{ et } x \geqslant u\,.$$

Posons $\alpha = b - u$. On a $\alpha > 0$ et les inégalités $b > x \geqslant u$ et $0 < b - x \leqslant \alpha$ sont équivalentes. Pour tout nombre $\varepsilon > 0$, nous avons donc trouvé un nombre $\alpha > 0$ tel que $0 \leqslant \sup A - f(x) < \varepsilon$ si $0 < b - x \leqslant \alpha$. Cela montre que $f(x)$ tend vers $\sup A$ quand x tend vers b.
Supposons que f n'est pas majorée. Soit A un nombre réel positif. Puisque f n'est pas majorée, il existe un élément $u \in [a, b[$ tel que $f(u) > A$. Si x est un élément de $[a, b[$ tel que $x \geqslant u$, alors on a $f(x) \geqslant f(u) > A$, donc $f(x) > A$. Si l'on pose $\alpha = b - u$, le nombre α est strictement positif et nous avons $f(x) > A$ quel que soit x tel que $0 < b - x \leqslant \alpha$. Cela montre que $f(x)$ tend vers $+\infty$ quand x tend vers b. ■

Soit $f :]a, b] \to \mathbb{R}$ une fonction croissante, où b est un nombre réel et où a est un nombre réel ou bien le symbole $-\infty$. On a de même les résultats suivants :

- si f est minorée, alors $f(x)$ a une limite quand x tend vers a et $\lim\limits_{x \to a} f(x)$ est la borne inférieure des valeurs de f sur $]a, b]$;
- si f n'est pas minorée, alors $\lim\limits_{x \to a} f(x) = -\infty$.

Illustrons différents cas :

f est croissante minorée et non majorée

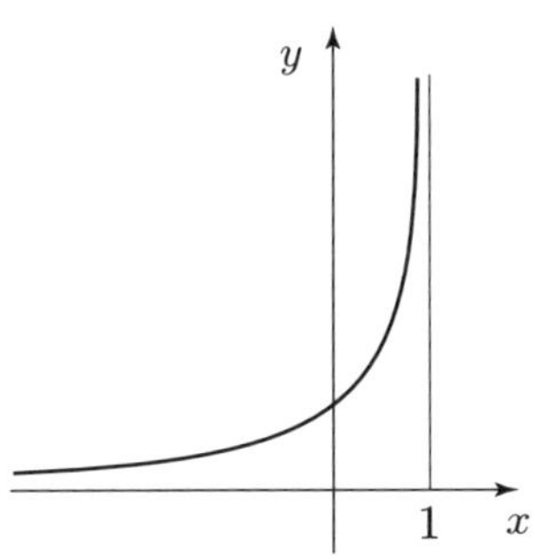

$$]-\infty, 1[\xrightarrow{f} \mathbb{R}$$
$$x \longmapsto \frac{1}{1-x}$$

$$\lim_{x \to -\infty} f(x) = 0 \text{ et } \lim_{x \to 1} f(x) = +\infty$$

f est croissante majorée et non minorée

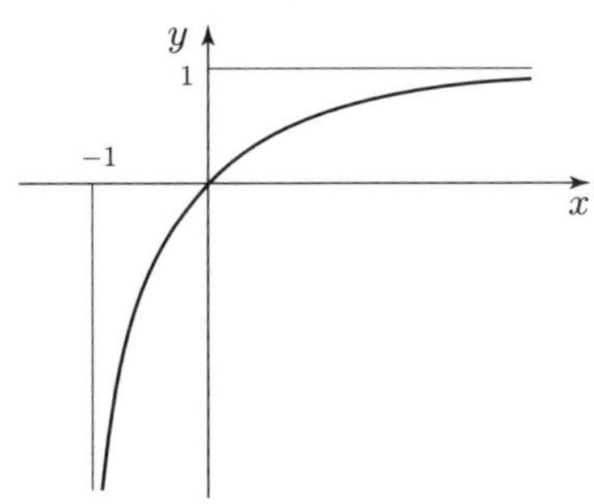

$$]-1, +\infty[\xrightarrow{f} \mathbb{R}$$
$$x \longmapsto \frac{x}{x+1}$$

$$\lim_{x \to +\infty} f(x) = 1 \text{ et } \lim_{x \to -1} f(x) = -\infty$$

f n'est ni majorée ni minorée

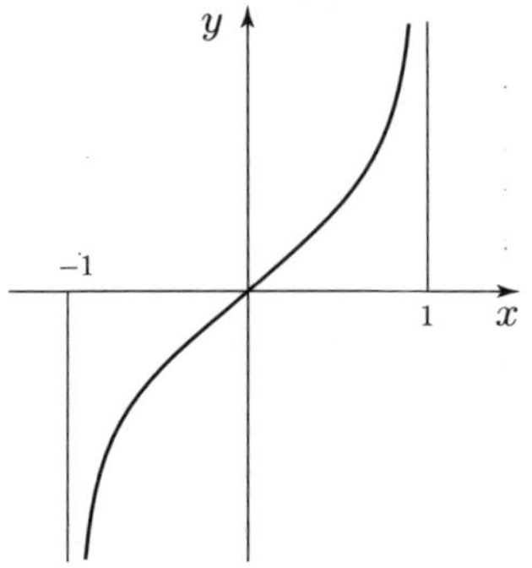

$$\begin{aligned}]-1,1[&\xrightarrow{f} \mathbb{R} \\ x &\longmapsto \frac{x}{1-x^2} \end{aligned}$$

$\lim\limits_{x \to -1} f(x) = -\infty$ et $\lim\limits_{x \to 1} f(x) = +\infty$

f est majorée et minorée

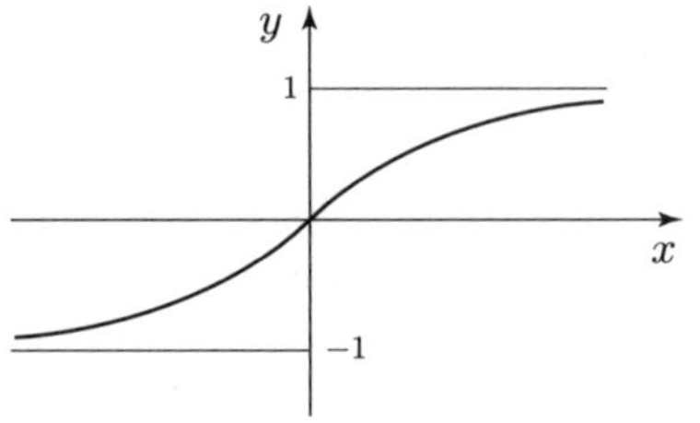

$$\begin{aligned}]-\infty,+\infty[&\xrightarrow{f} \mathbb{R} \\ x &\longmapsto \frac{x}{1+|x|} \end{aligned}$$

$\lim\limits_{x \to +\infty} f(x) = 1$ et $\lim\limits_{x \to -\infty} f(x) = -1$

Voici la version du théorème précédent correspondant aux suites ; la démonstration est une simple adaptation.

Théorème

- *Une suite croissante et majorée est convergente.*
- *Si (u_n) est une suite croissante et non majorée, alors* $\lim u_n = +\infty$.

On peut aussi énoncer des résultats analogues pour une fonction ou une suite décroissante. Par exemple :

- une suite décroissante et minorée est convergente ;
- si (u_n) est une suite décroissante et non minorée, alors $\lim u_n = -\infty$;
- si $f : [a, b[\to \mathbb{R}$ est décroissante et non minorée, alors $\lim\limits_{x \to b} f(x) = -\infty$.

Exemples

1) Pour tout entier $n \geqslant 1$, posons $u_n = 1 + \frac{1}{2} + \frac{1}{3} + \cdots + \frac{1}{n}$.

On a $u_{n+1} - u_n = \dfrac{1}{n+1} > 0$ donc la suite (u_n) est croissante. Remarquons que l'on a

$$u_2 - u_1 = 1 + \frac{1}{2} - 1 = \frac{1}{2} \qquad \text{et} \qquad u_4 - u_2 = \frac{1}{3} + \frac{1}{4} > \frac{1}{4} + \frac{1}{4} = \frac{1}{2}\,.$$

Plus généralement, si p est un entier supérieur ou égal à 1, la somme

$$u_{2^p} - u_{2^{p-1}} = \frac{1}{2^{p-1}+1} + \frac{1}{2^{p-1}+2} + \cdots + \frac{1}{2^p}$$

contient $2^p - 2^{p-1} = 2^{p-1}$ termes tous supérieurs ou égaux à $1/2^p$. Par suite

$$u_{2^p} - u_{2^{p-1}} \geqslant 2^{p-1}\frac{1}{2^p} = \frac{1}{2}\cdot$$

En ajoutant membre-à-membre toutes ces inégalités, il vient

$$(u_2 - u_1) + (u_4 - u_2) + \cdots + (u_{2^p} - u_{2^{p-1}}) \geqslant \frac{p}{2}\cdot$$

Dans la somme précédente, les termes $u_2, u_4, \ldots, u_{2^{p-1}}$ se simplifient et la somme est égale à $u_{2^p} - u_1 = u_{2^p} - 1$. Nous avons donc $u_{2^p} \geqslant 1 + \frac{p}{2}$.
On en déduit que la suite (u_{2^p}) tend vers $+\infty$, donc cette suite n'est pas majorée. *A fortiori*, la suite (u_n) n'est pas majorée. Puisque la suite (u_n) est croissante, nous avons démontré :

$$\lim\left(1 + \frac{1}{2} + \cdots + \frac{1}{n}\right) = +\infty\,.$$

2) Pour tout entier $n \geqslant 1$, posons $u_n = 1 + \frac{1}{2^2} + \frac{1}{3^2} + \cdots + \frac{1}{n^2}$.

Puisque les nombres $u_{n+1} - u_n = \frac{1}{n^2}$ sont positifs, la suite (u_n) est croissante. Nous allons montrer que quel que soit l'entier n positif, on a l'inégalité

$$u_n \leqslant 2 - \frac{1}{n}\cdot \qquad (*)$$

Raisonnons par récurrence. L'inégalité $(*)$ est vraie si $n = 1$ car $u_1 = 1$. Supposons que $(*)$ est vraie pour un entier $n \geqslant 1$. Puisqu'on a $u_{n+1} = u_n + \frac{1}{(n+1)^2}$, l'hypothèse de récurrence entraîne $u_{n+1} \leqslant 2 - \frac{1}{n} + \frac{1}{(n+1)^2}$. Or nous avons $\frac{1}{(n+1)^2} \leqslant \frac{1}{n(n+1)} = \frac{1}{n} - \frac{1}{n+1}$, donc aussi

$$u_{n+1} \leqslant 2 - \frac{1}{n} + \frac{1}{(n+1)^2} \leqslant 2 - \frac{1}{n} + \frac{1}{n} - \frac{1}{n+1} = 2 - \frac{1}{n+1}\cdot$$

L'inégalité $(*)$ est donc vraie pour $n+1$. Nous avons ainsi montré que $(*)$ est vraie quel que soit l'entier $n \geqslant 1$.
On déduit de $(*)$ que l'on a $u_n \leqslant 2$ pour tout entier $n \geqslant 1$, par conséquent la suite (u_n) est majorée. Puisque la suite (u_n) est croissante, elle est convergente. Nous avons démontré :

il existe un nombre réel ℓ tel que $\lim\left(1 + \frac{1}{2^2} + \frac{1}{3^2} + \cdots + \frac{1}{n^2}\right) = \ell$.

Pour démontrer qu'une suite (u_n) est croissante, montrez que l'on a $u_{n+1} - u_n \geqslant 0$ pour tout n.
Si $u_n > 0$ pour tout n, vous pouvez aussi montrer que l'on a $\frac{u_{n+1}}{u_n} \geqslant 1$ pour tout n.

3. Suites récurrentes

Soient I un intervalle et $f : I \to \mathbb{R}$ une fonction. Soit (u_n) une suite ayant la propriété suivante :

$$u_{n+1} = f(u_n) \text{ quel que soit } n\,.$$

On a $u_1 = f(u_0)$, $u_2 = f(u_1)$, ..., donc tous les termes de la suite sont déterminés par la fonction f et le premier terme u_0. On dit que (u_n) est une *suite récurrente*.

Faisons quelques remarques générales sur la suite (u_n).

Proposition. *Supposons que la fonction f est croissante.*

- *Si $u_1 > u_0$, alors la suite (u_n) est croissante ;*
- *si $u_1 < u_0$, alors la suite (u_n) est décroissante ;*
- *si $u_1 = u_0$, alors la suite (u_n) est constante.*

Démonstration. Supposons $u_1 > u_0$. L'inégalité $u_{n+1} \geqslant u_n$ est donc vraie si $n = 0$. Supposons que n est un entier tel que $u_{n+1} \geqslant u_n$. Puisque la fonction f est croissante, nous avons $u_{n+2} = f(u_{n+1}) \geqslant f(u_n) = u_{n+1}$. D'après le principe de récurrence, nous avons démontré que l'on a $u_{n+1} \geqslant u_n$ quel que soit l'entier $n \geqslant 0$. La suite (u_n) est donc croissante.

Le cas $u_1 < u_0$ se traite de même.

Supposons $u_1 = u_0$. La propriété $u_n = u_0$ est donc vraie si $n = 1$. Supposons que n est un entier tel que $u_n = u_0$; alors on a $u_{n+1} = f(u_n) = f(u_0) = u_1 = u_0$. D'après le principe de récurrence, nous avons démontré que l'égalité $u_n = u_0$ est vraie quel que soit l'entier $n \geqslant 0$. La suite (u_n) est donc constante. ■

Proposition. *Supposons que la fonction f est continue. Si la suite (u_n) est convergente et si sa limite ℓ appartient à I, alors $\ell = f(\ell)$.*

Démonstration. Supposons $\lim u_n = \ell$ et $\ell \in I$. Puisque la fonction f est continue en ℓ, nous savons que cela entraîne $\lim f(u_n) = f(\ell)$. Posons $v_n = u_{n+1}$ pour tout n. On a aussi $\lim v_n = \lim u_n = \ell$. Mais puisque $v_n = f(u_n)$ quel que soit n, il vient $\lim v_n = \lim f(u_n)$, c'est-à-dire $\ell = f(\ell)$. ■

Voici deux exemples d'étude d'une suite récurrente.

Exercice. Étudier les suites (u_n) à termes réels vérifiant

$$u_{n+1} = \frac{1}{2}u_n(u_n^2 - 3u_n + 4) \text{ pour tout } n \geqslant 0\,.$$

Réponse. Définissons la fonction $f : \mathbb{R} \to \mathbb{R}$ en posant $f(x) = \frac{1}{2}x(x^2 - 3x + 4)$. On a bien $u_{n+1} = f(u_n)$ pour tout $n \geqslant 0$. D'autre part, la fonction f est continue car c'est une fonction polynôme.

- Pour étudier le sens de variation de f, calculons la dérivée f'. Puisqu'on a $f(x) = \frac{1}{2}(x^3 - 3x^2 + 4x)$, il vient $f'(x) = \frac{1}{2}(3x^2 - 6x + 4) = \frac{1}{2}\big(3(x-1)^2 + 1\big) > 0$. La fonction f est donc strictement croissante.

- Pour tout nombre réel x, nous avons
$$f(x) - x = \frac{1}{2}(x^3 - 3x^2 + 2x) = \frac{1}{2}x(x-1)(x-2)\,.$$
Voici le tableau des signes de $f(x) - x$:

x		0		1		2	
$f(x) - x$	$-$		$+$		$-$		$+$

On a $f(x) = x$ si et seulement si x est égal à 0, 1 ou 2. Si la suite (u_n) est convergente, sa limite ne peut donc être que 0, 1 ou 2 d'après la proposition précédente.

Puisque la suite est déterminée par son premier terme, discutons selon les valeurs de u_0.

Premier cas : u_0 est égal à 0, 1 ou 2.
On a alors $u_1 = f(u_0) = u_0$, la suite (u_n) est donc constante et $\lim u_n = u_0$.

Deuxième cas : $u_0 > 2$.
D'après le tableau des signes de $f(x) - x$, nous avons $u_1 - u_0 = f(u_0) - u_0 > 0$, donc la suite (u_n) est croissante. Supposons que la suite (u_n) est convergente et posons $\ell = \lim u_n$. Puisque (u_n) est croissante, on a $\ell \geqslant u_0$ donc $\ell > 2$. Mais nous savons que ℓ est égal à 0, 1 ou 2, donc ce que nous avons supposé n'est pas vrai : la suite (u_n) n'est pas convergente. Puisque la suite (u_n) est croissante, on en déduit $\lim u_n = +\infty$.

Troisième cas : $1 < u_0 < 2$.
Sur le tableau de signes, nous lisons $u_1 - u_0 = f(u_0) - u_0 < 0$, donc la suite (u_n) est décroissante. Montrons par récurrence que l'on a $u_n > 1$ pour tout n. Cette inégalité est vraie si $n = 0$ par hypothèse. Soit $n \geqslant 0$ un entier tel que $u_n > 1$. Puisque f est strictement croissante, on a $f(u_n) > f(1)$ c'est-à-dire $u_{n+1} > 1$. On a donc $u_n > 1$ quel que soit $n \geqslant 0$. La suite (u_n) est minorée et décroissante, donc convergente. Posons $\ell = \lim u_n$. Puisqu'on a $u_n > 1$ quel que soit n, on en déduit $\ell \geqslant 1$ en passant à la limite dans l'inégalité. Puisque la suite est décroissante, on a $\ell \leqslant u_0$ donc $\ell < 2$. Or nous savons que le nombre ℓ est égal à 0, 1 ou 2, donc $\ell = 1$. Nous avons démontré que $\lim u_n = 1$.

Quatrième cas : $0 < u_0 < 1$.
Le tableau de signes indique $u_1 - u_0 = f(u_0) - u_0 > 0$, donc la suite (u_n) est croissante. Montrons par récurrence que l'on a $u_n < 1$ pour tout n. Cette inégalité est vraie si $n = 0$ par hypothèse. Supposons que n est un entier positif ou nul tel que $u_n < 1$. Puisque f est strictement croissante, on a $f(u_n) < f(1)$ c'est-à-dire $u_{n+1} < 1$. On a donc $u_n < 1$ quel que soit l'entier $n \geqslant 0$. La suite (u_n) est majorée et croissante, donc convergente. Par passage à la limite dans l'inégalité $u_n < 1$, on obtient $\lim u_n \leqslant 1$. Comme la suite est croissante, sa limite est supérieure ou égale à u_0, donc $\lim u_n > 0$. Puisque $\lim u_n$ est égale à 0, 1 ou 2, on en déduit $\lim u_n = 1$.

Cinquième cas : $u_0 < 0$.
Puisque $u_1 - u_0$ est strictement négatif, la suite (u_n) est décroissante. Si la suite était convergente, sa limite serait plus petite ou égale à u_0, donc strictement négative. Cela est impossible puisque la limite ne peut valoir que 0, 1 ou 2. Donc la suite (u_n) n'est pas convergente. Puisque la suite est décroissante, c'est que l'on a $\lim u_n = -\infty$.

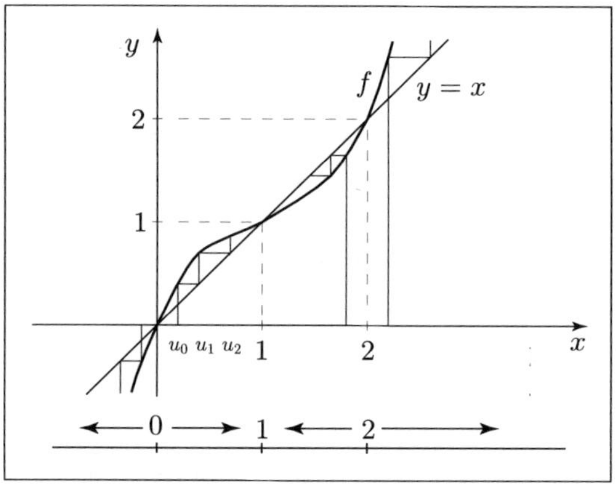

Exercice. Étudier les suites (u_n) vérifiant

$$u_0 > 0 \quad \text{et} \quad u_{n+1} = 1 + \frac{1}{u_n} \quad \text{pour tout } n \geqslant 0.$$

Réponse. Quel que soit l'entier n, u_n est strictement positif. Remarquons que l'on a $u_n > 1$ si $n \geqslant 1$: on en déduit que u_n ne peut pas tendre vers 0.

Définissons la fonction $f :]0, +\infty[\to \mathbb{R}$ en posant $f(x) = 1 + \dfrac{1}{x}$ pour tout $x > 0$. Puisque la fonction $x \mapsto \dfrac{1}{x}$ est strictement décroissante et continue sur $]0, +\infty[$, il en va de même de f.

Pour deviner les valeurs possibles pour la limite de (u_n), résolvons l'équation $f(x) = x$. Pour tout nombre $x > 0$, nous avons

$$f(x) - x = 1 + \frac{1}{x} - x = -\frac{x^2 - x - 1}{x}$$

d'où l'équivalence : $f(x) = x \iff x^2 - x - 1 = 0$. Le polynôme $X^2 - X - 1$ a pour seule racine positive le nombre $\alpha = \dfrac{1+\sqrt{5}}{2}$. Voilà la seule valeur possible pour la limite de (u_n).

Remarquons que l'on a $f(x) > 0$ quel que soit $x > 0$, donc la fonction composée $g = f \circ f$ est définie et croissante comme composée de deux fonctions décroissantes. Remarquons aussi que l'on a $u_{n+2} = f(u_{n+1}) = (f \circ f)(u_n) = g(u_n)$ pour tout entier $n \geqslant 0$.

Quel que soit l'entier n positif ou nul, posons $v_n = u_{2n}$ et $w_n = u_{2n+1}$. Nous avons donc

$$v_{n+1} = g(v_n) \quad \text{et} \quad w_{n+1} = g(w_n)\,.$$

Afin d'étudier les suites (v_n) et (w_n), cherchons le signe de $g(x) - x$. Nous avons

$$g(x) = f\big(f(x)\big) = 1 + \frac{1}{f(x)} = 1 + \frac{x}{x+1}$$

$$g(x) - x = 1 + \frac{x}{x+1} - x = -\frac{x^2 - x - 1}{x+1}\,.$$

Pour tout nombre $x > 0$, le signe de $g(x) - x$ est celui de $-(x^2 - x - 1)$, d'où le tableau :

$x > 0$	α	
$g(x) - x$	$+$	$-$

Premier cas : $0 < u_0 < \alpha$.

D'après le tableau précédent, nous avons $g(u_0) > u_0$ c'est-à-dire $v_1 > v_0$, car $v_0 = u_0$ et $v_1 = g(u_0)$. Puisque la fonction g est croissante, la suite (v_n) est croissante.

Montrons que l'on a $v_n < \alpha$ quel que soit n. Cette inégalité est vraie si $n = 0$. Si elle est vraie pour un entier $n \geqslant 0$, alors on a $g(v_n) < g(\alpha)$ ou encore $v_{n+1} < \alpha$ puisque $g(\alpha) = \alpha$. D'après le principe de récurrence, l'inégalité $v_n < \alpha$ est vraie quel que soit l'entier $n \geqslant 0$. Ainsi la suite (v_n) est croissante et majorée, donc convergente. La limite de (v_n) est supérieure ou égale à v_0 donc $\lim v_n > 0$. Puisqu'on doit avoir l'égalité $g(\lim v_n) = \lim v_n$, on en déduit $\lim v_n = \alpha$ d'après notre étude de la fonction g.

Puisque f est strictement décroissante, l'inégalité $u_0 < \alpha$ implique $f(u_0) > f(\alpha)$ c'est-à-dire $w_0 > \alpha$, car nous avons $w_0 = u_1 = f(u_0)$ et $f(\alpha) = \alpha$. On a donc $w_1 = g(w_0) < w_0$ et par conséquent la suite (w_n) est décroissante. Pour tout entier n, nous avons $w_n = u_{2n+1} = f(u_{2n}) = f(v_n)$. On sait que v_n tend vers α et que la fonction f est continue en α, donc il vient $\lim w_n = \lim f(v_n) = f(\alpha) = \alpha$.

Nous venons de montrer que les suites (u_{2n}) et (u_{2n+1}) ont toutes les deux pour limite α. Cela implique $\lim u_n = \alpha$, d'après la proposition page 45.

Nous savons que la suite (v_n) est croissante et que la suite (w_n) est décroissante. De plus, on a $v_n < \alpha$, donc $w_n = f(v_n) > f(\alpha) = \alpha$, car la fonction f est strictement décroissante : on en déduit $v_n < w_n$ pour tout n. Enfin, nous avons l'égalité

$\lim(w_n - v_n) = \lim w_n - \lim v_n = \alpha - \alpha = 0$. Les suites (v_n) et (w_n) sont donc adjacentes et quel que soit n, on a l'encadrement $v_n < \alpha < w_n$.

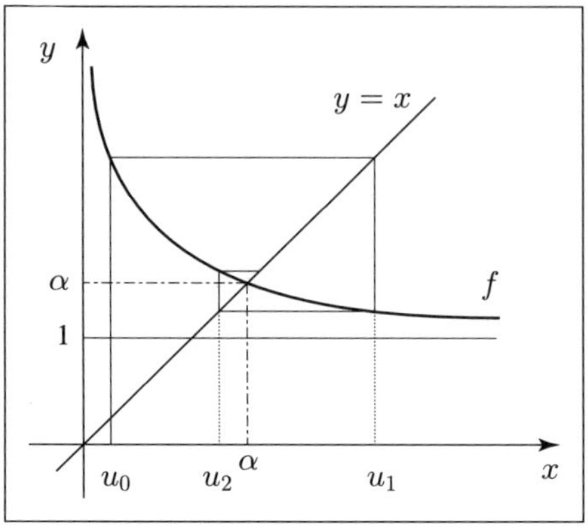

Deuxième cas : $u_0 = \alpha$.
Puisqu'on a $f(\alpha) = \alpha$, la suite (u_n) est constante, de limite α.

Troisième cas : $u_0 > \alpha$.
Le tableau de signes pour $g(x) - x$ indique que l'on a $v_1 = g(u_0) < u_0 = v_0$, donc la suite (v_n) est décroissante. Comme ci-dessus, on montre par récurrence que l'on a $v_n > \alpha$ pour tout n. La suite (v_n) est décroissante et minorée, donc convergente. D'après l'étude de la fonction g, nous avons nécessairement $\lim v_n = \alpha$. On en déduit, comme dans le premier cas, que $w_n = f(v_n)$ tend vers $f(\alpha) = \alpha$.
Les suites (v_n) et (w_n) ayant toutes deux pour limite α, il s'ensuit à nouveau $\lim u_n = \alpha$.
Puisqu'on a $u_0 > \alpha$, il vient $f(u_0) < f(\alpha)$ ou encore $w_0 < \alpha$. Cela implique $w_1 = g(w_0) > w_0$, donc la suite (w_n) est croissante. L'inégalité $v_n > \alpha$ implique $w_n = f(v_n) < f(\alpha) = \alpha$, donc on a $w_n < \alpha < v_n$ pour tout n.
Finalement, la suite (u_n) a toujours pour limite $\dfrac{1+\sqrt{5}}{2}$.

Remarque

Pour étudier une suite récurrente vérifiant $u_{n+1} = f(u_n)$, il est très utile de dessiner le graphe de f et d'étudier la position du graphe par rapport à la droite d'équation $y = x$. Sur ce dessin, on devine les propriétés à démontrer et les démonstrations se font par récurrence.

Exercices

1. Soit (u_n) une suite croissante de nombres réels. Montrer que la suite de terme général $\exp(-u_n)$ est convergente.

2. a) Montrer que la fonction $x \mapsto x - 2\sin\frac{x}{2}$ est strictement croissante.

b) Soit $x \in]0, 2\pi[$. Montrer que l'on a $\sin x < 2\sin\frac{x}{2} < x$.

c) Soit a un nombre réel appartenant à l'intervalle $]0, 2\pi[$ et soit $(u_n)_{n\geqslant 0}$ la suite définie par $u_n = 2^n \sin\frac{a}{2^n}$. Montrer que la suite (u_n) est croissante et convergente.

3. Pour tout entier $n \geqslant 1$, posons $u_n = \frac{1}{1!} + \frac{1}{2!} + \cdots + \frac{1}{n!}$ et $v_n = u_n + \frac{1}{n\,n!}\cdot$

a) Montrer que les suites (u_n) et (v_n) sont adjacentes.

b) En déduire que la suite (u_n) est convergente.

c) Posons $\lim u_n = \ell$. Trouver un intervalle d'extrémités rationnelles, contenant ℓ et de longueur inférieure à $0,002$ (nous démontrerons au chapitre **11** que $\ell + 1$ est égal au nombre e tel que $\operatorname{Log} e = 1$).

4. Pour tout entier $n \geqslant 1$, posons $u_n = \frac{1}{1^3} + \frac{1}{2^3} + \cdots + \frac{1}{n^3}$ et $v_n = u_n + \frac{1}{n^2}\cdot$
Montrer que les suites (u_n) et (v_n) sont adjacentes.

5. Proposons-nous d'étudier la suite de terme général $u_n = \left(1 + \frac{1}{n}\right)^n$.

a) Si q est un entier strictement positif, on définit la propriété $\mathscr{P}_q$ suivante

$$\mathscr{P}_q : \qquad \text{pour tout entier } n \geqslant q,\ \left(1 + \frac{1}{n}\right)^q < 1 + \frac{q}{n} + \left(\frac{q}{n}\right)^2.$$

Démontrer par récurrence que $\mathscr{P}_q$ est vraie quelque soit q.

b) En déduire que l'on a $\left(1 + \frac{1}{n}\right)^n < 3$ pour tout entier $n > 0$.

c) Soit n un entier strictement positif. Posons $a = 1 + \frac{1}{n+1}$ et $b = 1 + \frac{1}{n}$.

(i) Montrer que l'on a $a < b$ et $b^{n+1} - a^{n+1} < (b-a)(n+1)b^n$.

(ii) En déduire l'inégalité $b^n < a^{n+1}$.

d) Montrer que la suite (u_n) est croissante, convergente et que sa limite est un nombre compris entre 2 et 3 (nous verrons au chapitre **8** que cette limite est le nombre e dont le logarithme vaut 1).

6. Soit (u_n) une suite telle que $u_0 > -1$ et $u_{n+1} = \sqrt{1 + u_n}$ pour tout entier $n \geqslant 0$.

a) Déterminer le signe de $\sqrt{1+x} - x$ pour $x > -1$.

b) Montrer que la suite (u_n) est convergente et calculer $\lim u_n$.

7. Soit $f : \mathbb{R} \to \mathbb{R}$ la fonction définie par $f(x) = x - \sin x$.

a) Calculer $f'(x)$. En déduire que l'on a $f(x) > 0$ si $x > 0$.

b) Soit (u_n) une suite de nombres réels telle que $u_{n+1} = \sin u_n$ pour tout entier n positif ou nul. On suppose $u_0 \in [0, \pi]$. Montrer que la suite (u_n) est décroissante. En déduire que l'on a $\lim u_n = 0$.

8. Soit (u_n) une suite de nombres réels telle que $0 < u_0 < 2\pi$ et $u_{n+1} = u_n + \sin u_n$ pour tout entier $n \geqslant 0$. Montrer que l'on a $\lim u_n = \pi$.

9. Soient (u_n) et (v_n) des suites à termes réels telles que, pour tout entier $n \geqslant 0$,

$$\frac{2}{u_{n+1}} = \frac{1}{u_n} + \frac{1}{v_n} \quad \text{et} \quad 2v_{n+1} = u_n + v_n.$$

On suppose $v_0 > u_0 > 0$.

a) Démontrer l'égalité $v_{n+1} - u_{n+1} = \dfrac{u_n - v_n}{2(u_n + v_n)}(u_n - v_n)$.

b) Montrer que pour tout entier $n \geqslant 0$, on a $0 < v_{n+1} - u_{n+1} \leqslant \frac{1}{2}(v_n - u_n)$.

c) Montrer que la suite (v_n) est décroissante et que la suite (u_n) est croissante.

d) Montrer que les suites (u_n) et (v_n) sont convergentes et ont la même limite.

e) Montrer que la suite $(u_n v_n)$ est constante. En déduire la limite des suites (u_n) et (v_n).

10. Soit (u_n) une suite de nombres réels telle que $u_0 = 2$ et $u_{n+1} = \dfrac{u_n}{2} + \dfrac{1}{u_n}$ pour tout entier $n \geqslant 0$.

a) Montrer que l'on a $u_n > \sqrt{2}$ pour tout entier n.

b) Montrer que la suite (u_n) est strictement décroissante.

c) Calculer $\lim u_n$.

Pour tout entier n, on pose $e_n = u_n - \sqrt{2}$.

d) Montrer que l'on a $e_{n+1} = \dfrac{e_n^2}{2u_n}$. En déduire que l'on a $e_{n+1} < \dfrac{e_n^2}{2}$ pour tout n.

e) Montrer que l'on a $0 < e_n < \dfrac{1}{2^{2^n - 1}}$ quel que soit l'entier n.

11. Soit $f : \mathbb{C} \setminus \{-3i\} \to \mathbb{C}$ la fonction définie par $f(z) = \dfrac{3iz - 1}{z + 3i}$.

a) Soit z un nombre complexe tel que $z \neq -3i$.

(i) Montrer que $f(z)$ est imaginaire si et seulement si z est imaginaire.

(ii) Montrer que $f(z) = -i$ si et seulement si $z = -i$.

(iii) Montrer que si $z \neq -i$, alors $\dfrac{f(z) - i}{f(z) + i} = \dfrac{1}{2}\left(\dfrac{z - i}{z + i}\right)$.

Soit (u_n) une suite à termes complexes telle que $u_{n+1} = f(u_n)$ pour tout entier $n \geqslant 0$.

b) Calculer la limite de (u_n) si $u_0 = i$ ou bien si $u_0 = -i$.

On suppose que u_0 n'est pas imaginaire.

c) Montrer que $u_n \neq -i$ pour tout n.

d) Posons $v_n = \dfrac{u_n - i}{u_n + i}$ quel que soit l'entier $n \geqslant 0$. Calculer $\dfrac{v_{n+1}}{v_n}$.

e) Montrer que l'on a $\lim u_n = i$.

12. Soit (u_n) une suite de nombres réels telle que $u_0 \geqslant 0$ et $u_{n+1} = 1 + \dfrac{u_n}{n+1}$ pour tout entier $n \geqslant 0$.

a) Montrer que l'on a $u_{n+1} - u_{n+2} = \dfrac{u_n - 1}{n+2}$ pour tout entier $n \geqslant 0$.

b) Montrer que la suite (u_n) est convergente et calculer $\lim u_n$.

13. Soit a un nombre réel strictement positif et soit (u_n) une suite telle que $u_{n+1} = \dfrac{n+1}{n} u_n^2$ quelque soit $n \geqslant 1$.

a) Supposons $u_1 = 1/2$. Montrer que pour tout entier $n \geqslant 3$, on a $u_n \leqslant \dfrac{1}{2}\left(\dfrac{3}{4}\right)^{2^{n-3}}$.

b) En déduire que si $0 \leqslant u_1 \leqslant 1/2$, la suite (u_n) est convergente.

c) Supposons $u_1 = 2/3$. Montrer que l'on a $u_3 > 1$ et $u_n \geqslant (u_3)^{2^{n-3}}$ pour tout $n \geqslant 3$.

d) En déduire que si l'on a $u_1 \geqslant 2/3$, alors u_n tend vers $+\infty$.

14. Soit A et B des parties non vides de $\mathbb{R}$ telles que $A \subset B$. Montrer que si B est majorée, alors A est majorée et $\sup A \leqslant \sup B$.

15. Soit A une partie de $\mathbb{R}$ non vide et majorée.

a) Montrer qu'il existe une suite (a_n) telle que $a_n \in A$ quel que soit l'entier n et $\lim a_n = \sup A$.

b) Soit M un majorant de A. Supposons qu'il existe une suite (a_n) telle que $a_n \in A$ quel que soit n et $\lim a_n = M$. Montrer que $M = \sup A$.

16. Soit $f : [0,1] \to [0,1]$ une application croissante et soit $A = \{\, x \in [0,1] \mid x \leqslant f(x) \,\}$.

a) Montrer que A est une partie non vide et majorée de $\mathbb{R}$.

Notons a la borne supérieure de A.

b) Montrer que l'on a $a \in [0,1]$.

c) Montrer que $f(a)$ est un majorant de A. En déduire $a \in A$.

d) On suppose $a = 1$. Montrer que l'on a $f(1) = 1$.

e) On suppose $a \in [0,1[$. Montrer que le nombre $f(a)$ est un minorant de $]a,1]$. En déduire que l'on a $f(a) = a$.

17. Soit $f : \mathbb{R} \to \mathbb{R}$ une fonction continue telle que $f(0) = 0$. On suppose qu'il existe un nombre réel $b > 0$ tel que $f(b) \neq 0$. Notons A l'ensemble des nombres réels x tels que $x \leqslant b$ et $f(x) = 0$.

a) Montrer que A est un ensemble non vide et majoré.

Notons a la borne supérieure de A.

b) Montrer que l'on a $f(a) = 0$.

c) Montrer que l'on a $a < b$ et que si $x \in]a, b]$, alors $f(x) \neq 0$.

18. Soit $f : \mathbb{R} \to \mathbb{R}$ une fonction majorée.

a) Soit $x \in \mathbb{R}$. Montrer que la partie $f\big(]-\infty, x]\big)$ est majorée.

Pour tout nombre réel x, on pose $g(x) = \sup f\big(]-\infty, x]\big)$.

b) Montrer que la fonction g est croissante.

c) On suppose que f est continue. Démontrer que g est continue.

Quelques réponses ou indications

1. La suite de terme général $\exp(-u_n)$ est à termes positifs et décroissante.

2. b) On a $\sin x = 2 \sin \frac{x}{2} \cos \frac{x}{2}$. Si $0 < x < 2\pi$, alors $\sin(x/2) > 0$ et $\cos(x/2) < 1$.

3. c) On a $5 \times 5! = 600$, donc il vient $1/(5 \times 5!) < 0.002$ et par suite $u_5 < \ell < u_5 + 0.002$. Puisque $u_5 = 103/60 = 1,7166\ldots$, on obtient l'encadrement $1,7166 < \ell < 1,7183$. Sachant que $e = \ell + 1$, les suites adjacentes (u_n) et (v_n) permettent ainsi de calculer le nombre e avec la précision que l'on veut.

5. a) La propriété $\mathscr{P}_1$ est évidemment vraie. Supposons que q est un entier tel que $\mathscr{P}_q$ est vraie ; on a alors $\left(1 + \frac{1}{n}\right)^{q+1} < \left(1 + \frac{q}{n} + \left(\frac{q}{n}\right)^2\right)\left(1 + \frac{1}{n}\right)$. Développer le membre de droite et remarquer que si $n \geqslant q$, alors $q^2/n^3 \leqslant (q+1)/n^2$.

   c) (i) On a $(b^{n+1} - a^{n+1}) = (b - a)(b^n + b^{n-1}a + \cdots + ba^{n-1} + a^n)$. Puisqu'on a $0 < a < b$, tous les termes figurant dans la seconde parenthèse du membre de droite sont inférieurs ou égaux à b^n.

   (ii) On a $b^n - a^{n+1} = (b^n - b^{n+1}) + (b^{n+1} - a^{n+1})$. Utiliser (i) pour voir que le membre de droite est inférieur à 0.

8. La suite est croissante si $0 < u_0 < \pi$, constante si $u_0 = \pi$ et décroissante si $u_0 > \pi$.

9. b) Remarquer que u_n et v_n sont positifs pour tout $n \geqslant 0$.

10. a) Étudier la fonction définie sur $]0, +\infty[$ par $f(x) = \frac{x}{2} + \frac{1}{x}$ et montrer que l'on a $f(x) > \sqrt{2}$ pour tout $x > \sqrt{2}$.

e) Raisonner par récurrence.

11. a) Un nombre complexe u est imaginaire si et seulement si $u + \overline{u} = 0$.

c) Utiliser la question (a) (ii).

d) Utiliser la question (a) (iii).

e) Calculer la limite de v_n.

12. b) Démontrer que l'on a $u_n \geqslant 1$ pour tout entier $n \geqslant 1$. Puis utiliser (a) pour montrer que la suite (u_n) est convergente. En déduire que $\frac{u_n}{n+1}$ tend vers 0 et que $\lim u_n = 1$.

14. Supposons que B est majorée. Tout majorant de B est un majorant de A ; puisque B possède des majorants, l'ensemble A est majoré. Pour montrer l'inégalité entre les bornes supérieures, remarquer que $\sup B$ est un majorant de A et utiliser la définition de la borne supérieure de A.

15. a) Utilisons la caractérisation de la borne supérieure en choisissant $t = (\sup A) - 1/n$, où n est un entier positif : il existe $a_n \in A$ tel que $(\sup A) - 1/n < a_n$. Puisque $a_n \in A$, on a $a_n \leqslant \sup A$, donc $(\sup A) - 1/n < a_n \leqslant \sup A$, pour tout entier n positif. Il s'ensuit $\lim a_n = \sup A$.

b) On sait déjà que M est un majorant de A. Supposons que t est un nombre réel tel que $t < M$. Puisque a_n tend vers M, il existe un entier N tel que $a_n > t$ quel que soit $n \geqslant N$. En particulier, nous avons $a_N > t$. Puisque $a_N \in A$, nous avons trouvé un élément de A qui est strictement supérieur à t. D'après la caractérisation de la borne supérieure, on en déduit que M la borne supérieure de A.

16. c) Si $x \in A$, alors $x \leqslant a$ donc $x \leqslant f(x) \leqslant f(a)$. Pour montrer que $a \in A$, rappelez-vous la définition de a.

e) Si $x > a$, alors $x \notin A$ et $f(x) \geqslant f(a)$. Pour démontrer l'égalité $f(a) = a$, utiliser aussi (c).

17. b) Utiliser l'exercice 15 et la continuité de f en a.

18. b) Utiliser l'exercice 14.

c) Utiliser, pour f et g, la définition de la continuité en $x_0 \in \mathbb{R}$.

Chapitre 5

Fonctions continues sur un intervalle

Les résultats généraux que nous allons énoncer se démontrent grâce à la propriété des segments emboîtés et à la notion de borne supérieure. Les raisonnements ne sont pas très faciles et l'on peut en première lecture passer quelques démonstrations. Ce qui importe, c'est d'apprendre très précisément les énoncés et de savoir les utiliser. Soient I un intervalle et $f : I \to \mathbb{R}$ une fonction. Si A est une partie de I, rappelons que l'image de A par f est l'ensemble $f(A)$ ayant pour éléments les nombres réels $f(x)$, où x appartient à A. Si $A = I$, l'image $f(I)$ s'appelle *l'image de* f ou bien *l'ensemble des valeurs de* f.

1. Image d'un intervalle

Proposition. *Soient a et b des nombres réels tels que $a < b$ et soit $f : [a,b] \to \mathbb{R}$ une fonction continue. Si les nombres $f(a)$ et $f(b)$ sont non nuls et de signes contraires, alors il existe au moins un élément $c \in]a,b[$ tel que $f(c) = 0$.*

Démonstration. Démontrons le résultat lorsqu'on a par exemple $f(a) < 0$ et $f(b) > 0$. Posons $a_0 = a$, $b_0 = b$ et $m_0 = (a_0 + b_0)/2$. Si $f(m_0) = 0$, alors le nombre $c = m_0$ convient. Si $m_0 \neq 0$, nous posons

$$\begin{cases} a_1 = m_0 \quad \text{et} \quad b_1 = b_0 \quad \text{si } f(m_0) < 0 \\ a_1 = a_0 \quad \text{et} \quad b_1 = m_0 \quad \text{si } f(m_0) > 0\,. \end{cases}$$

Puisque m_0 est le milieu du segment $[a_0, b_0]$, on a $a_0 < m_0 < b_0$ donc $a_0 \leqslant a_1 < b_1 \leqslant b_0$ et $b_1 - a_1 = (b_0 - a_0)/2$. Par définition de a_1 et b_1, nous avons $f(a_1) < 0$ et $f(b_1) > 0$. Nous pouvons donc recommencer cette construction en faisant jouer à a_1 et b_1 les rôles de a_0 et b_0. Posons $m_1 = (a_1 + b_1)/2$; si $f(m_1) = 0$, alors le nombre $c = m_1$

convient ; si $f(m_1) \neq 0$, nous définissons les nombres a_2 et b_2 comme à l'étape précédente :

$$\begin{cases} a_2 = m_1 & \text{et} \quad b_2 = b_1 \quad \text{si } f(m_1) < 0 \\ a_2 = a_1 & \text{et} \quad b_2 = m_1 \quad \text{si } f(m_1) > 0 . \end{cases}$$

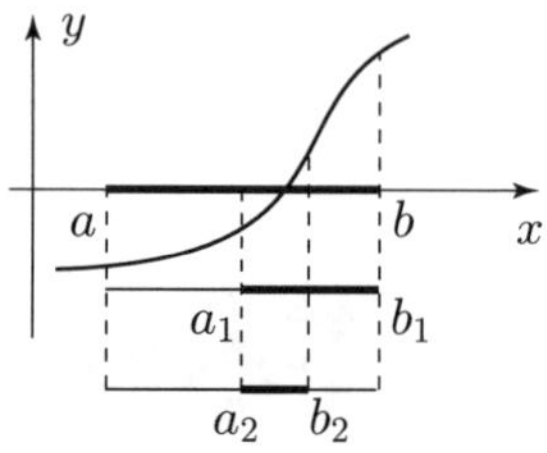

Nous avons maintenant $a_0 \leqslant a_1 \leqslant a_2 < b_2 \leqslant b_1 \leqslant b_0$, $f(a_2) < 0$, $f(b_2) > 0$ et $b_2 - a_2 = (b_1 - a_1)/2 = (b_0 - a_0)/2^2$.

Définissons l'étape générale de la construction.

Soit n un entier positif ou nul. Supposons que, pour tout entier $p = 0, 1, \ldots, n$, nous ayons déterminé par cette méthode des nombres a_p et b_p tels que

(i) $a = a_0 \leqslant a_1 \leqslant \cdots \leqslant a_p < b_p \leqslant \cdots \leqslant b_1 \leqslant b_0 = b$

(ii) $b_p - a_p = (b_{p-1} - a_{p-1})/2$

(iii) $f(a_p) < 0$ et $f(b_p) > 0$.

Posons $m_n = (a_n + b_n)/2$. Trois cas sont possibles :

- si $f(m_n) = 0$, nous avons trouvé un nombre réel $c = m_n$ appartenant à $]a, b[$ tel que $f(c) = 0$, et le processus s'arrête ;
- si $f(m_n) > 0$, nous posons comme précédemment $a_{n+1} = a_n$ et $b_{n+1} = m_n$;
- si $f(m_n) < 0$, nous posons $a_{n+1} = m_n$ et $b_{n+1} = b_n$.

Les propriétés (i), (ii) et (iii) sont encore vraies pour $p = n + 1$ par construction même. Si le processus s'arrête, la démonstration est terminée. S'il ne s'arrête pas, nous avons construit deux suites (a_n) et (b_n) ayant, d'après (i), les propriétés suivantes :

- la suite (a_n) est croissante et la suite (b_n) est décroissante
- pour tout n, on a $a \leqslant a_n < b_n \leqslant b$.

La propriété (ii) entraîne $b_n - a_n = (b_0 - a_0)/2^n = (b - a)/2^n$ (en raisonnant par récurrence). Puisque $1/2^n$ tend vers 0, il vient $\lim (b_n - a_n) = (b - a) \lim (1/2^n) = 0$. Les suites (a_n) et (b_n) sont donc adjacentes. Soit c la limite commune des suites (a_n) et (b_n). Nous avons $a \leqslant c \leqslant b$ c'est-à-dire $c \in [a, b]$. Puisque la fonction f est continue sur $[a, b]$, f est continue en c et par suite

$$\lim f(a_n) = f(c) = \lim f(b_n) .$$

Puisqu'on a $f(a_n) < 0$ quel que soit n, il vient (passage à la limite dans les inégalités) $\lim f(a_n) \leqslant 0$. De même, les inégalités $f(b_n) > 0$ quel que soit n, impliquent $\lim f(b_n) \geqslant 0$. Finalement, le nombre réel $f(c)$ est positif ou nul et négatif ou nul, donc $f(c) = 0$. Pour terminer, remarquons que c est différent de a et de b car $f(a)$ et $f(b)$ sont non nuls ; le nombre c appartient donc à l'intervalle ouvert $]a, b[$. ■

Remarques

- La méthode utilisée dans la démonstration ci-dessus s'appelle la dichotomie, ce qui signifie « couper en deux ». Lorsque f est définie par une formule, cet algorithme permet de calculer les a_n et les b_n de proche en proche, donc de calculer des valeurs approchées de c.
- Il est tout à fait possible que la fonction f s'annule plusieurs fois sur l'intervalle $[a, b]$, et même une infinité de fois ; notre méthode ne conduit alors qu'à l'une des solutions de l'équation $f(x) = 0$.

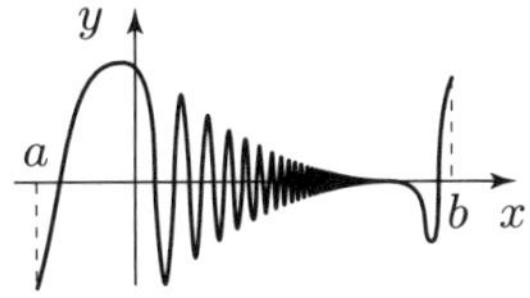

Corollaire. *Un polynôme de degré impair à coefficients réels possède au moins une racine réelle.*

Démonstration. Le résultat énoncé est purement algébrique : pour le comprendre et le démontrer, il convient d'avoir en tête les notions de polynôme, de degré et de racine d'un polynôme qui sont expliquées au chapitre 10 du tome d'algèbre. Mais dans la démonstration, nous utiliserons aussi la proposition précédente.

Soit $P \in \mathbb{R}[X]$ un polynôme dont le degré n est impair. Notons $a_n X^n$ le monôme de degré n. Le nombre réel a_n est non nul, donc il est positif ou négatif. Supposons par exemple $a_n > 0$. Notons $p : \mathbb{R} \to \mathbb{R}$ la fonction polynôme définie par P, c'est-à-dire la fonction $p : x \mapsto P(x)$. Nous avons démontré dans l'exemple 7 page 29 que l'on a $\lim_{x \to +\infty} p(x) = +\infty$. L'entier n étant impair, le coefficient dominant de $P(-X)$ est $-a_n$, donc $\lim_{x \to -\infty} p(x) = \lim_{x \to +\infty} p(-x) = -\infty$. Puisque $p(x)$ tend vers $+\infty$ quand x tend vers $+\infty$, il existe un nombre réel b tel que $p(b) > 0$. Puisque $p(x)$ tend vers $-\infty$ quand x tend vers $-\infty$, il existe de même un nombre réel a tel que $p(a) < 0$. Puisque la fonction p est continue, la proposition précédente affirme qu'il existe un nombre réel c compris entre a et b tel que $p(c) = 0$. Le polynôme P a donc pour racine c.

Dans le cas $a_n < 0$, il suffit d'appliquer ce qui précède au polynôme $-P$. ■

Théorème des valeurs intermédiaires. *Soit $f : [a, b] \to \mathbb{R}$ une fonction continue. Supposons que k est un nombre strictement compris entre $f(a)$ et $f(b)$. Alors il existe un nombre $c \in]a, b[$ tel que $f(c) = k$.*

Démonstration. Quel que soit $t \in [a, b]$, posons $g(t) = f(t) - k$. On définit ainsi une fonction $g : [a, b] \to \mathbb{R}$ qui est continue puisque f est continue. Les nombres $f(a) - k$ et $f(b) - k$ sont de signes contraires, car k est strictement compris entre $f(a)$ et $f(b)$. D'après la proposition précédente, il existe donc un nombre $c \in]a, b[$ tel que $g(c) = 0$ c'est-à-dire tel que $f(c) = k$. ■

Si f est continue, tout « nombre intermédiaire » entre $f(a)$ et $f(b)$ est donc une valeur de la fonction f.

Corollaire. *Soient I un intervalle et $f : I \to \mathbb{R}$ une fonction. Si f est continue, alors $f(I)$ est un intervalle.*

Démonstration. Utilisons la caractérisation des intervalles (page 62) : l'ensemble $f(I)$ est un intervalle si et seulement si, quels que soient les nombres x et y appartenant à $f(I)$ tels que $x < y$, on a $[x, y] \subset f(I)$. Soient x et y des éléments de $f(I)$ tels que $x < y$. Par définition de l'ensemble $f(I)$, il existe des nombres u et v appartenant à I tels que $x = f(u)$ et $y = f(v)$. Notons a le plus petit des nombres u et v, et b le plus grand. Puisque $x \neq y$, on a $u \neq v$ c'est-à-dire $a < b$. Soit $k \in [x, y]$. Si $k = x$ ou si $k = y$, alors k appartient à $f(I)$ puisque x et y appartiennent à $f(I)$. Supposons $k \in]x, y[$, c'est-à-dire k strictement compris entre $f(a)$ et $f(b)$. Puisque a et b appartiennent à I, nous avons $[a, b] \subset I$. Or f est continue sur I, donc f est continue sur $[a, b]$. D'après le théorème des valeurs intermédiaires, il existe un nombre $c \in]a, b[$ tel que $f(c) = k$. Le nombre c appartient à I, donc k appartient à $f(I)$. Nous avons ainsi montré que tout élément de $[x, y]$ appartient à $f(I)$, autrement dit nous avons l'inclusion $[x, y] \subset f(I)$. ■

Exemples

- L'image de la fonction $\sin : \mathbb{R} \to \mathbb{R}$ est l'intervalle $[-1, 1]$.
- Soit $f : \mathbb{R} \to \mathbb{R}$ la fonction définie par $f(x) = x^2 + x + 1$. On a $f(x) = \left(x + \frac{1}{2}\right)^2 + \frac{3}{4}$, donc l'image de f est l'intervalle $[3/4, +\infty[$.
- La fonction $f : \mathbb{R} \to \mathbb{R}$ définie par $f(x) = \dfrac{1}{1 + x^2}$ a pour image l'intervalle $]0, 1]$.

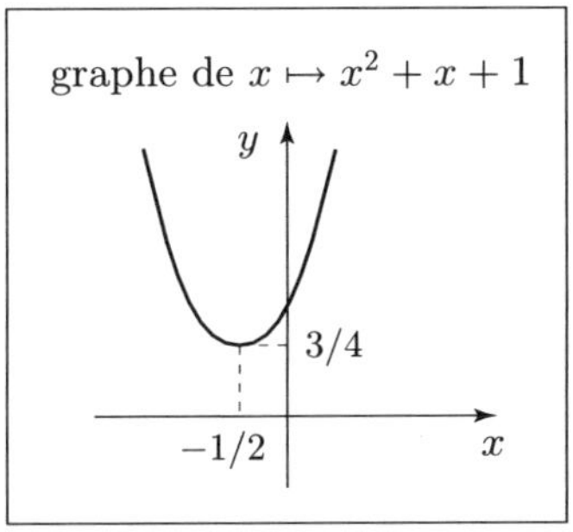

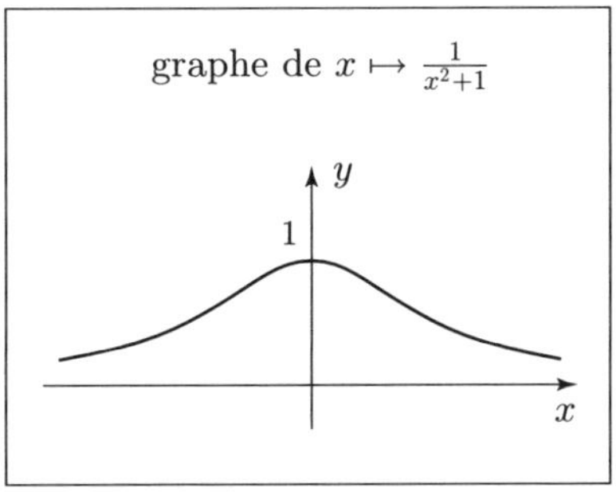

2. Image d'un segment

Proposition. *Soient a et b des nombres réels tels que $a < b$ et soit $f : [a, b] \to \mathbb{R}$ une fonction continue. Alors la fonction f est bornée.*

Démonstration. Soit r un nombre réel tel que l'ensemble $A_r = \{x \in [a,b] \mid f(x) \geqslant r\}$ n'est pas vide ; de tels nombres réels existent, par exemple $f(a)$. Puisque A_r est une partie de $[a, b]$, A_r est majoré, donc la borne supérieure $s = \sup A_r$ existe. D'après la caractérisation de la borne supérieure (page 59), il existe pour tout entier $n \geqslant 1$, un nombre réel $x_n \in [a, b]$ tel que $s - \dfrac{1}{n} < x_n$. On a $s - \dfrac{1}{n} < x_n \leqslant s$ quel que soit n, donc $\lim x_n = s$. Puisqu'on a $a \leqslant x_n \leqslant b$ pour tout n, il vient $a \leqslant s \leqslant b$ c'est-à-dire $s \in [a, b]$. La fonction f est continue en s et x_n tend vers s, donc $f(x_n)$ tend vers $f(s)$. Par hypothèse, nous avons $f(x_n) \geqslant r$ pour tout n, donc (passage à la limite dans l'inégalité) il vient $f(s) \geqslant r$. Nous avons ainsi démontré que l'on a $s \in A_r$.
Après ce préliminaire, démontrons que f est majorée. Pour cela, raisonnons par l'absurde en supposant que f n'est pas majorée. Pour tout entier $n \geqslant 1$, il existe donc des nombres réels $x \in [a, b]$ tels que $f(x) \geqslant n$; cela signifie que l'ensemble $A_n = \{x \in [a,b] \mid f(x) \geqslant n\}$ n'est pas vide. Posons $s_n = \sup A_n$. D'après ce qui précède, nous savons que l'on a $s_n \in [a, b]$ et $f(s_n) \geqslant n$.
Remarquons que A_{n+1} est contenu dans A_n : en effet, si $f(x) \geqslant n+1$ alors $f(x) \geqslant n$. Puisque s_n est un majorant de A_n, s_n est un majorant de A_{n+1}. Par définition, le plus petit majorant de A_{n+1} est s_{n+1}, donc nous avons l'inégalité $s_{n+1} \leqslant s_n$. La suite (s_n) est donc décroissante. Cette suite est aussi minorée par a, donc elle converge. Posons $\ell = \lim s_n$.
Puisque $s_n \in [a, b]$ pour tout n, on a $\ell \in [a, b]$, donc la fonction f est continue en ℓ. On en déduit $\lim f(s_n) = f(\ell)$. Mais on a $f(s_n) \geqslant n$ pour tout n, donc $f(s_n)$ tend vers $+\infty$. C'est une contradiction.
En appliquant ce résultat à la fonction $-f$ qui est continue sur $[a, b]$, nous trouvons que $-f$ est majorée, donc f est minorée. La fonction f est donc bornée. ∎

Théorème. *Soient a et b des nombres réels tels que $a < b$ et soit $f : [a, b] \to \mathbb{R}$ une fonction continue. Alors $f([a, b])$ est un segment.*

Démonstration. D'après le corollaire du théorème des valeurs intermédiaires, l'ensemble $f([a, b])$ est un intervalle. La proposition précédente affirme que la fonction f est bornée : cela signifie que l'image $f([a, b])$ est une partie bornée. L'ensemble $f([a, b])$ est donc un intervalle borné. Notons m et M les extrémités de cet intervalle, de sorte que M est la borne supérieure de $f([a, b])$ et m la borne inférieure. Nous allons montrer que l'on a $f([a, b]) = [m, M]$. Pour cela, il suffit de démontrer que les nombres m et M appartiennent à l'intervalle $f([a, b])$.

Raisonnons par l'absurde en supposant que M n'appartient pas à $f([a, b])$. On a alors $f(t) < M$ quel que soit $t \in [a, b]$, donc $M - f(t) \neq 0$. Considérons la fonction $g : [a, b] \to \mathbb{R}$ définie par $g(t) = \dfrac{1}{M - f(t)}$. La fonction $t \mapsto M - f(t)$ est continue et ne prend pas la valeur 0, donc g est continue. D'après la proposition précédente, la fonction g est majorée, autrement dit, il existe un nombre K tel que $g(t) \leqslant K$ pour tout $t \in [a, b]$.

Par ailleurs, M est la borne supérieure de $f([a, b])$, donc il existe une suite (y_n) ayant les propriétés suivantes : $y_n \in f([a, b])$ quel que soit n et $\lim y_n = M$. Quel que soit l'entier n, on peut trouver un nombre $x_n \in [a, b]$ tel que $y_n = f(x_n)$. On a $g(x_n) = \dfrac{1}{M - f(x_n)} = \dfrac{1}{M - y_n}$, $M - y_n$ est strictement positif et tend vers 0, donc $\lim g(x_n) = +\infty$. Puisque $g(x_n) \leqslant K$ quel que soit n, c'est une contradiction.

On montre de même que l'on a $m \in f([a, b])$, d'où l'égalité $f([a, b]) = [m, M]$. ■

Remarque

Le nombre M s'appelle *le maximum* de f et m s'appelle *le minimum* de f. Pour tout $x \in [a, b]$, nous avons l'encadrement $m \leqslant f(x) \leqslant M$ et de plus, les nombres M et m sont des valeurs de la fonction f.

Corollaire. *Soient a et b des nombres réels tels que $a < b$ et soit $f : [a, b] \to \mathbb{R}$ une fonction continue. Si l'on a $f(x) > 0$ pour tout $x \in [a, b]$, alors il existe un nombre réel $m > 0$ tel que $f(x) \geqslant m$ pour tout $x \in [a, b]$.*

Démonstration. L'image de f est un segment $[m, M]$. Puisque m est une valeur de la fonction f, il existe un nombre $x_0 \in [a, b]$ tel que $m = f(x_0)$. Quel que soit x appartenant à $[a, b]$, le nombre $f(x)$ est strictement positif, donc on a $f(x_0) > 0$ c'est-à-dire $m > 0$. Puisque $f(x) \geqslant m$ pour tout x, le résultat est démontré. ■

Exemples

- Soit $f :]0, +\infty[\to \mathbb{R}$ la fonction définie par $f(x) = 1/x$. La fonction f est continue, donc f est continue sur tout intervalle I contenu dans $]0, +\infty[$.

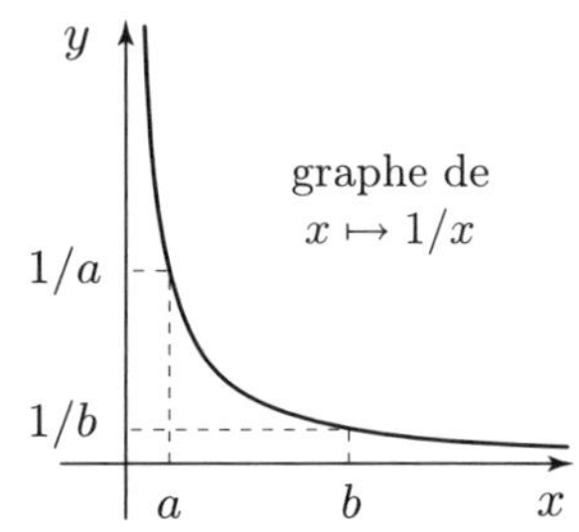

  Prenons pour I le segment $[a, b]$ où $0 < a < b$. L'ensemble $f(I)$ est le segment $[1/b, 1/a]$, ce qui est conforme au théorème.
  Si nous choisissons $I =]0, b]$, l'ensemble $f(I)$ est l'intervalle $[1/b, +\infty[$ qui n'est pas un segment. De même, si nous choisissons $I = [a, +\infty[$, alors nous avons $f(I) =]0, 1/a]$ qui n'est pas non plus un segment.
- Soit $f : [0, +\infty[\to \mathbb{R}$ la fonction définie par $f(x) = \dfrac{1}{1+x^2}$. On a $f(x) > 0$ pour tout x ; mais puisque $\lim\limits_{x \to +\infty} f(x) = 0$, il n'existe pas de nombre réel $m > 0$ tel que $f(x) \geqslant m$ quel que soit $x > 0$. Dans le corollaire précédent, il est donc nécessaire que l'intervalle sur lequel f est strictement positive soit un segment.

3. Fonctions monotones

Dans ce paragraphe, nous utiliserons les notions d'application injective, surjective ou bijective qui sont introduites au chapitre 2 du tome d'algèbre.

Lemme. *Soit I un intervalle et soit $f : I \to \mathbb{R}$ une fonction strictement monotone. Alors l'application f est injective.*

Démonstration. Démontrons le résultat lorsque f est, par exemple, strictement croissante. Supposons que x et y sont des éléments de I tels que $x \neq y$. De deux choses l'une : ou bien nous avons $x < y$ et alors $f(x) < f(y)$, ou bien nous avons $x > y$ et alors $f(x) > f(y)$. En tout cas, nous avons $f(x) \neq f(y)$. L'application f est donc injective. ■

Soit $[a, b]$ un segment et soit $f : [a, b] \to \mathbb{R}$ une fonction croissante. Quel que soit $x \in [a, b]$, nous avons $a \leqslant x \leqslant b$ donc $f(a) \leqslant f(x) \leqslant f(b)$. Cela montre que le nombre $f(a)$ est la plus petite valeur de f et que le nombre $f(b)$ est la plus grande.

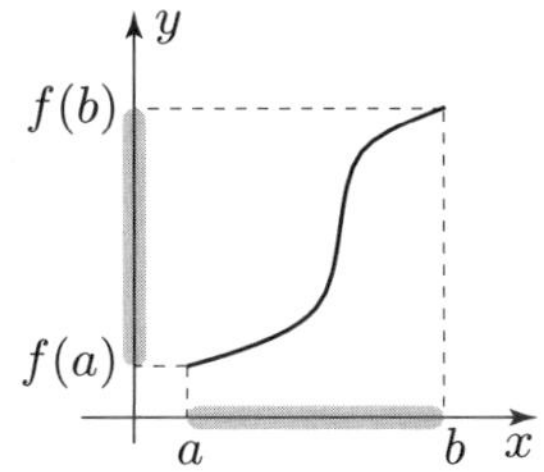

Supposons de plus que f est continue. D'après le théorème page 82, l'image $f([a, b])$ est le segment $[f(a), f(b)]$. Faisons enfin l'hypothèse supplémentaire que la fonction f est strictement croissante. Alors

d'après le lemme, l'application f est injective, donc f définit une bijection de $[a, b]$ sur $[f(a), f(b)]$.
De même, une fonction continue et strictement décroissante de $[a, b]$ dans $\mathbb{R}$ définit une bijection de $[a, b]$ sur $[f(b), f(a)]$.

Étudions maintenant le cas où la fonction est définie sur un intervalle quelconque.

Théorème. *Soient I un intervalle et $f : I \to \mathbb{R}$ une fonction continue et strictement monotone.*

(i) *$f(I)$ est un intervalle et l'application f définit une bijection de I sur $f(I)$.*

(ii) *Si a et b sont les bornes de I, où a et b sont des nombres réels ou bien l'un des symboles $+\infty$ ou $-\infty$, alors les bornes de l'intervalle $f(I)$ sont $\lim_{x \to a} f(x)$ et $\lim_{x \to b} f(x)$.*

(iii) *La bijection réciproque de f est continue, strictement monotone et de même sens de variation que f.*

Démonstration. Faisons la démonstration dans le cas où f est strictement croissante.
Les affirmations de (i) sont une application des résultats précédents : puisque f est continue, le corollaire page 80 affirme que $f(I)$ est un intervalle ; puisque f est strictement croissante, le lemme affirme que f est une application injective, donc f définit une bijection de I sur $f(I)$.

Démontrons (ii) dans deux cas. Lorsque I est un segment $[a, b]$, nous avons montré ci-dessus que f définit une bijection de $[a, b]$ sur $[f(a), f(b)]$. Puisque f est continue en a et en b, on a bien $\lim_{x \to a} f(x) = f(a)$ et $\lim_{x \to b} f(x) = f(b)$, d'où le résultat dans ce cas.

Supposons maintenant $I = [a, b[$, où a est un nombre réel et où b est un nombre réel ou bien le symbole $+\infty$. Nous avons encore $f(a) = \lim_{x \to a} f(x)$. Posons $J = f(I)$.

Pour tout nombre $y \in J$, il existe par définition un nombre $x \in I$ tel que $y = f(x)$. On a $x \geqslant a$, donc $y \geqslant f(a)$, car f est croissante. Ainsi le nombre $f(a)$ est le plus petit élément de l'intervalle J. De plus, on a $x < b$, donc il existe un nombre x' tel que $x < x' < b$. On a $x' \in I$ et si l'on pose $y' = f(x')$, alors $y < y'$, car f est strictement croissante. Puisque $y' \in J$, cela montre que l'intervalle J n'a pas de plus grand élément.

On en déduit que l'intervalle J est de la forme $J = [f(a), d[$, où $d = \sup J$ si J est majoré et $d = +\infty$ si J n'est pas majoré.

D'après le théorème page 62, nous avons dans les deux cas $\lim_{x \to b} f(x) = d$.

Démontrons (iii). Rappelons que la bijection réciproque de f est l'application $g : f(I) \to I$ définie par $\big(y = g(x) \iff x = f(y)\big)$. Commençons par montrer que g est strictement croissante. Soient x et x' des éléments de $f(I)$ tels que $x < x'$. Posons $y = g(x)$ et $y' = g(x')$. Par définition de g, l'inégalité $x < x'$ s'écrit $f(y) < f(y')$. Puisque f est croissante, cela entraîne $y < y'$ c'est-à-dire $g(x) < g(x')$.

Nous devons maintenant prouver que l'application g est continue en tout point x_0 appartenant à l'intervalle $f(I)$. Contentons-nous de faire la démonstration lorsque $I = [a, b[$ et $x_0 \in]a, b[$. Les autres cas se traitent de même. Donnons-nous un nombre $\varepsilon > 0$ quelconque. Posons $y_0 = g(x_0)$. Puisqu'on a $y_0 > a$, il est possible de choisir un nombre réel ε' tel que $0 < \varepsilon' < \varepsilon$ et $[y_0 - \varepsilon', y_0 + \varepsilon'] \subset]a, b[$. Appliquons f à l'encadrement $y_0 - \varepsilon' < y_0 < y_0 + \varepsilon'$; il vient $f(y_0 - \varepsilon') < x_0 < f(y_0 + \varepsilon')$. Ces inégalités strictes montrent qu'on peut trouver un nombre $\alpha > 0$ tel que $f(y_0 - \varepsilon') < x_0 - \alpha$ et $x_0 + \alpha < f(y_0 + \varepsilon')$. Quel que soit le nombre x tel que $x_0 - \alpha \leqslant x \leqslant x_0 + \alpha$, nous avons $f(y_0 - \varepsilon') \leqslant x \leqslant f(y_0 + \varepsilon')$. En appliquant g, il vient $y_0 - \varepsilon' \leqslant g(x) \leqslant y_0 + \varepsilon'$ et par suite $y_0 - \varepsilon \leqslant g(x) \leqslant y_0 + \varepsilon$. Ainsi g est continue en x_0. ■

Remarque importante

La démonstration que nous venons de faire montre que si f est croissante, alors les intervalles I et $f(I)$ ont les mêmes crochets : si I est ouvert, $f(I)$ l'est aussi ; si $I = [a, b[$, alors $f(I) = \big[f(a), \lim_{x \to b} f(x)\big[$. De même, si f est décroissante et $I =]a, b]$, alors on a $f(I) = \big[f(b), \lim_{x \to a} f(x)\big[$.

Exemple. Considérons l'application $f : \left]0, \frac{\pi}{2}\right[\to \mathbb{R}$ définie par $f(x) = \dfrac{1}{x \operatorname{tg} x}$ ·

Soient x et x' des nombres réels tels que $0 < x < x'$. Puisque la fonction tangente est strictement croissante sur $]-\pi/2, \pi/2[$, nous avons les inégalités $\operatorname{tg} 0 = 0 < \operatorname{tg} x < \operatorname{tg} x'$, donc $0 < x \operatorname{tg} x < x' \operatorname{tg} x'$ et par suite $f(x') < f(x)$. La fonction f est donc strictement décroissante. D'autre part, f est continue en tant qu'inverse d'une fonction continue ne prenant pas la valeur 0. Puisqu'on a $\lim_{x \to (\pi/2)^-} \operatorname{tg} x = +\infty$, il vient $\lim_{x \to (\pi/2)^-} x \operatorname{tg} x = +\infty$ et par suite $\lim_{x \to \pi/2} f(x) = 0$.

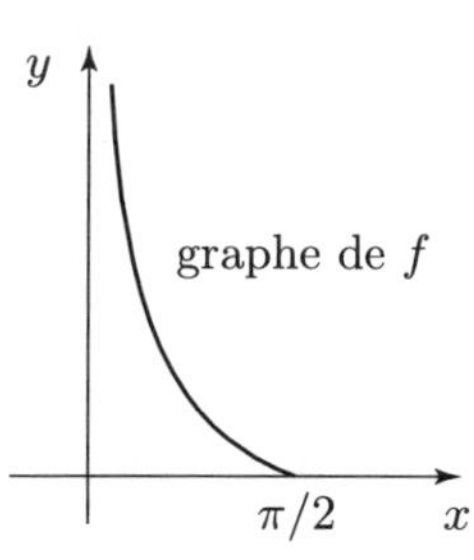

La fonction $x \mapsto x \operatorname{tg} x$ étant continue en 0, on a $\lim_{x \to 0} x \operatorname{tg} x = 0$ et puisque f est positive, on en déduit $\lim_{x \to 0} f(x) = +\infty$.

Appliquons le théorème précédent : l'intervalle $f\big(]0, \pi/2[\big)$ est égal à l'intervalle ouvert $\big]\lim_{x \to \pi/2} f(x), \lim_{x \to 0} f(x)\big[=]0, +\infty[$ et la fonction f définit une bijection de $]0, \pi/2[$ sur $]0, +\infty[$.

Graphes d'une bijection et de sa bijection réciproque

Soient I et J des intervalles et soit $f : I \to J$ une application. Rappelons que le *graphe* de f est la partie G de $\mathbb{R}^2$ formée de tous les couples $\big(x, f(x)\big)$ où $x \in I$. Supposons que f est bijective. Le graphe de la bijection réciproque $f^{-1} : J \to I$ est la partie G' de $\mathbb{R}^2$ formée de tous les couples $\big(x, f^{-1}(x)\big)$ où $x \in J$. Il est clair par définition de f^{-1} que pour tout élément $(x, y) \in \mathbb{R}^2$, on a l'équivalence

$$(x, y) \in G \iff (y, x) \in G'.$$

Représentons les couples de nombres réels par les points du plan dans un repère *normé*, c'est-à-dire un repère où les deux axes ont la même unité de longueur. Alors, pour tous nombres réels x et y, le point de coordonnées (x, y) est symétrique du point de coordonnées (y, x) par rapport à la bissectrice des axes.

Les graphes de f et de f^{-1} sont donc symétriques par rapport à cette bissectrice.

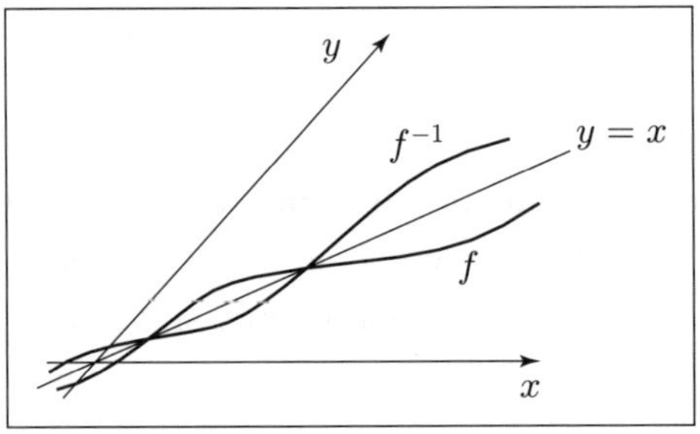

Fonction racine n-ième

Nous avons déjà utilisé la fonction racine n-ième dans des exemples ou des exercices. Mais nous avons maintenant les moyens d'en donner une définition et d'en établir les premières propriétés. Soit n un entier supérieur ou égal à 2.

La fonction $x \mapsto x^n$ est continue et strictement croissante sur l'intervalle $[0, +\infty[$. La valeur en 0 est 0 et l'on a $\lim_{x \to +\infty} x^n = +\infty$. D'après le théorème précédent, la fonction $x \mapsto x^n$ définit une bijection de $[0, +\infty[$ sur $[0, +\infty[$.

Si l'entier n est impair, la fonction $x \mapsto x^n$ est continue et strictement croissante sur $\mathbb{R}$, et l'on a $\lim_{x \to -\infty} x^n = -\infty$. Dans ce cas, la fonction $x \mapsto x^n$ est une bijection de $\mathbb{R}$ sur $\mathbb{R}$.

Définition

La bijection réciproque d'une des bijections précédentes s'appelle la fonction *racine n-ième* et se note $x \mapsto \sqrt[n]{x}$. Si $n = 2$, on dit que c'est la fonction *racine carrée* que l'on note simplement $x \mapsto \sqrt{x}$.

La fonction racine n-ième est donc définie sur $[0, +\infty[$ si n est un entier pair et elle est définie sur $\mathbb{R}$ si n est un entier impair. C'est une fonction continue et strictement croissante.

- Pour tous nombres x et y positifs ou nuls, on a par définition $(y = x^n \Leftrightarrow x = \sqrt[n]{y})$.
- Si $x \in [0, 1]$, alors $x^n \leqslant x$ et en prenant la racine n-ième il vient $x \leqslant \sqrt[n]{x}$.
- Si $x \geqslant 1$, alors $x \leqslant x^n$ donc $\sqrt[n]{x} \leqslant x$.
- Si n est impair, la fonction $x \mapsto x^n$ est impaire et la fonction racine n-ième aussi.

Exemple. Pour tous nombres réels x et y, on a les équivalences

$$\left(x^5 = y^5 \iff x = y\right) \quad \text{et} \quad \left(x^3 = -1 \iff x = -1\right).$$

Exercices

1. Posons $I = \left[0, \frac{\pi}{2}\right[$ et définissons la fonction $f : I \to \mathbb{R}$ en posant $f(x) = \dfrac{\sqrt{x^2+1}}{\cos x}$. Quel est le sens de variation de f ? Déterminer l'intervalle $f(I)$ et montrer que f définit une bijection de I sur $f(I)$.

2. Soit $f : \mathbb{R} \to \mathbb{R}$ la fonction définie par $f(x) = x^5 - 5x + 1$. Étudier les variations de f. En déduire que l'équation $x^5 - 5x + 1 = 0$ a trois solutions réelles.

3. a) Trouver une application bijective, continue et strictement croissante de $[1, 3]$ sur $[1, 2]$.

b) Trouver une application $f : [-1,1] \to [0,2]$ bijective, continue, strictement décroissante et telle que $f(0) = 1/2$.

4. Montrer que la fonction $x \mapsto \dfrac{x}{1+|x|}$ est une bijection continue et strictement croissante de $\mathbb{R}$ sur $]-1, 1[$.

5. Soit $f : \left[0, \frac{\pi}{2}\right[\to \mathbb{R}$ la fonction définie par $f(x) = \operatorname{tg} x - x$.

a) Calculer $f'(x)$ et trouver le sens de variation de f.

b) Montrer que f définit une bijection de $\left[0, \frac{\pi}{2}\right[$ sur $[0, +\infty[$.

c) Soit n un entier positif ou nul. Montrer qu'il existe un unique nombre réel $x_n \in [0, \pi/2[$ tel que $\operatorname{tg} x_n = x_n + n$.

d) Calculer la limite de la suite (x_n).

6. Soit $f :]0, +\infty[\to \mathbb{R}$ la fonction définie par $f(x) = 2x \operatorname{Log} x - x + 1$.

a) Calculer f' et étudier les variations de f.

b) Calculer la limite de $f(x)$ quand x tend vers 0 et la limite de $f(x)$ quand x tend vers $+\infty$.

c) Montrer que l'équation $f(x) = 0$ possède deux solutions et que la plus petite solution appartient à l'intervalle $]0, 1/e[$.

7. Soit n un entier positif. Montrer que l'équation $x^2(\cos x)^n + x \sin x + 1 = 0$ a au moins une solution dans $\mathbb{R}$.

8. Soit $f : \mathbb{R} \to \mathbb{R}$ une fonction. On suppose que $\lim\limits_{x \to +\infty} \left(f(x) + f(x)^3\right) = 2$. Montrer que $f(x)$ a une limite quand x tend vers $+\infty$ et calculer cette limite.

9. Si n est un entier supérieur ou égal à 2, on définit la fonction $f_n : \mathbb{R} \to \mathbb{R}$ en posant $f_n(x) = x - \cos \frac{x}{n}$.

a) Montrer que l'application f_n est strictement croissante. En déduire qu'il existe un unique nombre réel x_n tel que $x_n = \cos \frac{x_n}{n}$. Montrer que l'on a $x_n \in]0, 1[$.

b) Montrer que pour tout $x \in]0, 1[$, on a $\cos \frac{x}{n} < \cos \frac{x}{n+1}$. En déduire que la suite (x_n) est strictement croissante.

c) Montrer que l'on a $\lim x_n = 1$.

10. Soient $f : [0, 1] \to [0, 1]$ une fonction continue et $g : [0, 1] \to \mathbb{R}$ la fonction définie par $g(x) = f(x) - x$.

a) Démontrer les inégalités $g(0) \geqslant 0$ et $g(1) \leqslant 0$.

b) Montrer qu'il existe au moins un nombre réel $x \in [0, 1]$ tel que $f(x) = x$.

11. Pour tout entier $n \geqslant 1$, soit $f_n : [0, 1] \to \mathbb{R}$ la fonction définie par

$$f_n(x) = x^n + 2x^2 + x - 1.$$

a) Montrer que la fonction f_n est strictement croissante et qu'il existe un unique nombre réel $x_n \in]0, 1/2[$ tel que $f_n(x_n) = 0$.

b) Montrer que pour tout nombre réel $x \in [0, 1]$, on a $f_n(x) \geqslant f_{n+1}(x)$. En déduire que la suite (x_n) est croissante et convergente.

c) Montrer que l'on a $\lim {x_n}^n = 0$. Calculer la limite de la suite (x_n).

12. Pour tout entier $n \geqslant 1$, définissons la fonction $g_n : [0,1] \to \mathbb{R}$ en posant

$$g_n(x) = x^n + 2x^2 - x - 1.$$

a) Montrer que l'on a $g_n(x) < 0$ quel que soit le nombre $x \in [0, 1/4]$. En déduire qu'il existe un unique nombre réel $x_n \in \,]1/4, 1[$ tel que $g_n(x_n) = 0$.

b) Montrer que la suite (x_n) est croissante et convergente.

c) Démontrer que l'on a $\lim x_n = 1$.

13. Soit n un entier positif et soit $f : [0,1] \to \mathbb{R}$ une fonction continue.

a) On suppose que l'on a $f(x) - f\left(x + \frac{1}{n}\right) < 0$ quel que soit le nombre $x \in \left[0, 1 - \frac{1}{n}\right]$. Démontrer l'inégalité $f(1) - f(0) > 0$.

b) On suppose $f(0) = f(1)$. Montrer qu'il existe un nombre réel $x \in [0,1]$ tel que $f(x) = f\left(x + \frac{1}{n}\right)$.

14. a) Soit $f : [0, +\infty[\to \mathbb{R}$ une fonction telle que $2f(x) = f(3x)$ pour tout $x \geqslant 0$.

(i) Calculer $f(0)$.

(ii) Montrer que pour tout $x \in [0, +\infty[$ et pour tout entier $n \in \mathbb{Z}$, on $f(x) = 2^{-n} f(3^n x)$.

b) Soit x un nombre réel strictement positif. Montrer qu'il existe un unique entier $n \in \mathbb{Z}$ tel que $3^n x \in [1, 3[$.

c) Soit $h : [1,3] \to [1,2]$ une fonction bijective, continue et strictement croissante. Définissons une fonction $H : [0, +\infty[\to \mathbb{R}$ en posant $H(0) = 0$ et

$$H(x) = 2^{-n} h(3^n x) \text{ si } x \neq 0,\ n \in \mathbb{Z} \text{ et } 3^n x \in [1, 3[.$$

(i) Calculer $H(1)$ et montrer que pour tout $x \in [0, +\infty[$, on a $2H(x) = H(3x)$.

(ii) Soit $p \in \mathbb{Z}$. Calculer $H(3^p)$ et montrer que la fonction H est continue en 3^p.

(iii) Montrer que la fonction H est continue en 0.

(iv) Montrer que la fonction H est continue.

(v) Montrer que la fonction H est strictement croissante et définit une bijection de $[0, +\infty[$ sur $[0, +\infty[$.

15. Les affirmations suivantes sont-elles vraies ? Pour chacune d'elles, écrire une démonstration ou bien trouver un contre-exemple.

Affirmation 1. Si $f :]0, +\infty[\to \mathbb{R}$ est une fonction strictement décroissante, alors $\lim\limits_{x \to +\infty} f(x) = 0$.

Affirmation 2. Si $f : [a, b] \to \mathbb{R}$ est une fonction continue et si $f(x) \neq 0$ quel que soit $x \in [a, b]$, alors il existe un nombre réel $m > 0$ tel que :

$f(x) \geqslant m$ quel que soit $x \in [a, b]$ ou bien $f(x) \leqslant -m$ quel que soit $x \in [a, b]$.

Affirmation 3. Il n'existe pas d'application continue bijective de $\mathbb{R}$ sur $]-1, 1[$.

Affirmation 4. Il n'existe pas d'application continue surjective de $\mathbb{R}$ sur $\mathbb{R} \setminus \{0\}$.

Affirmation 5. La fonction $x \mapsto \dfrac{1}{1-x} - \dfrac{1}{x}$ définit une bijection de $]0, 1[$ sur $\mathbb{R}$.

Affirmation 6. Il existe une application continue bijective de $[0, 1[$ sur $]0, 1[$.

Affirmation 7. Soit $f : \mathbb{R} \to \mathbb{R}$ une fonction continue. Si $f(x) = x$ pour tout nombre rationnel x, alors $f(x) = x$ pour tout nombre réel x.

Quelques réponses ou indications

1. La fonction f est continue, strictement croissante et $f(I) = [1, +\infty[$.

3. a) On peut chercher une fonction de la forme $x \mapsto ax + b$.

5. c) On a $x_n = f^{-1}(n)$ par définition de la bijection réciproque f^{-1}.

   d) Calculer d'abord $\lim\limits_{x \to +\infty} f^{-1}(x)$.

6. b) Utiliser les limites connues $\lim\limits_{x \to 0} (x \operatorname{Log} x) = 0$ et $\lim\limits_{x \to +\infty} \operatorname{Log} x = +\infty$.

7. Posons $f(x) = x^2(\cos x)^n + x \sin x + 1$. Calculer $f(0)$ et $f(3\pi/2)$.

8. Considérer la fonction $g : \mathbb{R} \to \mathbb{R}$ définie par $g(x) = x + x^3$ quel que soit x. Montrer que g est continue et strictement croissante. En déduire que g est bijective et que la bijection réciproque g^{-1} est continue. Calculer $(g \circ f)(x)$.

9. c) Montrer que x_n/n tend vers 0, en utilisant (a).

11. b) Pour montrer que la suite (x_n) est croissante, chercher le signe de $f_n(x_{n+1})$.

    c) On a $0 < x_n < 1/2$, donc $0 < x_n^n < (1/2)^n$ pour tout $n \geqslant 1$. Il s'ensuit que x_n^n tend vers 0. Posons $\lim x_n = a$. En passant à la limite dans les égalités $f_n(x_n) = 0$, il vient $2a^2 + a - 1 = 0$. Puisque $\lim x_n$ est un nombre positif ou nul, cela implique $\lim x_n = 1/2$.

12. b) Pour montrer que la suite est croissante, remarquer que l'on a $g_n(x) \geqslant g_{n+1}(x)$ pour tout x, donc $g_n(x_{n+1}) \geqslant 0$; montrer ensuite que g_n est croissante sur l'intervalle $[1/4, 1]$ et conclure que l'on a $x_{n+1} \geqslant x_n$.

c) D'après (b), la suite (x_n) a pour limite un nombre a tel que $1/4 < a \leqslant 1$. Puisque la suite (x_n) est croissante, il vient $1/4 < x_n \leqslant a$, donc $0 < x_n^n \leqslant a^n$, pour tout entier $n \geqslant 1$. Supposons $a < 1$. Alors x_n^n tend vers 0. Puisque $g_n(x_n) = 0$, on en déduit $2a^2 - a - 1 = 0$ par passage à la limite. Montrer que cela est une contradiction.

13. b) Montrer que $f(x) - f\left(x + \frac{1}{n}\right)$ ne garde pas un signe constant.

14. a) (ii) Démontrer l'égalité pour $n \in \mathbb{N}$ en raisonnant par récurrence. En déduire que l'égalité est vraie lorsque n est un entier négatif.

b) Les intervalles $[3^n, 3^{n+1}[$, où $n \in \mathbb{Z}$, forment une partition de l'ensemble $]0, +\infty[$.

c) (i) Puisque h est bijective et strictement croissante, on a $h(1) = 1$. Remarquer qu'il existe des fonctions h vérifiant les hypothèses indiquées (voir l'exercice 3. a)).

(ii) On a $H(3^q) = 2^q$ pour tout entier $q \in \mathbb{Z}$: le montrer d'abord par récurrence pour $q \in \mathbb{N}$. Posons $x_0 = 3^p$. Exprimer $H(x)$ lorsque $x \in]x_0, 3x_0[$ et lorsque $x \in]x_0/3, x_0[$. Calculer ensuite la limite à gauche et la limite à droite de H en x_0.

(iii) Montrer que si $n \in \mathbb{N}$, alors pour tout nombre réel x tel que $0 \leqslant x < 3^{-n}$, on a $0 \leqslant H(x) \leqslant 2^{-n}$. En déduire que $H(x)$ tend vers 0 quand x tend vers 0.

(iv) Utiliser la continuité de h pour montrer que la fonction H est continue sur les intervalles $]3^p, 3^{p+1}[$, où $p \in \mathbb{Z}$.

(v) Pour montrer que H est strictement croissante, utiliser la définition de cette fonction et le fait que h est strictement croissante. Démontrer que pour tout entier p, l'intervalle $[0, 2^p]$ est inclus dans l'image de H ; en déduire quelle est l'image de H.

15. 1) Faux : la fonction $x \mapsto 1 + \frac{1}{x}$ est un contre-exemple.

2) Vrai : pour démontrer l'affirmation, utilisez le théorème des valeurs intermédiaires et le corollaire du paragraphe 2.

3) Faux : voir l'exercice 4.

6) Faux. Supposons qu'il existe une telle application f et posons $f(0) = a$. Puisque a est un élément de $]0,1[$ et puisque f est bijective, on a l'égalité d'ensembles $f(]0,1[) =]0,a[\cup]a,1[$. Puisque l'application f est par hypothèse continue, l'image de l'intervalle $]0,1[$ est un intervalle. C'est une contradiction.

7) Vrai : soit a un nombre réel ; il existe une suite (x_n) de nombres rationnels qui a pour limite a (par exemple l'approximation décimale de a) ; on a alors $f(x_n) = x_n$ pour tout n et $\lim f(x_n) = f(a)$, car f est continue en a ; il s'ensuit $a = f(a)$.

Chapitre 6

Dérivée d'une fonction

Vous savez déjà que la dérivée est l'outil principal pour étudier une fonction. Pour bien utiliser cette notion, il faut avoir à l'esprit la définition et s'entraîner à calculer des dérivées rapidement et sans faute.

1. Dérivée en un point et fonction dérivée

Soient I un intervalle ouvert, $f : I \to \mathbb{R}$ une fonction et x_0 un élément de I.

Définitions

On dit que f est *dérivable en* x_0 si $\dfrac{f(x) - f(x_0)}{x - x_0}$ a une limite finie quand x tend vers x_0. La limite $\lim\limits_{x \to x_0} \dfrac{f(x) - f(x_0)}{x - x_0}$ est notée $f'(x_0)$ et s'appelle *le nombre dérivé de* f *en* x_0.

On dit que f est *dérivable sur* I si, quel que soit $x_0 \in I$, f est dérivable en x_0. Dans ce cas, la fonction $f' : I \to \mathbb{R}$ qui à x associe $f'(x)$, s'appelle la *dérivée de* f.

Supposons f dérivable en x_0 et définissons une fonction ε en posant

$$\varepsilon(x) = \frac{f(x) - f(x_0)}{x - x_0} - f'(x_0) \text{ si } x \neq x_0 \quad \text{et} \quad \varepsilon(x_0) = 0\,.$$

Pour tout nombre $x \neq x_0$, on a

$$f(x) = f(x_0) + (x - x_0)\, f'(x_0) + (x - x_0)\, \varepsilon(x)$$

et cette égalité est encore vraie si $x = x_0$ car dans ce cas, les deux membres sont nuls. Il vient

$$\lim_{x \to x_0} \varepsilon(x) = \lim_{x \to x_0} \frac{f(x) - f(x_0)}{x - x_0} - f'(x_0) = f'(x_0) - f'(x_0) = 0 = \varepsilon(x_0)$$

donc la fonction ε est continue en x_0.

Nous avons ainsi démontré que si f est dérivable en x_0, il existe une fonction ε ***continue en x_0***, telle que $\varepsilon(x_0) = 0$ et

$$f(x) = f(x_0) + (x - x_0)f'(x_0) + (x - x_0)\,\varepsilon(x) \text{ quel que soit } x \in I\,.$$

Comme le montre la proposition suivante, cette propriété caractérise les fonctions dérivables en x_0.

Proposition. *La fonction f est dérivable en x_0 si et seulement si il existe un nombre réel a et une fonction ε ayant les propriétés suivantes :*

$$\begin{cases} \varepsilon \text{ est continue en } x_0 \text{ et } \varepsilon(x_0) = 0 \\ f(x) = f(x_0) + a(x - x_0) + (x - x_0)\varepsilon(x) \text{ pour tout } x \in I. \end{cases}$$

Dans ce cas, le nombre a est égal à $f'(x_0)$.

Démonstration. Nous avons déjà démontré que la condition est nécessaire. Réciproquement, supposons qu'il existe une fonction ε et un nombre réel a ayant les propriétés indiquées dans la proposition. Quel que soit x, nous avons $f(x) - f(x_0) = (x - x_0)\big(a + \varepsilon(x)\big)$, donc il vient $\dfrac{f(x) - f(x_0)}{x - x_0} = a + \varepsilon(x)$ si $x \neq x_0$. Puisque la fonction ε est continue en x_0, nous avons $\lim\limits_{x \to x_0} \varepsilon(x) = \varepsilon(x_0) = 0$, donc $\dfrac{f(x) - f(x_0)}{x - x_0}$ tend vers a quand x tend vers x_0. La fonction f est donc dérivable en x_0 et $f'(x_0) = a$. ■

Corollaire. *Si une fonction est dérivable en x_0, elle est continue en x_0.*

Démonstration. Supposons que f est une fonction dérivable en x_0, donc quel que soit $x \in I$, nous avons $f(x) = f(x_0) + f'(x_0)(x - x_0) + (x - x_0)\varepsilon(x)$ où la fonction ε est continue en x_0 et $\varepsilon(x_0) = 0$. Les fonctions $x \mapsto f(x_0)$, $x \mapsto (x - x_0)$ et $x \mapsto \varepsilon(x)$ sont continues en x_0, donc aussi la fonction f, d'après les théorèmes sur les fonctions continues. ■

Tangente au graphe de f

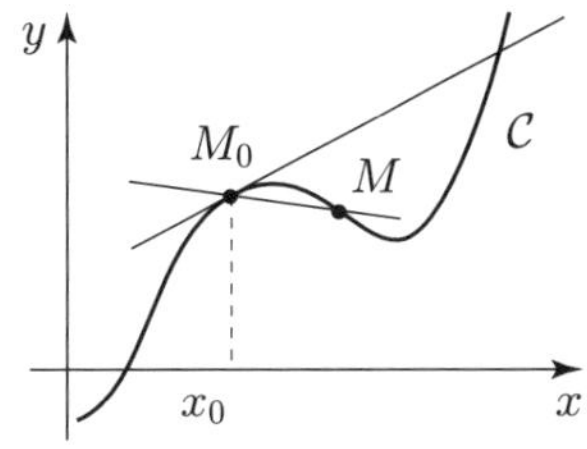

Soit $\mathcal{C}$ le graphe de la fonction f dans le plan affine $\mathbb{R}^2$ (pour la notion d'espace affine, voir le chapitre 8 du tome d'algèbre). Notons M_0 le point $\big(x_0, f(x_0)\big)$ et si $x \in I$, $x \neq x_0$, notons M le point $\big(x, f(x)\big)$; par définition, les points M_0 et M appartiennent à $\mathcal{C}$.
Le rapport $\dfrac{f(x)-f(x_0)}{x-x_0}$ est la *pente* de la droite passant par M_0 et M. Supposons que f est dérivable en x_0. Alors intuitivement, quand x tend vers x_0, la droite (M_0M) a pour position limite la droite passant par M_0 et de pente $f'(x_0)$. Par définition, cette droite s'appelle la *tangente à $\mathcal{C}$ au point M_0*. Ainsi :

> Si f est dérivable en $x_0 \in I$, la courbe $\mathcal{C}$ a pour tangente au point M_0 la droite d'équation $y = (x-x_0)f'(x_0) + f(x_0)$.

2. Dérivée à gauche, dérivée à droite

Définitions

Soient I un intervalle ouvert et $f : I \to \mathbb{R}$ une fonction. Soit x_0 un élément de I ou bien une extrémité de I. On dit que f est *dérivable à droite en x_0* si $\dfrac{f(x)-f(x_0)}{x-x_0}$ a une limite à droite quand x tend vers x_0. La limite $\lim\limits_{x \to x_0^+} \dfrac{f(x)-f(x_0)}{x-x_0}$ est notée $f'_d(x_0)$. De même, si $\dfrac{f(x)-f(x_0)}{x-x_0}$ a une limite à gauche quand x tend vers x_0, on dit que f est *dérivable à gauche en x_0* et la limite $\lim\limits_{x \to x_0^-} \dfrac{f(x)-f(x_0)}{x-x_0}$ se note $f'_g(x_0)$.

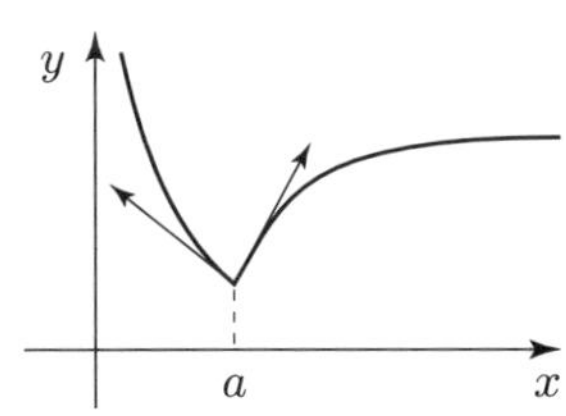

La fonction f est dérivable en x_0 si et seulement si f est dérivable à droite et à gauche en x_0 et si l'on a $f'_d(x_0) = f'_g(x_0)$; dans ce cas, le nombre dérivé de f en x_0 est $f'(x_0) = f'_d(x_0) = f'_g(x_0)$.
Si f est dérivable à droite (ou à gauche) en x_0, on dit que le graphe de f admet une *demi-tangente* de pente $f'_d(x_0)$ (ou $f'_g(x_0)$) au point d'abscisse x_0. Dans la figure ci-contre les demi-dérivées en a existent mais $f'_d(a) \neq f'_g(a)$.

Prenons par exemple la fonction f définie par $f(x) = |x|$. Le rapport $\dfrac{|x|-|0|}{x-0} = \dfrac{|x|}{x}$ est égal à $\dfrac{x}{x} = 1$ si $x > 0$ et à $\dfrac{-x}{x} = -1$ si $x < 0$; on a donc $f'_d(0) = 1$ et $f'_g(0) = -1$. La fonction valeur absolue est donc dérivable à gauche et à droite en 0 mais n'est pas dérivable en 0.

3. Calcul des dérivées

Dérivée d'une somme et du produit par une constante. *Si f et g sont des fonctions dérivables en x_0, alors les fonctions $f+g$ et λf pour tout $\lambda \in \mathbb{R}$, sont dérivables en x_0 et*

$$(f+g)'(x_0) = f'(x_0) + g'(x_0) \quad \textit{et} \quad (\lambda f)'(x_0) = \lambda f'(x_0).$$

Démonstration. Puisque f est dérivable en x_0, nous avons

$$f(x) = f(x_0) + (x - x_0)\, f'(x_0) + (x - x_0)\, \varepsilon_1(x)$$

où ε_1 est une fonction continue en x_0 et telle que $\varepsilon_1(x_0) = 0$. De même,

$$g(x) = g(x_0) + (x - x_0)\, g'(x_0) + (x - x_0)\, \varepsilon_2(x)$$

où ε_2 est continue en x_0 et $\varepsilon_2(x_0) = 0$. Ajoutons membre à membre ces égalités ; il vient

$$f(x) + g(x) = f(x_0) + g(x_0) + (x - x_0)\big(f'(x_0) + g'(x_0)\big) + (x - x_0)\big(\varepsilon_1(x) + \varepsilon_2(x)\big)$$

c'est-à-dire

$$(f+g)(x) = (f+g)(x_0) + (x - x_0)\big(f'(x_0) + g'(x_0)\big) + (x - x_0)(\varepsilon_1 + \varepsilon_2)(x)\,.$$

La fonction $\varepsilon_1 + \varepsilon_2$ est la somme de deux fonctions continues en x_0 donc elle est continue en x_0 et nous avons $(\varepsilon_1+\varepsilon_2)(x_0)=\varepsilon_1(x_0)+\varepsilon_2(x_0)=0$. D'après la proposition du paragraphe 1, la fonction $f+g$ est dérivable en x_0 et $(f+g)'(x_0)=f'(x_0)+g'(x_0)$. La démonstration pour la fonction λf est tout à fait semblable : on a

$$(\lambda f)(x) = \lambda f(x) = (\lambda f)(x_0) + (x - x_0)\big(\lambda f'(x_0)\big) + (x - x_0)(\lambda \varepsilon_1)(x)$$

et la fonction $\lambda \varepsilon_1$ est continue en x_0 et prend la valeur 0 en x_0. ■

Dérivée d'un produit. *Si f et g sont des fonctions dérivables en x_0, alors la fonction produit fg est dérivable en x_0 et*

$$(fg)'(x_0) = f'(x_0)\, g(x_0) + f(x_0)\, g'(x_0)\,.$$

Démonstration. Il existe par hypothèse des fonctions ε_1 et ε_2 continues en x_0, prenant la valeur 0 en x_0 et telles que

$$f(x) = f(x_0) + (x - x_0)\, f'(x_0) + (x - x_0)\, \varepsilon_1(x)$$
$$g(x) = g(x_0) + (x - x_0)\, g'(x_0) + (x - x_0)\, \varepsilon_2(x)\,.$$

En multipliant ces égalités, on obtient

$$f(x)\, g(x) = f(x_0)\, g(x_0) + (x - x_0)\big(f'(x_0)\, g(x_0) + f(x_0)\, g'(x_0)\big) + (x - x_0)\, \varepsilon_3(x)$$

où l'on a posé $\varepsilon_3(x) = f(x_0)\,\varepsilon_2(x) + g(x_0)\,\varepsilon_1(x) + (x - x_0)\big(f'(x_0)\,\varepsilon_2(x) + g'(x_0)\,\varepsilon_1(x)\big)$. La fonction ε_3 est continue en x_0 comme produit et somme de fonctions continues en x_0 et l'on a $\varepsilon_3(x_0) = 0$. Puisqu'on a par définition $(fg)(x) = f(x)\,g(x)$ quel que soit x, nous en concluons par la proposition du paragraphe 1, que la fonction fg est dérivable en x_0 et que l'on a $(fg)'(x_0) = f'(x_0)\,g(x_0) + f(x_0)\,g'(x_0)$. ■

Dérivée d'une fonction constante. Soit $u : I \to \mathbb{R}$ une fonction constante et soit x_0 un élément de I. Quel que soit $x \in I$, nous avons $u(x) = u(x_0)$, le rapport $\dfrac{u(x) - u(x_0)}{x - x_0}$ est égal à 0 et par conséquent $u'(x_0) = \lim\limits_{x \to x_0} \dfrac{u(x) - u(x_0)}{x - x_0} = 0$. Ainsi *une fonction constante a une dérivée nulle en tout point.*

Dérivée d'une composée. *Soient f et g des fonctions telles que la composée $g \circ f$ est définie. Si f est dérivable en x_0 et si g est dérivable en $f(x_0)$, alors $g \circ f$ est dérivable en x_0 et*

$$(g \circ f)'(x_0) = g'\big(f(x_0)\big)f'(x_0)\,.$$

Démonstration. Puisque f est dérivable en x_0, il existe une fonction ε_1 continue en x_0, prenant la valeur 0 en x_0 et telle que

$$f(x) = f(x_0) + (x - x_0)\,f'(x_0) + (x - x_0)\,\varepsilon_1(x) \quad \text{pour tout } x\,.$$

La fonction g étant dérivable en $f(x_0)$, il existe une fonction ε_2 continue en $f(x_0)$, prenant la valeur 0 en $f(x_0)$ et telle que

$$g(y) = g\big(f(x_0)\big) + \big(y - f(x_0)\big)\,g'\big(f(x_0)\big) + \big(y - f(x_0)\big)\,\varepsilon_2(y) \text{ pour tout } y\,.$$

Remplaçons y par $f(x)$ dans cette égalité. En utilisant l'égalité relative à $f(x)$, il vient

$$g\big(f(x)\big) = g\big(f(x_0)\big) + (x - x_0)\,g'\big(f(x_0)\big)\,f'(x_0) + (x - x_0)\,\varepsilon_3(x)$$

où l'on a posé $\varepsilon_3(x) = g'\big(f(x_0)\big)\,\varepsilon_1(x) + f'(x_0)\varepsilon_2\big(f(x)\big) + \varepsilon_1(x)\varepsilon_2\big(f(x)\big)$. Les théorèmes sur somme, produit et composée de fonctions continues affirment que la fonction ε_3 est continue en x_0. D'autre part, on a $\varepsilon_3(x_0) = 0$, par suite la fonction $g \circ f$ est dérivable en x_0 et $(g \circ f)'(x_0) = g'\big(f(x_0)\big)\,f'(x_0)$. ■

Dérivée de l'inverse. *Soit f une fonction dérivable en x_0. Si $f(x_0) \neq 0$, alors la fonction $1/f$ est dérivable en x_0 et*

$$\left(\frac{1}{f}\right)'(x_0) = -\frac{f'(x_0)}{\big(f(x_0)\big)^2}\,.$$

Démonstration. Démontrons d'abord le résultat lorsque $f(x) = x$ quel que soit x ; nous choisissons donc x_0 différent de 0. Posons $u(x) = 1/x$ quel que soit $x \neq 0$. On a

$$u(x) - u(x_0) = \frac{1}{x} - \frac{1}{x_0} = \frac{x_0 - x}{x\,x_0} = -\frac{x - x_0}{x\,x_0}$$

donc $\dfrac{u(x) - u(x_0)}{x - x_0} = -\dfrac{1}{x\,x_0}$. D'après les théorèmes sur les limites, nous avons $\lim_{x \to x_0} 1/x\,x_0 = 1/x_0^2$. La fonction u est donc dérivable en x_0 et l'on a $u'(x_0) = -1/x_0^2$. Puisque $f'(x) = 1$ pour tout x, c'est bien la formule qu'il fallait démontrer.
Dans le cas général, posons $g = 1/f$ c'est-à-dire $g(x) = 1/f(x) = u\big(f(x)\big)$. Puisque f est dérivable en x_0, f est continue en x_0. Le nombre $f(x_0)$ étant non nul par hypothèse, la proposition du chapitre 2 paragraphe 1 assure que l'on a $f(x) \neq 0$ si x appartient à un certain intervalle ouvert J de centre x_0. La fonction g est donc bien définie sur J et quel que soit $x \in J$, nous avons $g(x) = (u \circ f)(x)$. Par hypothèse, la fonction f est dérivable en x_0 et nous avons démontré que la fonction u est dérivable en $f(x_0)$. D'après le résultat sur la dérivée d'une composée, la fonction g est dérivable en x_0 et l'on a $g'(x_0) = u'\big(f(x_0)\big)f'(x_0)$. Nous avons vu que l'on a $u'(x) = -1/x^2$, donc il vient $g'(x_0) = \big(-1/f(x_0)^2\big)f'(x_0)$. ■

En utilisant les formules donnant la dérivée d'un produit et d'un inverse, on obtient :

Corollaire. *Si f et g sont des fonctions dérivables en x_0 et si $g(x_0) \neq 0$, alors la fonction f/g est dérivable en x_0 et*

$$\left(\frac{f}{g}\right)'(x_0) = \frac{f'(x_0)g(x_0) - f(x_0)g'(x_0)}{\big(g(x_0)\big)^2}.$$

Exemple. Soit n un entier relatif et soit f_n la fonction définie par $f_n(x) = x^n$.
Si $n = 0$, alors par convention $f_0(x) = x^0 = 1$ quel que soit le nombre réel x.
Si $n \geqslant 0$, la fonction f_n est définie sur $\mathbb{R}$ et si $n < 0$, alors la fonction f_n est définie sur $\mathbb{R} \setminus \{0\}$. Montrons que f_n est dérivable et que sa dérivée est donnée par

$$f_n'(x) = nx^{n-1} \quad \text{quel que soit } x \in \mathbb{R} \text{ si } n \geqslant 0, \text{ quel que soit } x \neq 0 \text{ si } n < 0.$$

Si $n = 0$, le résultat est vrai : en effet, la fonction f_0 est constante sur $\mathbb{R}$ donc sa dérivée est nulle.
Puisqu'on a $f_1(x) = x$, il vient $\dfrac{f_1(x) - f_1(x_0)}{x - x_0} = 1$ quel que soit $x \neq x_0$. La fonction f_1 est donc dérivable en x_0 et l'on a $f_1'(x_0) = 1 = 1 \times (x_0)^0$, ce qui est la formule à démontrer lorsque $n = 1$.
Supposons que l'entier n est strictement positif, que la fonction f_n est dérivable sur $\mathbb{R}$ et que sa dérivée est donnée par la formule ci-dessus. Pour tout nombre réel x,

nous avons $f_{n+1}(x) = x^{n+1} = x^n x = f_n(x)f_1(x)$. La fonction f_{n+1} est donc dérivable en tant que produit de deux fonctions dérivables et l'on a (dérivée d'un produit)

$$f'_{n+1}(x) = f'_n(x)f_1(x) + f_n(x)f'_1(x) = nx^{n-1}x + x^n \times 1 = nx^n + x^n = (n+1)x^n\ ;$$

la formule est donc vraie pour l'entier $n+1$. Un raisonnement par récurrence montre qu'elle est vraie pour tout entier $n > 0$.
Supposons $n<0$ et posons $p=-n$. Quel que soit $x\neq 0$, on a $f_n(x) = x^{-p} = \dfrac{1}{x^p} = \dfrac{1}{f_p(x)}$, donc f_n est dérivable et l'on a (dérivée d'un inverse) $f'_n(x) = -\dfrac{f'_p(x)}{\big(f_p(x)\big)^2}$ pour tout $x \neq 0$. Puisque l'entier p est strictement positif, nous savons que l'on a $f'_p(x) = px^{p-1}$ et donc il vient $f'_n(x) = -\dfrac{px^{p-1}}{x^{2p}} = -px^{p-1-2p} = -px^{-p-1} = nx^{n-1}$ quel que soit le nombre x différent de 0.

Conséquences

- *Une fonction polynôme est dérivable sur $\mathbb{R}$ et la fonction dérivée est une fonction polynôme.*
- *Une fonction rationnelle est dérivable sur son domaine de définition et la fonction dérivée est une fonction rationnelle.*

En effet, une fonction polynôme est une somme de fonctions monômes $x \mapsto ax^n$ où n est un entier positif ou nul et a un nombre réel. Or nous venons de montrer qu'une fonction monôme est dérivable sur $\mathbb{R}$ et que sa dérivée est aussi une fonction monôme. Par définition, une fonction rationnelle est de la forme $x \mapsto r(x) = \dfrac{P(x)}{Q(x)}$ où P et Q sont des polynômes et $Q \neq 0$. Les fonctions $x \mapsto P(x)$ et $x \mapsto Q(x)$ sont dérivables, donc la fonction r est dérivable en tout x_0 tel que $Q(x_0) \neq 0$. La dérivée est $r'(x) = \dfrac{(P'Q - PQ')(x)}{Q^2(x)}$ qui est bien une fonction rationnelle.

Dérivée d'une fonction réciproque. *Soient I un intervalle ouvert et f une fonction dérivable et strictement monotone sur I. Posons $J = f(I)$ et notons $g : J \to I$ la bijection réciproque de l'application bijective $I \to J$ définie par f. Si l'on a $f'(t) \neq 0$ quel que soit $t \in I$, alors g est dérivable sur J et l'on a pour tout $x \in J$*

$$g'(x) = \frac{1}{f'\big(g(x)\big)}\,.$$

Démonstration. Soit $t_0 \in I$. La fonction f étant dérivable en t_0, on a quel que soit $t \in I$

$$f(t) = f(t_0) + (t - t_0)\big(f'(t_0) + \varepsilon(t)\big) \qquad (*)$$

où ε est une fonction continue en t_0 telle que $\varepsilon(t_0) = 0$. Pour tout $x \in J$, on a $g(x) \in I$ et par définition $f\big(g(x)\big) = x$. Posons $x_0 = f(t_0)$ de sorte que l'on a aussi $t_0 = g(x_0)$.

Dans l'égalité $(*)$, remplaçons t par $g(x)$ et t_0 par $g(x_0)$. Il vient

$$f(g(x)) = f(g(x_0)) + (g(x) - g(x_0))\Big(f'(t_0) + \varepsilon(g(x))\Big)$$

c'est-à-dire

$$x = x_0 + (g(x) - g(x_0))\Big(f'(t_0) + \varepsilon(g(x))\Big).$$

Pour tout nombre $x \in J$ différent de x_0, cette égalité s'écrit encore

$$\frac{g(x) - g(x_0)}{x - x_0} = \frac{1}{f'(t_0) + \varepsilon(g(x))}.$$

Passons à la limite quand x tend vers x_0. Nous savons que la fonction g est continue sur J et que ε est continue en $t_0 = g(x_0)$, donc (limite d'une composée) $\lim\limits_{x\to x_0} \varepsilon(g(x)) = \varepsilon(g(x_0)) = \varepsilon(t_0) = 0$. Ainsi nous avons $\lim\limits_{x\to x_0} \Big(f'(t_0) + \varepsilon(g(x))\Big) = f'(t_0)$. Puisque le nombre $f'(t_0)$ n'est pas nul, le théorème sur la limite d'un inverse affirme que l'on a $\lim\limits_{x\to x_0} \dfrac{1}{f'(t_0) + \varepsilon(g(x))} = \dfrac{1}{f'(t_0)}$. Le rapport $\dfrac{g(x) - g(x_0)}{x - x_0}$ a donc pour limite $\dfrac{1}{f'(t_0)}$ quand x tend vers x_0, autrement dit g est dérivable en x_0 et $g'(x_0) = \dfrac{1}{f'(t_0)} = \dfrac{1}{f'(g(x_0))}$. ■

Remarque

La formule donnant la dérivée de la fonction réciproque est facile à retrouver. Si f et g sont des bijections réciproques, on a $(g \circ f)(t) = t$ pour tout nombre t appartenant à l'intervalle de définition de f ; si de plus les fonctions f et g sont dérivables, alors il vient (dérivée d'une composée) $(g \circ f)'(t) = g'(f(t))f'(t) = 1$ d'où l'égalité $g'(f(t)) = \dfrac{1}{f'(t)}$. On a donc $g'(x) = \dfrac{1}{f'(g(x))}$ quel que soit x appartenant à l'intervalle de définition de g.

Exemple. Soit n un entier au moins égal à 2 et soit g la fonction racine n-ième : $g(x) = \sqrt[n]{x}$. Rappelons que cette fonction est par définition la réciproque de la fonction f définie par $f(x) = x^n$. On a $f'(x) = nx^{n-1}$ donc $f'(x)$ est différent de 0 quel que soit $x \neq 0$. La fonction g est donc dérivable en tout point $x \neq 0$ du domaine de définition de g, c'est-à-dire sur l'intervalle $]0, +\infty[$ lorsque n est pair et sur $\mathbb{R} \setminus \{0\}$ lorsque n est impair. De plus, on a $g'(x) = \dfrac{1}{f'(g(x))} = \dfrac{1}{n(\sqrt[n]{x})^{n-1}}$. En utilisant les égalités $(\sqrt[n]{x})^{n-1} = \dfrac{(\sqrt[n]{x})^n}{\sqrt[n]{x}} = \dfrac{x}{\sqrt[n]{x}}$, nous obtenons plus simplement $g'(x) = \dfrac{\sqrt[n]{x}}{nx}$.

Puisque $f'(0) = 0$, le graphe de la fonction $x \mapsto x^n$ est tangent au point $(0,0)$ à l'axe des abscisses. On en déduit par symétrie (voir page 86) que le graphe de la fonction racine n-ième est tangent à l'origine à l'axe des ordonnées.

Ce dernier résultat se démontre aussi en étudiant la limite du rapport $\dfrac{\sqrt[n]{x}-\sqrt[n]{0}}{x-0}=\dfrac{\sqrt[n]{x}}{x}$ quand x tend vers 0 par valeurs positives. Nous avons $\dfrac{\sqrt[n]{x}}{x}=\dfrac{\sqrt[n]{x}}{\left(\sqrt[n]{x}\right)^n}=\dfrac{1}{\left(\sqrt[n]{x}\right)^{n-1}}$, $\lim\limits_{x\to 0^+}\sqrt[n]{x}=\sqrt[n]{0}=0$ et $n-1$ est un entier positif, donc $\lim\limits_{x\to 0^+}\left(\sqrt[n]{x}\right)^{n-1}=0$. Il vient donc $\lim\limits_{x\to 0^+}\dfrac{\sqrt[n]{x}-\sqrt[n]{0}}{x-0}=\lim\limits_{x\to 0^+}\dfrac{1}{\left(\sqrt[n]{x}\right)^{n-1}}=+\infty$. On dit que le graphe de cette fonction a une *tangente verticale* à l'origine.

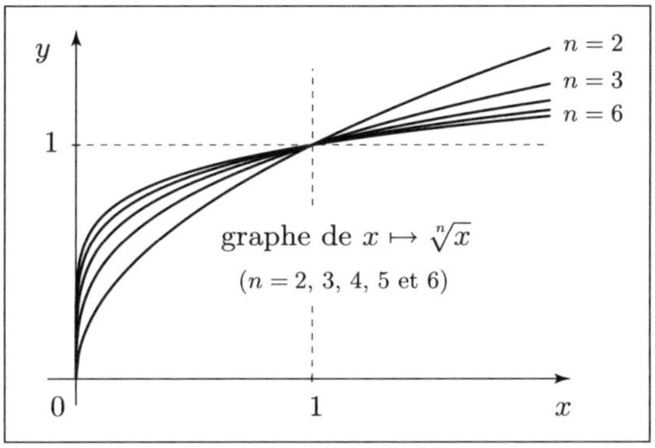

4. Dérivées successives

Soient I un intervalle ouvert et $f : I \to \mathbb{R}$ une fonction dérivable ; par définition, cela signifie que f est dérivable en tout point de I. Nous avons alors défini la fonction dérivée $f' : I \to \mathbb{R}$ qui à tout x appartenant à I associe le nombre dérivé $f'(x)$.
Si la fonction f' est à son tour dérivable en tout point de I, alors la fonction $(f')'$ dérivée de f' est définie sur I ; cette fonction se note f'' et s'appelle *la dérivée seconde de* f. Plus généralement, si n est un entier positif ou nul, on définit, si elle existe, *la dérivée* n*-ième de* f, en posant $f^{(0)}=f$ par convention et

$$f^{(p)}=\left(f^{(p-1)}\right)' \text{ pour tout entier } p \text{ tel que } 1\leqslant p\leqslant n.$$

Par définition, nous avons donc $f^{(1)}=f'$, $f^{(2)}=f''$, $f^{(3)}=(f'')'$, etc. Si la dérivée n-ième de f existe, on dit que f est n *fois dérivable*.

Nous verrons que les fonctions couramment utilisées en analyse possèdent, pour tout n, une dérivée n-ième. Les fonctions polynôme ont cette propriété car la dérivée d'une fonction polynôme est une fonction polynôme. Il en va de même pour les fonctions rationnelles.

Terminons ce chapitre par une formule utile.

Formule de Leibniz. *Si f et g sont des fonctions n fois dérivables, alors la fonction fg est n fois dérivable et*

$$(fg)^{(n)} = f^{(n)}\,g + C_n^1\,f^{(n-1)}\,g' + C_n^2\,f^{(n-2)}\,g'' + \cdots + C_n^i\,f^{(n-i)}\,g^{(i)} + \cdots + f\,g^{(n)}$$

où les nombres entiers C_n^i sont les coefficients binomiaux.

Démonstration abrégée. Si $n=0$, la formule est vraie d'après notre convention. Si $n = 1$, la formule est celle de la dérivée d'un produit : $(fg)' = f'g + fg'$. Le second membre de la formule à démontrer est une somme de fonctions ; si l'on dérive chaque terme de la somme en utilisant la formule de la dérivée du produit et si l'on tient compte des relations $C_n^i + C_n^{i-1} = C_{n+1}^i$ entre les coefficient du binôme (chapitre 2 du tome d'algèbre), on obtient la formule de Leibniz pour l'entier $n+1$. Un raisonnement par récurrence permet de conclure. ■

Exercices

Dans ces exercices, nous supposons connues la dérivée de la fonction exponentielle, la dérivée de la fonction logarithme et les dérivées des fonctions sinus et cosinus.

1. Soit n un entier au moins égal à 2 et soit $a \in \mathbb{R}$. Montrer que pour tout nombre réel x, on a

$$x^n - a^n = (x-a)(x^{n-1} + x^{n-2}a + \cdots + xa^{n-2} + a^{n-1})$$

En déduire que le nombre dérivé de la fonction $x \mapsto x^n$ au point a est na^{n-1}.

2. Soit f une fonction dérivable sur $\mathbb{R}$. Calculer la dérivée des fonctions suivantes :

$$\exp f(x)\ ; \qquad \big(f(\sin x)\big)^2\ ; \qquad \operatorname{Log}|f(x)|\,; \qquad f\big(\operatorname{Log}|f(x)|\big).$$

3. a) Soient n et p des entiers positifs. Calculer la limite de $\dfrac{x^n - x^p}{x-1}$ quand x tend vers 1.

b) Soit $f : \mathbb{R} \to \mathbb{R}$ une fonction dérivable en 1 et soit n un entier positif. Calculer la limite de $\dfrac{f(x^n) - f(x)}{x-1}$ quand x tend vers 1.

c) Soit $f : \mathbb{R} \to \mathbb{R}$ une fonction dérivable en 0 et vérifiant $f(0) = 0$. Calculer la limite de $\dfrac{\big(f(2x)\big)^2 - f(3x^2)}{x^2}$ quand x tend vers 0.

4. Rappelons que l'on note E la fonction partie entière. Les fonctions $x \mapsto xE(x)$ et $x \mapsto x^2E(x)$ sont-elles dérivables en 0 ?

5. Soit $f : \mathbb{R} \to \mathbb{R}$ la fonction définie par $f(x) = x + \exp x$.

a) Montrer que f est une bijection.

b) Soit g la bijection réciproque de f. Montrer que g est deux fois dérivable. Calculer $g(1)$, puis $g'(1)$ et $g''(1)$.

6. Montrer que les dérivées n-ième des fonctions sinus et cosinus sont définies par $\sin^{(n)}(x) = \sin\left(x + n\frac{\pi}{2}\right)$ et $\cos^{(n)}(x) = \cos\left(x + n\frac{\pi}{2}\right)$.

7. a) Soit p un entier positif et soit f la fonction définie par $f(x) = x^p$. Montrer que la dérivée n-ième de f est définie par $f^{(n)}(x) = \frac{p!}{n!}x^{p-n}$ si $n \leqslant p$ et $f^{(n)}(x) = 0$ si $n > p$.

b) Soit a un nombre réel et soit f la fonction définie par $f(x) = \frac{1}{x-a}$. Montrer que la dérivée n-ième de f est définie par $f^{(n)}(x) = (-1)^n \frac{n!}{(x-a)^{n+1}}$.

c) Soient a et b des nombres réels. Calculer la dérivée n-ième de la fonction $x \mapsto (x^2 + ax + b)\exp x$.

8. Posons $f(x) = \frac{x}{x^2 + x - 2}$. Déterminer des nombres réels a et b tels que $f(x) = \frac{a}{x-1} + \frac{b}{x+2}$ pour tout x différent de 1 et -2. En déduire une expression de la dérivée n-ième de f.

9. Soit $f :]-1,1[\to \mathbb{R}$ la fonction définie par $f(x) = \frac{1}{\sqrt{1-x^2}}$.

a) Montrer par récurrence que pour tout entier $n \geqslant 0$, il existe un polynôme $P_n \in \mathbb{R}[X]$ de degré n, tel que $f^{(n)}(x) = \frac{P_n(x)}{(1-x^2)^n} f(x)$. Calculer les polynômes P_0, P_1, P_2 et P_3.

b) Montrer que si n est un entier pair, alors la fonction $x \mapsto P_n(x)$ est paire et que si n est un entier impair, la fonction $x \mapsto P_n(x)$ est impaire.

c) Montrer que pour tout entier $n \geqslant 0$, on a

$$(1-x^2)P_n'(x) + (2n+1)xP_n(x) = P_{n+1}(x).$$

d) Montrer par récurrence que l'on a $P_n' = n^2 P_{n-1}$ si $n \geqslant 1$. Calculer le coefficient dominant de P_n.

e) Démontrer l'égalité suivante pour tout entier $n \geqslant 0$:

$$(1-x^2)P_n''(x) + (2n-1)xP_n'(x) - n^2P_n(x) = 0.$$

10. Soit $h : [0, +\infty[\to]-\infty, 0]$ une application bijective, strictement décroissante et telle que $h(0) = 0$. On définit une fonction $f : \mathbb{R} \to \mathbb{R}$ en posant

$$f(x) = \begin{cases} h(x) & \text{si } x \geqslant 0 \\ h^{-1}(x) & \text{si } x < 0\,. \end{cases}$$

a) Montrer que l'on a $f \circ f(x) = x$ quel que soit $x \in \mathbb{R}$.

b) Montrer que la fonction f est strictement décroissante.

c) Montrer que si h est continue, alors f est continue.

d) On suppose que h possède une demi-dérivée à droite en 0 et que $h'_d(0) = -1$. Montrer que f est dérivable en 0 et calculer $f'(0)$.

e) Supposons $h(x) = -x - x^2$ pour tout $x \geqslant 0$.

(i) Calculer $f(x)$ pour tout $x \leqslant 0$.

(ii) Montrer que la fonction f est dérivable sur $\mathbb{R}$ et que la fonction dérivée f' est continue.

(iii) Dessiner l'allure du graphe de f.

11. Soit $\mathscr{P}$ la parabole d'équation $y = kx^2$, où k est un nombre réel non nul.

a) Montrer que la droite d'équation $y = ax + b$ est tangente à $\mathscr{P}$ si et seulement si $4kb + a^2 = 0$.

b) Soient D et D' deux droites tangentes à $\mathscr{P}$. Montrer que D et D' sont perpendiculaires si et seulement si elles se coupent sur la droite d'équation $y = -1/4k$.

Quelques réponses ou indications

2. $f'(x)\exp\big(f(x)\big)$; $2f(\sin x)f'(\sin x)\cos x$; $\frac{f'(x)}{f(x)}$; $\frac{f'(x)}{f(x)}f'\big(\operatorname{Log}|f(x)|\big)$.

3. a) On a $\frac{x^n - x^p}{x-1} = \frac{x^n-1}{x-1} - \frac{x^p-1}{x-1}$. Quand x tend vers 1, le rapport $\frac{x^n-1}{x-1}$ tend vers la dérivée en 1 de la fonction $x \mapsto x^n$.

b) On a $\frac{f(x^n)-f(x)}{x-1} = \frac{f(x^n)-f(1)}{x-1} - \frac{f(x)-f(1)}{x-1}$. Puisque f est dérivable en 1, le rapport $\frac{f(x)-f(1)}{x-1}$ tend vers $f'(1)$ quand x tend vers 1. Soit g la fonction définie en posant $g(x) = f(x^n)$. La fonction $x \mapsto x^n$ est dérivable et prend la valeur 1 au point 1, donc g est dérivable en 1. Par conséquent, le rapport $\frac{f(x^n)-f(1)}{x-1}$ tend vers $g'(1)$ quand x tend vers 1.

c) Puisque f est dérivable en 0, le rapport $\frac{f(x)}{x} = \frac{f(x)-f(0)}{x}$ tend vers $f'(0)$ quand x tend vers 0. On a $\frac{f(2x)}{x} = 2\frac{f(2x)}{2x}$, donc $\frac{f(2x)}{x}$ tend vers $2f'(0)$ quand x tend vers 0. On en déduit que $\frac{f(2x)^2}{x^2}$ tend vers $4f'(0)^2$ quand x tend vers 0. Puisque $3x^2$ tend vers 0 quand x tend vers 0, le rapport $\frac{f(3x^2)}{x^2} = 3\frac{f(3x^2)}{3x^2}$ tend de même vers $3f'(0)$ quand x tend vers 0.

4. La demi-dérivée à droite en 0 de la fonction $x \mapsto xE(x)$ est égale à 0 et la demi-dérivée à gauche vaut -1. La fonction $x \mapsto x^2E(x)$ est dérivable en 0 et sa dérivée en ce point vaut 0.

5. a) Montrer que f est dérivable et strictement croissante ; calculer la limite de $f(x)$ quand x tend vers $+\infty$ et quand x tend vers $-\infty$.

   b) Pour tout $t \in \mathbb{R}$, on a $g(t) + \exp g(t) = t$ par définition de la fonction g. En dérivant, il vient $g'(t) + g'(t)\exp g(t) = 1$ et $g'(t) = \frac{1}{1+\exp g(t)}\cdot$ On a $f(0) = 1$ donc $g(1) = 0$. Il s'ensuit $g'(1) = 1/2$. L'expression de $g'(t)$ montre que la fonction g' est aussi dérivable et en dérivant, on exprime $g''(t)$ au moyen de $g(t)$ et de $g'(t)$. On obtient $g''(1) = -1/8$.

6. Raisonner par récurrence.

7. Pour (a) et (b), raisonner par récurrence. Pour (c), utiliser la formule de Leibniz.

8. Pour calculer la dérivée n-ième de f, utiliser l'exercice précédent.

9. a) On a $P_0 = 1$, $P_1 = X$, $P_2 = 2X^2 + 1$ et $P_3 = 6X^3 + 9X$.

   b) La dérivée d'une fonction paire est impaire et la dérivée d'une fonction impaire est paire.

   c) Dériver $f^{(n)}$.

   d) Dériver l'égalité de la question précédente et raisonner par récurrence.

10. b) Ne pas oublier de comparer $f(x)$ et $f(y)$ lorsque $x < 0 < y$.

    c) Calculer les limites à gauche et à droite de f en 0.

    d) Pour tout $x > 0$, posons $u(x) = x/h(x)$. Quelle est la limite de $u(x)$ quand x tend vers 0 par valeurs positives ? En prolongeant u par continuité en 0, en déduire la limite de $u\big(h^{-1}(x)\big) = \frac{h^{-1}(x)}{x}$ quand x tend vers 0 par valeurs négatives. Montrer finalement que l'on a $\lim\limits_{x\to 0}\big(f(x)/x\big) = -1$.

    e) (i) Vérifier d'abord que la fonction h est une bijection strictement décroissante de $[0,+\infty[$ sur $]-\infty,0]$.

    (ii) Utiliser (d).

11. b) D'après (a), les tangentes D et D' ont des équations de la forme $y = ax - a^2/4k$ et $y = a'x - a'^2/4k$, où $a \neq a'$. Calculer les coordonnées du point d'intersection de ces droites.

Chapitre 7

Utilisation de la dérivée

Dans les deux premiers paragraphes de ce chapitre, nous établissons les résultats théoriques généraux qui découlent de la notion de dérivée. Les paragraphes suivants en présentent des applications.

1. Extremum local d'une fonction

Définitions

Soient I un intervalle et $f : I \to \mathbb{R}$ une fonction. Si $x_0 \in I$, on dit que

- *f a un maximum local en x_0* s'il existe un intervalle ouvert J de centre x_0 et contenu dans I, tel que $f(x) \leqslant f(x_0)$ pour tout nombre x appartenant à J.
- *f a un minimum local en x_0* s'il existe un intervalle ouvert J de centre x_0 et contenu dans I, tel que $f(x) \geqslant f(x_0)$ pour tout nombre x appartenant à J.
- *f a un extremum local en x_0* si f a un minimum local ou un maximum local en x_0.

Exemples

1) Si une fonction $f :]a,b[\to \mathbb{R}$ a un maximum (ou un minimum) en un point $x_0 \in]a,b[$, alors f a aussi un maximum local (ou un minimum local) en x_0 : en effet, on peut trouver un intervalle ouvert $J =]x_0 - \varepsilon, x_0 + \varepsilon[$ contenu dans $]a,b[$ et dans le cas par exemple d'un maximum, on a $f(x) \leqslant f(x_0)$ quel que soit $x \in J$.

2) Considérons la fonction $f : \mathbb{R} \to \mathbb{R}$ définie par $f(x) = |1 - x^2|$. Si $x \in]-1,1[$, on a $x^2 < 1$ donc $1 - x^2 > 0$ et par suite $f(x) = 1 - x^2$. On en déduit que si $x \in]-1,1[$ alors $f(x) \leqslant 1$ c'est-à-dire $f(x) \leqslant f(0)$. La fonction f a donc un maximum local en 0. Hors de l'intervalle $]-1,1[$, la fonction f peut prendre des valeurs supérieures à 1 : on a par exemple $f(4) = 15$.

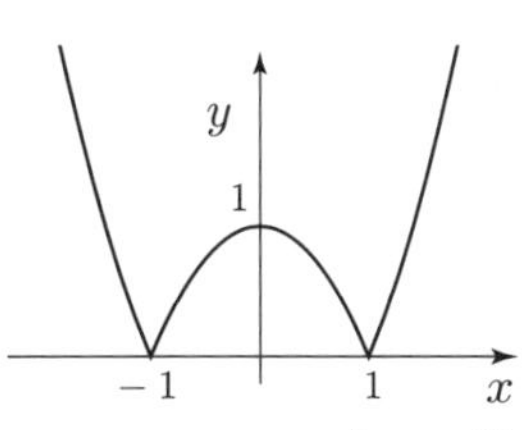

graphe de $x \mapsto |1 - x^2|$

Pour tout nombre réel x, on a $f(x) \geqslant 0$. Puisque $f(1) = f(-1) = 0$, la fonction f atteint son minimum (absolu) en 1 et en -1 ; en ces points, f a aussi un minimum local.

3) La fonction $g:[0,+\infty[\,\to\mathbb{R}$ définie par $g(x)=\left|1-x^2\right|$ a encore un minimum local en 1 mais n'a pas de maximum local en 0 : en effet il n'existe pas d'intervalle ***ouvert*** de centre 0 et contenu dans $[0,+\infty[$.

Lorsqu'une fonction f est dérivable, le théorème suivant donne une condition nécessaire pour que f ait un extremum local en un point.

Théorème. *Soient I un intervalle ouvert et $f: I\to\mathbb{R}$ une fonction. Supposons que f a un extremum local en un point $x_0\in I$ et que f est dérivable en x_0. Alors $f'(x_0)=0$.*

Démonstration. Supposons que f a un minimum local en x_0. Il existe donc un intervalle ouvert J de centre x_0 tel que $J\subset I$ et tel que $f(x)-f(x_0)\geqslant 0$ pour tout nombre x appartenant à J. Pour tout $x\in J$ tel que $x\neq x_0$, posons $g(x)=\dfrac{f(x)-f(x_0)}{x-x_0}$. Puisque f est dérivable en x_0, on a par définition de la dérivée $\lim\limits_{x\to x_0} g(x)=f'(x_0)$ ou encore $\lim\limits_{x\to x_0^+} g(x)=f'(x_0)=\lim\limits_{x\to x_0^-} g(x)$. Si l'on a $x\in J$ et $x>x_0$, alors $x-x_0>0$ donc $g(x)\geqslant 0$. On en déduit $\lim\limits_{x\to x_0^+} g(x)\geqslant 0$ donc $f'(x_0)\geqslant 0$. Si l'on a $x\in J$ et $x<x_0$, alors $x-x_0<0$ donc $g(x)\leqslant 0$. Par suite on a $\lim\limits_{x\to x_0^-} g(x)\leqslant 0$ donc $f'(x_0)\leqslant 0$. Le nombre réel $f'(x_0)$ est positif ou nul et négatif ou nul, donc $f'(x_0)=0$.
Si f a un maximum local en x_0, alors $-f$ a un minimum local en x_0. D'après la démonstration précédente, nous avons $0=(-f)'(x_0)=-f'(x_0)$ donc $f'(x_0)=0$. ■

Remarque

Dans l'exemple (2) précédent, nous avons vu que la fonction f a un maximum local en 0 et que $f(x)=1-x^2$ si $x\in\,]-1,1[$. La fonction f est dérivable sur $]-1,1[$, $f'(x)=-2x$ si $x\in\,]-1,1[$ et nous avons bien $f'(0)=0$ conformément au théorème. La fonction f a aussi un minimum local en 1, mais f n'est pas dérivable en ce point : en effet, si $x>0$ et $x\neq 1$, nous avons

$$\begin{aligned}\frac{f(x)-f(1)}{x-1}&=\frac{|1-x^2|}{x-1}=\frac{|1+x|\,|1-x|}{x-1}\\&=(x+1)\frac{|x-1|}{x-1}=\begin{cases}x+1 & \text{si } x>1\\ -(x+1) & \text{si } 0<x<1\,.\end{cases}\end{aligned}$$

Il vient $f'_d(1)=\lim\limits_{x\to 1^+}\dfrac{f(x)-f(1)}{x-1}=2$ et $f'_g(1)=\lim\limits_{x\to 1^-}\dfrac{f(x)-f(1)}{x-1}=-2$. La dérivée à droite n'est pas égale à la dérivée à gauche, donc la fonction f n'est pas dérivable en 1.

Théorème de Rolle. *Soient a et b des nombres réels tels que $a < b$ et soit $f : [a,b] \to \mathbb{R}$ une fonction. Supposons f continue sur $[a,b]$, dérivable sur $]a,b[$ et $f(a) = f(b) = 0$. Alors il existe un nombre réel $c \in]a,b[$ tel que $f'(c) = 0$.*

Démonstration. Si f est constante sur $[a,b]$, alors $f'(x) = 0$ pour tout $x \in]a,b[$ et tous les nombres c de l'intervalle $]a,b[$ vérifient l'égalité $f'(c) = 0$. Supposons que f n'est pas constante. Il existe donc un élément $x_0 \in [a,b]$ tel que $f(x_0) \neq f(a)$ c'est-à-dire $f(x_0) \neq 0$. Mais alors $f(x_0)$ est strictement positif ou bien strictement négatif. Supposons $f(x_0) > 0$. Puisque la fonction f est continue sur le segment $[a,b]$, nous savons que f atteint son maximum en un point de $[a,b]$: il existe un nombre réel $c \in [a,b]$ tel que $f(x) \leqslant f(c)$ pour tout $x \in [a,b]$. En particulier, nous avons $f(x_0) \leqslant f(c)$ et donc $f(c) > 0$. On en déduit que c est différent de a et de b car $f(a) = 0$ et $f(b) = 0$. Ainsi nous avons $c \in]a,b[$. Puisque $f(x) \leqslant f(c)$ si $x \in]a,b[$, la fonction f a un maximum local en c. Puisque f est dérivable sur $]a,b[$, f est dérivable en c et le théorème précédent affirme que l'on a $f'(c) = 0$.
Supposons $f(x_0) < 0$. La fonction $-f$ vérifie les hypothèses du théorème et l'on a $(-f)(x_0) > 0$; d'après la démonstration précédente, il existe $c \in]a,b[$ tel que $(-f)'(c) = 0$ donc $f'(c) = 0$. ■

Remarques

- Dans la démonstration ci-dessus, le point essentiel est de montrer que les hypothèses impliquent l'existence d'un maximum local strictement positif.
- Si une fonction $f : [a,b] \to \mathbb{R}$ vérifie les hypothèses du théorème de Rolle, alors d'après ce théorème, il existe un point $c \in]a,b[$ où le graphe de f a une tangente horizontale. Mais attention, cette propriété n'est pas forcément vérifiée si f ne satisfait pas toutes les hypothèses du théorème de Rolle.

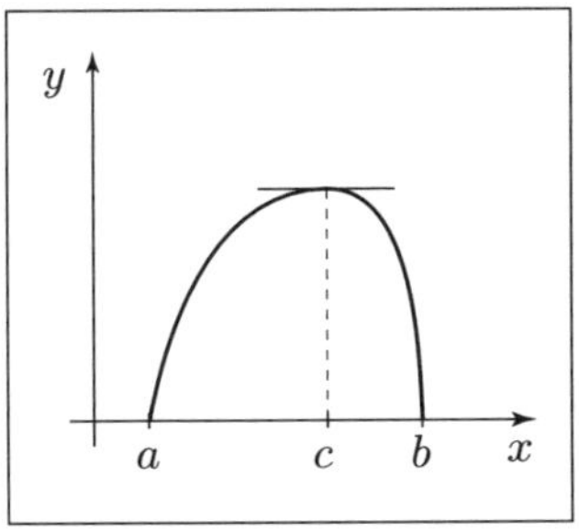

les hypothèses sont vérifiées

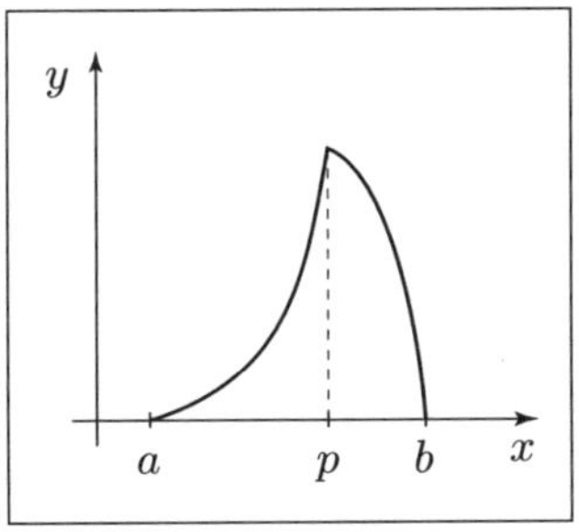

la fonction n'est pas dérivable en p, il n'y a pas de point à tangente horizontale

2. Le théorème des accroissements finis

C'est le théorème qui permet notamment de trouver le sens de variation d'une fonction à partir du signe de la dérivée.

Théorème. *Soient a et b des nombres réels tels que $a < b$ et soit $f : [a,b] \to \mathbb{R}$ une fonction continue sur $[a,b]$ et dérivable sur $]a,b[$. Il existe un nombre $c \in]a,b[$ tel que $f(b) - f(a) = (b-a)f'(c)$.*

Démonstration. Posons $p = \dfrac{f(b) - f(a)}{b-a}$ et définissons la fonction $g : [a,b] \to \mathbb{R}$ en posant $g(x) = f(x) - f(a) - p(x-a)$. Puisque f est continue sur $[a,b]$, la fonction g est continue sur $[a,b]$. Puisque f est dérivable sur $]a,b[$, la fonction g est dérivable sur $]a,b[$ et $g'(x) = f'(x) - p$. De plus, nous avons $g(a) = f(a) - f(a) = 0$ et $g(b) = f(b) - f(a) - p(b-a) = 0$ par définition du nombre p. La fonction g vérifie les hypothèses du théorème de Rolle, donc il existe un nombre $c \in]a,b[$ tel que $g'(c) = 0$. Il vient $0 = g'(c) = f'(c) - p$, c'est-à-dire $f'(c) = p$, ou encore $f'(c) = \dfrac{f(b) - f(a)}{b-a}$. Le théorème est démontré. ■

Le nombre $p = \dfrac{f(b) - f(a)}{b-a}$ est la pente de la droite passant par les points $\big(a, f(a)\big)$ et $\big(b, f(b)\big)$. D'après le théorème des accroissements finis, il existe donc un point $\big(c, f(c)\big)$ du graphe de f où la tangente est parallèle à cette droite.

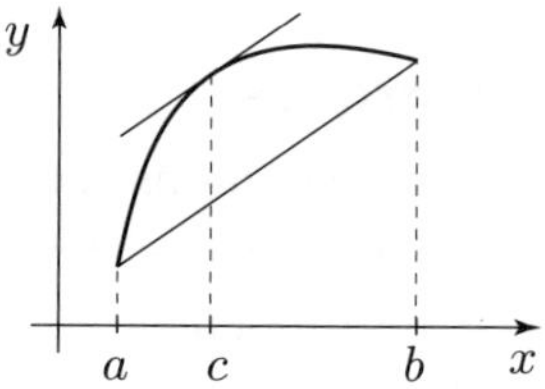

Corollaire. *Soient a et b des nombres réels tels que $a < b$ et soit $f : [a,b] \to \mathbb{R}$ une fonction continue sur $[a,b]$ et dérivable sur $]a,b[$.*

- *Si $f'(x) = 0$ pour tout $x \in]a,b[$, alors f est constante sur $[a,b]$.*
- *Si $f'(x) \geqslant 0$ pour tout $x \in]a,b[$, alors f est croissante sur $[a,b]$.*
- *Si $f'(x) > 0$ pour tout $x \in]a,b[$, alors f est strictement croissante sur $[a,b]$.*

Démonstration. Soient u et v des nombres réels appartenant au segment $[a,b]$ et tels que $u < v$. Puisqu'on a les inclusions $[u,v] \subset [a,b]$ et $]u,v[\subset]a,b[$, la fonction f est continue sur le segment $[u,v]$ et dérivable sur l'intervalle $]u,v[$. Nous pouvons donc appliquer le théorème des accroissements finis à la fonction f sur le segment $[u,v]$: il existe un nombre réel $c \in]u,v[$ tel que $f(v) - f(u) = (v-u)f'(c)$.
Si $f'(x) = 0$ pour tout $x \in]a,b[$, alors $f'(c) = 0$ donc $f(u) = f(v)$. Cette égalité étant vraie pour tous nombres u et v appartenant à $[a,b]$, on en déduit que la fonction f est constante.

Supposons $f'(x) \geqslant 0$ pour tout $x \in]a,b[$. On a $f'(c) \geqslant 0$ et $v - u > 0$ donc $f(v) - f(u) = (v - u)f'(c) \geqslant 0$. Cette inégalité est vraie pour tous nombres u et v appartenant à $[a,b]$ et tels que $u < v$, donc la fonction f est croissante.
Si $f'(x) > 0$ pour tout $x \in]a,b[$, alors $f(v) - f(u) = (v - u)f'(c)$ est strictement positif donc $f(v) > f(u)$. Cela montre que f est strictement croissante. ■

Inégalité des accroissements finis. *Soient I un intervalle ouvert et $f : I \to \mathbb{R}$ une fonction dérivable. Supposons qu'il existe un nombre $K > 0$ tel que $|f'(t)| \leqslant K$ pour tout $t \in I$. On a alors $|f(x) - f(y)| \leqslant K|y - x|$ quels que soient les nombres x et y appartenant à I.*

Démonstration. Si $x = y$, l'égalité est évidente. Sinon, quitte à échanger x et y, on peut supposer $x < y$. Puisque f est dérivable sur I, f est continue sur I, donc continue sur $[x,y]$, et f est dérivable sur $]x,y[$. D'après le théorème des accroissements finis, il existe un nombre $c \in]x,y[$ tel que $f(y) - f(x) = (y - x)f'(c)$. On a par hypothèse $|f'(c)| \leqslant K$ donc $|f(y) - f(x)| = |y - x||f'(c)| \leqslant |y - x|K$. ■

Exercice. Soient $f : [a,b] \to \mathbb{R}$ une fonction continue. Supposons que f est dérivable sur l'intervalle $]a,b[$ et qu'il existe un nombre K tel que $|f'(x)| \leqslant K$ pour tout $x \in]a,b[$. Soient M le maximum de f et m le minimum de f sur $[a,b]$. Montrer que l'on a $M - m \leqslant K(b - a)$.

Réponse. Puisque la fonction f est continue sur le segment $[a,b]$, f a maximum et un minimum sur $[a,b]$ et il existe des nombres $u, v \in [a,b]$ tels que $M = f(u)$ et $m = f(v)$. Puisqu'on a $M \geqslant m$, il vient

$$M - m = |M - m| = |f(u) - f(v)| .$$

Appliquons le théorème des accroissements finis : il existe un nombre $c \in]a,b[$ tel que

$$|f(u) - f(v)| = |f'(c)|\ |u - v| .$$

D'après l'hypothèse faite sur la dérivée de f, on a $|f'(c)| \leqslant K$, d'où

$$|f(u) - f(v)| \leqslant K|u - v| \leqslant K(b - a)$$

car $|u - v| \leqslant b - a$. Le résultat s'ensuit.

Exercice. Soient x et y des nombres appartenant à l'intervalle $[-\pi/4, \pi/4]$. Montrer que l'on a $|x - y| \leqslant |\operatorname{tg} x - \operatorname{tg} y| \leqslant 2|x - y|$.

Réponse. Supposons $x < y$. La fonction tangente est dérivable sur $]-\pi/2, \pi/2[$ donc continue sur le segment $[x,y]$ et dérivable sur l'intervalle $]x,y[$. Appliquons le théorème des accroissements finis : il existe un nombre $c \in]x, y[$ tel que

$$\operatorname{tg} y - \operatorname{tg} x = (y - x)\operatorname{tg}' c .$$

Puisque $\operatorname{tg}' t = 1 + \operatorname{tg}^2 t \geqslant 0$, la fonction tg est croissante sur $]-\pi/2, \pi/2[$ et comme $\operatorname{tg}(\pi/4) = 1$ et $\operatorname{tg}(-\pi/4) = -1$, il vient $-1 \leqslant \operatorname{tg} t \leqslant 1$ si $-\pi/4 \leqslant t \leqslant \pi/4$. On a donc

$$1 \leqslant \operatorname{tg}' t \leqslant 2 \quad \text{quel que soit } t \in [-\pi/4, \pi/4].$$

Puisque x et y appartiennent à $[-\pi/4, \pi/4]$, le nombre c appartient aussi à $[-\pi/4, \pi/4]$. En multipliant par le nombre positif $y - x$ l'inégalité $1 \leqslant \operatorname{tg}' c \leqslant 2$, nous obtenons $y - x \leqslant \operatorname{tg} y - \operatorname{tg} x \leqslant 2(y - x)$ c'est-à-dire

$$|x - y| \leqslant |\operatorname{tg} x - \operatorname{tg} y| \leqslant 2|x - y| .$$

Les termes de cet encadrement ne changent pas si on permute x et y, donc l'inégalité précédente est vraie encore lorsque $x > y$.

Pour encadrer une expression de la forme $f(x) - f(y)$, pensez au théorème et à l'inégalité des accroissements finis.

La règle de L'Hospital. *Soient a et b des nombres réels tels que $a < b$ et soit $f : [a, b[\to \mathbb{R}$ une fonction continue. Supposons que f est dérivable sur l'intervalle $]a, b[$ et que l'on a $\lim_{x \to a} f'(x) = \ell$, où ℓ est un nombre réel. Alors f est dérivable à droite en a et $f'_d(a) = \ell$.*

Démonstration. Soit un nombre $\varepsilon > 0$. Puisque $f'(t)$ tend vers ℓ quand t tend vers a, on peut trouver un nombre $\alpha > 0$ tel que $|f'(t) - \ell| < \varepsilon$ si $a < t < a + \alpha$. Soit x un nombre tel que $a < x < a + \alpha$. La fonction f est continue sur le segment $[a, x]$ et dérivable sur l'intervalle ouvert $]a, x[$. D'après le théorème des accroissements finis, il existe donc un nombre $c \in]a, x[$ tel que $\dfrac{f(x) - f(a)}{x - a} = f'(c)$. Puisqu'on a $a < c < x$ et $x < a + \alpha$, il vient $a < c < a + \alpha$ donc $\left| \dfrac{f(x) - f(a)}{x - a} - \ell \right| = |f'(c) - \ell| < \varepsilon$. Nous avons ainsi montré que pour tout $\varepsilon > 0$, on peut trouver un nombre $\alpha > 0$ tel que $\left| \dfrac{f(x) - f(a)}{x - a} - \ell \right| < \varepsilon$ quel que soit $x \in]a, a + \alpha[$. Par définition de la limite, cela signifie que l'on a $\lim_{x \to a^+} \dfrac{f(x) - f(a)}{x - a} = \ell$ c'est-à-dire $f'_d(a) = \ell$. ■

On a bien sûr un résultat analogue pour la dérivabilité à gauche en b. Il est parfois utile d'utiliser une forme plus générale de la règle de L'Hospital : elle est présentée dans l'exercice 19 page 124.

Remarque

La règle de L'Hospital peut être très commode pour affirmer qu'une fonction possède en un point une dérivée à droite ou à gauche. Mais attention, la réciproque est fausse : une fonction f peut fort bien être dérivable en un point a sans que $f'(a)$ soit égal à la limite de $f'(x)$ quand x tend vers a. Autrement dit, une fonction dérivée n'a aucune raison d'être continue.

Exemple. Soit $f : \mathbb{R} \to \mathbb{R}$ la fonction définie par

$$f(x) = x^2 \sin(1/x) \text{ si } x \neq 0 \quad \text{et} \quad f(0) = 0.$$

- La fonction f est dérivable sur $]-\infty, 0[$ et sur $]0, +\infty[$ et pour tout nombre x différent de 0, on a $f'(x) = 2x\sin(1/x) + x^2(-1/x^2)\cos(1/x)$, c'est-à-dire

$$f'(x) = 2x\sin(1/x) - \cos(1/x).$$

- Pour tout $x \neq 0$, on a $|\sin(1/x)| \leqslant 1$ donc aussi $|f(x)| \leqslant x^2$. Puisque x^2 tend vers 0 quand x tend vers 0, on en déduit $\lim_{x\to 0} f(x) = 0 = f(0)$. La fonction f est donc continue en 0.
- De même, si $x \neq 0$, nous avons $\dfrac{f(x) - f(0)}{x} = \dfrac{f(x)}{x} = x\sin(1/x)$ et $|x\sin(1/x)| \leqslant |x|$, donc $\lim_{x\to 0} \dfrac{f(x)}{x} = \lim_{x\to 0} x\sin(1/x) = 0$. Ainsi la fonction f est dérivable en 0 et $f'(0) = 0$.
- Montrons que la fonction f' n'a pas de limite en 0. Raisonnons par l'absurde en supposant qu'il existe un nombre ℓ tel que $\lim_{x\to 0} f'(x) = \ell$. Puisque $2x\sin(1/x)$ tend vers 0 quand x tend vers 0, on en déduit (limite d'une somme) :

$$\lim_{x\to 0} \cos(1/x) = \lim_{x\to 0} \big(2x\sin(1/x) - f'(x)\big) = -\ell.$$

Mais cela est une contradiction, car nous avons montré page 43 que la fonction $x \mapsto \cos(1/x)$ n'a pas de limite en 0. C'est donc que la fonction f' n'a pas de limite en 0.

Nous venons de montrer que la fonction f est dérivable sur $\mathbb{R}$ et que f' n'est pas continue en 0.

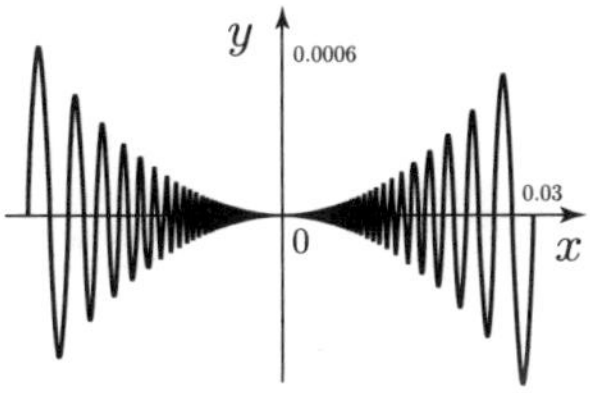

graphe de $x \mapsto x^2 \sin \frac{1}{x}$

3. Fonction convexe

Définitions

Soient I un intervalle et $f : I \to \mathbb{R}$ une fonction. On dit que f est *convexe* si quels que soient les nombres x et y appartenant à I, on a

$$f\big(tx + (1-t)y\big) \leqslant tf(x) + (1-t)f(y) \qquad \text{pour tout } t \in [0,1].$$

On dit que f est *concave* si la fonction $-f$ est convexe.

Interprétation géométrique

Désignons par $\mathcal{E}$ le plan affine $\mathbb{R}^2$ (voir le chapitre 8 du tome d'algèbre). Rappelons que si A et B sont des points de $\mathcal{E}$, le segment $[A, B]$ est l'ensemble des points $M \in \mathcal{E}$ de la forme $tA + (1-t)B$ où $t \in [0,1]$. Si $A = (a_1, a_2)$ et $B = (b_1, b_2)$, alors on a $tA + (1-t)B = \big(ta_1 + (1-t)b_1\,,\, ta_2 + (1-t)b_2\big)$.

Supposons que A et B sont des points distincts appartenant au graphe de f. Notons x l'abscisse de A et y celle de B. On a donc $A = \big(x, f(x)\big)$ et $B = \big(y, f(y)\big)$.
Soit M un point du segment $[A, B]$, donc

$$M = tA + (1-t)B = \big(tx + (1-t)y\,,\, tf(x) + (1-t)f(y)\big)$$

où t est un nombre appartenant au segment $[0,1]$. Soit P le point du graphe de f qui a même abscisse que M, c'est-à-dire $tx + (1-t)y$. Le point P a pour ordonnée $f\big(tx + (1-t)y\big)$.
L'inégalité $f\big(tx + (1-t)y\big) \leqslant tf(x) + (1-t)f(y)$ signifie que l'ordonnée de P est inférieure ou égale à celle de M, ou encore que P est « en dessous » de M.

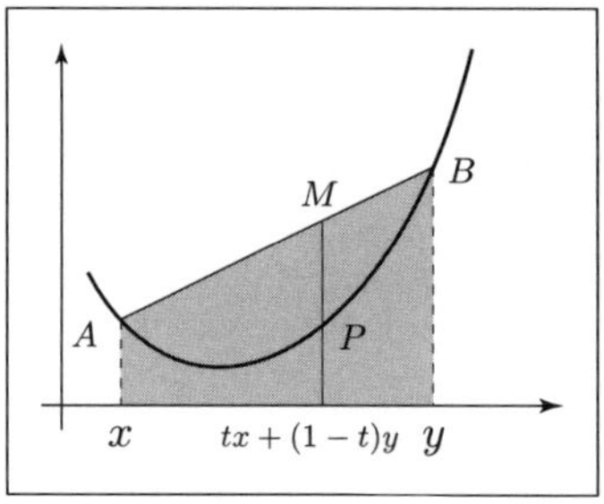

une fonction convexe

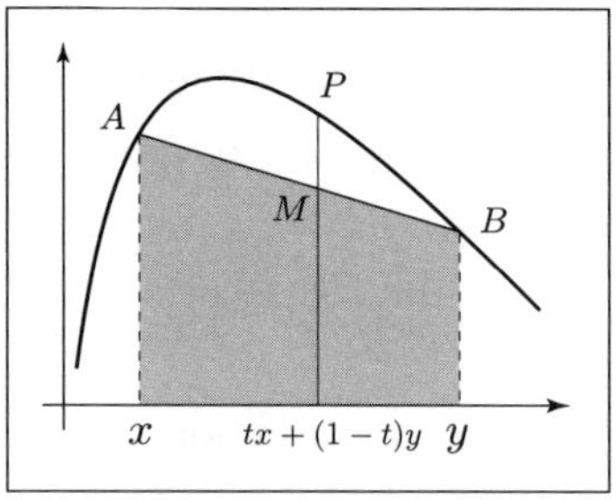

une fonction concave

Une fonction $f : I \to \mathbb{R}$ est donc convexe si et seulement si, pour tous points A et B distincts appartenant au graphe de f, le graphe de f entre A et B est en dessous du segment $[A, B]$. Pour une fonction concave, c'est le contraire : le graphe de f entre A et B est au-dessus du segment $[A, B]$.

Proposition. *Soit I un intervalle. Une fonction $f : I \longrightarrow \mathbb{R}$ est convexe si et seulement si, pour tous nombres a et b appartenant à I tels que $a < b$ et pour tout $x \in [a, b]$, on a*

$$f(x) \leqslant f(a) + (x-a)\frac{f(b)-f(a)}{b-a} \cdot$$

Démonstration. Soient a et b des éléments de I tels que $a < b$. Si x est un nombre réel, posons $t = \dfrac{b-x}{b-a}$. On a $1 - t = \dfrac{x-a}{b-a}$ et $x = ta + (1-t)b$. Ainsi x appartient au segment $[a, b]$ si et seulement si t appartient au segment $[0, 1]$.
On a

$$\begin{aligned} f(a) + (x-a)\frac{f(b)-f(a)}{b-a} &= \left(1 - \frac{x-a}{b-a}\right) f(a) + \left(\frac{x-a}{b-a}\right) f(b) \\ &= tf(a) + (1-t)f(b) \end{aligned}$$

donc l'inégalité de la proposition s'écrit

$$f\big(ta + (1-t)b\big) \leqslant tf(a) + (1-t)f(b)\,. \qquad (*)$$

Si f est convexe, alors par définition cette inégalité est vérifiée quel que soit $t \in [0, 1]$. Réciproquement, supposons que $(*)$ est vraie si $a < b$ et quel que soit $t \in [0, 1]$. Si l'on pose $t' = 1 - t$, alors on a $t' \in [0, 1]$, $tb + (1-t)a = t'a + (1-t')b$ et $tf(b) + (1-t)f(a) = t'f(a) + (1-t')f(b)$. Puisque $(*)$ est vérifiée pour t', nous avons $f\big(tb + (1-t)a\big) \leqslant tf(b) + (1-t)f(a)$; l'inégalité $(*)$ est donc vraie aussi lorsque $b < a$. Comme elle est évidemment vraie si $a = b$, elle est vraie pour tous a et b et tout $t \in [0, 1]$. La fonction f est donc convexe d'après la définition. ■

Proposition. *Soient I un intervalle ouvert et $f : I \longrightarrow \mathbb{R}$ une fonction dérivable. Si la fonction dérivée f' est croissante, alors f est convexe et quels que soient les nombres x et a appartenant à I, on a $f(x) \geqslant f(a) + f'(a)(x-a)$.*

Démonstration. Supposons que f' est une fonction croissante, donnons-nous un nombre $a \in I$ et définissons la fonction $h : I \longrightarrow \mathbb{R}$ en posant $h(x) = f(x) - f(a) - f'(a)(x-a)$. On a $h'(x) = f'(x) - f'(a)$. Puisque la fonction f' est croissante, il vient $h'(x) \geqslant 0$ si $x \geqslant a$ et $h'(x) \leqslant 0$ si $x \leqslant a$. Si l'on pose $I =]u, v[$, alors la fonction h est décroissante sur $]u, a[$ et croissante sur $]a, v[$. On a donc $h(x) \geqslant h(a)$ pour tout $x \in I$. Puisque $h(a) = 0$, il vient $h(x) \geqslant 0$ pour tout x : c'est l'inégalité de la proposition.

Définissons la fonction $g : I \setminus a \rightarrow \mathbb{R}$ en posant $g(x) = \dfrac{f(x) - f(a)}{x-a}$ si $x \in I$ et $x \neq a$. Soit un nombre $b \in I$ tel que $a < b$. La fonction g est dérivable sur $]a, b[$ et l'on a

(dérivée d'un quotient)

$$g'(x) = \frac{(x-a)f'(x) - \big(f(x) - f(a)\big)}{(x-a)^2}.$$

Nous avons montré que le numérateur de cette expression est positif ou nul, donc $g'(x) \geqslant 0$ si $x \in]a,b[$. Ainsi la fonction g est croissante sur $]a,b[$. Pour tout $x \in]a,b[$, on a donc $\frac{f(x)-f(a)}{x-a} = g(x) \leqslant g(b) = \frac{f(b)-f(a)}{b-a}$. En multipliant par le nombre positif $x-a$, on obtient $f(x) \leqslant f(a) + (x-a)\frac{f(b)-f(a)}{b-a}$ pour tout $x \in]a,b[$. Cette inégalité étant vraie aussi lorsque $x = a$ et $x = b$, on en déduit que f est convexe d'après la proposition précédente. ■

Remarque

Si f est une fonction dérivable, la tangente au graphe de f en un point d'abscisse a a pour équation $y = f(a) + f'(a)(x-a)$. Si la fonction f' est croissante, l'inégalité de la proposition précédente signifie donc que *le graphe de f est au-dessus de chacune de ses tangentes.*

Corollaire. *Soient I un intervalle ouvert et $f : I \to \mathbb{R}$ une fonction deux fois dérivable. Si $f''(x) \geqslant 0$ pour tout $x \in I$, alors la fonction f est convexe.*

Exemples

- Puisqu'on a $\exp' = \exp$, la fonction $\exp'$ est croissante donc la fonction exponentielle est convexe. Écrivons l'inégalité de la proposition précédente en choisissant $a = 0$. On a $\exp(0) = \exp'(0) = 1$, donc nous obtenons l'inégalité

$$\exp x \geqslant 1 + x \text{ pour tout nombre réel } x.$$

- Pour tout $x > 0$, nous avons $\mathrm{Log}'(x) = 1/x$, donc la fonction Log' est décroissante sur $]0, +\infty[$ et par suite la fonction logarithme est concave. Appliquons la proposition précédente à la fonction $-\mathrm{Log}$, qui est convexe, en choisissant $a = 1$. Puisqu'on a $\mathrm{Log}'(1) = 1$ et $\mathrm{Log}\,1 = 0$, il vient $-\mathrm{Log}\,x \geqslant -\mathrm{Log}\,1 - (x-1) = -(x-1)$ ou encore

$$\mathrm{Log}\,x \leqslant x - 1 \text{ pour tout nombre réel } x \text{ strictement positif.}$$

4. Équations différentielles linéaires à coefficients constants

Équation $y' - ay = 0$

Soit a un nombre réel. *Une solution de l'équation différentielle* $y' - ay = 0$ est une fonction $f : \mathbb{R} \to \mathbb{R}$ dérivable et telle que $f' - af = 0$, c'est-à-dire pour tout x, $f'(x) - af(x) = 0$.

La fonction nulle, définie par $f(x) = 0$ quel que soit $x \in \mathbb{R}$, est solution de l'équation différentielle. Nous connaissons aussi une autre solution : la fonction $x \mapsto \exp(ax)$; en effet, si l'on pose $u(x) = \exp(ax)$, alors il vient $u'(x) = a\exp(ax) = au(x)$ pour tout $x \in \mathbb{R}$, ou encore $u' - au = 0$.

Proposition. *Les solutions de l'équation différentielle* $y' - ay = 0$ *sont les fonctions* $x \mapsto \lambda\exp(ax)$, *où* $\lambda \in \mathbb{R}$.

Démonstration. Continuons à noter u la fonction $x \mapsto \exp(ax)$. Si λ est un nombre réel, nous avons $u' - au = 0$ donc aussi $(\lambda u)' - a(\lambda u) = \lambda(u' - au) = 0$; la fonction λu est donc solution de l'équation différentielle.
Soit f une solution de l'équation différentielle. Quel que soit le nombre réel x, posons $h(x) = f(x)\exp(-ax)$. La fonction h est dérivable et l'on a

$$h'(x) = f'(x)\exp(-ax) + f(x)\big(-a\exp(-ax)\big) = \big(f'(x) - af(x)\big)\exp(-ax).$$

Puisque f est solution, $f'(x) - af(x) = 0$ donc $h'(x) = 0$ pour tout x. La fonction h est donc constante, autrement dit il existe un nombre réel λ tel que $h(x) = \lambda$ quel que soit x. Il vient $f(x)\exp(-ax) = \lambda$ donc $f(x) = \lambda\exp(ax)$ pour tout x. ■

Équation $y'' + a\,y = 0$

Soit a un nombre réel. *Une solution de l'équation différentielle* $y'' + ay = 0$ est une fonction $f : \mathbb{R} \to \mathbb{R}$ deux fois dérivable et telle que $f'' + af = 0$, c'est-à-dire pour tout x, $f''(x) + af(x) = 0$.

La fonction nulle est solution. Voici d'autres exemples de solution :

- les fonctions $x \mapsto \exp(x)$ et $x \mapsto \exp(-x)$ sont égales à leur dérivée seconde, elles sont donc solution de l'équation différentielle $y'' - y = 0$;
- puisque $\sin'' = -\sin$ et $\cos'' = -\cos$, les fonctions $x \mapsto \sin x$ et $x \mapsto \cos x$ sont solutions de l'équation différentielle $y'' + y = 0$.

Lemme. *Soient* u *et* v *des solutions de l'équation différentielle* $y'' + ay = 0$. *Il existe un nombre* k *tel que l'on ait* $u'(x)v(x) - u(x)v'(x) = k$ *quel que soit* $x \in \mathbb{R}$. *Si* $k \neq 0$, *les solutions de l'équation différentielle sont les fonctions* $\lambda u + \mu v$ *où* λ *et* μ *sont des nombres réels.*

Démonstration. Posons $h = u'v - uv'$. Par hypothèse, les fonctions u' et v' sont dérivables et donc $h' = (u'v)' - (uv')' = u''v + u'v' - (u'v' + uv'') = u''v - uv''$. Puisque les fonctions u et v sont solutions de l'équation différentielle $y'' + ay = 0$, nous avons $u'' = -au$ et $v'' = -av$. Par suite il vient

$$h' = u''v - uv'' = (-au)v - u(-av) = -auv + auv = 0\,.$$

La fonction h est donc constante, c'est-à-dire : il existe un nombre réel k tel que $u'v - uv' = k$.

Remarquons que si λ et μ sont des nombres réels, alors la fonction $f = \lambda u + \mu v$ est solution de l'équation différentielle. En effet, nous avons

$$\begin{cases} u'' + au = 0 \\ v'' + av = 0\,. \end{cases}$$

Multiplions la première égalité par λ, la seconde par μ, et ajoutons membre-à-membre ; il vient $0 = \lambda(u'' + au) + \mu(v'' + av) = (\lambda u'' + \mu v'') + a(\lambda u + \mu v) = f'' + af$. La fonction f est donc solution de l'équation différentielle.

Supposons que k est différent de 0 et soit f une solution de l'équation différentielle. Puisque u et f sont des solutions, la partie du lemme déjà démontrée affirme que la fonction $u'f - uf'$ est constante ; de même, la fonction $v'f - vf'$ est constante. Il existe donc des nombres réels c et d tels que l'on a, quel que soit x,

$$\begin{cases} u'(x)f(x) - u(x)f'(x) = c \\ v'(x)f(x) - v(x)f'(x) = d\,. \end{cases}$$

Multiplions la première égalité par $v(x)$, la seconde par $u(x)$ et soustrayons membre-à-membre ; les termes où figurent $f'(x)$ s'éliminent et il vient

$$\big(u'(x)v(x) - u(x)v'(x)\big)f(x) = cv(x) - du(x)\,.$$

Puisqu'on a $u'(x)v(x) - u(x)v'(x) = k$ pour tout x, l'égalité s'écrit $kf(x) = cv(x) - du(x)$, d'où $f(x) = \frac{c}{k}v(x) - \frac{d}{k}u(x)$ car le nombre k est non nul. Si l'on pose $\lambda = -d/k$ et $\mu = c/k$, alors nous avons $f = \lambda u + \mu v$. Nous avons bien montré que toute solution de l'équation différentielle est de la forme indiquée. ■

Proposition. *Soit a un nombre réel.*

- *Les solutions de l'équation différentielle $y'' = 0$ sont les fonctions $x \mapsto \lambda x + \mu$ où λ et μ sont des nombres réels.*
- *Si $a > 0$, les solutions de l'équation différentielle $y'' + ay = 0$ sont les fonctions $x \mapsto \lambda \cos\big(\sqrt{a}\,x\big) + \mu \sin\big(\sqrt{a}\,x\big)$ où λ et μ sont des nombres réels.*
- *Si $a < 0$, les solutions de l'équation différentielle $y'' + ay = 0$ sont les fonctions $x \mapsto \lambda \exp\big(\sqrt{-a}\,x\big) + \mu \exp\big(-\sqrt{-a}\,x\big)$ où λ et μ sont des nombres réels.*

Démonstration. Si $a = 0$, l'équation s'écrit $y'' = 0$. Parmi les solutions, il y a les fonctions u et v définies par $u(x) = x$ et $v(x) = 1$. On a $u'(x) = 1$ et $v'(x) = 0$ donc $u'(x)v(x) - u(x)v'(x) = 1$ pour tout x. En appliquant le lemme, on en déduit que les solutions de l'équation différentielle $y'' = 0$ sont toutes les fonctions $\lambda u + \mu v$, c'est-à-dire les fonctions $x \mapsto \lambda x + \mu$.

Supposons $a > 0$ et posons pour simplifier $\alpha = \sqrt{a}$. Soient u et v les fonctions définies par $u(x) = \sin(\alpha x)$ et $v(x) = \cos(\alpha x)$. Nous avons $u'(x) = \alpha \cos(\alpha x) = \alpha v(x)$ et $v'(x) = -\alpha \sin(\alpha x) = -\alpha u(x)$ donc $u'' = \alpha v' = -\alpha^2 u = -au$ et de même $v'' = -av$. Les fonctions u et v sont donc des solutions de l'équation différentielle. Calculons $u'v - uv'$: on a

$$u'v - uv' = (\alpha v)v - u(-\alpha u) = \alpha(u^2 + v^2)$$

c'est-à-dire $(u'v - uv')(x) = \alpha\big(\sin^2(\alpha x) + \cos^2(\alpha x)\big) = \alpha$. Puisque α n'est pas nul, le lemme permet de conclure que les solutions de l'équation différentielle sont les fonctions $\lambda u + \mu v$, où λ et μ sont des nombres réels.

Supposons maintenant $a < 0$, posons $\alpha = \sqrt{-a}$, $u(x) = \exp(\alpha x)$ et $v(x) = \exp(-\alpha x)$ pour tout nombre réel x. Nous avons $u' = \alpha u$ donc $u'' = \alpha^2 u = -au$ et de même $v' = -\alpha v$ et $v'' = -av$. Les fonctions u et v sont bien solutions de l'équation différentielle. On a

$$u'v - uv' = (\alpha u)v - u(-\alpha v) = 2\alpha uv$$

donc $u'v - uv' = 2\alpha$ car $u(x)v(x) = \exp(\alpha x)\exp(-\alpha x) = 1$ pour tout x. D'après le lemme, les solutions de l'équation différentielle sont les fonctions $\lambda u + \mu v$, où λ et μ sont des nombres réels. ■

Équation $y'' + p\,y' + q\,y = 0$

Soient p et q des nombres réels. *Une solution de l'équation différentielle* $y'' + py' + qy = 0$ est une fonction $f : \mathbb{R} \to \mathbb{R}$ deux fois dérivable et telle que $f'' + pf' + qf = 0$, c'est-à-dire pour tout x, $f''(x) + pf'(x) + qf(x) = 0$.

Nous avons traité ci-dessus le cas où l'on a $p = 0$.

Considérons le polynôme $P \in \mathbb{R}[X]$ défini par $P = X^2 + pX + q$. La proposition suivante permet de trouver toutes les solutions de l'équation différentielle $y'' + py' + qy = 0$.

Proposition

- *Si le polynôme P a deux racines réelles distinctes r et s, les solutions de l'équation différentielle sont les fonctions $x \mapsto \lambda \exp(rx) + \mu \exp(sx)$, où λ et μ sont des nombres réels.*
- *Si le polynôme P a une racine double r, les solutions de l'équation différentielle sont les fonctions $x \mapsto (\lambda x + \mu)\exp(rx)$, où λ et μ sont des nombres réels.*

- *Si le polynôme P a deux racines complexes non réelles $r + i\omega$ et $r - i\omega$, où r et ω sont des nombres réels, alors les solutions de l'équation différentielle sont les fonctions $x \mapsto (\lambda \cos \omega x + \mu \sin \omega x) \exp(rx)$, où λ et μ sont des nombres réels.*

Démonstration. Supposons que le polynôme P a deux racines réelles r et s et posons $a = (r + s)/2$ et $b = (r - s)/2$. Soit f une fonction deux fois dérivable sur $\mathbb{R}$ et soit g la fonction définie par $g(x) = f(x) \exp(-ax)$. La fonction g est deux fois dérivable et par la formule de Leibniz (page 102), il vient

$$\begin{aligned} g''(x) &= f''(x) \exp(-ax) - 2af'(x) \exp(-ax) + a^2 f(x) \exp(-ax) \\ &= \big(f''(x) - 2af'(x) + a^2 f(x)\big) \exp(-ax) \,. \end{aligned}$$

On a donc $g''(x) - b^2 g(x) = \big(f''(x) - 2af'(x) + (a^2 - b^2) f(x)\big) \exp(-ax)$.
Or on a $r + s = -p$ et $rs = q$. Par suite $2a = -p$, $a^2 - b^2 = q$ et

$$g''(x) - b^2 g(x) = \big(f''(x) + pf'(x) + qf(x)\big) \exp(-ax) \,.$$

Puisque $\exp(-ax)$ est toujours différent de 0, on en déduit que f est solution de l'équation différentielle si et seulement si $g''(x) - b^2 g(x) = 0$ pour tout x. Autrement dit, f est solution de l'équation différentielle (1) $y'' + py' + qy = 0$ si et seulement si g est solution de l'équation différentielle (2) $y'' - b^2 y = 0$.
Si $r \neq s$, alors b est non nul et nous savons que les solutions de (2) sont les fonctions

$$x \mapsto g(x) = \lambda \exp(bx) + \mu \exp(-bx) \,.$$

Les solutions de (1) sont donc les fonctions f telles que $f(x) = g(x) \exp(ax) = \lambda \exp(a + b)x + \mu \exp(a - b)x$, d'où le résultat puisque $a + b = r$ et $a - b = s$.
Si $r = s$, les solutions de (2) sont les fonctions $x \to g(x) = \lambda x + \mu$. Les solutions de (1) sont donc les fonctions f telles que $f(x) = g(x) \exp(ax) = (\lambda x + \mu) \exp(rx)$ puisque $a = r$.
Supposons maintenant que le polynôme P a deux racines complexes non réelles $r + i\omega$ et $r - i\omega$ où r et ω sont des nombres réels. Nécessairement ω est non nul. Soit f une fonction deux fois dérivable sur $\mathbb{R}$ et soit g la fonction définie par $g(x) = f(x) \exp(-rx)$. Comme ci-dessus, nous avons $g''(x) + \omega^2 g(x) = \exp(-rx)\big(f''(x) - 2rf'(x) + (r^2 + \omega^2) f(x)\big)$. Puisque $-p = 2r$ et $q = r^2 + \omega^2$, cette égalité s'écrit :

$$g''(x) + \omega^2 g(x) = \exp(-rx)\big(f''(x) + pf'(x) + qf(x)\big) \,.$$

On en déduit que la fonction f est solution de l'équation différentielle (1) si et seulement si la fonction g est solution de l'équation différentielle (3) $y'' + \omega^2 y = 0$.
Nous avons vu que les solutions de (3) sont les fonctions $x \mapsto \lambda \cos \omega x + \mu \sin \omega x$, donc les solutions de (1) sont les fonctions f telles que $f(x) = g(x) \exp(rx) = (\lambda \cos \omega x + \mu \sin \omega x) \exp(rx)$. ■

Exercices

1. Étudier le sens de variation des fonctions f et g définies sur $[0,\pi/2[$ par $f(x)=\operatorname{tg} x-x$ et $g(x)=\operatorname{tg} x - x - (x^3/3)$. En déduire que l'on a $\operatorname{tg} x > x + (x^3/3)$ si $x \in\,]0,\pi/2[$.

2. **a)** Montrer que l'on a $x\cos x - \sin x < 0$ si $x \in\,]0,\pi[$.

b) Étudier le sens de variation de la fonction $x \mapsto \dfrac{\sin x}{x}$ sur l'intervalle $]0,\pi]$. Soient a et b des nombres réels tels que $0 < a < b < \pi$. Montrer que l'on a $\dfrac{a}{b} < \dfrac{\sin a}{\sin b}\cdot$

3. Soit p un entier positif.

a) Montrer que la fonction $f : [0,+\infty[\, \to \mathbb{R}$ définie par $f(x) = \dfrac{(1+x)^p}{1+x^p}$ a pour maximum 2^{p-1}.

b) Soient a et b des nombres réels positifs. Montrer que l'on a

$$(a+b)^p \leqslant 2^{p-1}(a^p+b^p)\,.$$

4. Soit $f : [0,+\infty[\, \to \mathbb{R}$ la fonction définie par $f(x) = \cos\sqrt{x}$. Montrer que f a une demi-dérivée à droite en 0 et calculer $f'_d(0)$.

5. Pour tout entier n au moins égal à 2, définissons la fonction $f_n : [0,1] \to \mathbb{R}$ en posant $f_n(x) = (1-x)(1+x)^n$ quel que soit $x \in [0,1]$.

a) Étudier les variations de la fonction f_n.

b) Montrer qu'il existe un unique nombre $x_n \in\,]0,1[$ tel que $f_n(x_n) = 1$.

c) Montrer que x_n et x_{n+1} appartiennent à un même intervalle sur lequel la fonction f_n est décroissante.

d) Montrer que l'on a $f_n(x_{n+1}) < f_n(x_n)$. En déduire que la suite (x_n) est croissante. Quelle est la limite de la suite (x_n) ?

6. **a)** Montrer que pour tout nombre $x > 0$, on a les inégalités

$$\frac{1}{x+1} < \operatorname{Log}(x+1) - \operatorname{Log} x < \frac{1}{x}\cdot$$

b) En déduire que pour tout entier $n \geqslant 1$, on a

$$\operatorname{Log}(n+1) < 1 + \frac{1}{2} + \ldots + \frac{1}{n} < 1 + \operatorname{Log} n.$$

c) Posons $u_n = 1 + \dfrac{1}{2} + \cdots + \dfrac{1}{n} - \operatorname{Log} n$. Montrer que la suite (u_n) est décroissante et convergente.

7. Soient I un intervalle ouvert et $f : I \to \mathbb{R}$ une fonction dérivable. On suppose qu'il existe k nombres réels distincts appartenant à I en lesquels f s'annule, k étant un entier au moins égal à 2. Démontrer qu'il existe au moins $k-1$ nombres réels distincts appartenant à I en lesquels f' s'annule.

8. Soient n un entier au moins égal à 2, a et b des nombres réels et P le polynôme de $\mathbb{R}[X]$ défini par $P = X^n + aX + b$.

a) Combien le polynôme P' a-t-il de racines réelles ?

b) Montrer que le polynôme P a au plus deux racines réelles si n est pair et au plus trois racines réelles si n est impair.

9. Soient a un nombre réel et $f : [a, +\infty[\to \mathbb{R}$ une fonction continue. On suppose $f(a) = 0$, $\lim\limits_{x \to +\infty} f(x) = 0$ et f dérivable sur l'intervalle $]a, +\infty[$. Posons $b = \exp(-a)$.

a) Soit $g : [0, b] \to \mathbb{R}$ la fonction définie par $g(0) = 0$ et $g(x) = f(-\operatorname{Log} x)$ si $x \neq 0$. Montrer que g est continue.

b) Calculer $g(b)$. Montrer que g est dérivable sur l'intervalle $]0, b[$ et calculer $g'(x)$.

c) Montrer qu'il existe un nombre $c \in]a, +\infty[$ tel que $f'(c) = 0$.

10. Soit $f : \mathbb{R} \to \mathbb{R}$ une fonction dérivable. On suppose que la fonction f' est bornée. Montrer que la fonction $x \mapsto \dfrac{f(x)}{1+|x|}$ est bornée.

11. Soit $f : [0, +\infty[\to \mathbb{R}$ la fonction définie par $f(x) = \dfrac{x^3}{1+2x}$ et soit a un nombre réel strictement positif. Soient x et y des nombres réels tels que $0 \leqslant x < y \leqslant a$. Montrer que l'on a $0 < f(y) - f(x) < \left(a + \frac{3}{4}\right)(y - x)$.

12. Démontrer que pour tout $x \in]0, \pi/2[$, on a $2x/\pi < \sin x < x$.

13. Soient a et b des nombres appartenant à $[0, \pi/2[$. Montrer que pour tout nombre réel x, on a l'inégalité $\operatorname{tg}\left(a\cos^2 x + b\sin^2 x\right) \leqslant (\operatorname{tg} a)\cos^2 x + (\operatorname{tg} b)\sin^2 x$.

14. Quel est le domaine de définition de la fonction $x \mapsto \operatorname{Log}(\operatorname{Log} x)$? Montrer que cette fonction est concave. En déduire que si x et y sont des nombres réels strictement plus grands que 1, on a l'inégalité $\operatorname{Log} \dfrac{x+y}{2} \geqslant \sqrt{(\operatorname{Log} x)(\operatorname{Log} y)}$.

15. Soient I un intervalle ouvert et $f : I \to \mathbb{R}$ une fonction deux fois dérivable. Soient $a, b \in I$ des nombres tels que $a < b$. On suppose qu'il existe un nombre M tel que $|f''(x)| \leqslant M$ pour tout $x \in [a, b]$.

a) Montrer que la fonction $g : [a,b] \to \mathbb{R}$ définie par $g(x) = f(x) - M\dfrac{(x-a)(b-x)}{2}$ est convexe. Montrer que la fonction $h : [a,b] \to \mathbb{R}$ définie par $h(x) = f(x) + M\dfrac{(x-a)(b-x)}{2}$ est concave.

b) On suppose $f(a) = f(b) = 0$. Montrer que l'on a $|f(x)| \leqslant M\dfrac{(x-a)(b-x)}{2}$ pour tout $x \in [a, b]$.

16. Soit $f : \mathbb{R} \to \mathbb{R}$ la fonction définie par $f(x) = x^3 - 2x - 4$.

a) Montrer que l'équation $f(x) = 0$ possède une unique solution.

b) Soit le nombre $a = \sqrt[3]{2 + \dfrac{10\sqrt{3}}{9}} + \sqrt[3]{2 - \dfrac{10\sqrt{3}}{9}}$.

(i) Montrer que l'on a $f(a) = 0$.

(ii) Calculer le nombre a.

17. a) Démontrer qu'il existe un unique nombre réel ℓ tel que $\cos \ell = \ell$. Montrer que l'on a $0 < \ell < 1$.

Soit la suite (u_n) définie par $u_0 = 0$ et $u_{n+1} = \cos u_n$ quel que soit $n \in \mathbb{N}$.

b) Montrer que l'on a $0 \leqslant u_n \leqslant 1$ pour tout n.

c) Montrer que pour tout $n \in \mathbb{N}$, on a $\left|u_{n+1} - \ell\right| \leqslant (\sin 1)\left|u_n - \ell\right|$.

d) Montrer par récurrence que l'on a $|u_n - \ell| \leqslant (\sin 1)^n$ pour tout n. En déduire que la suite (u_n) a pour limite ℓ.

18. Soit $f : \mathbb{R} \to \mathbb{R}$ la fonction définie par $f(x) = \dfrac{x^3}{6} + \dfrac{x}{3} + \dfrac{1}{3}$. On définit la suite (u_n) en posant $u_0 = 0$ et $u_{n+1} = f(u_n)$ pour tout $n \in \mathbb{N}$.

a) Montrer que la suite (u_n) est croissante. Montrer que l'on a $f(3/4) < 3/4$ et en déduire que l'on a $u_n < 3/4$ quel que soit n.

b) Montrer que la suite (u_n) a une limite ℓ telle que $\ell = f(\ell)$ et $0 \leqslant \ell \leqslant 3/4$.

c) Montrer que pour tout n, on a $0 \leqslant \ell - u_{n+1} \leqslant (2/3)(\ell - u_n)$; en déduire l'encadrement $0 \leqslant \ell - u_n \leqslant (2/3)^n$. Comment peut-on choisir l'entier n pour que u_n soit une valeur approchée de ℓ à 10^{-2} près ?

d) Soit le polynôme $P = X^3 - 4X + 2$. Montrer que ℓ est la seule racine de P dans l'intervalle $[0, 1]$.

19. Soient a et b des nombres réels tels que $a < b$ et soient f et g des fonctions de $[a, b]$ dans $\mathbb{R}$. On suppose que f et g sont continues, dérivables sur $]a, b[$, et que $g'(x) \neq 0$ quel que soit $x \in]a, b[$.

a) Montrer que l'on a $g(x) - g(a) \neq 0$ quel que soit $x \in]a, b]$.

b) Posons $p = \dfrac{f(b) - f(a)}{g(b) - g(a)}$. Soit $u : [a, b] \to \mathbb{R}$ la fonction définie par $u(x) = f(x) - pg(x)$. Montrer que $u(a) = u(b)$. En déduire qu'il existe un nombre $c \in]a, b[$ tel que $\dfrac{f(b) - f(a)}{g(b) - g(a)} = \dfrac{f'(c)}{g'(c)}$.

c) On suppose que $\lim\limits_{x \to a} \dfrac{f'(x)}{g'(x)} = \ell$ où ℓ est un nombre réel. Montrer que l'on a $\lim\limits_{x \to a} \dfrac{f(x) - f(a)}{g(x) - g(a)} = \ell$.

20. Soient I un intervalle ouvert et $f : I \to \mathbb{R}$ une fonction trois fois dérivable sur I. Soient a, b des nombres réels appartenant à I et tels que $a < b$.
Soit $g : I \to \mathbb{R}$ la fonction définie par

$$g(x) = f(x) - f(a) - \frac{x - a}{2}\big(f'(a) + f'(x)\big) + K(x - a)^3 \quad \text{pour tout } x \in I,$$

où K est le nombre réel tel que $g(b) = 0$.

a) Montrer que g est deux fois dérivable sur I.

b) Calculer $g'(x)$ et $g''(x)$ pour tout $x \in I$.

c) Calculer $g(a)$ et $g'(a)$.

d) Montrer qu'il existe un nombre $c \in]a, b[$ tel que $g'(c) = 0$.

e) Montrer qu'il existe un nombre $\theta \in]a, b[$ tel que

$$f(b) - f(a) = \frac{b - a}{2}\big(f'(a) + f'(b)\big) - \frac{(b - a)^3}{12} f'''(\theta).$$

21. Soit I un intervalle ouvert contenant les nombres 0 et 1 et soit $f : I \to \mathbb{R}$ une fonction dérivable. Posons $p = f(1) - f(0)$.

a) Définissons la fonction $g : [0, 1] \to \mathbb{R}$ en posant

$$g(x) = \begin{cases} f'(0) & \text{si } x = 0 \\ \dfrac{f(x) - f(0)}{x} & \text{si } 0 < x \leqslant 1. \end{cases}$$

(i) Montrer que g est continue sur le segment $[0, 1]$. En déduire que si u est un nombre réel compris entre $f'(0)$ et p, il existe un nombre $c \in [0, 1]$ tel que $g(c) = u$.

(ii) Montrer que si u est un nombre réel compris entre $f'(0)$ et p, il existe un nombre $a \in [0, 1]$ tel que $f'(a) = u$.

b) Définissons la fonction $h : [0,1] \to \mathbb{R}$ en posant

$$h(x) = \begin{cases} \dfrac{f(x) - f(1)}{x - 1} & \text{si } 0 \leqslant x < 1 \\ f'(1) & \text{si } x = 1\,. \end{cases}$$

Montrer que h est continue sur le segment $[0,1]$. En déduire que si v est un nombre réel compris entre p et $f'(1)$, il existe un nombre $b \in [0,1]$ tel que $v = f'(b)$.

c) Soit k un nombre réel compris entre $f'(0)$ et $f'(1)$. Montrer qu'il existe un nombre $c \in [0,1]$ tel que $k = f'(c)$.

22. Soient a et b des nombres réels. Montrer qu'il existe une unique solution f de l'équation différentielle $y'' + 4y' + 3 = 0$ telle que $f(0) = a$ et $f'(0) = b$. Expliciter cette solution.

23. Le but de l'exercice est de chercher les fonctions $f :]0,+\infty[\to \mathbb{R}$ vérifiant les conditions

$$\begin{cases} f \text{ est deux fois dérivable et} \\ x^2 f''(x) - 2f(x) = 0 \text{ pour tout } x > 0. \end{cases} \qquad (*)$$

a) Soit f une fonction définie sur l'intervalle $]0,+\infty[$ et soit $g : \mathbb{R} \to \mathbb{R}$ la fonction définie par $g(x) = f(\exp x)$. Montrer que f vérifie les conditions $(*)$ si et seulement si g est solution de l'équation différentielle $y'' - y' - 2y = 0$.

b) Trouver toutes les fonctions $f :]0,+\infty[\to \mathbb{R}$ qui vérifient les conditions $(*)$.

c) Trouver les fonctions f vérifiant les conditions $(*)$ et qui se prolongent par continuité en 0.

Quelques réponses ou indications

1. Les fonctions f et g sont strictement croissantes.

2. a) Étudier le sens de variation de la fonction $x \mapsto x\cos x - \sin x$ sur l'intervalle $[0,\pi]$.

3. a) Étudier le sens de variation de f.

   b) Considérer $f(b/a)$ et utiliser (a).

4. En utilisant $\lim\limits_{x\to 0} \frac{\sin x}{x} = 1$, montrer que $\lim\limits_{x\to 0} f'(x) = -1/2$ et appliquer la règle de L'Hospital.

5. b) On a $f_n(0) = 1$ et $f_n(1) = 0$.

   d) L'étude de la fonction f_n montre que l'on a $1 - \frac{2}{n+1} < x_n < 1$.

6. a) Appliquer le théorème des accroissements finis.

   b) Utiliser les encadrements de (a) pour les valeurs $x = 1, 2, \ldots, n$.

7. Penser au théorème de Rolle.

8. b) Utiliser l'exercice précédent.

9. b) On a $g'(x) = -\frac{1}{x}f'(-\operatorname{Log} x)$ si $0 < x < b$.

c) Appliquer le théorème de Rolle à la fonction g.

10. Montrer qu'il existe un nombre K tel que $|f(x)| \leqslant |f(0)| + K|x|$ quel que soit x.

11. Calculer $f'(x)$ et remarquer que l'on a $0 \leqslant \frac{x}{1+2x} \leqslant \frac{1}{2}$ pour tout $x \geqslant 0$.

12. Montrer que la fonction sinus est concave sur le segment $[0, \pi/2]$.

16. a) Étudier la fonction f.

b) (i) Pour tous nombres u et v, on a $(u+v)^3 = u^3 + v^3 + 3uv(u+v)$, d'après la formule du binôme de Newton.

(ii) On a $f(2) = 0$.

17. a) Étudier la fonction $x \mapsto x - \cos x$: elle est continue et strictement croissante sur $\mathbb{R}$. Pour montrer l'existence de ℓ, utiliser le théorème des valeurs intermédiaires.

c) Penser à l'inégalité des accroissements finis.

18. a) Pour montrer que la suite est croissante, étudier le sens de variation de la fonction f et se reporter à l'étude des suites récurrentes (chapitre 4).

c) Pour le premier encadrement, utiliser l'inégalité des accroissements finis.

19. a) Raisonner par l'absurde et appliquer le théorème de Rolle.

b) Appliquer le théorème de Rolle.

c) Soit $\varepsilon > 0$. Par hypothèse, il existe un nombre $\alpha > 0$ tel que l'on a $|f'(t)/g'(t) - \ell| < \varepsilon$ quel que soit t vérifiant $a < t < a + \alpha$. Soit $x \in]a, a+\alpha[$; d'après (b), il existe $y \in]a, x[$ tel que $\big(f(x) - f(a)\big)/\big(g(x) - g(a)\big) = f'(y)/g'(y)$, donc on a $\big|\big(f(x) - f(a)\big)/\big(g(x) - g(a)\big) - \ell\big| < \varepsilon$.

20. Démontrer d'abord qu'il existe bien un nombre K tel que $g(b) = 0$.

d) Appliquer le théorème de Rolle à la fonction g.

e) On a $g'(a) = g'(c) = 0$: appliquer le théorème de Rolle et en déduire une expression de K.

21. a) (i) On a $g(0) = f'(0)$ et $g(1) = p$. Si u est entre $f'(0)$ et p, la continuité de g et le théorème des valeurs intermédiaires assurent l'existence d'un nombre $c \in [0,1]$ tel que $g(c) = u$.

(ii) Si l'on a $c > 0$, alors par le théorème des accroissements finis, il existe un nombre $a \in [0,1]$ tel que $\frac{f(c)-f(0)}{c} = f'(a)$. Si $c = 0$, on a $u = f'(0)$.

b) Raisonner comme en (a).

c) Ce résultat montre qu'une fonction dérivée possède la propriété des valeurs intermédiaires.

22. On trouve $f(x) = \frac{3a+b}{2}\exp(-x) - \frac{a+b}{2}\exp(-3x)$.

23. b) Ce sont les fonctions définies par $f(x) = (\lambda/x) + \mu x^2$, où λ et μ sont des nombres réels.

c) Ce sont les fonctions $x \mapsto \mu x^2$, où $\mu \in \mathbb{R}$.

Chapitre 8

Fonctions usuelles

Nous avons déjà pratiqué les fonctions logarithme et exponentielle, mais dans ce chapitre, nous allons définir et étudier l'exponentielle et les fonctions puissances à partir de la seule fonction logarithme. Nous présentons aussi les fonctions trigonométriques réciproques qui permettent d'exprimer des solutions d'équations trigonométriques. Il faudra vous rappeler les définitions, les propriétés (dérivée, sens de variation, limites) et l'allure des graphes de toutes ces fonctions.

1. Fonctions logarithme, puissance et exponentielle

La fonction logarithme

Lorsque nous disposerons de la théorie de l'intégrale, nous démontrerons qu'il existe une unique fonction $\operatorname{Log} :]0,+\infty[\to \mathbb{R}$ telle que $\operatorname{Log}'(x) = 1/x$ pour tout $x > 0$ et $\operatorname{Log}(1) = 0$. Cette fonction s'appelle la *fonction logarithme*.

Voici les principales propriétés de la fonction logarithme.

1) $\operatorname{Log}(ab) = \operatorname{Log} a + \operatorname{Log} b$ *pour tous nombres réels* a *et* b *strictement positifs et* $\operatorname{Log}(a^n) = n \operatorname{Log} a$ *pour tout* $a > 0$ *et pour tout entier* $n \in \mathbb{Z}$.

2) *La fonction logarithme est une bijection continue et strictement croissante de* $]0,+\infty[$ *sur* $\mathbb{R}$ *; on a ainsi* $\lim\limits_{x\to+\infty} \operatorname{Log} x = +\infty$ *et* $\lim\limits_{x\to 0} \operatorname{Log} x = -\infty$.

3) $\lim\limits_{x\to 0} \dfrac{\operatorname{Log}(1+x)}{x} = 1$.

4) *La fonction logarithme est concave et l'on a* $\operatorname{Log} x \leqslant x - 1$ *pour tout nombre* $x > 0$.

Démontrons ces propriétés.

- Soit a un nombre réel strictement positif. Définissons la fonction $f :]0,+\infty[\to \mathbb{R}$ en posant $f(x) = \operatorname{Log}(ax)$. D'après la règle de dérivation d'une fonction composée, nous avons $f'(x) = a\operatorname{Log}'(ax) = a/ax = 1/x = \operatorname{Log}'(x)$ pour tout $x > 0$. La fonction $(f - \operatorname{Log})$ a une dérivée nulle sur l'intervalle $]0,+\infty[$, donc elle est constante. Cela signifie qu'il existe un nombre réel k tel que $f(x) = k + \operatorname{Log} x$ quel que soit $x > 0$.

En particulier, nous avons $f(1)=k+\operatorname{Log}1$ c'est-à-dire $\operatorname{Log}a=k$ puisque $\operatorname{Log}1=0$. Il vient donc l'égalité $\operatorname{Log}(ax)=f(x)=\operatorname{Log}a+\operatorname{Log}x$ pour tout $x>0$. Un raisonnement par récurrence montre alors que l'on a $\operatorname{Log}(a^n) = n\operatorname{Log}a$ pour tout entier $n \in \mathbb{N}$ (se rappeler la convention $a^0 = 1$). On a aussi $\operatorname{Log}a + \operatorname{Log}(1/a) = \operatorname{Log}(a/a) = 0$ donc $\operatorname{Log}(1/a) = -\operatorname{Log}a$. En raisonnant par récurrence, on en déduit que l'égalité $\operatorname{Log}(a^n) = n\operatorname{Log}a$ est vraie pour tout entier $n \leqslant -1$.

- Puisque la fonction logarithme est dérivable, elle est continue. Pour tout $x > 0$, la dérivée $\operatorname{Log}'(x) = 1/x$ est strictement positive, donc la fonction logarithme est strictement croissante. En particulier $\operatorname{Log}2 > \operatorname{Log}1 = 0$. La suite de terme général $n\operatorname{Log}2 = \operatorname{Log}(2^n)$ a pour limite $+\infty$, donc la fonction logarithme n'est pas majorée. On en déduit $\lim\limits_{x\to+\infty} \operatorname{Log}x = +\infty$. D'après les propriétés des limites, il vient $\lim\limits_{x\to 0} \operatorname{Log}x = \lim\limits_{x\to+\infty} \operatorname{Log}(1/x) = \lim\limits_{x\to+\infty} -\operatorname{Log}x = -\infty$. Par le théorème sur les fonctions continues monotones (page 84), nous en déduisons que la fonction logarithme est une bijection de $]0, +\infty[$ sur $\mathbb{R}$.
- Par définition, $\lim\limits_{x\to 0} \dfrac{\operatorname{Log}(1+x)}{x}$ est la dérivée de la fonction logarithme au point 1, donc cette limite existe et vaut $1/1 = 1$.
- Puisque la fonction $x \mapsto \operatorname{Log}'(x) = 1/x$ est décroissante sur $]0, +\infty[$, la fonction logarithme est concave. On a donc pour tout $x > 0$, $\operatorname{Log}x \leqslant \operatorname{Log}1 + (x-1)\operatorname{Log}'(1)$ d'où l'inégalité $\operatorname{Log}x \leqslant x - 1$.

Remarque

La fonction $x \mapsto \operatorname{Log}|x|$ est définie sur $\mathbb{R} \setminus \{0\}$. Si $x < 0$, on a $\operatorname{Log}|x| = \operatorname{Log}(-x)$ et la dérivée de $x \mapsto \operatorname{Log}(-x)$ est $-(1/-x) = 1/x$ d'après la règle de dérivation d'une fonction composée. Ainsi la fonction $x \mapsto \operatorname{Log}|x|$ a pour dérivée $1/x$ sur chacun des intervalles $]-\infty, 0[$ et $]0, +\infty[$.

La fonction exponentielle

Puisque la fonction logarithme est une bijection de $]0, +\infty[$ sur $\mathbb{R}$, nous savons que pour tout nombre réel x, il existe un unique nombre réel y tel que $\operatorname{Log}y = x$; de plus, y est strictement positif. Par définition, le nombre y s'appelle *exponentielle de* x et se note $\exp x$. L'application $x \mapsto \exp x$ s'appelle la *fonction exponentielle* et se note $\exp : \mathbb{R} \to \mathbb{R}$. Nous avons donc les relations

$$\begin{cases} \exp(\operatorname{Log}x) = x & \text{quel que soit le nombre réel } x > 0 \\ \operatorname{Log}(\exp x) = x & \text{quel que soit le nombre réel } x. \end{cases}$$

Les propriétés de l'exponentielle se déduisent facilement de celles du logarithme.

1) $\exp(a+b) = (\exp a)(\exp b)$ *pour tous nombres réels* a *et* b *et* $\exp(na) = (\exp a)^n$ *pour tout nombre réel* a *et pour tout entier* $n \in \mathbb{Z}$.

2) *La fonction exponentielle définit une bijection continue et strictement croissante de* $\mathbb{R}$ *sur l'intervalle* $]0, +\infty[$ *; on a donc* $\lim_{x \to +\infty} \exp x = +\infty$ *et* $\lim_{x \to -\infty} \exp x = 0$.

3) *La fonction exponentielle est dérivable et* $\exp' = \exp$. *La fonction exponentielle est convexe et l'on a* $\exp x \geqslant 1 + x$ *quel que soit* x.

Pour montrer les égalités de (1), il suffit d'appliquer le logarithme à chacun des membres. Les affirmations de (2) résultent des propriétés des fonctions continues strictement monotones. D'après le théorème sur la dérivée d'une bijection réciproque, nous savons que pour tout nombre réel x, on a $\exp'(x) = \dfrac{1}{\text{Log}'(\exp x)}$. Puisque $\text{Log}'(\exp x) = \dfrac{1}{\exp x}$, il vient $\exp'(x) = \exp x$. La dérivée de la fonction exponentielle est croissante, donc la fonction exponentielle est convexe. Par suite on a $\exp x \geqslant \exp 0 + \exp'(0)x = 1 + x$ quel que soit le nombre réel x.

Notation. Le nombre réel $\exp 1$ se note e ; on a donc $\text{Log}\, e = 1$. Puisque la fonction exponentielle est strictement croissante, il vient $\exp 1 > \exp 0 = 1$ ou encore $e > 1$.

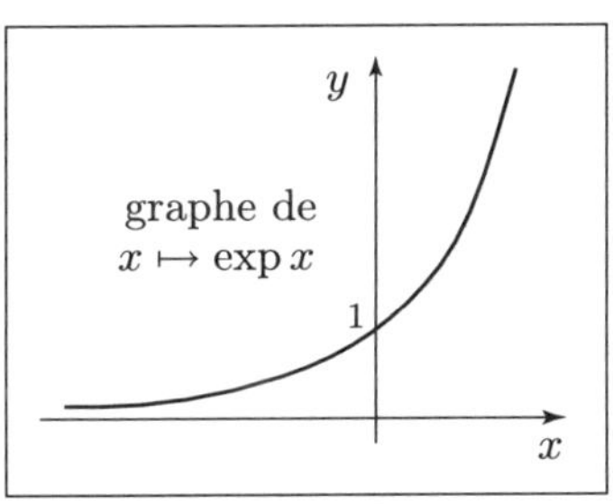

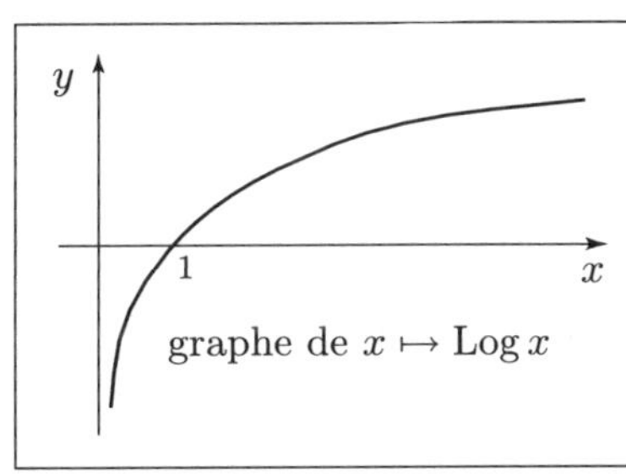

Soit a un nombre réel strictement positif.

- Pour tout entier $n \in \mathbb{Z}$, on a $\exp(n \,\text{Log}\, a) = (\exp \text{Log}\, a)^n = a^n$.
- Supposons que n est un entier au moins égal à 2 et posons $y = \exp\left(\frac{1}{n} \text{Log}\, a\right)$. On a $y^n = \exp\left(n \,\dfrac{1}{n} \text{Log}\, a\right) = \exp \text{Log}\, a = a$; puisque y est strictement positif, on en déduit $y = \sqrt[n]{a}$ par définition de la racine n-ième (chapitre 5 paragraphe 3). On a donc

$$\sqrt[n]{a} = \exp\left(\frac{1}{n} \text{Log}\, a\right) \quad \text{pour tout } a > 0\,.$$

Définition

Soit a un nombre réel strictement positif et soit $b \in \mathbb{R}$. On définit le nombre réel a^b, appelé *a puissance b*, en posant

$$a^b = \exp\left(b \,\text{Log}\, a\right)\,.$$

Si b est un entier positif, nous avons vu que l'on a $\exp(b \operatorname{Log} a) = \overbrace{a \ldots a}^{b \text{ termes}}$, de sorte que la notation a exposant b représente bien dans ce cas une puissance entière de a. Si n est un entier au moins égal à 2, on a aussi d'après ce qui précède

$$\boxed{a^{1/n} = \sqrt[n]{a}}$$

La définition précédente nous permet d'élever un nombre réel ***strictement positif*** à une puissance réelle quelconque. Comme nous allons le voir, les règles de calcul sur les nombres ainsi définis sont celles que l'on pratique d'habitude lorsque les exposants sont entiers.

Proposition

- *Pour tout nombre réel b, on a $1^b = 1$.*
- *On a $x^{(b+c)} = x^b x^c$ et $\left(x^b\right)^c = x^{bc}$ pour tout nombre réel $x > 0$ et pour tous nombres réels b et c.*
- *Si $x > 0$ et $y > 0$, alors $(xy)^c = x^c y^c$ pour tout nombre réel c.*

Démonstration. Si x est un nombre strictement positif et si b et c sont des nombres réels, nous avons par définition $1^b = \exp(b \operatorname{Log} 1) = \exp 0 = 1$ et

$$x^{(b+c)} = \exp\big((b+c) \operatorname{Log} x\big) = \exp(b \operatorname{Log} x) \exp(c \operatorname{Log} x) = x^b x^c .$$

Puisqu'on a $\operatorname{Log} x^b = \operatorname{Log} \exp(b \operatorname{Log} x) = b \operatorname{Log} x$, il vient $\operatorname{Log}\big(\left(x^b\right)^c\big) = c \operatorname{Log}(x^b) = cb \operatorname{Log} x$ et par suite $\left(x^b\right)^c = \exp(bc \operatorname{Log} x) = x^{bc}$. Enfin, si x et y sont strictement positifs, on a $(xy)^c = \exp\big(c \operatorname{Log}(xy)\big) = \exp(c \operatorname{Log} x + c \operatorname{Log} y) = \exp(c \operatorname{Log} x) \exp(c \operatorname{Log} y) = x^c y^c$. ■

Remarque

Soit $p \in \mathbb{Z}$ et soit q un entier au moins égal à 2. Pour tout nombre réel $a > 0$, on a $a^{p/q} = (a^p)^{1/q}$ d'après les règles calcul sur les exposants et donc il vient

$$a^{p/q} = \sqrt[q]{a^p} = \left(\sqrt[q]{a}\right)^p .$$

Pour étudier une expression de la forme a^b où b n'est pas entier, revenez à la définition :

$$a^b = \exp(b \operatorname{Log} a)$$

Proposition. *Si a est un nombre réel, on a $\lim\limits_{x \to +\infty} \left(1 + \frac{a}{x}\right)^x = \exp a$. En particulier, la suite de terme général $\left(1 + \frac{1}{n}\right)^n$ a pour limite le nombre e.*

Démonstration. Posons $u(x) = 1 + (a/x)$. Si $x > |a|$, alors on a $|a/x| < 1$ donc $a/x > -1$ et $u(x) > 0$. Cela a donc bien un sens de chercher la limite de $u(x)^x$ quand x tend vers $+\infty$. Si $a = 0$, alors $u(x) = 1$ donc $u(x)^x = 1 = \exp 0$ pour tout x. Supposons $a \neq 0$. Par définition, nous avons $\operatorname{Log}\bigl(u(x)^x\bigr) = x \operatorname{Log} u(x)$ et $\operatorname{Log} u(x)$ tend vers 0 puisque $u(x)$ tend vers 1 : la forme est indéterminée. D'après les théorèmes sur les limites, il vient

$$\lim_{x\to+\infty} x \operatorname{Log} u(x) = \lim_{t\to 0^+} \frac{1}{t} \operatorname{Log} u\left(\frac{1}{t}\right) = \lim_{t\to 0^+} \frac{\operatorname{Log}(1+at)}{t} = a \lim_{t\to 0^+} \frac{\operatorname{Log}(1+at)}{at}.$$

Puisque $\lim_{x\to 0} \frac{\operatorname{Log}(1+x)}{x} = 1$, on en déduit $\lim_{t\to 0^+} \frac{\operatorname{Log}(1+at)}{at} = 1$ donc $\lim_{x\to+\infty} x \operatorname{Log} u(x) = a$. Il s'ensuit $\lim_{x\to+\infty} u(x)^x = \exp a$, car $u(x)^x = \exp\bigl(x \operatorname{Log} u(x)\bigr)$. En particulier si $a = 1$, on obtient $\lim_{x\to+\infty} \left(1 + \frac{1}{x}\right)^x = \exp 1 = e$. La suite de terme général $\left(1 + \frac{1}{n}\right)^n$ a donc pour limite e, d'après une proposition page 41. ■

La suite de terme général $\left(1 + \frac{1}{n}\right)^n$ a été étudiée dans l'exercice **5** page 71. Une méthode de calcul numérique du nombre e est présentée dans l'exercice **3** page 71. Le nombre e a pour valeur approchée $2,718$ avec trois décimales exactes.

Fonctions puissances

Définition

Soit b un nombre réel. La fonction $u :]0, +\infty[\to \mathbb{R}$ définie par $u(x) = x^b$ s'appelle une *fonction puissance*.

Posons $h(x) = b \operatorname{Log} x$ pour tout $x > 0$. Par définition, nous avons $u(x) = \exp h(x) = (\exp \circ h)(x)$ donc u est dérivable comme composée de deux fonctions dérivables. D'après la règle de dérivation d'une fonction composée, il vient

$$\begin{aligned} u'(x) = h'(x) \exp'\bigl(h(x)\bigr) &= \frac{b}{x} \exp h(x) = b \exp(-\operatorname{Log} x) \exp(b \operatorname{Log} x) \\ &= b \exp\bigl((b-1) \operatorname{Log} x\bigr) \end{aligned}$$

c'est-à-dire

$$u'(x) = bx^{b-1} \text{ pour tout nombre } x > 0\,.$$

Pour dériver une fonction puissance, la règle est la même, que l'exposant soit un nombre entier ou un nombre réel quelconque.

Voici les principales propriétés de la fonction $u : x \mapsto x^b$.

- Pour tout nombre $x > 0$, on a $x^{b-1} > 0$, donc $u'(x)$ a le signe de b. Ainsi, la fonction u est strictement croissante si $b > 0$ et strictement décroissante si $b < 0$.
- Supposons $b>0$. Nous avons $\lim\limits_{x\to+\infty} b \operatorname{Log} x = +\infty$ donc $\lim\limits_{x\to+\infty} x^b = \lim\limits_{x\to+\infty} \exp x = +\infty$. Puisque $\lim\limits_{x\to 0} \operatorname{Log} x = -\infty$, il vient $\lim\limits_{x\mapsto 0} b \operatorname{Log} x = -\infty$ et par suite $\lim\limits_{x\to 0} x^b = \lim\limits_{x\to-\infty} \exp x = 0$. La fonction u se prolonge donc par continuité en 0 en posant $u(0) = 0$.
- Si $b > 1$, alors $u(x)/x = x^{b-1}$ tend vers 0 quand x tend vers 0 ; la fonction u, prolongée en 0, est donc dérivable à droite en 0 et l'on a $u'_d(0) = 0$. Ainsi le graphe de u est tangent à l'origine à l'axe des abscisses. Puisqu'on a $b - 1 > 0$, la fonction $x \mapsto x^{b-1}$ est croissante et il en est de même de la fonction u'. La fonction u est donc convexe.
- Si l'on a $0 < b < 1$, alors $u(x)/x$ tend vers $+\infty$ quand x tend vers 0, donc le graphe de u est tangent à l'origine à l'axe des ordonnées. Puisqu'on a $b - 1 < 0$, la fonction $x \mapsto x^{b-1}$ est décroissante, la fonction u' aussi et la fonction u est concave.
- Si $b < 0$, nous avons $\lim\limits_{x\to 0} b \operatorname{Log} x = +\infty$ donc $\lim\limits_{x\to 0} x^b = +\infty$. Par ailleurs, on a $\lim\limits_{x\to+\infty} b \operatorname{Log} x = -\infty$ donc $\lim\limits_{x\to+\infty} x^b = \lim\limits_{x\to-\infty} \exp x = 0$. Puisque $b - 1$ est strictement négatif, la fonction $x \mapsto x^{b-1}$ est décroissante et comme b est négatif, la fonction u' est croissante. La fonction u est donc convexe.
- Si $b = 0$, la fonction u est constante sur $]0, +\infty[$, de valeur 1.

Énonçons une partie des résultats que nous venons de montrer.

Proposition. *Si $b > 0$, la fonction $x \mapsto x^b$ est une bijection continue et strictement croissante de $[0, +\infty[$ sur $[0, +\infty[$. Si $b < 0$, la fonction $x \mapsto x^b$ est une bijection continue et strictement décroissante de $]0, +\infty[$ sur $]0, +\infty[$.*

graphes des fonctions puissances $x \mapsto x^b$

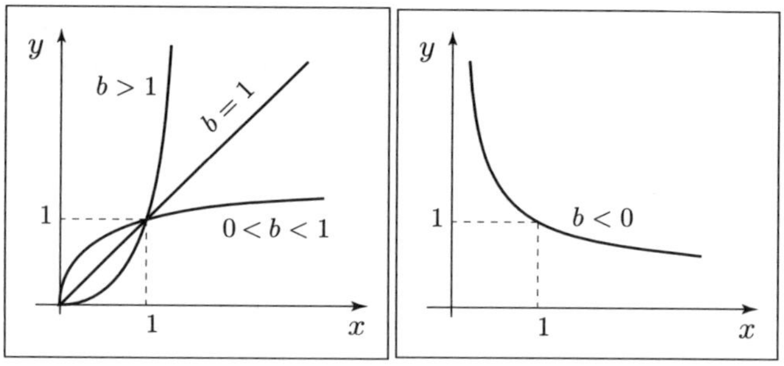

Fonction exponentielle de base a

> **Définition**
>
> Soit a un nombre réel strictement positif. La fonction $v : \mathbb{R} \to \mathbb{R}$ définie par $v(x) = a^x$ s'appelle la *fonction exponentielle de base* a.

Pour tout nombre réel x, posons $g(x) = x \operatorname{Log} a$. On a $v(x) = \exp g(x) = (\exp \circ g)(x)$ donc la fonction v est dérivable comme composée de fonctions dérivables. De plus (dérivée d'une composée), on a $v'(x) = g'(x) \exp g(x)$ ou encore

$$v'(x) = (\operatorname{Log} a)\, a^x \text{ pour tout nombre réel } x.$$

- Si $a > 1$, alors $\operatorname{Log} a$ est strictement positif, donc on a $v'(x) > 0$ et la fonction v est strictement croissante. Puisque $\lim_{x \to +\infty} x \operatorname{Log} a = +\infty$, il vient $\lim_{x \to +\infty} a^x = \lim_{x \to +\infty} \exp(x \log a) = +\infty$ et de même $\lim_{x \to -\infty} a^x = 0$. Puisque $\operatorname{Log} a$ est positif et v croissante, la fonction $v' = (\operatorname{Log} a)v$ est aussi croissante, donc v est convexe.
- Si $a = e$, nous avons $e^x = \exp(x \operatorname{Log} e)$ c'est-à-dire $\boxed{e^x = \exp x}$.

La fonction exponentielle de base e est donc l'exponentielle ordinaire.

On peut ainsi utiliser l'une ou l'autre des notations e^x ou $\exp x$ pour désigner exponentielle de x.
- Si $a < 1$, alors on a $\operatorname{Log} a < 0$ donc $v'(x) < 0$ et la fonction v est strictement décroissante. Puisque $\lim_{x \to +\infty} x \operatorname{Log} a = -\infty$, on en déduit $\lim_{x \to +\infty} a^x = 0$ et de même $\lim_{x \to -\infty} a^x = +\infty$. Puisque v est décroissante et $\operatorname{Log} a < 0$, la fonction v' est croissante et v est convexe.

Ces résultats permettent d'énoncer :

Proposition. *Si $a \neq 1$, la fonction $x \mapsto a^x$ est une bijection continue de $\mathbb{R}$ sur $]0, +\infty[$. Si $a > 1$, cette bijection est strictement croissante ; si $a < 1$, elle est strictement décroissante.*

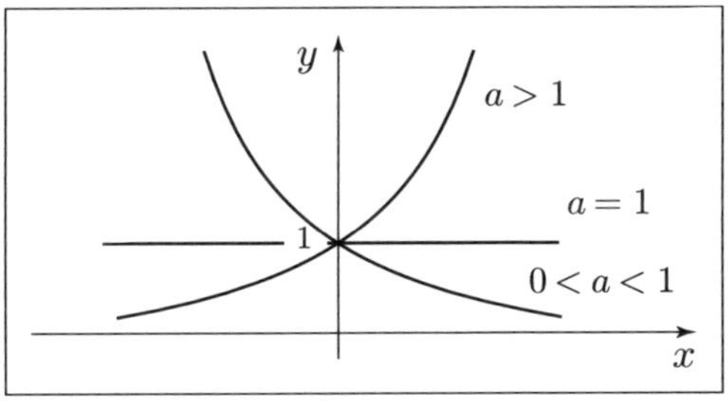

graphes des fonctions $x \mapsto a^x$

2. Croissances comparées

Les limites que nous allons calculer seront très souvent utilisées dans les exercices. Il faut les apprendre afin de les employer sans hésitation.

Lemme. $\lim\limits_{x \to +\infty} \dfrac{\operatorname{Log} x}{x} = 0$ *et* $\lim\limits_{x \to +\infty} \dfrac{e^x}{x} = +\infty.$

Démonstration. Nous avons démontré que pour tout nombre x strictement positif, on a l'inégalité $\operatorname{Log} x \leqslant x - 1$, ce qui implique $\operatorname{Log} x < x$. On a donc $\dfrac{\operatorname{Log} \sqrt{x}}{\sqrt{x}} \leqslant 1$ pour tout nombre $x > 0$. Si $x > 1$, il vient

$$0 \leqslant \frac{\operatorname{Log} x}{x} = \frac{2 \operatorname{Log} \sqrt{x}}{x} = 2 \frac{\operatorname{Log} \sqrt{x}}{\sqrt{x}} \frac{1}{\sqrt{x}} \leqslant \frac{2}{\sqrt{x}} \cdot$$

Puisque $\lim\limits_{x \to +\infty} 1/\sqrt{x} = 0$, cet encadrement montre que $(\operatorname{Log} x)/x$ tend vers 0 quand x tend vers $+\infty$. Puisqu'on a $\lim\limits_{x \to +\infty} e^x = +\infty$, en utilisant les propriétés des limites, il vient $\lim\limits_{x \to +\infty} x/e^x = \lim\limits_{x \to +\infty} (\operatorname{Log} e^x)/e^x = \lim\limits_{t \to +\infty} (\operatorname{Log} t)/t = 0$. On en déduit $\lim\limits_{x \to +\infty} e^x/x = +\infty$.

■

Proposition

- *Si b est un nombre réel strictement positif, alors* $\lim\limits_{x \to +\infty} \dfrac{\operatorname{Log} x}{x^b} = 0$ *et* $\lim\limits_{x \to 0} (x^b \operatorname{Log} x) = 0$.
- *Si $a > 1$ et $b > 0$, alors* $\lim\limits_{x \to +\infty} \dfrac{a^x}{x^b} = +\infty$ *et* $\lim\limits_{x \to -\infty} (x^n a^x) = 0$ *pour tout entier $n \in \mathbb{Z}$.*

Démonstration. Pour tout $x > 0$, on a $\dfrac{\operatorname{Log} x}{x^b} = \dfrac{1}{b} \dfrac{\operatorname{Log} x^b}{x^b} \cdot$ Puisque b est strictement positif, x^b tend vers $+\infty$ quand x tend vers $+\infty$. On en déduit $\lim\limits_{x \to +\infty} \dfrac{\operatorname{Log} x^b}{x^b} = 0$, d'après le lemme précédent. Il s'ensuit $\lim\limits_{x \to +\infty} \dfrac{\operatorname{Log} x}{x^b} = 0$.

Pour tout $x > 0$, nous avons $\dfrac{1}{x^b} = \left(\dfrac{1}{x}\right)^b$, donc $x^b \operatorname{Log} x = -\dfrac{\operatorname{Log}(1/x)}{(1/x)^b}$. On a $\lim\limits_{x \to 0^+} 1/x = +\infty$ et $\lim\limits_{t \to +\infty} (\operatorname{Log} t)/t^b = 0$ donc $\lim\limits_{x \to 0} x^b \operatorname{Log} x = 0$ d'après un théorème sur les limites.

Pour tout nombre réel x différent de 0, on a les égalités $\dfrac{a^x}{x} = \dfrac{e^{x \operatorname{Log} a}}{x} = (\operatorname{Log} a) \dfrac{e^{x \operatorname{Log} a}}{x \operatorname{Log} a}$. Puisque $a > 1$, $\operatorname{Log} a$ est strictement positif, $x \operatorname{Log} a$ tend vers $+\infty$ quand x tend vers $+\infty$, donc il vient $\lim\limits_{x \to +\infty} e^{x \operatorname{Log} a}/x \operatorname{Log} a = \lim\limits_{t \to +\infty} e^t/t = +\infty$ d'après le lemme. On en déduit $\lim\limits_{x \to +\infty} a^x/x = +\infty$. Puisque b est strictement positif, nous savons que la fonction puissance $x \mapsto x^b$ est une bijection de $]1, +\infty[$ sur $]1, +\infty[$; il existe donc un nombre $\alpha > 1$ tel que $a = \alpha^b$. Pour tout $x > 0$, on a alors $a^x = (\alpha^b)^x = \alpha^{bx} = (\alpha^x)^b$ et $a^x/x^b = (\alpha^x)^b/x^b = (\alpha^x/x)^b$. Puisque $\lim\limits_{x \to +\infty} \alpha^x/x = +\infty$ et $b > 0$, on en déduit $\lim\limits_{x \to +\infty} a^x/x^b = \lim\limits_{x \to +\infty} (\alpha^x/x)^b = +\infty$.
Pour tout nombre réel x, on a $a^{-x} = 1/a^x$. Si n est un entier positif ou nul, il vient donc $\lim\limits_{x \to -\infty} |x^n a^x| = \lim\limits_{x \to -\infty} |-x|^n/a^{-x} = \lim\limits_{x \to +\infty} x^n/a^x = 0$ d'après le résultat précédent. Si n est un entier négatif, x^n et a^x tendent vers 0 quand x tend vers $-\infty$, donc aussi leur produit.

■

Exercice. Soit $f : [0,+\infty[\to \mathbb{R}$ la fonction définie par

$$f(0) = 0 \quad \text{et} \quad f(x) = x^{x+(1/x)} \text{ quel que soit } x > 0\,.$$

1) Montrer que f est continue. Calculer la limite de $f(x)$ quand x tend vers $+\infty$.
2) Montrer que f est dérivable sur $]0,+\infty[$ et que f a une demi-dérivée à droite en 0.
3) Étudier le sens de variation de f.
4) Calculer $\lim\limits_{x\to+\infty} f(x)/x$.

Réponse

1) Posons $u(x) = x + (1/x)$, de sorte que nous avons $f(x) = \exp\bigl(u(x)\operatorname{Log} x\bigr)$ pour tout $x > 0$. La fonction u et la fonction logarithme sont continues sur $]0,+\infty[$, la fonction exponentielle est continue sur $\mathbb{R}$, donc la fonction f est continue sur $]0,+\infty[$. Nous savons que $\operatorname{Log} x$ tend vers $-\infty$ quand x tend vers 0, donc il vient $\lim\limits_{x\to 0}(1/x)\operatorname{Log} x = -\infty$. Puisque $\lim\limits_{x\to 0} x\operatorname{Log} x = 0$, il s'ensuit $\lim\limits_{x\to 0} u(x)\operatorname{Log} x = -\infty$. On en déduit $\lim\limits_{x\to 0} f(x) = 0 = f(0)$, autrement dit la fonction f est continue en 0. Ainsi f est continue sur l'intervalle $[0,+\infty[$.
   Quand x tend vers $+\infty$, $u(x)$ tend vers $+\infty$ donc aussi $u(x)\operatorname{Log} x$. Par suite on a $\lim\limits_{x\to+\infty} f(x) = +\infty$.
2) Posons $v(x) = u(x)\operatorname{Log} x$, de sorte que l'on a $f(x) = \exp v(x)$. D'après la règle pour dériver une fonction composée, nous avons $f'(x) = v'(x)\exp v(x) = v'(x)f(x)$ pour tout $x > 0$, d'où

$$f'(x) = \left[u'(x)\operatorname{Log} x + \frac{u(x)}{x}\right] f(x) = \left[\left(1 - \frac{1}{x^2}\right)\operatorname{Log} x + 1 + \frac{1}{x^2}\right] f(x)$$
$$= \left[(x^2-1)\operatorname{Log} x + x^2 + 1\right]\frac{f(x)}{x^2}\,.$$

   Afin de montrer que f a une demi-dérivée à droite en 0, étudions la limite du rapport $\dfrac{f(x)}{x}$ quand x tend vers 0. On a

$$\frac{f(x)}{x} = \frac{x^{u(x)}}{x} = x^{u(x)-1} = \exp\left[\bigl(u(x)-1\bigr)\operatorname{Log} x\right]$$

   et

$$\bigl(u(x)-1\bigr)\operatorname{Log} x = \left(x + \frac{1}{x} - 1\right)\operatorname{Log} x = x\operatorname{Log} x + \frac{\operatorname{Log} x}{x} - \operatorname{Log} x$$
$$= x\operatorname{Log} x + (1-x)\frac{\operatorname{Log} x}{x}\,.$$

   Puisque $\lim\limits_{x\to 0}\dfrac{\operatorname{Log} x}{x} = -\infty$, il vient $\lim\limits_{x\to 0}(1-x)\dfrac{\operatorname{Log} x}{x} = -\infty$. Puisqu'on a $\lim\limits_{x\to 0} x\operatorname{Log} x = 0$, on en déduit $\lim\limits_{x\to 0}\bigl(u(x)-1\bigr)\operatorname{Log} x = -\infty$ et par suite $\lim\limits_{x\to 0}\dfrac{f(x)}{x} = 0$. Nous avons ainsi montré que f est dérivable à droite et que l'on a $f'_d(0) = 0$.
3) Soit un nombre $x > 0$. Puisque $f(x)$ est strictement positif, $f'(x)$ a le signe de $(x^2-1)\operatorname{Log} x + x^2 + 1$. Si $x > 1$, alors on a $\operatorname{Log} x > 0$ et $x^2 - 1 > 0$ donc $(x^2-1)\operatorname{Log} x > 0$. Si $0 < x \leqslant 1$, alors $x^2 - 1$ et $\operatorname{Log} x$ sont négatifs ou nul, donc on a encore $(x^2-1)\operatorname{Log} x \geqslant 0$. Puisque $x^2 + 1$ est strictement positif, il vient $f'(x) > 0$ quel que soit $x > 0$. La fonction f est donc strictement croissante.

4) Pour tout nombre $x > 0$, on a $u(x) > x$ donc $\lim_{x \to +\infty} (u(x) - 1) = +\infty$ et par suite $\lim_{x \to +\infty} \big(u(x) - 1\big) \operatorname{Log} x = +\infty$. Puisqu'on a $\dfrac{f(x)}{x} = \exp\big[\big(u(x) - 1\big) \operatorname{Log} x\big]$, on en déduit $\lim_{x \to +\infty} \dfrac{f(x)}{x} = +\infty$.

Exercice

1) Montrer que pour tout nombre réel $t \geqslant 0$, il existe un unique nombre réel x tel que $x \exp x = t$.
2) Pour tout nombre réel $t \geqslant 0$, on note $f(t)$ le nombre x tel que $x \exp x = t$. Montrer que la fonction f est une bijection strictement croissante de $[0, +\infty[$ sur $[0, +\infty[$. Calculer $f(e)$.
3) Montrer que si $t > e$, alors $f(t) < \operatorname{Log} t$.
4) Montrer que l'on a $\lim_{t \to +\infty} \dfrac{f(t)}{\operatorname{Log} t} = 1$.

Réponse

1) Soit $g : [0, +\infty[\to [0, +\infty[$ la fonction définie par $g(x) = x \exp x$. Pour tout $x \geqslant 0$, on a $g'(x) = \exp x + x \exp x > 0$, donc la fonction g est strictement croissante. De plus g est continue, $g(0) = 0$ et $\lim_{x \to +\infty} g(x) = +\infty$, donc g est une bijection de $[0, +\infty[$ sur $[0, +\infty[$. Soit t un nombre réel positif ou nul. Puisque g est bijective, il existe un unique nombre $x \geqslant 0$ tel que $g(x) = t$. Tout nombre réel x' qui vérifie $x' \exp x' = t$ est positif ou nul, donc égal à x.
2) Par définition, la fonction f est la bijection réciproque de g, donc f est aussi une bijection strictement croissante de $[0, +\infty[$ sur $[0, +\infty[$. On a $g(1) = e$, donc $f(e) = 1$.
3) Par définition de f, on a $t = f(t) \exp f(t)$, donc $\operatorname{Log} t = f(t) + \operatorname{Log} f(t)$. Soit $t > e$. Puisque f est strictement croissante, on a $f(t) > f(e) = 1$, donc $\operatorname{Log} f(t) > 0$. On en déduit l'inégalité $\operatorname{Log} t > f(t)$.
4) Pour tout $t > 0$, on a, d'après ce qui précède, $f(t) > 0$ et $\dfrac{\operatorname{Log} t}{f(t)} = 1 + \dfrac{\operatorname{Log} f(t)}{f(t)}$.

   Quand t tend vers $+\infty$, $f(t)$ tend vers $+\infty$. Puisqu'on a $\lim_{x \to +\infty} \dfrac{\operatorname{Log} x}{x} = 0$, on en déduit $\lim_{t \to +\infty} \dfrac{\operatorname{Log} f(t)}{f(t)} = 0$ (d'après une proposition page 28). Par conséquent $\dfrac{f(t)}{\operatorname{Log} t}$ tend vers 1 quand t tend vers $+\infty$.

3. Fonctions trigonométriques réciproques

La fonction Arc sinus

La fonction sinus est continue et dérivable et si $x \in]-\pi/2, \pi/2[$, nous avons $\sin'(x) = \cos x > 0$. La fonction sinus est donc strictement croissante sur le segment $[-\pi/2, \pi/2]$; de plus, $\sin(-\pi/2) = -1$ et $\sin(\pi/2) = 1$. D'après le théorème sur les fonctions continues monotones, on en déduit que la fonction sinus définit une bijection du segment $[-\pi/2, \pi/2]$ sur le segment $[-1, 1]$. Notons $s : [-\pi/2, \pi/2] \to [-1, 1]$ cette bijection.

Définition

La bijection réciproque de s s'appelle la fonction *Arc sinus* et se note $\operatorname{Arc\,sin} : [-1, 1] \to [-\pi/2, \pi/2]$.

Pour tout nombre x appartenant au segment $[-1, 1]$, $\operatorname{Arc\,sin} x$ est donc l'unique nombre réel du segment $[-\pi/2, \pi/2]$ dont le sinus est égal à x.

$$\text{Par définition} \quad \begin{cases} \sin(\operatorname{Arc\,sin} x) = x & \text{quel que soit } x \in [-1, 1] \\ \operatorname{Arc\,sin}(\sin x) = x & \text{quel soit } x \in [-\pi/2, \pi/2]. \end{cases}$$

Puisque $\cos^2 \alpha = 1 - \sin^2 \alpha$ pour tout nombre réel α, il vient $\cos^2(\operatorname{Arc\,sin} x) = 1 - \sin^2(\operatorname{Arc\,sin} x) = 1 - x^2$ pour tout $x \in [-1, 1]$. De plus $\operatorname{Arc\,sin} x$ appartient au segment $[-\pi/2, \pi/2]$, donc $\cos(\operatorname{Arc\,sin} x) \geqslant 0$. Par suite

$$\cos(\operatorname{Arc\,sin} x) = \sqrt{1 - x^2} \text{ pour tout } x \in [-1, 1].$$

La fonction Arc sinus est la réciproque d'une bijection continue strictement croissante, donc c'est une fonction continue et strictement croissante. De plus, la dérivée de la fonction sinus ne s'annule pas dans l'intervalle ouvert $]-\pi/2, \pi/2[$. D'après le théorème sur la dérivée d'une fonction réciproque (chapitre 6 paragraphe 3), on en déduit que la fonction Arc sinus est dérivable sur l'intervalle ouvert $]-1, 1[$ et que pour tout $x \in]-1, 1[$, on a $\operatorname{Arc\,sin}'(x) = \dfrac{1}{\sin'(\operatorname{Arc\,sin} x)} = \dfrac{1}{\cos(\operatorname{Arc\,sin} x)}$. Il vient donc

$$\boxed{\operatorname{Arc\,sin}'(x) = \frac{1}{\sqrt{1 - x^2}} \qquad \text{pour tout} \quad x \in]-1, 1[}$$

Le graphe de la fonction Arc sinus se déduit de celui de la fonction sinus sur le segment $[-\pi/2, \pi/2]$ en effectuant une symétrie par rapport à la droite d'équation $y = x$. Remarquons que le graphe de Arc sinus a une tangente verticale aux points d'absisse 1 et -1 et que la tangente à l'origine a pour pente $\operatorname{Arc\,sin}'(0) = 1$. Puisque la fonction sinus est impaire, la fonction Arc sinus l'est aussi.

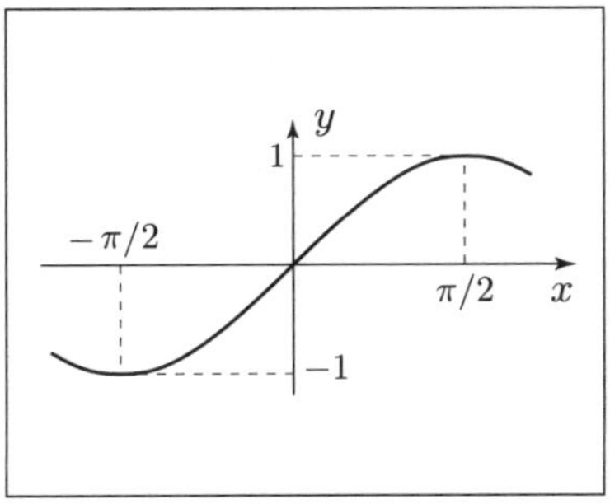

graphe de sinus

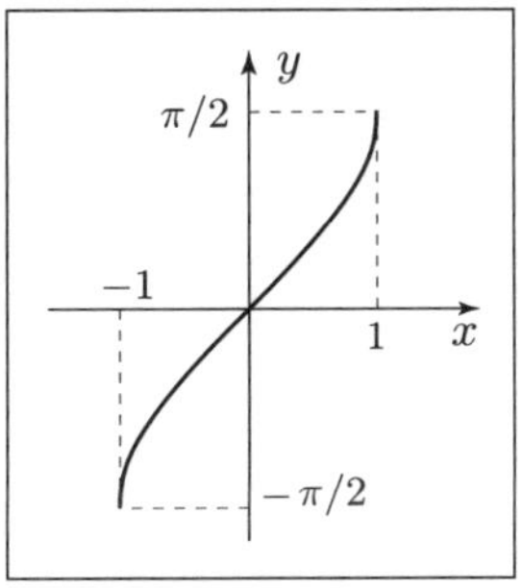

graphe de Arc sinus

La fonction Arc cosinus

La fonction cosinus est continue et dérivable et si $x \in]0, \pi[$, alors $\cos'(x) = -\sin x < 0$. La fonction cosinus est donc strictement décroissante sur le segment $[0, \pi]$. Puisqu'on a $\cos 0 = 1$ et $\cos \pi = -1$, la fonction cosinus définit une bijection du segment $[0, \pi]$ sur le segment $[-1, 1]$. Notons $c : [0, \pi] \to [-1, 1]$ cette bijection.

Définition

La bijection réciproque de c s'appelle la fonction *Arc cosinus*. On la note $\text{Arc}\cos : [-1, 1] \to [0, \pi]$.

Pour tout nombre $x \in [-1, 1]$, $\text{Arc}\cos x$ est l'unique nombre réel du segment $[0, \pi]$ dont le cosinus est égal à x.

On a donc par définition $\begin{cases} \cos(\text{Arc}\cos x) = x & \text{quel que soit } x \in [-1, 1] \\ \text{Arc}\cos(\cos x) = x & \text{quel que soit } x \in [0, \pi]. \end{cases}$

Rappelons que pour tout nombre α on a $\cos(\pi/2 - \alpha) = \sin \alpha$. Si $x \in [-1, 1]$, il vient donc $\cos(\pi/2 - \text{Arc}\sin x) = \sin(\text{Arc}\sin x) = x$. Puisque $-\pi/2 \leqslant \text{Arc}\sin x \leqslant \pi/2$, on en déduit l'encadrement $0 \leqslant \pi/2 - \text{Arc}\sin x \leqslant \pi$. Le nombre réel $\pi/2 - \text{Arc}\sin x$ appartient au segment $[0, \pi]$ et son cosinus est égal à x : par définition de la fonction Arc cosinus, on a donc $\pi/2 - \text{Arc}\sin x = \text{Arc}\cos x$. Nous avons ainsi montré

$$\boxed{\text{Arc}\sin x + \text{Arc}\cos x = \pi/2 \text{ pour tout } x \in [-1, 1]}$$

Puisque $\text{Arc}\cos x = \pi/2 - \text{Arc}\sin x$, il vient

$$\text{Arc}\cos'(x) = -\text{Arc}\sin'(x) = \frac{-1}{\sqrt{1 - x^2}} \text{ pour tout } x \in]-1, 1[.$$

Le graphe de Arc cosinus est symétrique du graphe de cosinus sur le segment $[0, \pi]$ par rapport à droite d'équation $y = x$. Aux points d'absisse 1 et -1, la tangente est verticale. Au point d'absisse 0, la tangente a pour pente $\text{Arc}\cos'(0) = -1$.

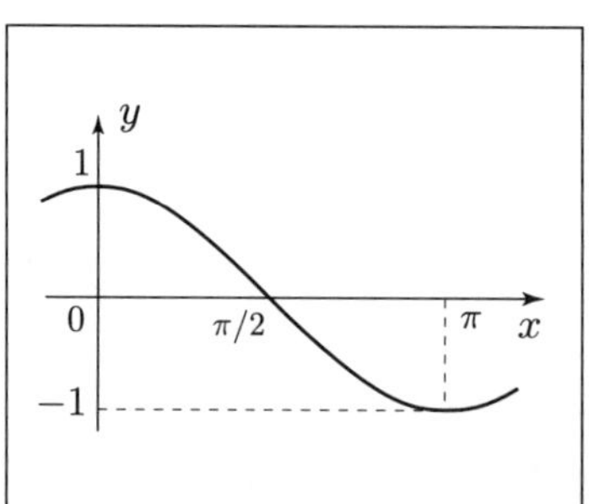

graphe de cosinus

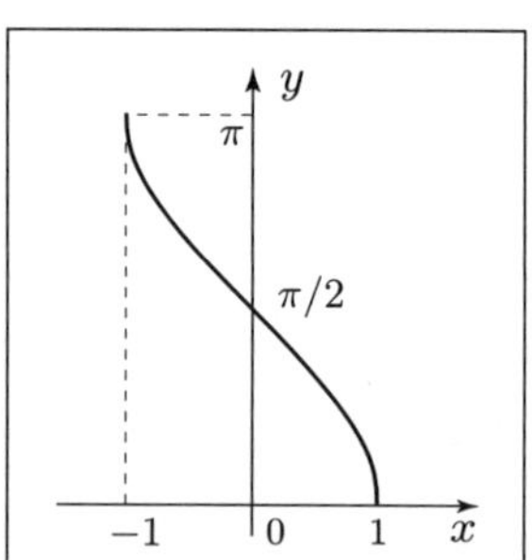

graphe de Arc cosinus

La fonction Arc tangente

Rappelons que la fonction tangente, que nous noterons tg, est définie par $\operatorname{tg} x = (\sin x)/(\cos x)$ pour tout nombre réel x différent des nombres $(2k+1)\frac{\pi}{2}$, où $k \in \mathbb{Z}$. D'après la règle pour dériver un quotient, nous avons

$$\operatorname{tg}'(x) = \frac{\cos^2 x + \sin^2 x}{\cos^2 x} = \frac{1}{\cos^2 x} = 1 + \operatorname{tg}^2 x\,.$$

La fonction tangente est strictement croissante sur l'intervalle $]-\pi/2, \pi/2[$ car sa dérivée est strictement positive. De plus, nous avons $\lim_{x \to -\pi/2^+} \operatorname{tg} x = -\infty$ et $\lim_{x \to \pi/2^-} \operatorname{tg} x = +\infty$. Puisque la fonction tangente est continue sur $]-\pi/2, \pi/2[$, il s'ensuit que la fonction tangente définit une bijection de l'intervalle $]-\pi/2, \pi/2[$ sur l'intervalle $]-\infty, +\infty[=\mathbb{R}$. Notons $t : x \mapsto \operatorname{tg} x$ cette bijection de $]-\pi/2, \pi/2[$ dans $\mathbb{R}$.

Définition

La bijection réciproque de t s'appelle la fonction *Arc tangente* et se note $\operatorname{Arc tg} : \mathbb{R} \to\,]-\pi/2, \pi/2[$.

Par définition $\begin{cases} \operatorname{tg}(\operatorname{Arc tg} x) = x & \text{quel que soit } x \in \mathbb{R} \\ \operatorname{Arc tg}(\operatorname{tg} x) = x & \text{quel que soit } x \in\,]-\pi/2, \pi/2[\,. \end{cases}$

D'après les propriétés des fonctions continues strictement monotones, nous savons que l'on a $\lim_{x \to +\infty} \operatorname{Arc tg} x = \pi/2$ et $\lim_{x \to -\infty} \operatorname{Arc tg} x = -\pi/2$. De plus, pour tout $x \in]-\pi/2, \pi/2[$, on a $\operatorname{tg}'(x) \neq 0$. La fonction Arc tangente est donc dérivable sur $\mathbb{R}$ et pour tout nombre x, on a $\operatorname{Arc tg}'(x) = \dfrac{1}{1 + \operatorname{tg}^2(\operatorname{Arc tg} x)}$, c'est-à-dire

$$\boxed{\operatorname{Arc tg}'(x) = \frac{1}{1+x^2} \quad \text{pour tout } x \in \mathbb{R}}$$

Puisque $\operatorname{tg}(-x) = -\operatorname{tg} x$ pour tout $x \in]-\pi/2, \pi/2[$, la fonction Arc tangente est impaire. La tangente à l'origine au graphe de Arc tg a pour pente $\operatorname{Arc tg}'(0) = 1$.

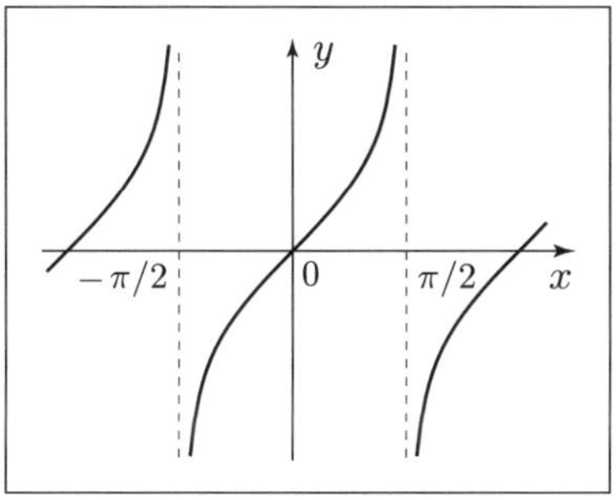

graphe de tangente

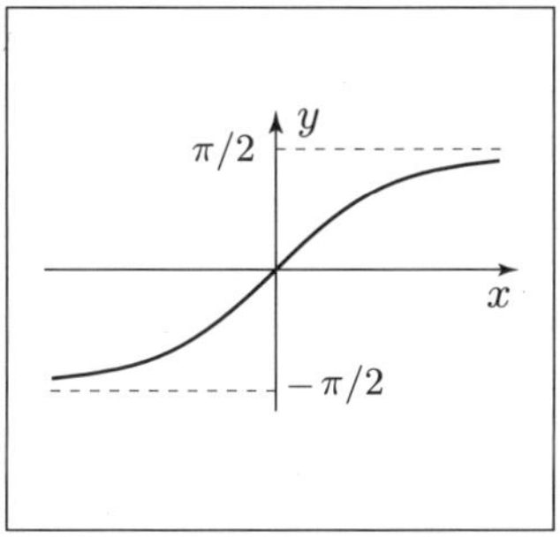

graphe de Arc tangente

Les fonctions Arc sinus, Arc cosinus et Arc tangente permettent d'exprimer des solutions d'équations trigonométriques. En utilisant les formules de trigonométrie, il est souvent possible, dans les exercices, de se ramener aux équations simples suivantes.

Équation $\sin x = a$ où $a \in [-1, 1]$

En posant $\alpha = \operatorname{Arc}\sin a$, l'équation s'écrit $\sin x = \sin\alpha$. Pour tout nombre réel x, nous avons

$$\sin x - \sin\alpha = 2\sin\frac{x-\alpha}{2}\cos\frac{x+\alpha}{2}$$

$$\sin\frac{x-\alpha}{2} = 0 \iff \frac{x-\alpha}{2} = k\pi \iff x = \alpha + 2k\pi\,,\ \text{où } k \in \mathbb{Z}$$

$$\cos\frac{x+\alpha}{2} = 0 \iff \frac{x+\alpha}{2} = (2k+1)\pi/2 \iff x = \pi - \alpha + 2k\pi\,,\ \text{où } k \in \mathbb{Z}\,.$$

L'équation $\sin x = a$ a donc pour solutions les nombres réels $\alpha + 2k\pi$ et $\pi - \alpha + 2k\pi$, où $k \in \mathbb{Z}$.

Équation $\cos x = a$ où $a \in [-1, 1]$

En posant $\alpha = \operatorname{Arc}\cos a$, l'équation s'écrit $\cos x = \cos\alpha$. Pour tout nombre réel x, nous avons

$$\cos x - \cos\alpha = -2\sin\frac{x-\alpha}{2}\sin\frac{x+\alpha}{2}$$

donc l'équation $\cos x = a$ a pour solutions les nombres réels $\alpha + 2k\pi$ et $-\alpha + 2k\pi$, où $k \in \mathbb{Z}$.

Équation $\operatorname{tg} x = a$ où $a \in \mathbb{R}$

En posant $\alpha = \operatorname{Arc}\operatorname{tg} a$, l'équation s'écrit $\operatorname{tg} x = \operatorname{tg}\alpha$ et les solutions sont les nombres réels $x = \alpha + k\pi$, où $k \in \mathbb{Z}$.

4. Fonctions hyperboliques

Définitions

La fonction *sinus hyperbolique*, notée sh, et la fonction *cosinus hyperbolique*, notée ch, sont définies par

$$\operatorname{sh} x = \frac{\exp(x) - \exp(-x)}{2} \quad \text{et} \quad \operatorname{ch} x = \frac{\exp(x) + \exp(-x)}{2} \quad \text{quel que soit } x \in \mathbb{R}.$$

Ces fonctions sont continues sur $\mathbb{R}$. Pour tout nombre réel x, on a les égalités

$$\operatorname{sh}(-x) = -\operatorname{sh} x, \quad \operatorname{ch}(-x) = \operatorname{ch} x, \quad \operatorname{ch} x + \operatorname{sh} x = \exp(x), \quad \operatorname{ch} x - \operatorname{sh} x = \exp(-x)$$

et donc l'identité remarquable

$$\boxed{\mathrm{ch}^2 x - \mathrm{sh}^2 x = 1}$$

Par définition, la fonction sh est impaire et la fonction ch est paire. En dérivant, on trouve

$$\boxed{\mathrm{sh}' = \mathrm{ch} \quad \text{et} \quad \mathrm{ch}' = \mathrm{sh}}$$

Pour tout nombre $x > 0$, on a $x > -x$ donc $\exp(x) > \exp(-x)$ et par suite $\mathrm{sh}\, x > 0$. Puisque la fonction sh est impaire, on en déduit $\mathrm{sh}\, x < 0$ si $x < 0$. La fonction ch est donc strictement croissante sur l'intervalle $[0, +\infty[$ et strictement décroissante sur l'intervalle $]-\infty, 0]$. Puisque $\mathrm{ch}\, 0 = 1$, il s'ensuit $\mathrm{ch}\, x > 1$ pour tout nombre $x \neq 0$. En particulier, la fonction ch est strictement positive. Puisque ch est la dérivée de sh, cela implique que la fonction sh est strictement croissante. Remarquons aussi que l'on a $\mathrm{sh}\, 0 = 0$.

Quand x tend vers $+\infty$, $\exp(x)$ tend vers $+\infty$ et $\exp(-x)$ tend vers 0. On en déduit

$$\lim_{x\to+\infty} \mathrm{sh}\, x = \lim_{x\to+\infty} \mathrm{ch}\, x = +\infty\,, \quad \lim_{x\to-\infty} \mathrm{sh}\, x = -\infty \quad \text{et} \quad \lim_{x\to-\infty} \mathrm{ch}\, x = +\infty.$$

La fonction $\mathrm{sh} : \mathbb{R} \to \mathbb{R}$ *est donc une bijection strictement croissante et la fonction* ch *définit une bijection de* $[0, +\infty[$ *sur* $[1, +\infty[$.

Puisque la fonction $\mathrm{ch}' = \mathrm{sh}$ est croissante, la fonction ch est convexe. La fonction sh est convexe sur l'intervalle $[0, +\infty[$ car sa dérivée $\mathrm{sh}' = \mathrm{ch}$ est croissante sur $[0, +\infty[$. Puisqu'on a $\mathrm{ch}\, x - \mathrm{sh}\, x = \exp(-x) > 0$, il vient l'inégalité $\mathrm{ch}\, x > \mathrm{sh}\, x$ pour tout x et aussi $\lim\limits_{x\to+\infty} (\mathrm{ch}\, x - \mathrm{sh}\, x) = 0$.

Définition

La fonction *tangente hyperbolique*, notée th, est définie par $\mathrm{th}\, x = \dfrac{\mathrm{sh}\, x}{\mathrm{ch}\, x}$ quel que soit $x \in \mathbb{R}$.

Pour tout x, on a $\mathrm{th}'(x) = \dfrac{\mathrm{sh}'(x)\,\mathrm{ch}\, x - \mathrm{sh}\, x\,\mathrm{ch}'(x)}{\mathrm{ch}^2 x} = \dfrac{\mathrm{ch}^2 x - \mathrm{sh}^2 x}{\mathrm{ch}^2 x}$ ou encore

$$\boxed{\mathrm{th}'(x) = 1 - \mathrm{th}^2 x = \frac{1}{\mathrm{ch}^2 x}}$$

L'égalité $\mathrm{th}'(x) = \dfrac{1}{\mathrm{ch}^2 x}$ montre que $\mathrm{th}'(x)$ est strictement positif pour tout x. La fonction th est donc strictement croissante. Pour trouver la limite de $\mathrm{th}\, x$ quand x

tend vers $+\infty$, écrivons

$$\operatorname{th} x = \frac{\exp(x) - \exp(-x)}{\exp(x) + \exp(-x)} = \frac{\exp(x)\big(1 - \exp(-2x)\big)}{\exp(x)\big(1 + \exp(-2x)\big)} = \frac{1 - \exp(-2x)}{1 + \exp(-2x)}.$$

Quand x tend vers $+\infty$, $\exp(-2x)$ tend vers 0, donc $\lim\limits_{x \to +\infty} \operatorname{th} x = 1$. La fonction th étant impaire, on en déduit $\lim\limits_{x \to -\infty} \operatorname{th} x = -1$. Puisque la fonction th est continue, elle définit une bijection strictement croissante de $\mathbb{R}$ sur $]-1, 1[$. Les droites d'équation $y = 1$ et $y = -1$ sont des asymptotes horizontales et la tangente à l'origine a pour pente $\operatorname{th}'(0) = 1$.

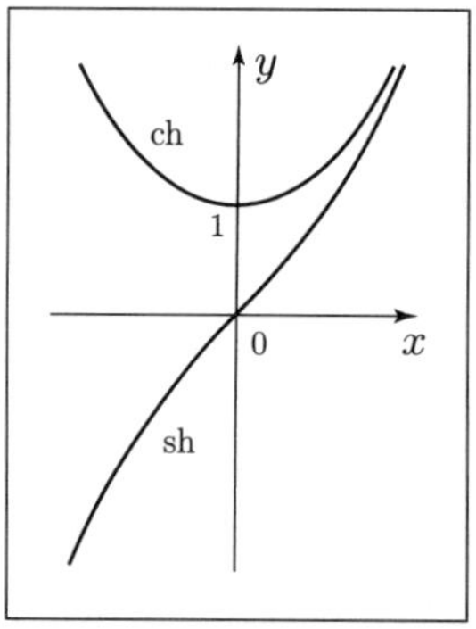

graphes de sh **et** ch

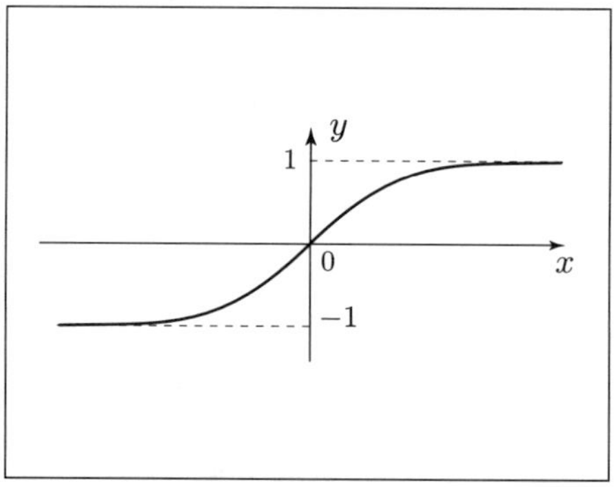

graphe de th

Gardez en mémoire les graphes des fonctions étudiées dans ce chapitre, vous vous souviendrez mieux de leurs propriétés.

Trigonométrie hyperbolique

Il convient de remarquer la ressemblance entre les formules $\operatorname{ch}^2 x - \operatorname{sh}^2 x = 1$, $\operatorname{sh}' = \operatorname{ch}$, $\operatorname{ch}' = \operatorname{sh}$, $\operatorname{th}'(x) = 1 - \operatorname{th}^2 x$ et les formule analogues $\cos^2 x + \sin^2 x = 1$, $\sin' = \cos$, $\cos' = -\sin$, $\operatorname{tg}'(x) = 1 + \operatorname{tg}^2 x$ pour sinus, cosinus et tangente. L'analogie ne s'arrête pas là : il y a aussi pour les fonctions hyperboliques, des formules de trigonométrie tout à fait semblables aux formules pour sinus, cosinus et tangente. C'est en deuxième année que vous comprendrez l'origine de ce parallélisme remarquable. Ces formules ne sont pas difficiles à apprendre une fois qu'on a en mémoire celles de trigonométrie ordinaire.

$\operatorname{ch}(a+b) = \operatorname{ch} a \operatorname{ch} b + \operatorname{sh} a \operatorname{sh} b$	$\operatorname{ch} 2a = \operatorname{ch}^2 a + \operatorname{sh}^2 a$
$\operatorname{sh}(a+b) = \operatorname{sh} a \operatorname{ch} b + \operatorname{ch} a \operatorname{sh} b$	$\operatorname{sh} 2a = 2 \operatorname{sh} a \operatorname{ch} a$
$\operatorname{th}(a+b) = \dfrac{\operatorname{th} a + \operatorname{th} b}{1 + \operatorname{th} a \operatorname{th} b}$	$\operatorname{th} 2a = \dfrac{2 \operatorname{th} a}{1 + \operatorname{th}^2 a}$
$\operatorname{ch} a + \operatorname{ch} b = 2 \operatorname{ch} \dfrac{a+b}{2} \operatorname{ch} \dfrac{a-b}{2}$	$\operatorname{ch} a - \operatorname{ch} b = 2 \operatorname{sh} \dfrac{a+b}{2} \operatorname{sh} \dfrac{a-b}{2}$
$\operatorname{sh} a + \operatorname{sh} b = 2 \operatorname{sh} \dfrac{a+b}{2} \operatorname{ch} \dfrac{a-b}{2}$	
$\operatorname{ch} 2a = \dfrac{1 + \operatorname{th}^2 a}{1 - \operatorname{th}^2 a}$ $\quad \operatorname{sh} 2a = \dfrac{2 \operatorname{th} a}{1 - \operatorname{th}^2 a}$	$\operatorname{th} 2a = \dfrac{2 \operatorname{th} a}{1 + \operatorname{th}^2 a}$

Toutes ces égalités se démontrent facilement à partir de la définition des fonctions sh, ch et th en utilisant les propriétés de la fonction exponentielle.
Il est également utile de savoir résoudre les équations suivantes de trigonométrie hyperbolique.

Équation $\operatorname{sh} x = a$ où $a \in \mathbb{R}$

Par définition de la fonction sinus hyperbolique, nous avons les équivalences

$$\operatorname{sh} x = a \iff e^x - e^{-x} = 2a \iff e^{2x} - 2ae^x - 1 = 0$$

la deuxième étant justifiée par le fait que e^x n'est jamais nul. Puisqu'on a $e^{2x} = (e^x)^2$, la dernière équation exprime que e^x est racine du polynôme $P = X^2 - 2aX - 1$. Ce polynôme est unitaire, de degré 2 et le terme constant est négatif : les racines de P sont donc réelles et de signes contraires. Puisque e^x est strictement positif pour tout x, seule la racine positive de P est à retenir ; sa valeur est $a + \sqrt{a^2+1}$ et notre équation équivaut à $e^x = a + \sqrt{a^2+1}$. Il vient donc

$$\operatorname{sh} x = a \iff x = \operatorname{Log}\left(a + \sqrt{a^2+1}\right).$$

Puisque la fonction $\operatorname{sh} : \mathbb{R} \to \mathbb{R}$ est bijective, nous pouvions deviner que l'équation $\operatorname{sh} x = a$ possède une solution unique. Précisément, nous venons de montrer :

la bijection réciproque de sh *est la fonction* $x \mapsto \operatorname{Log}\left(x + \sqrt{x^2+1}\right)$.

Cette dernière fonction s'appelle l'*Argument sinus hyperbolique et se note* Arg sh.

Équation $\operatorname{ch} x = a$ où $a \in \mathbb{R}$

- Si $a < 1$, cette équation n'a pas de solution car pour tout nombre réel x, nous savons que l'on a $\operatorname{ch} x \geqslant 1$. Si $a = 1$, la seule solution est 0 car $\operatorname{ch} x > 1$ si $x \neq 0$.
- Supposons $a > 1$. Par définition de la fonction ch, nous avons les équivalences

$$\operatorname{ch} x = a \quad \Longleftrightarrow \quad e^x + e^{-x} = 2a \quad \Longleftrightarrow \quad e^{2x} - 2ae^x + 1 = 0$$

et la dernière équation exprime que e^x est racine du polynôme $Q = X^2 - 2aX + 1$. Le discriminant de Q est $4(a^2 - 1)$ qui est positif, il y a donc deux racines réelles $u = a + \sqrt{a^2 - 1}$ et $v = a - \sqrt{a^2 - 1}$. Puisque Q est unitaire et de terme constant 1, nous avons $uv = 1$ donc u et v sont de même signe, celui de leur somme $u + v = a$; les nombres u et v sont donc strictement positifs. Les solutions de l'équation $\operatorname{ch} x = a$ sont déterminées par $e^x = u$ ou $e^x = v$, c'est-à-dire $x = \operatorname{Log} u$ ou $x = \operatorname{Log} v$. Puisque $v = 1/u$, on a $\operatorname{Log} v = -\operatorname{Log} u$ d'où

$$\operatorname{ch} x = a \quad \Longleftrightarrow \quad x = \pm \operatorname{Log}\left(a + \sqrt{a^2 - 1}\right).$$

Puisque la fonction ch est paire, nous pouvions prévoir que les solutions seraient opposées. Nous savons que la fonction ch définit une bijection de $[0, +\infty[$ sur $[1, +\infty[$; la formule ci-dessus affirme donc :

> *la bijection réciproque de* $\operatorname{ch} : [0, +\infty[\to [1, +\infty[$ *est la fonction* $x \mapsto \operatorname{Log}\left(x + \sqrt{x^2 - 1}\right)$ *définie sur l'intervalle* $[1, +\infty[$.

On appelle *Argument cosinus hyperbolique* cette fonction et on la note $\operatorname{Arg\,ch}$.

Équation $\operatorname{th} x = a$ où $a \in \mathbb{R}$

- Si $|a| \geqslant 1$, cette équation n'a pas de solution car nous avons montré que pour tout nombre x, on a $-1 < \operatorname{th} x < 1$.
- Supposons $-1 < a < 1$. Par définition de la tangente hyperbolique, nous avons $\operatorname{th} x = \dfrac{e^x - e^{-x}}{e^x + e^{-x}} = \dfrac{e^{2x} - 1}{e^{2x} + 1}$. Il vient donc les équivalences

$$\operatorname{th} x = a \quad \Longleftrightarrow \quad e^{2x} - 1 = a(e^{2x} + 1) \quad \Longleftrightarrow \quad e^{2x} = \frac{1 + a}{1 - a}.$$

Par hypothèse, les nombres $1 - a$ et $1 + a$ sont strictement positifs, donc $\dfrac{1 + a}{1 - a} > 0$ et par suite

$$\operatorname{th} x = a \quad \Longleftrightarrow \quad x = \frac{1}{2} \operatorname{Log} \frac{1 + a}{1 - a}.$$

Remarque

Nous savons que si x et y sont des nombres réels tels que $x^2 + y^2 = 1$, il existe un unique nombre $t \in [0, 2\pi[$ vérifiant les deux égalités $x = \cos t$ et $y = \sin t$. Le cercle trigonométrique est donc l'ensemble des points $(\cos t, \sin t)$ où $t \in [0, 2\pi[$.

Soient x et y des nombres réels tels que $x^2 - y^2 = 1$. Nous avons montré qu'il existe un unique nombre t tel que $y = \operatorname{sh} t$. Nous avons $x^2 = 1 + y^2 = 1 + \operatorname{sh}^2 t = \operatorname{ch}^2 t$ et donc, si $x \geqslant 0$, il vient $x = \operatorname{ch} t$.
Dans le plan affine $\mathbb{R}^2$, l'ensemble des points (x, y) tels que $x^2 - y^2 = 1$ et $x \geqslant 0$ est une branche d'hyperbole. Cette courbe est donc aussi l'ensemble des points $(\operatorname{ch} t, \operatorname{sh} t)$ où $t \in \mathbb{R}$. C'est pourquoi les fonctions sh et ch sont appelées des « fonctions hyperboliques ».

Exercices

1. a) Montrer, en le calculant, que le nombre $(\sqrt{2}^{\sqrt{2}})^{\sqrt{2}}$ est un entier.

b) En déduire qu'il existe des nombres irrationnels positifs a et b tels que a^b est rationnel.

2. Posons $f(0) = g(0) = 0$, $f(x) = x \operatorname{Log} x$ et $g(x) = x^2 \operatorname{Log} x$ pour tout nombre $x > 0$.

a) Montrer que les fonctions f et g sont continues en 0 et que g est dérivable à droite en 0.

b) Étudier le sens de variation de f et g puis représenter sur un même dessin les graphes de ces fonctions. Préciser les tangentes aux points d'abscisse 0 et 1.

3. Étudier les variations de la fonction $x \mapsto \sqrt{x} - \operatorname{Log} x$. En déduire que pour tout nombre $x > 0$, on a l'inégalité $\operatorname{Log} x < \sqrt{x}$.

4. a) Soit x un nombre réel strictement positif et différent de e. Montrer que l'on a $e \operatorname{Log} x < x$.

b) Posons $u(x) = x^e$ et $v(x) = e^x$. Comparer les fonctions u et v sur l'intervalle $]0, +\infty[$.

c) Montrer que les graphes des fonctions u et v sont tangents en un point. Représenter ces graphes et leur tangente commune sur un même dessin.

5. Pour chacune des fonctions f suivantes, trouver le domaine de définition, calculer la dérivée, étudier le sens de variation et calculer la limite en 0.

a) $x \mapsto x^{-\operatorname{Log} x}$ **b)** $x \mapsto \left(\dfrac{1}{\sqrt{x}}\right)^{\sqrt{x}}$ **c)** $x \mapsto (\sqrt{x})^{x^2}$

6. a) Soit $a \in \mathbb{R}$. Calculer $\lim\limits_{x \to +\infty} \left(x^a - (\operatorname{Log} x)^2\right)$ et $\lim\limits_{x \to 0} \left(x^a - (\operatorname{Log} x)^2\right)$.

b) Calculer la limite de $x \exp(1/x)$ quand x tend vers 0 par valeurs supérieures, par valeurs inférieures et quand x tend vers $+\infty$

7. a) Montrer que pour tout $x > 0$, on a $1 + x \operatorname{Log} x > 0$.

b) Calculer la dérivée de la fonction f définie par $f(x) = x^{(x^x)}$. En déduire le sens de variation de f.

8. Pour tout nombre réel $a > 0$, notons T_a la tangente au graphe de la fonction logarithme au point d'abscisse a.

a) Écrire l'équation de la droite T_a. Pour tout nombre réel b, écrire l'équation de la tangente au graphe de la fonction exponentielle au point d'abscisse b.

b) Montrer que la droite T_a est tangente au graphe de la fonction exponentielle si et seulement si $(a+1) - (a-1) \operatorname{Log} a = 0$.

c) Etudier la fonction $x \mapsto \dfrac{x+1}{x-1} - \operatorname{Log} x$ sur l'intervalle $]0, 1[$ et sur l'intervalle $]1, +\infty[$.

d) En déduire que les graphes de la fonction logarithme et de la fonction exponentielle ont exactement deux tangentes communes T et T'.

e) Soient A et A' les points de contact de T et T' avec le graphe de la fonction exponentielle. Montrer que les abscisses des points A et A' sont opposées.

f) Montrer que dans un repère normé, les droites T et T' sont symétriques par rapport à la droite d'équation $y = x$.

9. Soit $m \in \mathbb{R}$. Combien existe-t-il de solutions à l'équation

$$x(\operatorname{ch} x - 1) - m \operatorname{sh} x = 0\,?$$

10. a) Montrer que pour tout $x > 0$, on a $\operatorname{Log}(x+1) - \operatorname{Log}(x) - (1/x) < 0$.

b) Montrer que la fonction $x \mapsto x \operatorname{Log}(x+1) - (x+1) \operatorname{Log} x$ est strictement décroissante sur l'intervalle $]0, +\infty[$.

c) Calculer la limite de $x \operatorname{Log}\big(1 + (1/x)\big)$ quand x tend vers $+\infty$.

d) En déduire qu'il existe un unique nombre réel $a > 0$ tel que $(a+1)^a = a^{a+1}$.

11. Soient x et y des nombres réels strictement positifs et soit $a \in [0, 1]$. Démontrer l'inégalité $x^a y^{1-a} \leqslant ax + (1-a)y$.

12. Simplifier l'expression $\operatorname{Arc\,sin}(\sin 2x)$ si $x \in [0, \pi/2]$. Dessiner le graphe de la fonction $f : \mathbb{R} \to \mathbb{R}$ définie par $f(x) = \operatorname{Arc\,sin}(\sin 2x)$.

13. Résoudre les équations suivantes :

a) $\operatorname{Arc\,sin} x = 2 \operatorname{Arc\,tg} x$ **b)** $\operatorname{Arc\,sin} x - \operatorname{Arc\,cos} x = 2 \operatorname{Arc\,tg} 2x - \pi/2$

c) $\operatorname{Arc\,tg} 2x + \operatorname{Arc\,tg} x = \pi/4$.

14. a) Calculer la dérivée des fonctions $x \mapsto \operatorname{Arc\,tg}(\operatorname{th} x)$ et $x \mapsto \operatorname{Arc\,tg}(\operatorname{sh} 2x)$. En déduire que l'on a $2\operatorname{Arc\,tg}(\operatorname{th} x) = \operatorname{Arc\,tg}(\operatorname{sh} 2x)$ pour tout nombre réel x.

b) Calculer la dérivée de la fonction $x \mapsto \operatorname{Arc\,tg} x + \operatorname{Arc\,tg}(1/x)$. En déduire que l'on a

$$\operatorname{Arc\,tg} x + \operatorname{Arc\,tg}(1/x) = \begin{cases} \pi/2 & \text{si } x > 0 \\ -\pi/2 & \text{si } x < 0. \end{cases}$$

15. Posons $f(x) = \operatorname{Arc\,sin}(4x^3 - 3x)$.

a) Quel est le domaine de définition de la fonction f ? Montrer que f est continue sur $[-1, 1]$.

b) Trouver les points x où f est dérivable et calculer $f'(x)$.

c) Montrer que si $|x| \leqslant 1/2$, alors $f(x) = -3\operatorname{Arc\,sin} x$.

d) Calculer $f(x)$ lorsqu'on a $1/2 < x \leqslant 1$.

e) Calculer les demi-dérivées de f en $1/2$. Dessiner le graphe de f.

16. Soit a un nombre réel strictement positif et soit $f :]-\infty, 1/a[\to \mathbb{R}$ la fonction définie par $f(x) = \operatorname{Arc\,tg} \dfrac{a+x}{1-ax}$ ·

a) Calculer f'.

b) Montrer que pour tout nombre réel $x < 1/a$, on a $f(x) = \operatorname{Arc\,tg} a + \operatorname{Arc\,tg} x$.

c) En déduire que si x et y sont des nombres réels tels que $xy < 1$, alors

$$\operatorname{Arc\,tg} x + \operatorname{Arc\,tg} y = \operatorname{Arc\,tg} \frac{x+y}{1-xy} \cdot$$

17. a) Démontrer que l'on a $4\operatorname{Arc\,tg}(1/5) = \operatorname{Arc\,tg}(120/119)$.

b) En déduire l'égalité $\pi/4 = 4\operatorname{Arc\,tg}(1/5) - \operatorname{Arc\,tg}(1/239)$.

18. Soit $f : \mathbb{R} \to \mathbb{R}$ une fonction non nulle, deux fois dérivable et telle que

$$f(x+y) + f(x-y) = f(x)f(y) \text{ quels que soient les nombres réels } x \text{ et } y.$$

a) Calculer $f(0)$. Montrer que la fonction f est paire.

b) Soient a et b des nombres réels. Calculer la dérivée seconde des fonctions $x \mapsto f(x+b) + f(x-b)$ et $y \mapsto f(a+y) + f(a-y)$. En déduire que l'on a $f''(x)f(y) = f(x)f''(y)$ quels que soient x et y.

c) Posons $k = \dfrac{f''(0)}{f(0)}$. Montrer que l'on a $f'' = kf$. Déterminer la fonction f (distinguer les cas $k = 0$, $k > 0$ et $k < 0$).

19. a) Soit $g : [0,1] \to \mathbb{R}$ la fonction définie par $g(x) = \sqrt{1-x^2}$. Calculer $g'(x)$ et $\lim\limits_{x \to 1} \dfrac{\operatorname{Arc}\cos'(x)}{g'(x)}$. En déduire $\lim\limits_{x \to 1} \dfrac{\operatorname{Arc}\cos x}{\sqrt{1-x^2}} = 1$.

b) Pour tout $x \in [0,1]$, posons $u(x) = \operatorname{Arc}\cos x - \sqrt{1-x^2}$ et $v(x) = (x-1)\sqrt{1-x^2}$. Montrer que l'on a $\lim\limits_{x \to 1} \dfrac{u'(x)}{v'(x)} = -1/3$.

Soit $f :]-1,1] \to \mathbb{R}$ la fonction définie par $f(1) = 1$ et $f(x) = \dfrac{\operatorname{Arc}\cos x}{\sqrt{1-x^2}}$ si $-1 < x < 1$.

c) Montrer que f est continue et que l'on a $\lim\limits_{x \to 1} \dfrac{f(x) - f(1)}{x - 1} = -1/3$.

d) Montrer que l'on a $x \operatorname{Arc}\cos x < \sqrt{1-x^2}$ si $-1 < x < 1$. En déduire que f est strictement décroissante. Dessiner le graphe de f.

20. Soit $a \in]0, \pi/2]$. Pour tout $t \in [0, \pi/2]$, on pose $d(t) = \dfrac{\sin a}{a} t$ et $f(t) = \sin(t) - d(t)$.

a) Représenter sur un même dessin les graphes de la fonction sinus et de la fonction d sur l'intervalle $[0, \pi/2]$, puis étudier les variations de la fonction f sur l'intervalle $[0, \pi/2]$.

b) Notons $m(a)$ le maximum de la fonction $t \mapsto |f(t)|$ sur l'intervalle $[0, \pi/2]$. Montrer que l'on a $m(a) = \max\{f(c), -f(\pi/2)\}$, où $c = \operatorname{Arc}\cos\big(\sin(a)/a\big)$.

c) Etudier les variations de $u(x) = \sin(x)/x$ sur l'intervalle $]0, \pi/2]$. En déduire que la fonction $x \mapsto m(x)$ atteint son minimum en un point $\alpha \in]0, \pi/2[$ tel que $\sin\big(\operatorname{Arc}\cos u(\alpha)\big) - u(\alpha) \operatorname{Arc}\cos u(\alpha) = \frac{\pi}{2} u(\alpha) - 1$.

d) A l'aide d'une calculatrice, calculer au centième près la valeur de $\sin(\alpha)/\alpha$ et du minimum de la fonction $x \mapsto m(x)$ sur l'intervalle $]0, \pi/2]$.

Quelques réponses ou indications

1. **a)** D'après les règles de calcul sur les exposants, on a $\sqrt{2}^{\sqrt{2}} = 2^{\sqrt{2}/2} = 2^{1/\sqrt{2}}$.

b) Si $\sqrt{2}^{\sqrt{2}}$ est irrationnel, alors d'après **(a)**, on peut choisir $a = \sqrt{2}^{\sqrt{2}}$ et $b = \sqrt{2}$; sinon, on peut choisir $a = b = \sqrt{2}$.

4. **a)** On peut utiliser la concavité du logarithme ou bien faire une étude de fonction.

b) Démontrer que pour tout $x \geqslant 0$, on a $u(x) \leqslant v(x)$ en utilisant **(a)**.

5. **a)** Le domaine de définition est $]0, +\infty[$ et $f'(x) = -\frac{2 \operatorname{Log} x}{x} f(x)$. La fonction f est croissante sur $]0,1]$, décroissante sur $[1, +\infty[$ et $\lim\limits_{x \to 0} f(x) = 0$.

b) La fonction est définie sur $]0, +\infty[$ et $f'(x) = -\frac{1}{4\sqrt{x}}(2 + \operatorname{Log} x) f(x)$. La fonction f est croissante sur $]0, e^{-2}]$, décroissante sur $[e^{-2}, +\infty[$ et $\lim\limits_{x \to 0} f(x) = 1$.

6. a) On a $x^a - (\operatorname{Log} x)^2 = x^a \left(1 - \frac{(\operatorname{Log} x)^2}{x^a}\right)$. Si $a > 0$, on en déduit $\lim\limits_{x \to +\infty} \left(x^a - (\operatorname{Log} x)^2\right) = +\infty$ et si $a < 0$, alors $\lim\limits_{x \to 0} \left(x^a - (\operatorname{Log} x)^2\right) = +\infty$. Si $a \leqslant 0$, alors $\lim\limits_{x \to +\infty} \left(x^a - (\operatorname{Log} x)^2\right) = -\infty$.

7. a) Démontrer que le minimum de la fonction $x \mapsto x \operatorname{Log} x$ est $-1/e$.

b) On a $f'(x) = x^x \big((\operatorname{Log} x)^2 + \operatorname{Log} x + 1/x\big) f(x)$; utiliser (a) pour trouver le signe de $f'(x)$.

10. a) Appliquer le théorème des accroissements finis à la fonction logarithme sur l'intervalle $[x, x+1]$.

b) Calculer la dérivée et utiliser (a).

c) Cette limite est égale à $\lim\limits_{t \to 0+} \frac{\operatorname{Log}(1+t)}{t}$.

11. Comparer le logarithme des deux membres de l'inégalité et penser à la convexité.

12. On a $f(x) = \begin{cases} 2x & \text{si } 0 \leqslant x \leqslant \pi/4 \\ \pi - 2x & \text{si } \pi/4 \leqslant x \leqslant \pi/2 \end{cases}$. Puisque f est impaire, on en déduit le graphe sur $[-\pi/2, \pi/2]$, puis sur $\mathbb{R}$ car la fonction f est π-périodique.

13. a) Prendre le sinus des deux membres ; les solutions sont 0 et ± 1.

b) Utiliser l'égalité $\operatorname{Arc\,sin} x + \operatorname{Arc\,cos} x = \pi/2$; les solutions sont 0 et $\pm\sqrt{3}/2$.

c) Prendre la tangente des deux membres ; il y a une seule solution : $(-3 + \sqrt{17})/4$.

15. a) En étudiant la fonction $x \mapsto 4x^3 - 3x$, on trouve que l'on a $4x^3 - 3x \in [-1, 1]$ si et seulement si $x \in [-1, 1]$. La fonction f est définie et continue sur $[-1, 1]$.

b) La fonction f est dérivable en tout point de $]-1, 1[$ différent de $\pm 1/2$. La dérivée est donnée par

$$f'(x) = \begin{cases} \frac{-3}{\sqrt{1-x^2}} & \text{si } |x| < 1/2 \\ \frac{3}{\sqrt{1-x^2}} & \text{si } 1/2 < |x| < 1. \end{cases}$$

c) Utiliser (b) et l'égalité $f(0) = 0$.

d) Si $1/2 \leqslant x \leqslant 1$, alors $f(x) = 3 \operatorname{Arc\,sin} x - \pi$. La fonction f est continue en $1/2$.

e) Pour calculer les demi-dérivées en $1/2$, utiliser la règle de L'Hospital. Pour dessiner le graphe, remarquer que f est impaire.

16. b) Dériver chaque membre de l'égalité.

c) Si x ou y est strictement positif, la formule a été démontrée en (b). Sinon, considérer $-x$ et $-y$; si $y = 0$, la formule est évidente.

17. a) Poser $\alpha = \operatorname{Arc\,tg}(1/5)$, calculer $\operatorname{tg}(2\alpha)$ puis $\operatorname{tg}(4\alpha)$ et vérifier que l'on a $0 < 4\alpha < \pi/2$.

b) Utiliser l'exercice 16 (c).

18. a) Pour tout x, on a $2f(x) = f(x)f(0)$. Puisque la fonction f n'est pas la fonction nulle, il existe un nombre x_0 tel que $f(x_0) \neq 0$. On en déduit $f(0) = 2$.

c) Si $k > 0$, alors $f(x) = 2\,\mathrm{ch}(\sqrt{k}\,x)$. Si $k < 0$, alors $f(x) = 2\cos(\sqrt{-k}\,x)$. Si $k = 0$, alors f est la fonction constante de valeur 2.

19. a) Si $0 < x < 1$, on a $\mathrm{Arc}\cos'(x)/g'(x) = 1/x$.
Pour trouver la limite de $(\mathrm{Arc}\cos x - \mathrm{Arc}\cos 1)/(g(x) - g(1))$ quand x tend vers 1, appliquer le résultat de l'exercice 19 page 124.

c) Si $0 \leqslant x < 1$, on a $(f(x) - f(1))/(x-1) = u(x)/v(x)$; pour calculer la limite demandée, utiliser (b) et à nouveau l'exercice 19 page 124.

d) Montrer que la fonction $x \mapsto x\,\mathrm{Arc}\cos x - \sqrt{1-x^2}$ est strictement croissante sur $[-1, 1]$.

20. a) Remarquer que les graphes de d et de sin se coupent au point d'abscisse a. Les graphes sont représentés ci-dessous.

b) Utiliser (a).

c) La fonction u est décroissante sur $]0, \pi/2]$. On en déduit que la fonction $x \mapsto \frac{\pi}{2}u(x) - 1$ est décroissante sur $]0, \pi/2]$. Sur l'intervalle $[0, 1[$, la fonction Arc cos est décroissante, positive et prend ses valeurs dans $]0, \pi/2]$. De plus, $u(x)$ appartient à $[0, 1[$ pour tout $x \in]0, \pi/2]$. Il s'ensuit que les fonctions $x \mapsto \sin(\mathrm{Arc}\cos u(x))$ et $x \mapsto -u(x)\,\mathrm{Arc}\cos u(x)$ sont croissantes sur $]0, \pi/2]$. La fonction $x \mapsto f(\mathrm{Arc}\cos u(x))$ est donc croissante sur $]0, \pi/2]$. On en déduit que le minimum de $m(x)$ est obtenu lorsque $f(c) = -f(\pi/2)$.

d) Posons $p = \sin(\alpha)/\alpha$. Alors le nombre p est solution de l'équation $h(x) = 0$, où

$$h(x) = \sin(\mathrm{Arc}\cos x) - x\,\mathrm{Arc}\cos x - (\pi/2)x + 1\,.$$

Le minimum $m(\alpha) = (\pi/2)p - 1$ est compris entre $0,13$ et $0,14$.

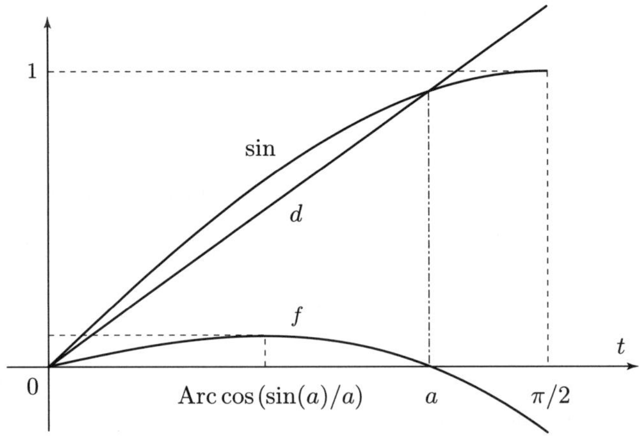

les fonctions d, sinus et f

Chapitre 9

L'intégrale

Dans ce chapitre, a et b sont des nombres réels tels que $a < b$ et $I = [a, b]$.

1. Intégrale d'une fonction étagée

Commençons par les définitions qui sont à la base de la notion d'intégrale.

Définitions

- On appelle *subdivision* de I des nombres réels $x_0, x_1, \ldots, x_n$ tels que
$$a = x_0 < x_1 < \cdots < x_n = b\,.$$
- Une fonction $f : I \to \mathbb{R}$ est *étagée* s'il existe une subdivision $x_0, x_1, \ldots, x_n$ de I telle que pour tout $i = 1, 2, \ldots, n$, f est constante sur l'intervalle $]x_{i-1}, x_i[$. Une telle subdivision est dite *adaptée* à f.

Si f est étagée et si $x_0, x_1, \ldots, x_n$ est une subdivision de I adaptée à f, il existe donc des nombres $m_1, \ldots, m_n$ tels que $f(x) = m_i$ pour tout $x \in]x_{i-1}, x_i[$.

Exemples

- Une fonction constante est évidemment étagée.
- Soit $f : [0, 2] \to \mathbb{R}$ la fonction définie par
$$f(x) = \begin{cases} 3 & \text{si } 0 \leqslant x < 1 \\ 1 & \text{si } x = 1 \\ 2 & \text{si } 1 < x \leqslant 2\,. \end{cases}$$

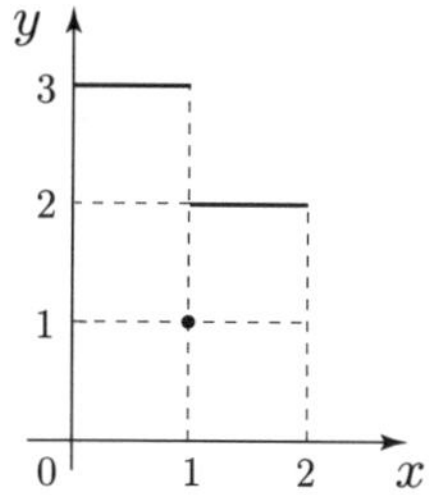

Cette fonction est étagée puisque constante sur chacun des intervalles ouverts $]0, 1[$ et $]1, 2[$: la subdivision $x_0 = 0, x_1 = 1, x_2 = 2$ est adaptée. Mais il existe bien d'autres subdivisions adaptées à f, comme par exemple $x_0 = 0,\ x_1 = 1/2,\ x_2 = 1,\ x_3 = 2$.

Lemme. *Soit* $f : I \to \mathbb{R}$ *une fonction étagée. Si* $x_0, x_1, \dots, x_n$ *est une subdivision de* I *adaptée à* f *et si l'on pose* $f(x) = m_i$ *pour tout* $x \in]x_{i-1}, x_i[$*, alors le nombre* $(x_1 - x_0)m_1 + (x_2 - x_1)m_2 + \cdots + (x_n - x_{n-1})m_n$ *ne dépend pas de la subdivision* $x_0, x_1, \dots, x_n$.

Démonstration. Ajoutons à la subdivision $x_0, x_1, \dots, x_n$ un point y compris par exemple entre x_0 et x_1. On obtient la subdivision $x_0, y, x_1, \dots, x_n$ qui est encore adaptée car $f(x) = m_1$ si $x \in]x_0, y[$ ou si $x \in]y, x_1[$. Puisqu'on a $(y - x_0)m_1 + (x_1 - y)m_1 = (x_1 - x_0)m_1$, les sommes $(x_1 - x_0)m_1 + (x_2 - x_1)m_2 + \cdots + (x_n - x_{n-1})m_n$ et $(y - x_0)m_1 + (x_1 - y_0)m_1 + (x_2 - x_1)m_2 + \cdots + (x_n - x_{n-1})m_n$ sont égales.
Quand on rajoute un point qui n'est plus nécessairement compris entre x_0 et x_1, le résultat est le même. Plus généralement, on démontre par récurrence que si l'on ajoute à la subdivision un nombre fini de points, la somme considérée garde la même valeur.
Supposons maintenant que $y_0, y_1, \dots, y_k$ est une autre subdivision adaptée à f. Formons la réunion des deux ensembles $\{x_0, x_1, \cdots, x_n\}$ et $\{y_0, y_1, \cdots, y_k\}$ et écrivons $\{x_0, x_1, \dots, x_n\} \cup \{y_0, y_1, \dots, y_k\} = \{z_0, z_1, \dots, z_\ell\}$, où l'on a $z_0 < z_1 < \dots < z_\ell$. Puisque $z_0 = a$ et $z_\ell = b$, on obtient une subdivision de I et cette subdivision est évidemment adaptée à f. Formons les sommes

$$\begin{aligned} X &= (x_1 - x_0)m_1 + (x_2 - x_1)m_2 + \cdots + (x_n - x_{n-1})m_n \\ Y &= (y_1 - y_0)p_1 + (y_2 - y_1)p_2 + \cdots + (y_k - y_{k-1})p_k \\ Z &= (z_1 - z_0)q_1 + (z_2 - z_1)q_2 + \cdots + (z_\ell - z_{\ell-1})q_\ell\,. \end{aligned}$$

où les nombres p_i et q_j sont les valeurs de la fonction f sur chacun des intervalles déterminés par les subdivisions correspondantes. Puisqu'on passe de la subdivision des x_i à celle des z_j en ajoutant un nombre fini de points, nous avons $X = Z$ d'après ce qu'on vient de montrer. De même, les z_j sont obtenus à partir des y_i en ajoutant un nombre fini de points, donc nous avons aussi $Y = Z$. Il s'ensuit $X = Y$. ■

Le lemme permet de formuler la définition suivante.

Définition
Soit $f : I \to \mathbb{R}$ une fonction étagée et soit $x_0, x_1, \dots, x_n$ une subdivision adaptée à f. Posons $f(x) = m_i$ si $x \in]x_{i-1}, x_i[$. La somme

$$(x_1 - x_0)m_1 + (x_2 - x_1)m_2 + \cdots + (x_n - x_{n-1})m_n\,,$$

qui ne dépend que de f, s'appelle *l'intégrale de* f et se note $\displaystyle\int_a^b f(t)\,dt$.

Cas d'une fonction étagée positive ou nulle

Si f est positive ou nulle, tous les nombres m_i sont positifs ou nuls donc l'intégrale de f est un nombre positif ou nul. D'après la définition, l'intégrale de f est la mesure de l'aire comprise entre l'axe des abscisses, les deux droites d'équation $x = a$ et $x = b$ et le graphe de la fonction f.

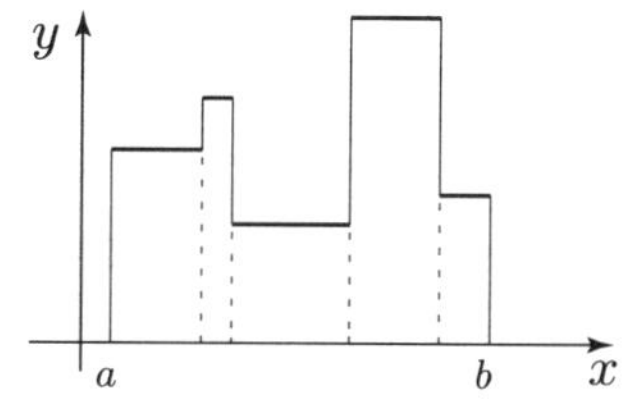

Remarques

- Soit $c \in I$ et soit $f : I \to \mathbb{R}$ une fonction telle que $f(x) = 0$ si $x \neq c$. Si l'on a $c \in]a, b[$, la subdivision $x_0 = a$, $x_1 = c$, $x_2 = b$ est adaptée à f, donc la fonction f est étagée et l'on a par définition $\int_a^b f(t)\,dt = (c-a) \times 0 + (b-c) \times 0 = 0$. De même, si $c = a$ ou si $c = b$, l'intégrale de f est 0.
  On montre de même que l'intégrale d'une fonction nulle sauf en un nombre fini de points est nulle.
- Si f est une fonction constante de valeur m, alors $\int_a^b f(t)\,dt = m(b-a)$.

Voici les propriétés de l'intégrale des fonctions étagées.

Proposition. *Soient f et g des fonctions étagées sur I.*

1) *La fonction $f + g$ est étagée et l'on a $\int_a^b (f+g)(t)\,dt = \int_a^b f(t)\,dt + \int_a^b g(t)\,dt$.*

2) *Pour tout nombre réel λ, la fonction λf est étagée et l'on a $\int_a^b \lambda f(t)\,dt = \lambda \int_a^b f(t)\,dt$.*

3) *Si $f \geqslant g$, alors $\int_a^b f(t)\,dt \geqslant \int_a^b g(t)\,dt$.*

4) *Des fonctions étagées qui diffèrent en un nombre fini de points ont la même intégrale.*

5) *Quel que soit $c \in]a, b[$, on a $\int_a^b f(t)\,dt = \int_a^c f(t)\,dt + \int_c^b f(t)\,dt$.*

Démonstration

1) Donnons-nous une subdivision $x_0, x_1, \ldots, x_n$ de I adaptée à f et une subdivision $y_0, y_1, \ldots, y_p$ adaptée à g. Comme dans la démonstration du lemme, la réunion des x_i et des y_j définit une subdivision $z_0, z_1, \ldots, z_\ell$ adaptée à la fois à f et à g, donc à la fonction $f + g$. Utilisons cette subdivision pour calculer les intégrales de f, g et $f + g$. Pour tout entier i compris entre 1 et ℓ, il existe des nombres m_i et p_i tels que $f(x) = m_i$ et $g(x) = p_i$ quel que soit $x \in]z_{i-1}, z_i[$. Il vient donc

$$\int_a^b f(t)\,dt = (z_1 - z_0)m_1 + (z_2 - z_1)m_2 + \cdots + (z_\ell - z_{\ell-1})m_\ell$$

$$\int_a^b g(t)\,dt = (z_1 - z_0)p_1 + (z_2 - z_1)p_2 + \cdots + (z_\ell - z_{\ell-1})p_\ell$$

$$\int_a^b (f+g)(t)\,dt = (z_1 - z_0)(m_1 + p_1) + (z_2 - z_1)(m_2 + p_2) + \cdots + (z_\ell - z_{\ell-1})(m_\ell + p_\ell)\,.$$

D'où le premier résultat.

2) La démonstration est semblable à la précédente et plus simple.

3) Si $f \geqslant g$, alors la fonction étagée $f - g$ est positive ou nulle, donc d'intégrale positive ou nulle. En utilisant (1) et (2), on en déduit $\int_a^b f(t)\,dt - \int_a^b g(t)\,dt = \int_a^b (f-g)(t)\,dt \geqslant 0$.

4) Si des fonctions étagées sur I diffèrent seulement en un nombre fini de points, alors $f - g$ est nulle sauf en ces points. D'après la remarque, on en déduit $\int_a^b (f-g)(t)\,dt = 0$ donc $\int_a^b f(t)\,dt = \int_a^b g(t)\,dt$.

5) Posons

$$f_1(x) = \begin{cases} f(x) & \text{si } a \leqslant x \leqslant c \\ 0 & \text{si } c < x \leqslant b \end{cases} \quad \text{et} \quad f_2(x) = \begin{cases} 0 & \text{si } a \leqslant x \leqslant c \\ f(x) & \text{si } c < x \leqslant b\,. \end{cases}$$

On a $f_1(x) + f_2(x) = f(x)$ pour tout $x \in I$ et par définition de l'intégrale $\int_a^b f_1(t)\,dt = \int_a^c f(t)\,dt$ et $\int_a^b f_2(t)\,dt = \int_c^b f(t)\,dt$. On en déduit le résultat en appliquant (1). ■

2. Fonction intégrable

Maintenant que nous disposons de l'intégrale pour les fonctions étagées, nous allons définir la notion d'intégrale pour des fonctions plus générales. L'outil théorique permettant cette généralisation est la notion de borne supérieure qui a été expliquée chapitre 4.

Définition

Une fonction $f : I \to \mathbb{R}$ est *intégrable* si pour tout nombre $\varepsilon > 0$, il existe des fonctions étagées u et U définies sur I et telles que

$$u \leqslant f \leqslant U \quad \text{et} \quad \int_a^b (U-u)(t)\,dt \leqslant \varepsilon\,.$$

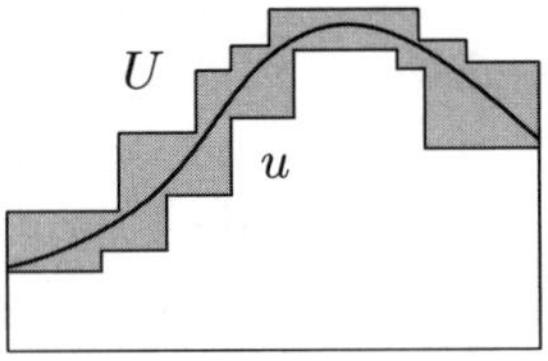

Remarques

- Une fonction étagée est intégrable (il suffit de poser $u = U = f$).
- Une fonction intégrable est bornée : en effet, une fonction étagée est majorée et minorée.

Définissons maintenant l'intégrale d'une fonction intégrable.

Soit $f : I \to \mathbb{R}$ une fonction intégrable. Considérons toutes les fonctions étagées inférieure ou égale à f : puisque f est intégrable, il existe de telles fonctions et leurs intégrales forment un ensemble non vide de nombres réels que nous notons A. De même, les intégrales des fonctions étagées supérieures ou égales à f forment un ensemble B, non vide, de nombres réels. Pour tout nombre $\alpha \in A$, il existe par définition une fonction étagée u telle que $u \leqslant f$ et $\alpha = \int_a^b u(t)\,dt$. De même, si β est un élément de B, alors $\beta = \int_a^b U(t)\,dt$, où U est une fonction étagée telle que $f \leqslant U$. On a $u \leqslant U$ donc $\alpha \leqslant \beta$. Ainsi tout élément de l'ensemble A est inférieur ou égal à tout élément de l'ensemble B. L'ensemble A est donc majoré (par n'importe quel élément de B) et l'ensemble B est minoré (par tout élément de A). Par conséquent, la borne supérieure de A existe, la borne inférieure de B aussi, et nous avons l'inégalité $\sup A \leqslant \inf B$.

Donnons-nous un nombre $\varepsilon > 0$. Puisque f est intégrable, on peut trouver des fonctions étagées u et U telles que $u \leqslant f \leqslant U$ et $\int_a^b (U - u)(t)\,dt \leqslant \varepsilon$. Posons $\alpha = \int_a^b u(t)\,dt$ et $\beta = \int_a^b U(t)\,dt$. Par définition, nous avons $\alpha \in A$ et $\beta \in B$ donc $\alpha \leqslant \sup A \leqslant \inf B \leqslant \beta$. Il s'ensuit $0 \leqslant \inf B - \sup A \leqslant \beta - \alpha$. Puisque nous avons $\beta - \alpha = \int_a^b (U - u)(t)\,dt \leqslant \varepsilon$, il vient $0 \leqslant \inf B - \sup A \leqslant \varepsilon$. Cet encadrement étant vrai pour tout nombre $\varepsilon > 0$, il en résulte que l'on a $\inf B - \sup A = 0$ c'est-à-dire $\inf B = \sup A$.

Nous avons utilisé la propriété suivante des nombres réels :

Si r est un nombre réel et si $-\varepsilon \leqslant r \leqslant \varepsilon$ quel que soit $\varepsilon > 0$, alors $r = 0$.

Définition

Si $f : I \to \mathbb{R}$ est une fonction intégrable, le nombre $\inf B = \sup A$ s'appelle *l'intégrale de f* et se note $\displaystyle\int_a^b f(t)\,dt$.

Remarques

- Si f est étagée, l'intégrale de f est à la fois le plus petit élément de B et le plus grand élément de A : notre définition de l'intégrale généralise donc celle des fonctions étagées.
- Soit f une fonction intégrable. Si u et U sont des fonctions étagées telles que $u \leqslant f \leqslant U$, alors par définition de l'intégrale de f, on a $\int_a^b u(t)\,dt \leqslant \int_a^b f(t)\,dt \leqslant \int_a^b U(t)\,dt$.

3. Propriétés de l'intégrale

Ce sont les mêmes propriétés que pour les fonctions étagées.

Proposition. *Soient f et g des fonctions définies sur I et intégrables.*

1) *La fonction $f+g$ est intégrable et l'on a*

$$\int_a^b (f+g)(t)\,dt = \int_a^b f(t)\,dt + \int_a^b g(t)\,dt\,.$$

2) *Pour tout nombre réel λ, la fonction λf est intégrable et l'on a*

$$\int_a^b \lambda f(t)\,dt = \lambda \int_a^b f(t)\,dt\,.$$

3) *Si $f \geqslant g$, alors*

$$\int_a^b f(t)\,dt \geqslant \int_a^b g(t)\,dt\,.$$

4) *Des fonctions intégrables qui diffèrent en un nombre fini de points ont la même intégrale.*

5) *Quel que soit le nombre $c \in \,]a,b[$, f est intégrable sur $[a,c]$ et sur $[c,b]$ et l'on a*

$$\int_a^b f(t)\,dt = \int_a^c f(t)\,dt + \int_c^b f(t)\,dt\,.$$

Démonstration

1) Soit un nombre $\varepsilon > 0$. Puisque les fonctions f et g sont intégrables, il existe des fonctions étagées u, v, U et V telles que

$$u \leqslant f \leqslant U\ ,\ v \leqslant g \leqslant V\ ,\ \int_a^b (U-u)(t)\,dt \leqslant \varepsilon/2 \ \text{ et } \ \int_a^b (V-v)(t)\,dt \leqslant \varepsilon/2\,.$$

Posons $w = u+v$ et $W = U+V$. Les fonctions w et W sont étagées. De plus, nous avons $w \leqslant f+g \leqslant W$ et $\int_a^b (W-w)(t)\,dt = \int_a^b (U-u)(t)\,dt + \int_a^b (V-v)(t)\,dt \leqslant \varepsilon$. La fonction $f+g$ est donc intégrable. Les égalités $\int_a^b u(t)\,dt + \int_a^b v(t)\,dt = \int_a^b w(t)\,dt$, $\int_a^b U(t)\,dt + \int_a^b V(t)\,dt = \int_a^b W(t)\,dt$ et l'encadrement $w \leqslant f+g \leqslant W$ impliquent

$$\int_a^b u(t)\,dt + \int_a^b v(t)\,dt \leqslant \int_a^b (f+g)(t)\,dt \leqslant \int_a^b U(t)\,dt + \int_a^b V(t)\,dt.$$

D'autre part, en ajoutant membre à membre les inégalités

$$\int_a^b u(t)\,dt \leqslant \int_a^b f(t)\,dt \leqslant \int_a^b U(t)\,dt \text{ et } \int_a^b v(t)\,dt \leqslant \int_a^b g(t)\,dt \leqslant \int_a^b V(t)\,dt\,,$$

nous obtenons

$$\int_a^b u(t)\,dt + \int_a^b v(t)\,dt \leqslant \int_a^b f(t)\,dt + \int_a^b g(t)\,dt \leqslant \int_a^b U(t)\,dt + \int_a^b V(t)\,dt\,.$$

On en déduit les inégalités

$$\begin{aligned}\int_a^b u(t)\,dt + \int_a^b v(t)\,dt - \int_a^b U(t)\,dt - \int_a^b V(t)\,dt \\ \leqslant \int_a^b (f+g)(t)\,dt - \int_a^b f(t)\,dt - \int_a^b g(t)\,dt \\ \leqslant \int_a^b U(t)\,dt + \int_a^b V(t)\,dt - \int_a^b u(t)\,dt - \int_a^b v(t)\,dt\,.\end{aligned}$$

Dans cet encadrement, le membre de droite vaut $\int_a^b (U-u)(t)\,dt + \int_a^b (V-v)(t)\,dt$ donc est par hypothèse inférieur ou égal à $\varepsilon/2 + \varepsilon/2 = \varepsilon$; de même, le membre de gauche est supérieur ou égal à $-\varepsilon$. Il vient donc

$$-\varepsilon \leqslant \int_a^b (f+g)(t)\,dt - \int_a^b f(t)\,dt - \int_a^b g(t)\,dt \leqslant \varepsilon\,.$$

Comme ces inégalités sont vraies pour tout nombre $\varepsilon > 0$, nous en concluons

$$\int_a^b (f+g)(t)\,dt - \int_a^b f(t)\,dt - \int_a^b g(t)\,dt = 0$$

d'où le premier résultat.

2) Ce résultat se démontre exactement comme le précédent.

3) La fonction $f-g$ est intégrable d'après (1) et (2). Si l'on a $0 \leqslant f-g$, la fonction nulle est une fonction étagée inférieure ou égale à $f-g$, donc par définition de l'intégrale, on a $0 = \int_a^b 0\,dt \leqslant \int_a^b (f-g)(t)\,dt$. D'après (1), nous avons $\int_a^b (f-g)(t)\,dt = \int_a^b f(t)\,dt - \int_a^b g(t)\,dt$, d'où l'inégalité $\int_a^b f(t)\,dt \geqslant \int_a^b g(t)\,dt$.

4) et (5) Ces propriétés se démontrent comme pour les fonctions étagées. ■

Corollaire. *Soit $f : [a,b] \to \mathbb{R}$ une fonction intégrable. Si m et M sont des nombres réels tels que $m \leqslant f(x) \leqslant M$ quel que soit $x \in [a,b]$, alors on a*

$$m \leqslant \frac{1}{b-a}\int_a^b f(t)\,dt \leqslant M\,.$$

Démonstration. D'après la propriété (3) de la précédente proposition, on a $m(b-a) = \int_a^b m\,dt \leqslant \int_a^b f\,dt \leqslant \int_a^b M\,dt = M(b-a)$ et l'on conclut en remarquant que le nombre $b-a$ est strictement positif. ■

Théorème. *Si $f : I \to \mathbb{R}$ est une fonction continue, alors f est intégrable.*

Nous admettrons ce théorème important, car la démonstration utilise une propriété des fonctions continues que nous n'avons pas introduite. La somme de deux fonctions continues, le produit d'une fonction continue par un nombre et le produit de deux fonctions continues sont continues : le théorème précédent affirme donc que lorsqu'on les applique à des fonctions continues, ces opérations conduisent à des fonctions intégrables.

Proposition. *Si $f : [a,b] \to \mathbb{R}$ est une fonction continue, il existe un nombre $c \in [a,b]$ tel que $\int_a^b f(t)\,dt = (b-a)f(c)$.*

Démonstration. Puisque f est continue, nous savons que f a un maximum M, un minimum m et que l'image de f est le segment $[m,M]$. D'après le corollaire précédent, le nombre $\frac{1}{b-a}\int_a^b f(t)\,dt$ appartient au segment $[m,M]$, donc il existe $c \in [a,b]$ tel que $\frac{1}{b-a}\int_a^b f(t)\,dt = f(c)$. ■

Théorème. *Si $f : I \to \mathbb{R}$ est une fonction monotone, alors f est intégrable.*

Démonstration. Supposons que la fonction f est croissante et pour tout entier $n \geqslant 1$, définissons une subdivision de $[a,b]$ en posant

$$x_0 = a\ ,\ x_1 = a + \frac{b-a}{n}\ ,\ \dots\ ,\ x_i = a + i\frac{b-a}{n}\ ,\ \dots\ ,\ x_n = b\,.$$

Soient u et U les fonctions étagées définies par

$$u(x) = \begin{cases} f(x_i) & \text{si } x_i \leqslant x < x_{i+1} \text{ et } 0 \leqslant i < n \\ f(b) & \text{si } x = b \end{cases}$$

$$U(x) = \begin{cases} f(a) & \text{si } x = a \\ f(x_{i+1}) & \text{si } x_i < x \leqslant x_{i+1} \text{ et } 0 \leqslant i < n\,. \end{cases}$$

Si i est un entier tel que $0 \leqslant i < n$ et si x appartient à l'intervalle $]x_i, x_{i+1}[$, nous avons

$$u(x) = f(x_i) \leqslant f(x) \leqslant f(x_{i+1}) = U(x)\,.$$

Si $0<i<n$, alors $u(x_i)=f(x_i)\leqslant f(x_{i+1})=U(x_i)$. Puisqu'on a aussi $u(a) = f(a) = U(a)$ et $u(b) = f(b) = U(b)$, il vient $u(x) \leqslant f(x) \leqslant U(x)$ quel que soit $x \in I$.

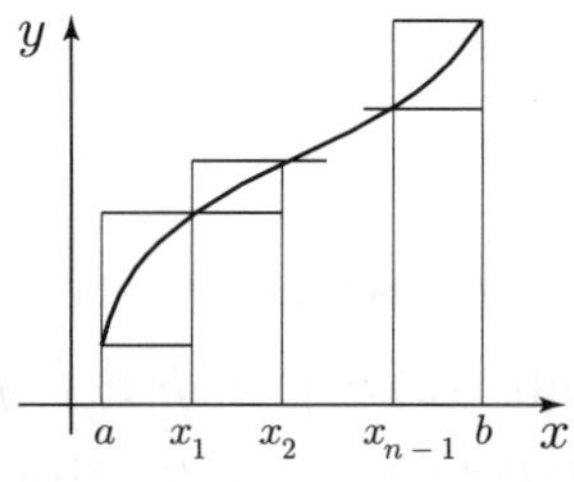

Par définition de l'intégrale d'une fonction étagée, nous avons

$$\begin{aligned}
\int_a^b U(t)\,dt &= (x_1 - x_0)f(x_1) + \cdots + (x_n - x_{n-1})f(x_n) \\
&= \frac{b-a}{n}\big(f(x_1) + f(x_2) + \cdots + f(x_n)\big) \\
\int_a^b u(t)\,dt &= (x_1 - x_0)f(x_0) + \cdots + (x_n - x_{n-1})f(x_{n-1}) \\
&= \frac{b-a}{n}\big(f(x_0) + f(x_1) + \cdots + f(x_{n-1})\big)
\end{aligned}$$

donc il vient

$$\begin{aligned}
\int_a^b (U-u)(t)\,dt &= \int_a^b U(t)\,dt - \int_a^b u(t)\,dt \\
&= \frac{b-a}{n}\big(f(x_n) - f(x_0)\big) = \frac{b-a}{n}\big(f(b) - f(a)\big)\,.
\end{aligned}$$

Nous savons que $\frac{1}{n}$ tend vers 0 quand n tend vers $+\infty$; pour tout $\varepsilon > 0$, on peut donc trouver un entier n tel que $\frac{b-a}{n}\big(f(b) - f(a)\big) < \varepsilon$. La fonction f est donc intégrable d'après la définition.

Si f est décroissante, il suffit d'appliquer à la fonction $-f$ ce qu'on vient de démontrer.

■

Remarque

Soit $f : I \to \mathbb{R}$ une fonction croissante. Les fonctions u et U construites dans la démonstration précédente vérifient l'encadrement $u \leqslant f \leqslant U$. Il vient donc

$$\int_a^b u(t)\,dt \leqslant \int_a^b f(t)\,dt \leqslant \int_a^b U(t)\,dt\,.$$

c'est-à-dire

$$\begin{aligned}
&\frac{b-a}{n}\big(f(x_0) + f(x_1) + \cdots + f(x_{n-1})\big) \leqslant \\
&\qquad\qquad \int_a^b f(t)\,dt \leqslant \frac{b-a}{n}\big(f(x_1) + f(x_2) + \cdots + f(x_n)\big)\,.
\end{aligned}$$

Ces inégalités permettent de calculer une valeur approchée de l'intégrale de f.

Si l'on pose $u_n = \frac{b-a}{n}\big(f(x_1) + f(x_2) + \cdots + f(x_n)\big)$, l'encadrement ci-dessus s'écrit aussi

$$\int_a^b f(t)\,dt \leqslant u_n \leqslant \int_a^b f(t)\,dt + \frac{b-a}{n}\big(f(b) - f(a)\big)\,.$$

Puisque $\frac{b-a}{n}\big(f(b) - f(a)\big)$ tend vers 0 quand n tend vers $+\infty$, on en déduit le corollaire suivant.

Propriété de la moyenne. *Soit $f : [a,b] \to \mathbb{R}$ une fonction monotone. La suite de terme général* $\frac{1}{n}\Big(f\left(a+\frac{b-a}{n}\right)+f\left(a+2\frac{b-a}{n}\right)+\cdots+f\left(a+i\frac{b-a}{n}\right)+\cdots+f(b)\Big)$ *a pour limite* $\frac{1}{b-a}\int_a^b f(t)\,dt.$

Exemple. Calculons l'intégrale de la fonction $f : [0,1] \to \mathbb{R}$ définie par $f(x) = x^2$. Cette fonction étant croissante, formons la suite

$$\begin{aligned} u_n &= \frac{1}{n}\left[f\left(\frac{1}{n}\right)+f\left(\frac{2}{n}\right)+\cdots+f\left(\frac{n}{n}\right)\right] = \frac{1}{n}\left[\left(\frac{1}{n}\right)^2+\left(\frac{2}{n}\right)^2+\cdots+\left(\frac{n}{n}\right)^2\right] \\ &= \frac{1}{n^3}\left(1^2+2^2+\cdots+n^2\right) \cdot \end{aligned}$$

Un raisonnement par récurrence montre que pour tout entier $n \geqslant 1$, on a

$$1^2+2^2+\cdots+n^2 = \frac{n(n+1)(2n+1)}{6}.$$

Il vient $u_n = \frac{n(n+1)(2n+1)}{6n^3} = \frac{(n+1)(2n+1)}{6n^2}$ et par conséquent $\lim u_n = 2/6 = 1/3$. Puisque $\lim u_n = \frac{1}{1-0}\int_0^1 t^2\,dt$, nous obtenons $\int_0^1 t^2\,dt = 1/3$.

Remarque

La propriété de la moyenne est encore vraie pour une fonction qui est la somme de deux fonctions monotones : en effet, la limite d'une somme de deux suites convergentes est la somme des limites et l'intégrale d'une somme de fonctions est la somme des intégrales. Cette remarque est utile car *presque toutes les fonctions que nous rencontrerons sont somme d'une fonction croissante et d'une fonction décroissante.*

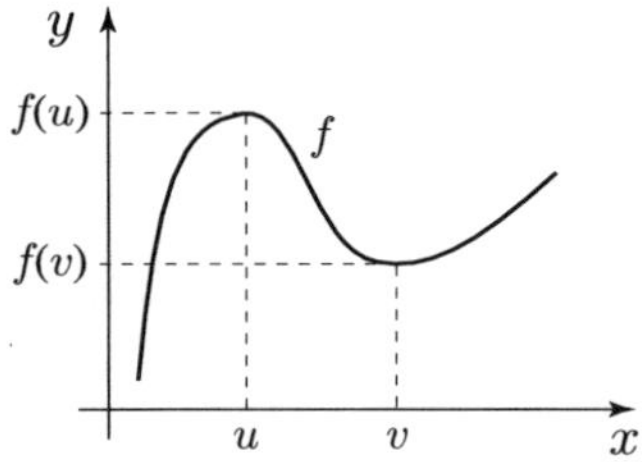

Par exemple, considérons une fonction f dont le graphe a l'allure ci-contre et posons

$$f_1(x) = \begin{cases} f(x) & \text{si } x \leqslant u \\ f(u) & \text{si } u \leqslant x \leqslant v, \\ f(x)+f(u)-f(v) & \text{si } x \geqslant v \end{cases} \quad f_2(x) = \begin{cases} 0 & \text{si } x \leqslant u \\ f(x)-f(u) & \text{si } u \leqslant x \leqslant v \\ f(v)-f(u) & \text{si } x \geqslant v. \end{cases}$$

Les graphes de f_1 et f_2 sont représentés ci-dessous. La fonction f_1 est croissante, la fonction f_2 est décroissante et l'on a $f = f_1 + f_2$.

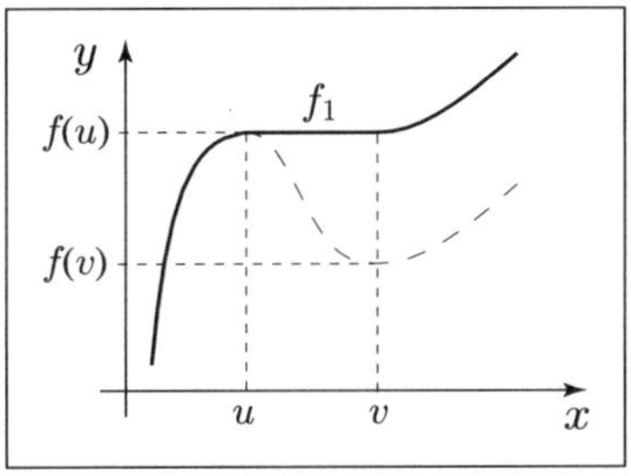

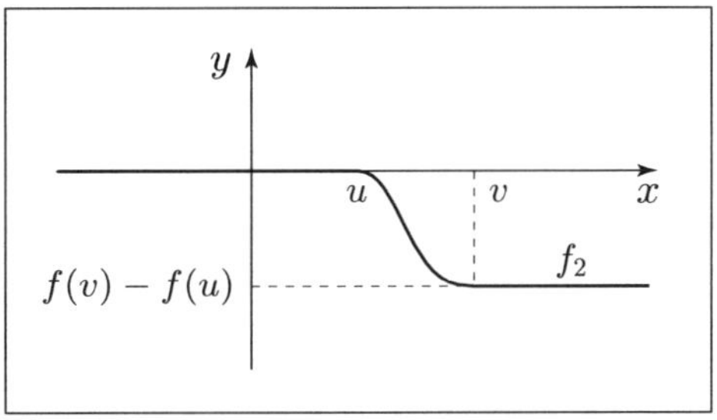

Il existe des fonctions « très discontinues » et néanmoins intégrables. Cependant, au prix d'une définition quelque peu artificielle, on peut construire des fonctions qui ne sont pas intégrables.

Exemple. Soit $f : [0,1] \to \mathbb{R}$ la fonction définie par

$$f(x) = \begin{cases} 1 & \text{si } x \in \mathbb{Q} \\ 0 & \text{si } x \notin \mathbb{Q}\,. \end{cases}$$

Supposons que U est une fonction étagée telle que $f \leqslant U$. Soit $x_0, x_1, \ldots, x_n$ une subdivision adaptée à U. Nous avons montré au chapitre 1 que dans tout intervalle $]x_i, x_{i+1}[$, il existe un nombre rationnel r_i. Puisque U est constante sur $]x_i, x_{i+1}[$, nous avons $U(x) = U(r_i) \geqslant f(r_i) = 1$ pour tout $x \in]x_i, x_{i+1}[$ donc

$$\int_0^1 U(t)\,dt \geqslant (x_1 - x_0) + \cdots + (x_n - x_{n-1}) = x_n - x_0 = 1 - 0 = 1\,.$$

Si u est une fonction étagée telle que $u \leqslant f$ et si $y_0, y_1, \ldots, y_n$ est une subdivision adaptée à u, alors dans chaque intervalle $]y_i, y_{i+1}[$, il existe un nombre irrationnel t_i (voir chapitre 1). Pour tout $x \in]y_i, y_{i+1}[$, il vient $u(x) = u(t_i) \leqslant f(t_i) = 0$ donc

$$\int_0^1 u(t)\,dt \leqslant (y_1 - y_0) \times 0 + \cdots + (y_n - y_{n-1}) \times 0 = 0\,.$$

La différence $\int_0^1 U(t)\,dt - \int_0^1 u(t)\,dt$ est donc supérieure ou égale à 1, et cela quelles que soient les fonctions étagées u et U telles que $u \leqslant f \leqslant U$. Par conséquent, la fonction f n'est pas intégrable.

Notations

- Pour toute fonction f et pour tout nombre réel a, posons $\int_a^a f(t)\,dt = 0$.
- Si $f : [a,b] \to \mathbb{R}$ est intégrable, on pose $\int_b^a f(t)\,dt = -\int_a^b f(t)\,dt$. Si x, y et z sont des nombres réels appartenant à I, alors avec ces conventions, il est facile de vérifier la formule d'addition (relation de Chasles)

$$\int_x^y f(t)\,dt + \int_y^z f(t)\,dt = \int_x^z f(t)\,dt\,.$$

Énonçons un résultat général et utile.

Proposition. *Si la fonction $f : I \to \mathbb{R}$ est intégrable, alors la fonction $|f|$ est intégrable.*

Démonstration. Pour toute fonction $h : I \to \mathbb{R}$, définissons sur l'intervalle I les fonctions h^+ et h^- de la manière suivante :

$$h^+(x) = \begin{cases} h(x) & \text{si } h(x) \geqslant 0 \\ 0 & \text{si } h(x) < 0 \end{cases} \qquad \text{et} \qquad h^-(x) = \begin{cases} 0 & \text{si } h(x) > 0 \\ -h(x) & \text{si } h(x) \leqslant 0. \end{cases}$$

Quel que soit $x \in I$, nous avons par définitions

$$h^+(x) \geqslant 0, h^-(x) \geqslant 0, h^+(x) - h^-(x) = h(x) \quad \text{et} \quad h^+(x) + h^-(x) = \big|h(x)\big|\,.$$

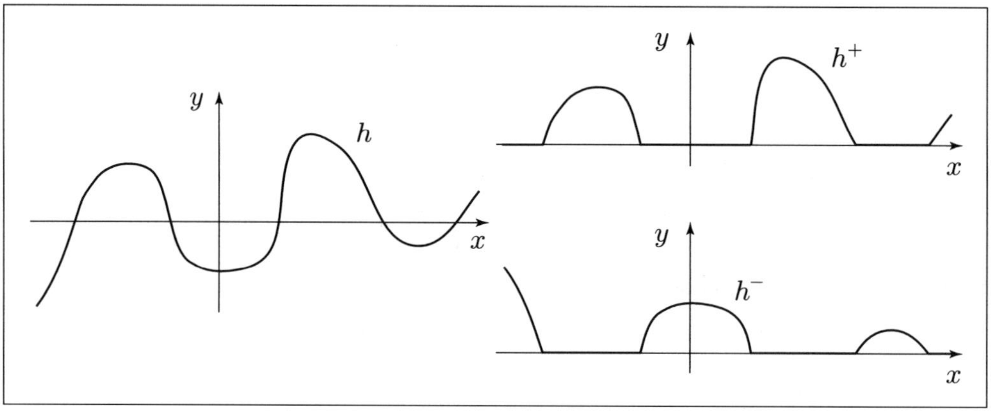

Supposons que u, U et f sont des fonctions telles que $u \leqslant f \leqslant U$. Il n'est pas difficile de vérifier que pour tout x, on a les inégalités

$$u^+(x) \leqslant f^+(x) \leqslant U^+(x)\,, \quad U^-(x) \leqslant f^-(x) \leqslant u^-(x)\,,$$

$$U^+(x) - u^+(x) \leqslant U(x) - u(x) \quad \text{et} \quad u^-(x) - U^-(x) \leqslant U(x) - u(x)\,.$$

Supposons la fonction f intégrable et donnons-nous un nombre $\varepsilon > 0$. Par définition, on peut trouver des fonctions étagées u et U telles que $u \leqslant f \leqslant U$ et $\int_a^b \big(U(t) - u(t)\big)\,dt \leqslant \varepsilon$. Les fonctions U^+, U^-, u^+ et u^- sont étagées et l'on a

$$\int_a^b \big(U^+(t) - u^+(t)\big)\,dt \leqslant \int_a^b \big(U(t) - u(t)\big)\,dt \leqslant \varepsilon$$

$$\int_a^b \big(u^-(t) - U^-(t)\big)\,dt \leqslant \int_a^b \big(U(t) - u(t)\big)\,dt \leqslant \varepsilon\,.$$

Par conséquent les fonctions f^+ et f^- sont intégrables. Il en va donc de même de la fonction $|f| = f^+ + f^-$. ■

Proposition. *Si $f : [a,b] \to \mathbb{R}$ est une fonction intégrable, alors*

$$\left|\int_a^b f(t)\,dt\right| \leqslant \int_a^b |f(t)|\,dt\,.$$

Démonstration. Par définition de la valeur absolue, on a $-|f| \leqslant f \leqslant |f|$. D'après la proposition précédente, la fonction $|f|$ est intégrable, donc en intégrant ces inégalités, il vient

$$-\int_a^b |f(t)|\,dt = \int_a^b -|f(t)|\,dt \leqslant \int_a^b f(t)\,dt \leqslant \int_a^b |f(t)|\,dt\,.$$

Puisque la fonction $|f|$ est positive ou nulle, on a $\int_a^b |f(t)|\,dt \geqslant 0$ et l'encadrement ci-dessus s'écrit encore $\left|\int_a^b f(t)\,dt\right| \leqslant \int_a^b |f(t)|\,dt$. ■

Corollaire. *Pour tous nombres x et y appartenant à I, on a*

$$\left|\int_x^y f(t)\,dt\right| \leqslant \left|\int_x^y |f(t)|\,dt\right|\,.$$

Démonstration. D'après la proposition, l'inégalité est vraie si $x < y$. Si l'on échange x et y, chaque membre de l'inégalité est inchangé, d'où le résultat si $x > y$. Si $x = y$, chaque membre est égal à 0. ■

Montrons sur un exemple comment la proposition précédente permet parfois d'étudier une suite d'intégrales sans en calculer les termes.

Exercice. Soit a un nombre réel tel que $0 < a < 1$. Pour tout entier $n \geqslant 1$, posons $u_n = \int_0^a t^n \sin(nt)\, dt$. Quelle est la limite de la suite $(n^2 u_n)$?

Réponse. Pour tout entier $n \geqslant 1$, on a d'après la proposition précédente

$$(1) \qquad |u_n| = \left| \int_0^a t^n \sin(nt)\, dt \right| \leqslant \int_0^a |t^n \sin(nt)|\, dt\,.$$

Pour tout $t \in [0, a]$, nous avons

$$|t^n \sin(nt)| = t^n\, |\sin(nt)| \leqslant t^n \leqslant a^n$$

car $|\sin(nt)| \leqslant 1$. D'après les propriétés de l'intégrale, on en déduit l'inégalité

$$(2) \qquad \int_0^a |t^n \sin(nt)|\, dt \leqslant \int_0^a a^n\, dt = a\, a^n = a^{n+1}\,.$$

Les inégalités (1) et (2) impliquent que pour tout $n \geqslant 1$, on a

$$(3) \qquad |n^2 u_n| \leqslant n^2 a^{n+1}\,.$$

Puisque le nombre positif a est strictement inférieur à 1, $n^2 a^{n+1}$ tend vers 0 quand n tend vers l'infini. D'après l'inégalité (3), la suite $(n^2 u_n)$ a donc pour limite 0.

Exercices

1. Soit $f : \mathbb{R} \to \mathbb{R}$ la fonction définie par $f(x) = -1$ si $x < 0$, $f(0) = 0$ et $f(x) = 1$ si $x > 0$. Calculer $\int_0^a f(t)\, dt$ pour tout nombre réel a.

2. Soit a un nombre réel strictement positif et soit $f : [0, a] \to \mathbb{R}$ la fonction définie par $f(x) = x$. Calculer $\int_0^a f(t)\, dt$ en utilisant la propriété de la moyenne.

3. Soit $f : [0, 1] \to \mathbb{R}$ la fonction définie par $f(x) = \sin(1/x)$ si $x > 0$ et $f(0) = 0$.

a) Quelle est la limite des suites de terme général $f(1/n\pi)$ et $f\big(2/(4n+1)\pi\big)$?

b) Montrer que la fonction f n'est pas continue sur $[0, 1]$.

c) Soit $a \in \,]0, 1[$. Montrer que f est intégrable sur $[a, 1]$. Trouver des fonctions constantes u et v telles que

$$u(x) \leqslant f(x) \leqslant v(x) \text{ pour tout } x \in [0, a] \text{ et } \int_0^a (v - u)(t)\, dt \leqslant 2a.$$

d) Montrer que la fonction f est intégrable.

4. Soient a et b des nombres réels tels que $a < b$ et soit $f : [a, b] \to \mathbb{R}$ une fonction continue et positive ou nulle.

a) On suppose qu'il existe un nombre $x_0 \in [a, b]$ tel que $f(x_0) > 0$. Montrer qu'il existe des nombres x_1 et x_2 tels que $x_1 < x_2$, $a \leqslant x_1 \leqslant x_0 \leqslant x_2 \leqslant b$ et $f(x) \geqslant \frac{1}{2} f(x_0)$ pour tout $x \in [x_1, x_2]$. En déduire que le nombre $\int_a^b f(t)\, dt$ est strictement positif.

b) Montrer que si $\int_a^b f(t)\, dt = 0$, alors $f(x) = 0$ quel que soit $x \in [a, b]$.

5. Soit $f : [a, b] \to \mathbb{R}$ une fonction intégrable. Pour tout $x \in [a, b]$, on pose $F(x) = \int_a^x f(t)\, dt$.

a) Supposons que M est un majorant de $|f|$. Montrer que pour tous nombres $x, y \in [a, b]$, on a $|F(x) - F(y)| \leqslant M|x - y|$.

b) En déduire que la fonction F est continue sur $[a, b]$.

6. a) Étudier la fonction $x \mapsto x(1 - x)$ sur le segment $[0, 1]$.

b) Pour tout entier $n \geqslant 1$, posons $u_n = \int_0^1 t^n (1 - t)^n\, dt$. Démontrer que la suite (u_n) a pour limite 0.

7. Pour tout entier $n \geqslant 2$, posons $u_n = \int_0^1 \sqrt[n]{1 + t^2}\, dt$. Calculer la limite de la suite (u_n).

8. Si $f : [0, 1] \to \mathbb{R}$ est une fonction continue et si n est un entier au moins égal à 1, on pose
$$u_n(f) = \left(\int_0^1 |f(t)|^n\, dt \right)^{1/n}.$$

a) Soit $f : [0, 1] \to \mathbb{R}$ une fonction continue. Montrer que si λ est un nombre réel, alors on a $u_n(\lambda f) = |\lambda| u_n(f)$ pour tout entier $n \geqslant 1$.

b) Soit $f : [0, 1] \to \mathbb{R}$ une fonction continue telle que $f(x) \geqslant 0$ pour tout $x \in [0, 1]$. Supposons que le maximum de la fonction f est égal à 1. Soit $\varepsilon > 0$.

(i) Montrer que pour tout entier $n \geqslant 1$, on a $u_n(f) \leqslant 1$.

(ii) Montrer qu'il existe des nombres u et v tels que $0 \leqslant u < v \leqslant 1$ et $1 - \varepsilon \leqslant f(x)$ pour tout $x \in [u, v]$.

(iii) Montrer que pour tout entier $n \geqslant 1$, on a $(v - u)^{1/n}(1 - \varepsilon) \leqslant u_n(f)$.

(iv) Montrer qu'il existe un entier N tel que $1 - \varepsilon \leqslant (v - u)^{1/n}$ pour tout $n \geqslant N$.

(v) En déduire que la suite de terme général $u_n(f)$ a pour limite 1.

c) Soit $g : [0, 1] \to \mathbb{R}$ une fonction continue. Soit M le maximum de la fonction $x \mapsto |g(x)|$ sur $[0, 1]$. Montrer que la suite de terme général $u_n(g)$ a pour limite M.

Quelques réponses ou indications

1. On a $\int_0^a f(t)\,dt = |a|$.

2. Montrer que pour tout entier $n \geqslant 1$, on a $1 + 2 + \cdots + n = n(n+1)/2$.

3. b) D'après (a) et le théorème page 41, la fonction f n'est pas continue en 0.

   c) Prendre $u(x) = -1$ et $v(x) = 1$.

   d) Utiliser (c) et la définition d'une fonction intégrable.

4. a) Utiliser la continuité de f en x_0 et la proposition page 22. Pour montrer que l'intégrale de f est un nombre strictement positif, remarquer que l'on a $\int_a^b f(t)\,dt \geqslant \int_{x_1}^{x_2} f(t)\,dt \geqslant \frac{1}{2}(x_2 - x_1)f(x_0)$.

5. a) Utiliser le corollaire page 163.

   b) Soient $x_0 \in [a,b]$ et $\varepsilon > 0$. Si $x \in [a,b]$ et $|x - x_0| < \varepsilon/M$, alors $|F(x) - F(x_0)| < \varepsilon$.

6. b) Sur le segment $[0,1]$, le maximum de la fonction $x \mapsto x(1-x)$ vaut $1/4$. On a donc $x^n(1-x)^n \leqslant (1/4)^n$ pour tout $x \in [0,1]$ et pour tout entier $n \geqslant 1$. Procéder maintenant comme dans l'exercice page 164.

7. Pour tout $t \in [0,1]$, on a $1 \leqslant 1 + t^2 \leqslant 2$. Utiliser ces inégalités pour encadrer u_n.

8. a) On a $|\lambda f(x)|^n = |\lambda|^n |f(x)|^n$ et d'après les propriétés de l'intégrale, $\int_0^1 |\lambda|^n |f(t)|^n\,dt = |\lambda|^n \int_0^1 |f(t)|^n\,dt$.

   b) (i) Par hypothèse, on a $|f(x)| \leqslant 1$ pour tout $x \in [0,1]$.

   (ii) Puisque la fonction f est continue sur $[0,1]$, elle atteint son maximum en un point $c \in [0,1]$; on a donc $f(c) = 1$. Utiliser maintenant la définition de la continuité de f en c.

   (iv) Si a est un nombre réel strictement positif, la suite de terme général $a^{1/n}$ a pour limite 1.

   (v) On a $1 - 2\varepsilon < (1-\varepsilon)^2$. Utiliser la définition de la limite d'une suite.

   c) Si $M = 0$, alors g est la fonction nulle et $u_n(g) = 0$. Si $M \neq 0$, appliquer la question (b) à la fonction $x \mapsto \frac{|g(x)|}{M}$ en tenant compte de (a).

Chapitre 10

Primitives

Il existe un lien remarquable entre intégration et dérivation : pour les fonctions continues, la notion d'intégrale permet en effet de construire l'inverse de l'opération $f \mapsto f'$ de dérivation. Précisément étant donnée une fonction g continue, nous pourrons exprimer par une intégrale une fonction G telle que $G' = g$.

1. Primitives d'une fonction

Définition

Soient I un intervalle et $f : I \to \mathbb{R}$ une fonction.

- Si I est un intervalle ouvert, une *primitive* de f est une fonction $F : I \to \mathbb{R}$ dérivable telle que $F'(x) = f(x)$ quel que soit $x \in I$.
- Si $I = [a, b[$, $]a, b]$ ou $[a, b]$, une *primitive* de f est une fonction $F : I \to \mathbb{R}$ continue, dérivable sur $]a, b[$ et telle que $F'(x) = f(x)$ quel que soit $x \in]a, b[$.

Proposition. *Soit I un intervalle. Si F et G sont des primitives d'une fonction $f : I \to \mathbb{R}$, la fonction $F - G$ est constante sur I.*

Démonstration. Supposons que l'intervalle I est ouvert. La fonction $F - G$ est dérivable sur I et l'on a $(F - G)' = F' - G' = f - f = 0$. La fonction $F - G$ a une dérivée nulle sur I, donc est constante. Supposons par exemple $I = [a, b[$. Alors $F - G$ est constante sur $]a, b[$ et continue sur $[a, b[$, donc constante sur $[a, b[$. ■

Voici le théorème fondamental qui permet d'exprimer une primitive au moyen d'une intégrale.

Théorème. *Soient I un intervalle et $f : I \to \mathbb{R}$ une fonction continue. Pour tout nombre $a \in I$, la fonction $F : I \to \mathbb{R}$ définie par*

$$F(x) = \int_a^x f(t)\,dt \text{ quel que soit } x \in I\,,$$

est une primitive de f.

Démonstration. Si les nombres a et x appartiennent à I, le segment d'extrémités a et x est contenu dans I ; comme la fonction f est continue sur I, f est continue sur le segment d'extrémités a et x, donc l'intégrale $F(x) = \int_a^x f(t)\,dt$ est bien définie quel que soit $x \in I$. Soit $x_0 \in I$. Par les règles de calcul sur l'intégrale, on a pour tout $x \in I$,

$$F(x) - F(x_0) = \int_a^x f(t)\,dt - \int_a^{x_0} f(t)\,dt = \int_{x_0}^x f(t)\,dt$$

$$\text{et} \qquad (x - x_0)f(x_0) = \int_{x_0}^x f(x_0)\,dt \qquad \begin{cases} \text{on a intégré la fonction} \\ \text{constante } x \mapsto f(x_0) \end{cases}$$

d'où

$$\begin{aligned} F(x) - F(x_0) - (x - x_0)f(x_0) &= \int_{x_0}^x f(t)\,dt - \int_{x_0}^x f(x_0)\,dt \\ &= \int_{x_0}^x \big(f(t) - f(x_0)\big)\,dt\,. \end{aligned}$$

Prenons la valeur absolue ; on a :

$$\big|F(x) - F(x_0) - (x - x_0)f(x_0)\big| = \left|\int_{x_0}^x \big(f(t) - f(x_0)\big)\,dt\right| \leqslant \left|\int_{x_0}^x \big|f(t) - f(x_0)\big|\,dt\right|$$

car nous savons (voir page 163) que l'on a toujours $\left|\int_u^v g(t)\,dt\right| \leqslant \left|\int_u^v |g(t)|\,dt\right|$.
Donnons-nous un nombre $\varepsilon > 0$. Puisque f est continue en x_0, il existe un nombre $\alpha > 0$ tel que $|f(x) - f(x_0)| \leqslant \varepsilon$ si $x \in I$ et $|x - x_0| < \alpha$. Supposons que l'on a $x \in I$ et $|x - x_0| < \alpha$. Si un nombre t est entre x_0 et x, alors on a $t \in I$, $|t - x_0| < \alpha$ et par suite $|f(t) - f(x_0)| \leqslant \varepsilon$. Si l'on a $x \geqslant x_0$, il vient

$$0 \leqslant \int_{x_0}^x \big|f(t) - f(x_0)\big|\,dt \leqslant \int_{x_0}^x \varepsilon\,dt = \varepsilon(x - x_0)\,.$$

Si $x \leqslant x_0$, nous avons

$$0 \leqslant \int_x^{x_0} \big|f(t) - f(x_0)\big|\,dt \leqslant \int_x^{x_0} \varepsilon\,dt = \varepsilon(x_0 - x)$$

$$0 \geqslant \int_{x_0}^x \big|f(t) - f(x_0)\big|\,dt = -\int_x^{x_0} \big|f(t) - f(x_0)\big|\,dt \geqslant -\varepsilon(x_0 - x)\,.$$

Dans tous les cas, nous avons donc l'inégalité

$$\left|\int_{x_0}^{x} \big|f(t) - f(x_0)\big|\, dt\right| \leqslant \varepsilon|x - x_0|$$

quel que soit le nombre $x \in I$ tel que $|x - x_0| < \alpha$. Ainsi, pour tout nombre $\varepsilon > 0$, il existe un nombre $\alpha > 0$ ayant la propriété suivante : si $x \in I$ et $|x - x_0| < \alpha$, alors $\big|F(x) - F(x_0) - (x - x_0)f(x_0)\big| \leqslant \varepsilon|x - x_0|$, ou encore pour $x \neq x_0$:

$$\left|\frac{F(x) - F(x_0)}{x - x_0} - f(x_0)\right| \leqslant \varepsilon\,.$$

Par définition de la limite, nous avons ainsi démontré l'égalité

$$\lim_{x \to x_0} \frac{F(x) - F(x_0)}{x - x_0} = f(x_0)\,.$$

Lorsque l'intervalle I est ouvert, cela signifie par définition de la dérivée, que l'on a $F'(x_0) = f(x_0)$. Si par exemple $I = [c, v[$ et $x_0 = c$, notre résultat implique aussi $\lim\limits_{x \to c} F(x) = F(c)$, donc F est continue en c. La fonction F est donc bien une primitive de f. De plus, par définition des demi-dérivées (page 95), nous avons $F'_d(c) = f(c)$.

■

Corollaire. *Si I est un intervalle, alors toute fonction continue sur I possède des primitives.*

Proposition. *Soient I un intervalle et $f : I \to \mathbb{R}$ une fonction continue.*

- *Si F est une primitive de f, alors pour tous nombres a et x appartenant à I, on a*

$$\int_a^x f(t)\, dt = F(x) - F(a)\,.$$

- *Si $a \in I$, la fonction $x \mapsto \displaystyle\int_a^x f(t)\, dt$ est l'unique primitive de f qui prend la valeur 0 en a.*

Démonstration. Soit $a \in I$. Si l'on pose $U(x) = \int_a^x f(t)\, dt$ quel que soit $x \in I$, alors puisque f est continue, la fonction U est une primitive de f d'après le théorème. De plus nous avons $U(a) = \int_a^a f(t)\, dt = 0$. Si F est aussi une primitive de f, la fonction $F - U$ est constante. Pour tout $x \in I$, on a donc

$$F(x) - U(x) = (F - U)(x) = (F - U)(a) = F(a) - U(a) = F(a)\,,$$

autrement dit $F(x) - F(a) = \int_a^x f(t)\, dt$.

D'après cette égalité, la condition $F(a) = 0$ est équivalente à $F(x) = U(x)$ quel que soit $x \in I$, c'est-à-dire à $F = U$. ∎

Notations. Si f est continue, une primitive de f sera notée $F = \int f(t)\,dt$.
Dans cette notation, t et dt sont des ***symboles***. Si F est une primitive de f, alors pour tout nombre réel c, la fonction $F + c$ est aussi une primitive de f : « l'égalité » $F = \int f(t)\,dt$ est donc une ***égalité à constante près***.
Cette notation dangereuse se justifie par son intérêt pratique lorsqu'on calcule des primitives.
Par commodité, nous écrirons aussi $F(x) = \int f(t)\,dt$ ou encore $F(x) = \int^x f(t)\,dt$ pour signifier que la fonction F est une primitive de f. La première formule est abusive, car $F(x)$ est un nombre réel et non pas une fonction.

Remarque importante

Calculs de primitives et calculs d'intégrales sont utiles l'un à l'autre. Soient en effet I un intervalle, $a \in I$ et $f : I \to \mathbb{R}$ une fonction continue.

- Si l'on a pu calculer les intégrales $\int_a^x f(t)\,dt$ pour tout $x \in I$, alors d'après le théorème, on a ainsi déterminé une primitive de f.
- Inversement, si l'on a calculé une primitive F de f, alors d'après la proposition précédente, on saura exprimer à l'aide de F tous les nombres $\int_a^b f(t)\,dt$.

Si n est un entier positif ou nul, la fonction $x \mapsto x^n$ a pour primitive la fonction $x \mapsto \frac{1}{n+1}x^{n+1}$. Il s'ensuit qu'une primitive de fonction polynôme est une fonction polynôme.
Mais une primitive de fonction rationnelle n'est pas forcément une fonction rationnelle. Par exemple, les primitives de la fonction rationnelle $x \mapsto 1/x$ ne sont pas rationnelles. Pour les exprimer, il faut introduire une nouvelle fonction : la fonction logarithme.

Définition de la fonction logarithme

La *fonction logarithme* est la primitive de la fonction $x \mapsto 1/x$ qui prend la valeur 0 en 1. La fonction logarithme, que nous notons Log, est donc définie sur $]0, +\infty[$ et l'on a

$$\operatorname{Log} x = \int_1^x \frac{1}{t}\,dt \quad \text{pour tout } x \in]0, +\infty[.$$

La fonction logarithme est étudiée page 127.

Exemples

- La fonction sinus a pour primitive $x \mapsto -\cos x$. La fonction $x \mapsto 1 - \cos x$ est la primitive de sinus qui s'annule en 0 et la fonction $x \mapsto 2 - \cos x$ est une primitive strictement positive de sinus. Ainsi les égalités $\int \sin t\, dt = -\cos x$ et $\int \sin t\, dt = 2 - \cos x$ sont toutes deux correctes.
- La fonction $x \mapsto 1 + \cos x$ est périodique, mais ne possède aucune primitive périodique.
- On a $\int (t^3 + \sin t)\, dt = \dfrac{x^4}{4} - \cos x$ donc pour tout nombre réel a, il vient

$$\int_{\pi/2}^{a} (t^3 + \sin t)\, dt = \left(\frac{a^4}{4} - \cos a\right) - \left(\frac{\pi^4}{64} - \cos\frac{\pi}{2}\right) = \frac{a^4}{4} - \frac{\pi^4}{64} - \cos a\,.$$

Exercice. Soit la fonction u définie par $u(x) = \displaystyle\int_0^{x^2} \frac{dt}{1+\sqrt{t}}$.

1) Montrer que u est dérivable sur $]0, +\infty[$.
2) Calculer $u'(x)$ pour tout $x \in\,]0, +\infty[$.

Réponse.

1) La fonction sous le signe intégrale est continue sur $[0, +\infty[$, donc en posant $F(x) = \displaystyle\int_0^x \frac{dt}{1+\sqrt{t}}$ pour tout $x > 0$, nous savons que F est dérivable et que l'on a

$$F'(x) = \frac{1}{1+\sqrt{x}} \qquad \text{pour tout } x \in\,]0, +\infty[.$$

Par définition de la fonction u, nous avons $u(x) = F(x^2)$, donc u est dérivable comme composée de deux fonctions dérivables.

2) D'après la règle pour dérivée une composée, il vient $u'(x) = 2xF'(x^2)$. Pour tout $x > 0$, on a $F'(x^2) = \dfrac{1}{1+x}$, donc $u'(x) = \dfrac{2x}{1+x}$.

2. Primitives usuelles

Toute formule de dérivation est aussi une formule de calcul de primitive. Par exemple, si b est un nombre réel, nous savons que la dérivée de la fonction puissance $x \mapsto x^b$ est bx^{b-1}, donc on a $\int bt^{b-1}\, dt = x^b$. En remplaçant b par $b+1$, il vient $\int (b+1)t^b\, dt = x^{b+1}$, d'où

$$\int t^b\, dt = \frac{x^{b+1}}{b+1} \qquad \text{si} \quad b \neq -1\,.$$

Si $b = -1$, alors $x^b = 1/x$ est la dérivée de la fonction $x \mapsto \mathrm{Log}\,|x|$, donc on a

$$\int \frac{dt}{t} = \mathrm{Log}\,|x|\,.$$

Les formules suivantes proviennent toutes du calcul des dérivées de fonctions usuelles ; il faut les connaître ou savoir les retrouver sans hésiter.

$\displaystyle\int (t+a)^b\,dt = \begin{cases} \dfrac{(x+a)^{b+1}}{b+1} & \text{si } b \neq -1 \\ \operatorname{Log}\lvert x+a\rvert & \text{si } b = -1 \end{cases}$	
$\displaystyle\int \cos at\,dt = \frac{\sin ax}{a}$	$\displaystyle\int \sin at\,dt = -\frac{\cos ax}{a}$ si $a \neq 0$
$\displaystyle\int \operatorname{ch} at\,dt = \frac{\operatorname{sh} ax}{a}$	$\displaystyle\int \operatorname{sh} at\,dt = \frac{\operatorname{ch} ax}{a}$ si $a \neq 0$
$\displaystyle\int \exp at\,dt = \frac{\exp ax}{a}$ si $a \neq 0$	
$\displaystyle\int a^t\,dt = \frac{a^x}{\operatorname{Log} a}$ si $a > 0$ et $a \neq 1$	
$\displaystyle\int \frac{dt}{\cos^2 t} = \operatorname{tg} x$	$\displaystyle\int \frac{dt}{\sin^2 t} = -\operatorname{cotg} x$
$\displaystyle\int \frac{dt}{\operatorname{ch}^2 t} = \operatorname{th} x$	$\displaystyle\int \frac{dt}{\operatorname{sh}^2 t} = -\frac{1}{\operatorname{th} x}$
$\displaystyle\int \frac{dt}{1+t^2} = \operatorname{Arc\,tg} x$	$\displaystyle\int \frac{dt}{\sqrt{t^2-1}} = \operatorname{Log}\left\lvert x+\sqrt{x^2-1}\right\rvert$
$\displaystyle\int \frac{dt}{\sqrt{1+t^2}} = \operatorname{Log}\left(x+\sqrt{x^2+1}\right)$	$\displaystyle\int \frac{dt}{\sqrt{1-t^2}} = \operatorname{Arc\,sin} x$

Attention : nous n'avons pas écrit les intervalles où ces différentes formules sont définies. Par exemple, l'égalité $\int \frac{dt}{t} = \operatorname{Log}\lvert x\rvert$ est valable sur tout intervalle ne contenant pas 0 et l'égalité $\int \frac{dt}{\cos^2 t} = \operatorname{tg} x$ est valable en particulier sur l'intervalle $]-\pi/2, \pi/2[$.

Remarque

Il arrive que la fonction à intégrer soit de la forme $u(x)^b u'(x)$, où $b \in \mathbb{R}$. Dans ce cas favorable, une primitive est $\frac{1}{b+1}\big(u(x)\big)^{b+1}$ si $b \neq -1$ et $\operatorname{Log}\lvert u(x)\rvert$ si $b = -1$.

Exemple. Poursuivons l'exercice du précédent paragraphe en calculant

$$u(x) = \int_0^{x^2} \frac{dt}{1+\sqrt{t}}, \quad \text{pour tout } x \in \mathbb{R}.$$

Nous avons montré que l'on a $u'(x) = \dfrac{2x}{1+x} = 2 - \dfrac{2}{1+x}$ pour tout $x > 0$. Puisque $u(0)=0$, il vient donc $u(x) = 2x - 2\operatorname{Log}(1+x)$ si $x \geqslant 0$. Mais par définition de la fonction u, nous avons $u(x) = u(-x)$ quel que soit x. On en déduit $u(x) = 2|x| - 2\operatorname{Log}(1+|x|)$ pour tout $x \neq 0$, égalité qui est encore vraie si $x = 0$.
La fonction u étant paire et dérivable sur $]0, +\infty[$, elle est aussi dérivable sur $]-\infty, 0[$. Remarquons que lorsque x tend vers 0 par valeurs positives, $\dfrac{u(x)}{x} = 2 - 2\dfrac{\operatorname{Log}(1+x)}{x}$ tend vers 0. Il s'ensuit $u'(0) = 0$. La fonction u est donc dérivable sur $\mathbb{R}$.

Exemple. Calcul de $\displaystyle\int \frac{t}{a+bt^2}\,dt$, où b est un nombre réel non nul.

Si l'on pose $u(x) = a + bx^2$, alors $u'(x) = 2bx$ et $\dfrac{x}{a+bx^2} = \dfrac{1}{2b}\dfrac{u'(x)}{u(x)}$. Puisque $\dfrac{u'(x)}{u(x)}$ est la dérivée de $\operatorname{Log}\big|u(x)\big|$, il vient

$$\int \frac{t}{a+bt^2}\,dt = \frac{1}{2b}\int \frac{u'(t)}{u(t)}\,dt = \frac{1}{2b}\operatorname{Log}\big|u(x)\big| = \frac{1}{2b}\operatorname{Log}\big|a+bx^2\big|.$$

Cette égalité est valable sur tout intervalle où $a + bx^2$ ne prend pas la valeur 0.

3. Intégration par parties

Si u et v sont des fonctions définies et dérivables sur un même intervalle, on a $(uv)' = u'v + uv'$ d'après la règle de dérivation d'un produit. Si les fonctions u' et v' sont continues, il en va de même de $u'v$, uv' et $(uv)'$ et donc en prenant les primitives, il vient $uv = \int (uv)'(t)\,dt = \int (u'v)(t)\,dt + \int (uv')(t)\,dt$ ou encore

$$\boxed{\int u'(t)v(t)\,dt = uv - \int u(t)v'(t)\,dt}$$

Lorsqu'on veut appliquer cette *formule d'intégration par parties* pour calculer une primitive $\int f(t)\,dt$, il faut choisir adroitement des fonctions u et v de sorte que $f = u'v$ et qu'une primitive $\int u(t)v'(t)\,dt$ se calcule aisément.

Exemple. Calcul de $\int t^n \operatorname{Log} t\, dt$ où $n \in \mathbb{Z}$.

Posons $v(x) = \operatorname{Log} x$ et choisissons la fonction u de sorte que $u'(x) = x^n$.
Premier cas : $n \neq -1$. Nous avons

$$\begin{array}{ll} u'(x) = x^n & u(x) = x^{n+1}/(n+1) \\ v(x) = \operatorname{Log} x & v'(x) = 1/x \end{array}$$

donc $\int t^n \operatorname{Log} t\, dt = \dfrac{x^{n+1}}{n+1} \operatorname{Log} x - \int \dfrac{1}{t} \dfrac{t^{n+1}}{n+1}\, dt$. Au second membre, la primitive est $\dfrac{1}{n+1} \int t^n\, dt = \dfrac{1}{n+1} \dfrac{x^{n+1}}{n+1} = \dfrac{x^{n+1}}{(n+1)^2}$ d'où

$$\int t^n \operatorname{Log} t\, dt = \frac{x^{n+1}}{n+1} \operatorname{Log} x - \frac{x^{n+1}}{(n+1)^2} .$$

Second cas : $n = -1$. Nous avons $(\operatorname{Log} x)/x = (\operatorname{Log} x) \operatorname{Log}'(x)$ donc en utilisant la remarque du paragraphe précédent, il vient

$$\int \frac{1}{t} \operatorname{Log} t\, dt = \int (\operatorname{Log} t) \operatorname{Log}'(t)\, dt = \frac{1}{2} (\operatorname{Log} x)^2 .$$

Exemple. Calcul de $\int \operatorname{Arc\,tg} t\, dt$.

Intégrons par parties en posant

$$\begin{array}{ll} u'(x) = 1 & u(x) = x \\ v(x) = \operatorname{Arc\,tg} x & v'(x) = 1/(1+x^2) . \end{array}$$

On obtient $\int \operatorname{Arc\,tg} t\, dt = x \operatorname{Arc\,tg} x - \int \dfrac{t}{1+t^2}\, dt$. Nous avons calculé la dernière primitive dans l'exemple du paragraphe précédent : en y choisissant $a = b = 1$, nous trouvons $\int \dfrac{t}{1+t^2}\, dt = \dfrac{1}{2} \operatorname{Log}(1+x^2)$ d'où finalement

$$\int \operatorname{Arc\,tg} t\, dt = x \operatorname{Arc\,tg} x - \frac{1}{2} \operatorname{Log}(1+x^2) .$$

4. Changement de variable

Soit u une fonction dérivable à valeurs dans un intervalle J et soit $g : J \to \mathbb{R}$ une fonction ayant pour primitive G. D'après la règle de dérivation d'une fonction composée, la fonction $G \circ u$ a pour dérivée $(G \circ u)' = (G' \circ u)u' = (g \circ u)u'$. La fonction $G \circ u$ est donc une primitive de $(g \circ u)u'$.
Pour exploiter cette remarque lorsqu'on veut calculer une primitive d'une fonction f, il convient de mettre f sous la forme $(g \circ u)u'$ où g est une fonction dont les

primitives sont plus simples à calculer. Voici des conditions qui permettent cette transformation.
Soient I un intervalle ouvert et $f : I \to R$ une fonction continue. Soit $u : I \to \mathbb{R}$ une fonction dérivable, strictement monotone et telle que $u'(x) \neq 0$ quel que soit $x \in I$. Nous savons que l'image de u est un intervalle ouvert J (voir page 84) et que u définit une bijection de I sur J ; de plus, la bijection réciproque de u est une fonction $v : J \to I$ strictement monotone et dérivable puisque u' ne prend pas la valeur 0 (voir page 99). Puisqu'on a $(v \circ u)(x) = x$ pour tout $x \in I$, il vient

$$1 = (v \circ u)'(x) = (v' \circ u)(x)\, u'(x)\,.$$

Posons $g = (f \circ v)v'$. Pour tout $x \in I$, on a

$$g\big(u(x)\big) = (f \circ v)\big(u(x)\big)\, v'\big(u(x)\big) = f(x)\,(v' \circ u)(x)\,.$$

Par suite, si G est une primitive de g, alors on a $G' = g$ et il vient

$$\begin{aligned}(G \circ u)'(x) &= (g \circ u)(x)\, u'(x)\\ &= f(x)\,(v' \circ u)(x)\, u'(x)\\ &= f(x)\,.\end{aligned}$$

Ainsi, les fonctions f et u étant données, la fonction $g = (f \circ v)v'$ vérifie l'égalité $f = (G \circ u)'$.
Pour calculer une primitive $F = \int f(t)\,dt$, il suffit donc de trouver une primitive $G = \int (f \circ v)(t)\, v'(t)\,dt$ et alors nous avons (voir page 170 pour les notations)

$$\int^x f(t)\,dt = F(x) = G\big(u(x)\big) = \int^{u(x)} (f \circ v)(t)\, v'(t)\,dt \quad \text{quel que soit } x \in I.$$

Faire le changement de variable $u(t)$ dans $\int f(t)\,dt$,
c'est remplacer $\int^x f(t)\,dt$ par $\int^{u(x)} (f \circ v)(t)\, v'(t)\,dt$,
où v est la bijection réciproque de u.

La fonction u à utiliser pour un changement de variable doit être
- définie sur le même intervalle que f,
- strictement monotone,
- dérivable et telle que $u'(x) \neq 0$ quel que soit $x \in I$.

Dans la pratique, on choisit la fonction u parmi les fonctions usuelles : fonction exponentielle, logarithme, fonction puissance, fonction sinus sur l'intervalle $]-\pi/2, \pi/2[$, fonctions Arc sinus, sinus hyperbolique, *et caetera*.

Formule du changement de variable

Faisons le changement de variable $u(t)$ dans l'intégrale $\int f(t)\,dt$. Si F est une primitive de f et si G est une primitive de $(f \circ v)v'$, alors pour tous nombres a et b appartenant à I, on a $\int_a^b f(t)\,dt = F(b) - F(a) = G\big(u(b)\big) - G\big(u(a)\big)$, c'est-à-dire

$$\int_a^b f(t)\,dt = \int_{u(a)}^{u(b)} f\big(v(t)\big)v'(t)\,dt\,.$$

Pratique des calculs

Pour faire le changement de variable $u(t)$ dans l'intégrale $\int_a^b f(t)\,dt$, on introduit une nouvelle « variable d'intégration », par exemple s, en posant $s = u(t)$. Ensuite,

i) on calcule $ds = u'(t)\,dt$ en dérivant la fonction u,

ii) on remplace $f(t)$ par son expression au moyen de s, c'est-à-dire par $f\big(u^{-1}(s)\big)$,

iii) on remplace dt par son expression au moyen de s et de ds, c'est-à-dire, d'après (i), par $ds/u'\big(u^{-1}(s)\big)$,

iv) on change les bornes d'intégration : quand t vaut a (ou b), s vaut $u(a)$ (ou $u(b)$), donc le signe $\int_a^b$ devient $\int_{u(a)}^{u(b)}$.

Exemple. Pour tout nombre réel a, calculons l'intégrale $\displaystyle\int_0^a \frac{t}{1+t^4}\,dt$ en faisant le changement de variable $u(t) = t^2$.

La fonction $u : t \mapsto t^2$ définit bien une bijection (croissante) de $[0, +\infty[$ sur $[0, +\infty[$ et $u'(t) = 2t$ n'est pas nul si $t \neq 0$: si le nombre a est positif, on peut donc faire ce changement de variable dans l'intégrale. De même si $a < 0$, car la fonction u définit une bijection (décroissante) à dérivée non nulle de $]-\infty, 0[$ sur $[0, +\infty[$.
En posant $s = t^2$, il vient $ds = 2t\,dt$. Dans l'expression sous le signe intégrale, on remplace donc $t\,dt$ par $(1/2)ds$ et $1 + t^4$ par $1 + s^2$.
Quand $t = 0$, on a $s = 0$ et quand $t = a$, on a $s = a^2$: les nouvelles bornes d'intégration sont donc 0 et a^2. On obtient ainsi les égalités

$$\int_0^a \frac{t}{1+t^4}\,dt = \int_0^{a^2} \frac{(1/2)ds}{1+s^2} = \frac{1}{2}\int_0^{a^2} \frac{1}{1+s^2}\,ds\,.$$

La fonction $x \mapsto \dfrac{1}{1+x^2}$ a pour primitive Arc tangente ; il vient donc $\displaystyle\int_0^{a^2} \frac{1}{1+s^2}\,ds = \operatorname{Arc\,tg}(a^2) - \operatorname{Arc\,tg}(0) = \operatorname{Arc\,tg}(a^2)$ et finalement

$$\int_0^a \frac{t}{1+t^4}\,dt = \frac{1}{2}\operatorname{Arc\,tg}(a^2)\,.$$

Exemple. Calcul de $\displaystyle\int \frac{1}{\sqrt{3+4t-4t^2}}\,dt$.

On a $3+4t-4t^2=4-(2t-1)^2=4\big(1-(t-1/2)^2\big)$. Pour calculer la primitive cherchée, faisons le changement de variable $u(t)=t-1/2$. Cela est possible car la fonction $t\mapsto t-1/2$ est une bijection strictement croissante de $\mathbb{R}$ dans $\mathbb{R}$ et sa dérivée est égale à 1. En posant $s=t-1/2$, il vient $ds=dt$, donc

$$\int^x \frac{1}{\sqrt{3+4t-4t^2}}\,dt=\int^x \frac{1}{\sqrt{4\big(1-(t-1/2)^2\big)}}\,dt=\int^{u(x)} \frac{1}{2\sqrt{1-s^2}}\,ds\,.$$

Puisque $\displaystyle\int^u \frac{ds}{\sqrt{1-s^2}}=\operatorname{Arc\,sin} u$, on a $\displaystyle\int^u \frac{1}{2\sqrt{1-s^2}}\,ds=\frac{1}{2}\operatorname{Arc\,sin} u$.

L'intégrale cherchée s'obtient en remplaçant u par $u(x)$, d'où :

$$\int^x \frac{1}{\sqrt{3+4t-4t^2}}\,dt=\frac{1}{2}\operatorname{Arc\,sin}(x-1/2)\,.$$

Exemple. Calcul de $\displaystyle\int \frac{t^2}{\sqrt[3]{1+t}}\,dt$.

Nous allons faire le changement de variable $u(t)=\sqrt[3]{1+t}$, ce qui est légitime car la fonction $t\mapsto\sqrt[3]{1+t}$ a une dérivée strictement positive pour tout $t\neq-1$. En posant $s=\sqrt[3]{1+t}$, on a $t=s^3-1$ et $dt=3s^2ds$, d'où

$$\int^x \frac{t^2}{\sqrt[3]{1+t}}\,dt=\int^{u(x)} \frac{(s^3-1)^2}{s}\,(3s^2)\,ds=\int^{u(x)} 3s(s^3-1)^2\,ds\,.$$

La fonction $\int 3s(s^3-1)^2\,ds$ est facile à calculer car c'est une primitive de fonction polynôme. On a en effet

$$\int^u s(s^3-1)^2\,ds=\int^u (s^7-2s^4+s)\,ds=\frac{1}{8}u^8-\frac{2}{5}u^5+\frac{1}{2}u^2\,.$$

L'intégrale cherchée s'obtient en remplaçant u par $u(x)$:

$$\int^x \frac{t^2}{\sqrt[3]{1+t}}\,dt=\frac{3}{8}(1+x)^{8/3}-\frac{6}{5}(1+x)^{5/3}+\frac{3}{2}(1+x)^{2/3}\,.$$

5. Primitive d'une fonction rationnelle

Une fonction rationnelle est une fonction $x\mapsto P(x)/Q(x)$, où P et Q sont des polynômes de $\mathbb{R}[X]$ et $Q\neq 0$. On sait (voir le tome d'algèbre, chapitre 12) qu'une fraction rationnelle se décompose en éléments simples.

Toute fraction P/Q est la somme

- d'un polynôme E, la partie entière de P/Q,
- de fractions $\dfrac{a}{(X-\alpha)^n}$, où a et α sont des nombres réels et n un entier positif,
- de fractions $\dfrac{aX+b}{(X^2+pX+q)^n}$, où a, b, p et q sont des nombres réels tels que $p^2-4q<0$ et où n est un entier positif.

Pour calculer une primitive $\displaystyle\int \frac{P(t)}{Q(t)}\,dt$, il suffit de savoir calculer les primitives des éléments simples, c'est-à-dire les primitives de la forme

$$\int \frac{a}{(t-\alpha)^n}\,dt \quad \text{et} \quad \int \frac{at+b}{(t^2+pt+q)^n}\,dt\,.$$

Calcul de $\displaystyle\int \frac{dt}{(t-\alpha)^n}$

La fonction sous le signe intégrale s'écrit $u(x)^{-n}\,u'(x)$ où $u(x)=x-\alpha$, donc

$$\int \frac{dt}{(t-\alpha)^n} = \begin{cases} -\dfrac{1}{(n-1)(x-\alpha)^{n-1}} & \text{si } n \neq 1 \\ \operatorname{Log}|x-\alpha| & \text{si } n=1. \end{cases}$$

Calcul de $\displaystyle\int \frac{at+b}{(t^2+pt+q)^n}\,dt$

Posons $u(x)=x^2+px+q$.

- Dans le cas particulier où il existe un nombre k tel que $ax+b=ku'(x)$, le calcul est très simple : on a ainsi

$$\frac{ax+b}{(x^2+px+q)^n} = k\frac{u'(x)}{\big(u(x)\big)^n} \quad \text{et} \quad \int \frac{u'(t)}{\big(u(t)\big)^n}\,dt = -\frac{1}{(n-1)\big(u(x)\big)^{n-1}} \quad \text{si } n \geqslant 2.$$

- Dans le cas général, écrivons $x^2+px+q=\left(x+\frac{p}{2}\right)^2+\frac{4q-p^2}{4}$ et posons

$$T(x)=x+(p/2) \quad \text{et} \quad \alpha^2=(4q-p^2)/4$$

ce qui est possible puisque $4q-p^2$ est strictement positif par hypothèse. De même, nous avons

$$ax+b = a\left(x+\frac{p}{2}\right)+b-\frac{ap}{2} = aT(x)+v\,.$$

Il vient alors $\dfrac{ax+b}{(x^2+px+q)^n} = \dfrac{aT(x)+v}{\big(T(x)^2+\alpha^2\big)^n} = \varphi\big(T(x)\big)$, où $\varphi(x) = \dfrac{ax+v}{(x^2+\alpha^2)^n}\cdot$
Puisque $T'(x) = 1$, il s'ensuit

$$\int \frac{at+b}{(t^2+pt+q)^n}\,dt = \int \varphi\big(T(t)\big)T'(t)\,dt = \Phi\big(T(x)\big)$$

où $\Phi(x) = \int \frac{at+v}{(t^2+\alpha^2)^n}\,dt$. En décomposant cette dernière primitive sous la forme

$$\int \frac{at+v}{(t^2+\alpha^2)^n}\,dt = a\int \frac{t}{(t^2+\alpha^2)^n}\,dt + v\int \frac{dt}{(t^2+\alpha^2)^n}\,,$$

nous sommes ramenés au calcul de chacune des primitives du second membre.

a) La primitive $\displaystyle\int \frac{t}{(t^2+\alpha^2)^n}\,dt$ se calcule aisément car nous avons

$$\frac{x}{(x^2+\alpha^2)^n} = \frac{1}{2}\,\frac{u'(x)}{\big(u(x)\big)^n} \quad \text{où } u(x) = x^2+\alpha^2\,.$$

b) Calcul de $\displaystyle\int \frac{dt}{(t^2+\alpha^2)^n}\cdot$

- Si $n=1$, cette primitive est de la forme $\int \frac{dt}{t^2+\alpha^2}\,dt = k\,\mathrm{Arc\,tg}\,\frac{x}{\alpha}$ et l'on calcule le nombre k en dérivant chaque membre de l'égalité : il vient

$$\frac{1}{x^2+\alpha^2} = k\,\frac{1}{1+(x/\alpha)^2}\,\frac{1}{\alpha} = k\,\frac{\alpha}{x^2+\alpha^2}\,,$$

donc $k = \dfrac{1}{\alpha}$ et

$$\boxed{\int \frac{dt}{t^2+\alpha^2}\,dt = \frac{1}{\alpha}\,\mathrm{Arc\,tg}\,\frac{x}{\alpha}}$$

- Si $n \geqslant 2$, on établit une formule de récurrence pour les primitives $I_n = \int \frac{1}{(t^2+h)^n}\,dt$ où h est un nombre réel non nul et de signe quelconque. Écrivons le numérateur 1 sous la forme $\frac{1}{h}(t^2+h-t^2)$, ce qui donne

$$hI_n = \int \frac{1}{(t^2+h)^{n-1}}\,dt - \int \frac{t^2}{(t^2+h)^n}\,dt = I_{n-1} - \int \frac{t^2}{(t^2+h)^n}\,dt\,.$$

Intégrons par parties dans la dernière primitive : on a

$$\begin{aligned} J_n(x) &= \int \frac{t^2}{(t^2+h)^n}\,dt = \frac{1}{2}\int \frac{2t}{(t^2+h)^n}\,t\,dt \quad \left(u'(x) = \frac{2x}{(x^2+h)^n} \text{ et } v(x) = x\right) \\ &= -\frac{1}{2}\,\frac{x}{(n-1)(x^2+h)^{n-1}} + \frac{1}{2(n-1)}\int \frac{dt}{(t^2+h)^{n-1}} \end{aligned}$$

et par suite

$$I_n(x) = \frac{1}{h} I_{n-1}(x) - \frac{1}{h} J_n(x) = \frac{2n-3}{2(n-1)h} I_{n-1}(x) + \frac{1}{2(n-1)h} \frac{x}{(x^2+h)^{n-1}}.$$

Il est inutile d'apprendre cette formule générale, mieux vaut savoir refaire le calcul dans chaque cas particulier.

Exemple. Calcul de $\displaystyle\int \frac{dt}{(t^2+\alpha^2)^2}$.

Conformément à la méthode présentée ci-dessus, nous avons

$$\begin{aligned} \alpha^2 \int \frac{dt}{(t^2+\alpha^2)^2} &= \int \frac{t^2+\alpha^2-t^2}{(t^2+\alpha^2)^2}\, dt \\ &= \int \frac{dt}{t^2+\alpha^2} - \int \frac{t^2}{(t^2+\alpha^2)^2}\, dt = \frac{1}{\alpha} \operatorname{Arc\,tg} \frac{x}{\alpha} - J(x) \end{aligned}$$

où $J(x) = \dfrac{1}{2} \displaystyle\int \frac{2t}{(t^2+\alpha^2)^2}\, t\, dt$. En intégrant par parties, on obtient

$$J(x) = -\frac{1}{2} \frac{x}{x^2+\alpha^2} + \frac{1}{2} \int \frac{dt}{t^2+\alpha^2} = -\frac{1}{2} \frac{x}{x^2+\alpha^2} + \frac{1}{2\alpha} \operatorname{Arc\,tg} \frac{x}{\alpha}$$

et par suite

$$\int \frac{dt}{(t^2+\alpha^2)^2} = \frac{1}{2\alpha^3} \operatorname{Arc\,tg} \frac{x}{\alpha} + \frac{1}{2\alpha^2} \frac{x}{x^2+\alpha^2}.$$

Exemple. Calcul de $F = \displaystyle\int \frac{dt}{t^3+1}$.

Nous devons décomposer le polynôme X^3+1 en facteurs irréductibles de $\mathbb{R}[X]$ (voir le chapitre 10 du tome d'algèbre). Puisque -1 est racine, le polynôme X^3+1 est multiple de $X+1$. En divisant, on trouve en effet $X^3+1 = (X+1)(X^2-X+1)$; c'est la décomposition cherchée, car chacun des facteurs est un polynôme irréductible de $\mathbb{R}[X]$. La fraction rationnelle $\dfrac{1}{X^3+1}$ se décompose en éléments simples sous la forme

$$\frac{1}{X^3+1} = \frac{1}{3} \frac{1}{X+1} - \frac{1}{3} \frac{X-2}{X^2-X+1}.$$

On a donc $F(x) = \frac{1}{3} \operatorname{Log}|x+1| - \frac{1}{3} \displaystyle\int \frac{t-2}{t^2-t+1}\, dt$. Pour calculer $F_1 = \displaystyle\int \frac{t-2}{t^2-t+1}\, dt$, écrivons $t^2-t+1 = (t-1/2)^2+3/4$ et posons $T(x) = x-1/2$.

Nous avons $x-2 = T(x)-3/2$ donc

$$\frac{x-2}{x^2-x+1} = \frac{T(x)-3/2}{T(x)^2+3/4} = \frac{T(x)}{T(x)^2+3/4} - \frac{3}{2} \frac{1}{T(x)^2+3/4}.$$

- La primitive $F_2(x) = \int \frac{T(t)}{T(t)^2 + 3/4}\, dt$ est de la forme $\frac{1}{2}\int \frac{u'(t)}{u(t)}\, dt$, où $u(x) = T(x)^2 + 3/4$, donc

$$F_2(x) = \frac{1}{2}\operatorname{Log}|u(x)| = \frac{1}{2}\operatorname{Log}(x^2 - x + 1)$$

(nous avons supprimé la valeur absolue puisque $x^2 - x + 1$ est toujours positif).

- Calculons maintenant $F_3 = \int \frac{dt}{T(t)^2 + 3/4}$. Puisque $T'(x) = 1$, on a

$$F_3(x) = \int \frac{T'(t)}{T(t)^2 + 3/4}\, dt = F_4\big(T(x)\big)\,, \text{ où } F_4(x) = \int \frac{dt}{t^2 + 3/4} = \frac{2}{\sqrt{3}} \operatorname{Arc\,tg} \frac{2x}{\sqrt{3}}\,.$$

Finalement il vient $F_3(x) = \frac{2}{\sqrt{3}} \operatorname{Arc\,tg} \frac{2x-1}{\sqrt{3}}$.

En revenant à $F_1(x) = F_2(x) - \frac{3}{2}F_3(x)$, nous obtenons

$$F_1(x) = \frac{1}{2}\operatorname{Log}(x^2 - x + 1) - \sqrt{3}\operatorname{Arc\,tg}\frac{2x-1}{\sqrt{3}}.$$

Puisque $F(x) = \frac{1}{3}\operatorname{Log}|x+1| - \frac{1}{3}F_1(x)$, il vient enfin

$$F(x) = \frac{1}{3}\operatorname{Log}|x+1| - \frac{1}{6}\operatorname{Log}(x^2 - x + 1) + \frac{1}{\sqrt{3}}\operatorname{Arc\,tg}\frac{2x-1}{\sqrt{3}}.$$

6. D'autres calculs de primitives

Présentons d'autres méthodes de calcul sous forme d'exemples.

Exemple. Calcul de $F = \int (t^2 + 2t)e^{\lambda t}\, dt$, où λ est un nombre réel non nul.

Puisque la fonction $x \mapsto x^2 + 2x$ est une fonction polynôme, cherchons F sous la forme $F(x) = P(x)\exp(\lambda x)$, où P est une fonction polynôme de la forme $x \mapsto ax^2 + bx + c$. On doit avoir quel que soit x

$$F'(x) = \big(P'(x) + \lambda P(x)\big)\exp(\lambda x) = (x^2 + 2x)\exp(\lambda x)$$

c'est-à-dire

$$\begin{aligned} x^2 + 2x &= P'(x) + \lambda P(x) = (2ax + b) + \lambda(ax^2 + bx + c) \\ &= \lambda a x^2 + (2a + \lambda b)x + b + \lambda c\,. \end{aligned}$$

Les coefficients a, b et c sont solutions du système d'équations linéaires

$$\begin{cases} \lambda a &= 1 \\ 2a + \lambda b &= 2 \\ b + \lambda c &= 0 \end{cases}$$

d'où $a = 1/\lambda$, $b = 2(\lambda - 1)/\lambda^2$ et $c = 2(1-\lambda)/\lambda^3$. Il vient donc

$$F(x) = \left[\frac{1}{\lambda}x^2 + 2\frac{\lambda - 1}{\lambda^2}x + 2\frac{1-\lambda}{\lambda^3}\right]\exp(\lambda x)\,.$$

Exemple. Calcul de $\int (\sin t)^4 \, dt$.

En utilisant la technique de calcul expliquée au chapitre 3 paragraphe 4 du tome d'algèbre, nous avons l'identité $8(\sin x)^4 = \cos 4x - 4\cos 2x + 3$. Il vient donc

$$\int (\sin t)^4 \, dt = \frac{1}{8} \int \cos 4t \, dt - \frac{1}{2} \int \cos 2t \, dt + \frac{3}{8} \int dt = \frac{1}{32} \sin 4x - \frac{1}{4} \sin 2x + \frac{3}{8} x \, .$$

Exemple. Calcul de $F = \int (\sin t)^2 (\cos t)^2 \, dt$.

Intégrons par parties en posant $u(x) = \sin x$ et $v(x) = (\sin x)^2 \cos x$. On a $u'(x)v(x) = (\sin x)^2(\cos x)^2$ et $u(x)v'(x) = (\sin x)\big(2\sin x\,(\cos x)^2 - (\sin x)^3\big)$ donc

$$\begin{aligned} F(x) &= \int u'(t)v(t) \, dt = (\sin x)^3 \cos x - \int (\sin t)\big(2\sin t\,(\cos t)^2 - (\sin t)^3\big) \, dt \\ &= (\sin x)^3 \cos x - 2\int (\sin t)^2 (\cos t)^2 \, dt + \int (\sin t)^4 \, dt \\ &= (\sin x)^3 \cos x - 2F(x) + \int (1 - \cos^2 t)(\sin t)^2 \, dt \\ &= (\sin x)^3 \cos x - 3F(x) + \int (\sin t)^2 \, dt \, . \end{aligned}$$

On en déduit $4F(x) = (\sin x)^3 \cos x + \int (\sin t)^2 \, dt$. Puisque $(\sin x)^2 = \dfrac{1 - \cos 2x}{2}$, on a $\int (\sin t)^2 \, dt = \frac{x}{2} - \frac{1}{2} \int \cos 2t \, dt = \frac{x}{2} - \frac{1}{4} \sin 2x$ et par suite

$$\int (\sin t)^2 (\cos t)^2 \, dt = \frac{1}{4} (\sin x)^3 \cos x - \frac{1}{16} \sin 2x + \frac{x}{8} \cdot$$

Voici une façon plus simple de calculer F. Utilisons la formule $2\sin x \cos x = \sin 2x$. Il vient $4(\sin x)^2(\cos x)^2 = (\sin 2x)^2 = (1 - \cos 4x)/2$ en raison de l'identité $2(\sin x)^2 = 1 - \cos 2x$. Il est maintenant facile de calculer la primitive :

$$\int (\sin t)^2 (\cos t)^2 \, dt = \frac{1}{8} \int (1 - \cos 4t) \, dt = \frac{x}{8} - \frac{1}{32} \sin 4x \, .$$

Les deux calculs ont conduit à des expressions différentes, mais bien sûr, les fonctions trouvées diffèrent d'une constante (la constante est ici égale à 0).

Pour calculer une primitive d'un produit de sinus et de cosinus, la méthode générale est de décomposer l'expression en somme.

Exemple. Calcul de $F = \displaystyle\int \frac{1}{\sin t + \cos t}\, dt.$

Faisons le changement de variable $u(t) = \operatorname{tg}(t/2)$, ce qui est possible car cette fonction u définit une bijection strictement croissante de $]-\pi,\pi[$ sur $\mathbb{R}$ et sa dérivée $\frac{1}{2}\left(1+\operatorname{tg}^2(t/2)\right)$ ne s'annule pas. Posons $s = \operatorname{tg}(t/2)$. En dérivant, on a $ds = u'(t)\, dt = (1/2)(1+s^2)\, dt$, d'où

$$dt = \frac{2\, ds}{1+s^2}\,\cdot$$

Écrivons les formules de trigonométrie qui expriment $\sin t$ et $\cos t$ au moyen de $\operatorname{tg}(t/2) = s$:

$$\sin t = \frac{2s}{1+s^2} \qquad \text{et} \qquad \cos t = \frac{1-s^2}{1+s^2}\,\cdot$$

Il vient

$$\frac{1}{\sin t + \cos t} = \frac{1}{\dfrac{2s}{1+s^2} + \dfrac{1-s^2}{1+s^2}} = \frac{1+s^2}{1+2s-s^2}$$

et

$$\int^x \frac{1}{\sin t + \cos t}\, dt = \int^{u(x)} \frac{1+s^2}{1+2s-s^2}\, \frac{2\, ds}{1+s^2} = 2\int^{u(x)} \frac{ds}{1+2s-s^2}\,\cdot$$

On a donc $F(x) = 2G\big(u(x)\big)$, où la fonction G est définie par

$$G = \int \frac{dt}{1+2t-t^2}\,\cdot$$

La fonction G est une primitive de fonction rationnelle. Les racines du polynôme $X^2 - 2X - 1$ sont $\alpha = 1+\sqrt{2}$ et $\beta = 1-\sqrt{2}$; on en déduit la décomposition en éléments simples

$$\frac{1}{1+2X-X^2} = \frac{1}{2\sqrt{2}}\left(\frac{1}{X-\alpha} - \frac{1}{X-\beta}\right).$$

Il vient donc $G(x) = \dfrac{1}{2\sqrt{2}} \operatorname{Log}\left|\dfrac{x-\alpha}{x-\beta}\right|$ et enfin $F(x) = \dfrac{1}{\sqrt{2}} \operatorname{Log}\left|\dfrac{\operatorname{tg}(x/2)-1-\sqrt{2}}{\operatorname{tg}(x/2)-1+\sqrt{2}}\right|$.

En utilisant la formule de trigonométrie $\operatorname{tg} 2x = 2\operatorname{tg} x/(1+\operatorname{tg}^2 x)$, il est facile de montrer que l'on a $1-\sqrt{2} = \operatorname{tg}(-\pi/8)$ et $1+\sqrt{2} = \operatorname{tg}(3\pi/8)$. L'expression trouvée pour $F(x)$ est donc valable par exemple dans l'intervalle $]-\pi/4, 3\pi/4[$.

Pour calculer une primitive d'une « fonction rationnelle en $\sin x$ et $\cos x$ », le changement de variable $u(x) = \operatorname{tg}(x/2)$ conduit toujours au calcul d'une primitive de fonction rationnelle.

Exercices

1. Exprimer le produit $\cos x \cos 3x \sin 5x$ comme une somme au moyen de $\sin 9x$, $\sin 7x$, $\sin 3x$ et $\sin x$. En déduire $\int_0^{\pi/2} \cos t \cos 3t \sin 5t\, dt$.

2. Calculer les primitives suivantes en les décomposant en somme :

(i) $\int \exp(t)\,\mathrm{sh}(2t)\, dt$ **(ii)** $\int (\cos t)^2\, dt$ **(iii)** $\int (\sin t)^5\, dt$.

3. Soient $n \in \mathbb{Z}$, $F_n = \int (\sin t)^n \cos t\, dt$ et $G_n = \int (\sin t)^n (\cos t)^5\, dt$.

a) Montrer que $(\sin x)^n \cos x$ est de la forme $u(x)^n u'(x)$ pour une fonction u convenable. En déduire F_n.

b) Montrer que $(\sin x)^n (\cos x)^4 = (\sin x)^n - 2(\sin x)^{n+2} + (\sin x)^{n+4}$. Calculer G_n.

c) Montrer que $(\cos x)^3$ est de la forme $\big(1 - u(x)^2\big)u'(x)$ pour une fonction u convenable. En déduire $\int (\cos t)^3\, dt$.

4. Calculer les intégrales suivantes :

(i) $\displaystyle\int_0^1 \frac{t}{t-2}\, dt$ **(ii)** $\displaystyle\int_0^1 \frac{t}{2t+1}\, dt$ **(iii)** $\displaystyle\int_0^1 \frac{t}{\sqrt{t^2+1}}\, dt$.

5. Calculer les primitives suivantes en intégrant par parties :

(i) $\int t \sin at\, dt$ **(ii)** $\int t^2 \cos at\, dt$ **(iii)** $\displaystyle\int \frac{t\, dt}{(\cos t)^2}$

(iv) $\int \sqrt{t^2+1}\, dt$ **(v)** $\int \mathrm{Arc}\sin t\, dt$ **(vi)** $\displaystyle\int \frac{\mathrm{Log}(1+t)}{t^2}\, dt$.

6. Calculer les primitives suivantes en faisant le changement de variable indiqué :

a) $\displaystyle\int \frac{dt}{t\sqrt{1+t}}$, $u(t) = \sqrt{1+t}$.

b) $\displaystyle\int \frac{dt}{\mathrm{ch}\, t}$, $u(t) = \exp t$.

c) $\int \mathrm{Log}(\sqrt[3]{t} - 1)\, dt$, $u(t) = \sqrt[3]{t}$.

7. Calculer les primitives suivantes au moyen d'un changement de variable :

(i) $\displaystyle\int \frac{e^{3t}}{1+e^{2t}}\, dt$ **(ii)** $\displaystyle\int \frac{t}{\sqrt{t^4-1}}\, dt$

(iii) $\int (\mathrm{Arc}\sin t)^2\, dt$ **(iv)** $\displaystyle\int \frac{t}{\sqrt{2t-t^2}}\, dt$.

8. Calculer les primitives suivantes de fonctions rationnelles :

(i) $\displaystyle\int \frac{t^3-2t}{t+1}\,dt$ **(ii)** $\displaystyle\int \frac{dt}{4t^2-4t-3}$

(iii) $\displaystyle\int \frac{t}{t^2+2t+10}\,dt$ **(iv)** $\displaystyle\int \frac{dt}{(t-1)^3(t+1)}$.

9. a) Calculer $\displaystyle\int \frac{dt}{(\operatorname{ch} t)(\operatorname{sh} t)}$ par le changement de variable $u(t)=\exp t$.

b) Calculer $\displaystyle\int \frac{\sin 2t}{\cos 3t}\,dt$ par le changement de variable $u(t)=\cos t$.

c) Calculer $\displaystyle\int \frac{dt}{(\cos t)(\sin t)^2}$ par le changement de variable $u(t)=\sin t$.

10. Soit x un nombre réel tel que $-\sqrt{2}/2 < x < \sqrt{2}/2$.

a) Montrer que l'on a $-1 < 2x\sqrt{1-x^2} < 1$.

b) Démontrer l'égalité $\displaystyle 2\int_0^x \frac{dt}{\sqrt{1-t^2}} = \int_0^{2x\sqrt{1-x^2}} \frac{dt}{\sqrt{1-t^2}}$.

11. Pour tout entier $n\in\mathbb{N}$, posons $\displaystyle I_n=\int_0^{\pi/2}(\cos t)^n\,dt$.

a) Montrer que la suite (I_n) est décroissante.

b) En intégrant par parties, montrer que l'on a $(n+2)I_{n+2}=(n+1)I_n$. Calculer I_0, I_1 et I_2. Montrer que la suite (nI_nI_{n-1}) est constante.

c) Montrer que l'on a $\lim\,(I_{n-1}/I_n)=1$.

d) En déduire $\lim\, n(I_n)^2=\pi/2$. Quelle est la limite de I_n ?

e) Démontrer l'égalité $\displaystyle I_{2n}=\frac{1\times 3\times\cdots\times(2n-1)}{2\times 4\times\cdots\times(2n)}\,\frac{\pi}{2}$ pour tout $n\geqslant 1$.

f) Montrer que l'on a $\displaystyle\lim\left(\frac{1\times 3\times\cdots\times(2n+1)}{2\times 4\times\cdots\times(2n)}\,\frac{1}{\sqrt{n}}\right)=\frac{2}{\sqrt{\pi}}$ (dans l'exemple page **56**, nous avions démontré l'existence de cette limite sans avoir les moyens de la calculer).

12. Pour tout entier $n\in\mathbb{N}$ et tout nombre $x\in\,]-\pi/2,\pi/2[$, posons $F_n(x)=\int_0^x(\operatorname{tg} t)^n\,dt$.

a) Calculer F_1 et montrer que l'on a $F_2(x)=\operatorname{tg} x - x$.

b) Montrer que si $|x|<\pi/2$, alors $\displaystyle F_{n+2}(x)+F_n(x)=\frac{1}{n+1}(\operatorname{tg} x)^{n+1}$. Calculer F_4.

Pour tout entier $n\in\mathbb{N}$, on pose $I_n=\int_0^{\pi/4}(\operatorname{tg} t)^n\,dt$.

c) Montrer que la suite (I_n) est décroissante et convergente.

d) Soit a un nombre réel tel que $0<a<\pi/4$. Montrer que l'on a $0<I_n\leqslant a(\mathrm{tg}a)^n+\frac{\pi}{4}-a$. Quelle est la limite de la suite de terme général $(\mathrm{tg}\,a)^n$?

e) Démontrer que l'on a $\lim I_n = 0$.

f) Démontrer l'égalité $1-\frac{1}{3}+\cdots+\frac{(-1)^n}{2n+1}=\frac{\pi}{4}+(-1)^n I_{2n+2}$ pour tout entier $n\geqslant 1$. En déduire que l'on a

$$\lim\left(1-\frac{1}{3}+\frac{1}{5}+\cdots+\frac{(-1)^n}{2n+1}\right)=\frac{\pi}{4}.$$

13. Posons $F(x)=\displaystyle\int_0^x \frac{dt}{2+\cos t}\cdot$

a) Montrer que la fonction F est définie sur $\mathbb{R}$ et impaire.

b) Calculer $F(x)$ pour tout $x\in\,]-\pi,\pi[$ et en déduire $F(\pi)$.

c) Montrer que l'on a $F(x)=F(x-2\pi)+\dfrac{2\pi}{\sqrt{3}}$ pour tout $x\in\mathbb{R}$.

d) Soit $k\in\mathbb{Z}$. Calculer $F(\pi+2k\pi)$ et calculer $F(x)$ quel que soit $x\in]-\pi+2k\pi,\pi+2k\pi[$.

En déduire la valeur de l'intégrale $\displaystyle\int_{\pi/2}^{3\pi/2}\frac{dt}{2+\cos t}\cdot$

14. Soient a et b des nombres réels strictement positifs et l'ellipse E d'équation $\dfrac{x^2}{a^2}+\dfrac{y^2}{b^2}=1$. Pour tout nombre $u\in[0,a]$, calculer l'aire comprise entre l'ellipse E, l'axe des abscisses, l'axe des ordonnées et la droite d'équation $x=u$. En déduire que l'aire intérieure à l'ellipse a pour mesure πab.

15. En utilisant la propriété de la moyenne, calculer la limite des suites de terme général :

(i) $\dfrac{1}{n+1}+\dfrac{1}{n+2}+\cdots+\dfrac{1}{n+n}$ **(ii)** $\dfrac{1^\alpha+2^\alpha+\cdots+n^\alpha}{n^{\alpha+1}}$ où $\alpha>0$.

16. a) Montrer que la fonction $x\mapsto x+\sin x$ est croissante. En déduire que la fonction sinus est la différence de deux fonctions croissantes.

b) Calculer $\lim\frac{1}{n}\big[\sin(\pi/n)+\sin(2\pi/n)+\cdots+\sin(n\pi/n)\big]$.

17. Pour tout entier $n\geqslant 2$, posons $u_n=\frac{1}{n}\big[\mathrm{Log}(1/n)+\mathrm{Log}(2/n)+\cdots+\mathrm{Log}(n-1/n)\big]$.

a) Soit n un entier au moins égal à 2 et soit k un entier tel que $1\leqslant k\leqslant n-1$.

Montrer que l'on a $\dfrac{1}{n}\,\mathrm{Log}\,\dfrac{k}{n}\leqslant\displaystyle\int_{\frac{k}{n}}^{\frac{k+1}{n}}\mathrm{Log}\,t\,dt\leqslant\dfrac{1}{n}\,\mathrm{Log}\,\dfrac{k+1}{n}$.

b) Calculer $\int\mathrm{Log}\,t\,dt$. En déduire l'encadrement

$$-1 + \frac{1}{n} \leqslant u_n \leqslant -1 + \frac{1}{n} + \frac{\operatorname{Log} n}{n}.$$

c) Calculer la limite de la suite (u_n).

d) Montrer que l'on a $\operatorname{Log} \dfrac{\sqrt[n]{n!}}{n} = u_n$. En déduire $\lim \dfrac{\sqrt[n]{n!}}{n} = 1/e$.

18. Soit n un entier au moins égal à 1.

a) Notons u la fonction puissance $x \mapsto x^n$. Soit k un entier positif. Montrer que si $k \neq n$, alors $u^{(k)}(0) = 0$ et que l'on a $u^{(n)}(0) = n!$.

b) Soit $p : x \mapsto a_0 + a_1 x + \cdots + a_n x^n$ une fonction polynôme, où les a_i sont des nombres réels. Soit k un entier positif. Montrer que si $k \leqslant n$, alors $p^{(k)}(0) = k!\, a_k$ et que si $k > n$, alors $p^{(k)}(x) = 0$ pour tout x.

c) Soit $p : \mathbb{R} \to \mathbb{R}$ la fonction définie par $p(x) = \dfrac{x^n(1-x)^n}{n!}$. Montrer que pour tout entier positif k, les nombres $p^{(k)}(0)$ et $p^{(k)}(1)$ sont des entiers relatifs.

d) Posons $f(x) = 2^{2n}p(x) - 2^{2n-1}p'(x) + \cdots - 2p^{(2n-1)}(x) + p^{(2n)}(x)$ et $g(x) = e^{2x} f(x)$.

(i) Montrer que les nombres $f(0)$ et $f(1)$ sont des entiers relatifs.

(ii) Montrer que l'on a $g'(x) = 2^{2n+1}e^{2x}p(x)$.

e) Supposons qu'il existe des entiers positifs a et b tels que $e^2 = a/b$ et posons $A_n = b \int_0^1 2^{2n+1} e^{2t} p(t)\, dt$.

(i) Montrer que le nombre A_n est un entier.

(ii) Montrer que A_n est strictement positif.

(iii) Montrer que l'on a $A_n \leqslant be^2 \dfrac{2^{2n+1}}{n!}$.

f) Montrer que le nombre e^2 est irrationnel. En déduire que le nombre e est irrationnel.

19. Quelle est la limite de la suite de terme général $u_n = \int_0^1 t^n \sin(nt)\, dt$?

Quelques réponses ou indications

1. Il faut transformer les produits en somme au moyen des formules de trigonométrie ; on trouve $4\cos x \cos 3x \sin 5x = \sin 9x + \sin 7x + \sin 3x + \sin x$.

2. **(i)** Utiliser la définition de $\operatorname{sh} 2x$. **(ii)** Exprimer $(\cos t)^2$ au moyen de $\cos(2t)$.

(iii) En procédant comme au chapitre 3 paragraphe 4 du tome d'algèbre, on montre l'identité $(\sin x)^5 = \frac{1}{16}(\sin 5x - 5\sin 3x + 10 \sin x)$ qui permet de calculer une primitive du premier membre. On peut aussi écrire $(\sin x)^5 = (\sin x)(1-\cos^2 x)^2$ et faire le changement de variable $u(t) = \cos t$.

4. (i) Décomposer en une somme de deux intégrales en utilisant l'identité $t = (t-2)+2$.

(ii) Même méthode que pour (i) : la réponse est $(1/2) - (\mathrm{Log}\, 3)/4$.

(iii) La fonction à intégrer est la dérivée d'une fonction simple.

5. (iii) $\int \frac{t\,dt}{(\cos t)^2} = x \operatorname{tg} x + \mathrm{Log}\,|\cos x|$. (vi) $\int \frac{\mathrm{Log}(1+t)}{t^2}\,dt = \mathrm{Log}\,|x| - \frac{1+x}{x}\,\mathrm{Log}\,|1+x|$.

6. a) $\int \frac{dt}{t\sqrt{1+t}} = \mathrm{Log}\left|\frac{\sqrt{1+x}-1}{\sqrt{1+x}+1}\right|$. b) $\int \frac{dt}{\operatorname{ch} t} = 2\operatorname{Arc\,tg}(\exp x)$.

7. (ii) Faire le changement de variable $u(t) = t^2$.

(iii) Par le changement de variable $u(t) = \operatorname{Arc\,sin} t$, on est ramené à calculer $\int t^2 \cos t\,dt$, ce qui se fait en intégrant par parties deux fois.

(iv) On a $\int \frac{t}{\sqrt{2t-t^2}}\,dt = \int \frac{dt}{\sqrt{2t-t^2}} + \int \frac{t-1}{\sqrt{2t-t^2}}\,dt$; la seconde primitive est de la forme $-\frac{1}{2}\int \frac{v'(t)}{\sqrt{v(t)}}\,dt$ et dans la première, on peut faire le changement de variable $u(t) = t-1$.

8. (i) On a la décomposition en éléments simples $\frac{X^3-2X}{X+1} = X^2 - X - 1 + \frac{1}{X+1}\cdot$

(ii) $\int \frac{dt}{4t^2-4t-3} = \frac{1}{8}\,\mathrm{Log}\left|\frac{2x-3}{2x+1}\right|$.

(iii) $\int \frac{t}{t^2+2t+10}\,dt = \frac{1}{2}\,\mathrm{Log}(x^2+2x+10) - \frac{1}{3}\operatorname{Arc\,tg}\frac{x+1}{3}\cdot$

10. b) Calculer les deux intégrales.

11. a) Pour tout $x \in [0, \pi/2]$ et tout $n \in \mathbb{N}$, on a $0 \leqslant (\cos x)^{n+1} \leqslant (\cos x)^n$.

c) On a $1 \leqslant \frac{I_{n-1}}{I_n} \leqslant \frac{I_{n-2}}{I_n} = \frac{n}{n-1}\cdot$

e) Raisonner par récurrence.

f) Utiliser (d) et (e).

12. b) Dériver $F_{n+2} + F_n$.

c) Pour tout $x \in [0, \pi/4]$, on a $0 \leqslant \operatorname{tg} x \leqslant 1$ donc $0 \leqslant (\operatorname{tg} x)^{n+1} \leqslant (\operatorname{tg} x)^n$.

d) On a $I_n = \int_0^a (\operatorname{tg} t)^n\,dt + \int_a^{\pi/4} (\operatorname{tg} t)^n\,dt$. Si $x \in [0,a]$, alors $0 \leqslant \operatorname{tg} x \leqslant \operatorname{tg} a$; si $x \in [a, \pi/4]$, alors $0 \leqslant \operatorname{tg} x \leqslant 1$; on en déduit l'encadrement demandé. Puisqu'on a $0 < \operatorname{tg} a < 1$, il vient $\lim_{n\to+\infty} (\operatorname{tg} a)^n = 0$.

e) En passant à la limite quand n tend vers $+\infty$ dans l'encadrement obtenu en (d), on obtient $0 \leqslant \lim I_n \leqslant \frac{\pi}{4} - a$. Ces inégalités étant vraies quel que soit le nombre $a \in \,]0, \pi/4[$, on en déduit $\lim I_n = 0$.

f) Puisque $I_n = F_n(\pi/4)$, il vient $I_{n+2} + I_n = \frac{1}{n+1}$ d'après (b). En utilisant cette relation, la première égalité demandée se démontre par récurrence.

13. b) $F(x) = \frac{2}{\sqrt{3}}\operatorname{Arc\,tg}\left(\frac{1}{\sqrt{3}}\operatorname{tg}\frac{x}{2}\right)$ si $-\pi < x < \pi$ et $F(\pi) = \lim_{x\to\pi^-} F(x) = \frac{\pi}{\sqrt{3}}\cdot$

15. (i) Utiliser la fonction $x \mapsto \frac{1}{1+x}$ sur $[0,1]$.

(ii) Utiliser la fonction $x \mapsto x^\alpha$ sur $[0,1]$.

16. b) Puisque la fonction sinus est différence de deux fonctions croissantes, on peut lui appliquer la propriété de la moyenne sur le segment $[0, \pi]$; la limite demandée est $\frac{1}{\pi} \int_0^{\pi} \sin t \, dt = 2/\pi$.

18. a) Montrer par récurrence que pour tout entier k tel que $1 \leqslant k \leqslant n$, la dérivée k-ième de u est définie par $u^{(k)}(x) = n(n-1) \cdots (n-k+1)x^{n-k}$.

c) D'après la formule du binôme de Newton, la fonction p est polynomiale et composée de monômes de la forme $\frac{a_m}{n!} x^m$, où a_m est entier et $n \leqslant m \leqslant 2n$. Appliquer (b) pour montrer que $p^{(k)}(0)$ est entier, pour tout entier positif k. Remarquer ensuite que l'on a $p(1-x) = p(x)$ pour tout x : cela permet d'exprimer la dérivée $p^{(k)}(1)$ au moyen de $p^{(k)}(0)$.

d) (ii) D'après la question (b), on a $p^{(2n+1)}(x) = 0$ quel que soit x.

e) (i) D'après (d-ii), on a $A_n = bg(1) - bg(0)$; utiliser (d-i).

(ii) La fonction $x \mapsto e^{2x} p(x)$ étant positive ou nulle sur $[0, 1]$, le nombre A_n est positif ou nul. Pour montrer que A_n est strictement positif, appliquer l'exercice **4** du chapitre 9.

(iii) Utiliser les propriétés de l'intégrale en remarquant que l'on a $0 \leqslant p(x) \leqslant 1/n!$ pour tout $x \in [0, 1]$.

f) D'après (e-i) et (e-ii), le nombre A_n est supérieur ou égal à 1 ; or la suite de terme général $2^{2n+1}/n!$ a pour limite 0 (voir le chapitre 3). Si le nombre e était rationnel, le nombre e^2 le serait aussi.

19. D'après les propriétés de l'intégrale, on a comme dans l'exercice page 164

$$|u_n| = \left| \int_0^1 t^n \sin(nt) \, dt \right| \leqslant \int_0^1 |t^n \sin(nt)| \, dt = \int_0^1 t^n |\sin(nt)| \, dt \leqslant \int_0^1 t^n \, dt \, .$$

Chapitre 11

Utilisation des dérivées successives

1. Fonction de classe C^p

Définition

Soit I un intervalle ouvert et soit $f : I \to \mathbb{R}$ une fonction. Si f est dérivable et si la fonction f' est continue sur I, on dit que f est *de classe* C^1 *sur* I.

Soit $f : I \to \mathbb{R}$ une fonction de classe C^1 et soit a un élément de I. Puisque la fonction f' est continue, la proposition page 169 affirme que l'on a

$$f(x) = f(a) + \int_a^x f'(t)\,dt \quad \text{quel que soit } x \in I.$$

Cette égalité exprime les valeurs de $f(x)$ au moyen de a et d'une intégrale de la fonction dérivée f'. Nous allons généraliser cette formule pour des fonctions possédant des dérivées successives. Définissons tout d'abord de façon précise les fonctions qui nous intéressent.

Définition

Soit $f : I \to \mathbb{R}$ une fonction, où I est un intervalle ouvert et soit p un entier supérieur ou égal à 1. Si les dérivées $f', f'', \ldots, f^{(p)}$ existent et si $f^{(p)}$ est continue sur I, on dit que f est *de classe* C^p *sur* I. On dit que f est *de classe* C^∞ *sur* I si toutes les dérivées $f^{(n)}$ existent et sont définies sur I.

Remarque

Si f est de classe C^∞, alors f est évidemment de classe C^p pour tout p et toutes les dérivées $f^{(n)}$ sont aussi des fonctions de classe C^∞.

Exemples

- Pour tout nombre réel a, la fonction $u : x \mapsto x^a$ est de classe C^∞ sur l'intervalle $]0, +\infty[$.
  En effet, nous avons vu au chapitre 8 que l'on a $u'(x) = ax^{a-1}$ pour tout nombre $x > 0$. Il vient $u''(x) = a(a-1)x^{a-2}$ et en raisonnant par récurrence, on montre que pour pour tout entier positif p, la dérivée p-ième de u est donnée par
  $$u^{(p)}(x) = a(a-1)\cdots(a-p+1)x^{a-p}, \text{ pour tout } x > 0.$$
  Si n est un entier positif, la fonction $x \mapsto x^n$ est de même de classe C^∞ sur $\mathbb{R}$; sa dérivée n-ième est la fonction constante de valeur $n!$ et ses dérivées p-ièmes sont nulles si $p > n$.
- La fonction exponentielle est de classe C^∞ sur $\mathbb{R}$ et l'on a $\exp^{(p)} = \exp$ pour tout entier $p > 0$.
- Les fonctions sinus et cosinus sont de classe C^∞ sur $\mathbb{R}$ et l'on a
  $$\sin^{(p)}(x) = \sin\left(x + p\frac{\pi}{2}\right) \quad \text{et} \quad \cos^{(p)}(x) = \cos\left(x + p\frac{\pi}{2}\right).$$

Le calcul des premières dérivées d'une fonction ne réclame que de l'attention et du temps. Mais sauf pour quelques fonctions usuelles, il n'est pas possible en général de trouver une formule générale et explicite pour la dérivée p-ième.

Voici des moyens d'affirmer qu'une fonction est de classe C^p :

Proposition. *Si f et g sont des fonctions de classe C^p, il en va de même de la somme $f + g$, du produit fg et (s'il existe) de la composée $f \circ g$.*

Démonstration. L'affirmation pour la somme est évidente. Pour le produit, le résultat s'obtient en écrivant la formule de Leibniz (page 102) qui exprime la dérivée p-ième de la fonction produit fg au moyen des dérivées successives de f et de g. Pour la composée, on raisonne par récurrence : si f et g sont de classe C^1, il en va de même de la composée $f \circ g$ car la fonction $(f \circ g)' = (f' \circ g)g'$ est continue puisque f' et g' le sont. Le résultat est donc vrai si $p = 1$. Supposons que le résultat est vrai pour $p - 1$ et que f et g sont de classe C^p. Si l'on pose $u = f \circ g$, on a $u' = (f' \circ g)g'$; les fonctions f', g et g' sont de classe C^{p-1}, donc aussi (hypothèse de récurrence) la composée $f' \circ g$. Par suite u' est le produit de deux fonctions de classe C^{p-1} donc est de classe C^{p-1}. Cela signifie que u est de classe C^p, ce qui termine la démonstration. ■

Conséquence. Puisque la fonction $x \mapsto 1/x$ est de classe C^∞ sur l'intervalle $]0, +\infty[$, on en déduit que si g est une fonction de classe C^p telle que $g(x) > 0$ pour tout x, alors la fonction $1/g$ est de classe C^p.

Ces résultats permettent de montrer que les fonctions usuelles sont de classe C^∞ sur tout intervalle ouvert où elles sont définies. Par exemple :

- une fonction polynôme est de classe C^∞ sur $\mathbb{R}$. Une fonction rationnelle est de classe C^∞ sur chacun des intervalles ouverts où elle est définie,
- la fonction logarithme est de classe C^∞ sur l'intervalle $]0, +\infty[$ car sa dérivée $x \mapsto 1/x$ est de classe C^∞.

2. Un exemple de fonction de classe C^∞

Soit $f : \mathbb{R} \to \mathbb{R}$ la fonction définie par

$$f(x) = \begin{cases} 0 & \text{si } x \leqslant 0 \\ \exp(-1/x) & \text{si } x > 0\,. \end{cases}$$

- Puisque f est constante sur l'intervalle $]-\infty, 0[$, toutes les dérivées de f sont nulles sur cet intervalle : $f^{(n)}(x) = 0$ pour tout nombre $x < 0$ et tout entier $n \geqslant 1$. La fonction f est donc de classe C^∞ sur l'intervalle $]-\infty, 0[$.
- Sur l'intervalle $]0, +\infty[$, la fonction f est la composée des fonctions $x \mapsto -1/x$ et exp qui sont toutes deux de classe C^∞, donc f est de classe C^∞ sur cet intervalle.
- En particulier, f est continue sur l'intervalle $]0, +\infty[$, et comme f est constante sur $]-\infty, 0]$, f est continue sur $]-\infty, 0]$. Puisqu'on a $\lim\limits_{x\to 0^+} -1/x = -\infty$ et $\lim\limits_{x\to -\infty} \exp x = 0$, il vient $\lim\limits_{x\to 0^+} \exp(-1/x) = 0 = f(0)$. La fonction f est donc continue en 0. Il s'ensuit que f est continue sur $\mathbb{R}$.
- Calculons $f'(x)$ pour tout nombre $x \neq 0$; il vient

$$f'(x) = \begin{cases} 0 & \text{si } x < 0 \\ \dfrac{1}{x^2} \exp(-1/x) & \text{si } x > 0\,. \end{cases}$$

Montrons que f est dérivable en 0. Puisque $f(x)$ est défini par des formules différentes selon que x est positif ou négatif, nous allons calculer la dérivée à gauche et la dérivée à droite en 0 et démontrer qu'elles sont égales. On a $f(x) = 0$ quel que soit $x < 0$, donc aussi $f'_g(0) = \lim\limits_{x\to 0^-} f(x)/x = \lim\limits_{x\to 0^-} 0/x = 0$. D'après les croissances comparées (page 134), nous avons

$$\lim_{x\to 0^+} f'(x) = \lim_{x\to 0^+} \frac{1}{x^2} \exp(-1/x) = \lim_{t\to +\infty} t^2 \exp(-t) = 0\,.$$

Puisque la fonction f est continue en 0, on en déduit par la règle de L'Hospital (page 112) que f est dérivable à droite en 0 et que $f'_d(0) = \lim\limits_{x\to 0^+} f'(x) = 0$. Au point 0, la dérivée à droite et la dérivée à gauche sont égales à 0, donc f est dérivable en 0 et $f'(0) = 0$; de plus, on a

$$\lim_{x \to 0^-} f'(x) = 0 = f'(0) = \lim_{x \to 0^+} f'(x),$$

ce qui montre que la fonction f' est continue en 0. Par suite, f' est continue sur $\mathbb{R}$, autrement dit f est de classe C^1.

- Soit un entier $n \geqslant 1$. Montrons que l'on a

$$f^{(n)}(x) = \frac{P_n(x)}{x^{2n}} \exp(-1/x) \quad \text{quel que soit } x > 0, \qquad (*)$$

où P_n est une fonction polynôme.
Si $n = 1$, la formule $(*)$ est vraie car d'après le calcul de f', le polynôme constant $P_1 = 1$ convient. Raisonnons par récurrence : si $(*)$ est vraie pour un entier $n \geqslant 1$, alors en dérivant, il vient quel que soit $x > 0$:

$$\begin{aligned} f^{(n+1)}(x) &= \frac{P_n'(x)}{x^{2n}} \exp(-1/x) + \frac{-2nP_n(x)}{x^{2n+1}} \exp(-1/x) + \frac{P_n(x)}{x^{2n}} \frac{1}{x^2} \exp(-1/x) \\ &= \frac{x^2P_n'(x) - 2nxP_n(x) + P_n(x)}{x^{2n+2}} \exp(-1/x) \\ &= \frac{P_{n+1}(x)}{x^{2(n+1)}} \exp(-1/x) \end{aligned}$$

où l'on a posé $P_{n+1}(x) = x^2P_n'(x) - 2nxP_n(x) + P_n(x)$. Puisque P_{n+1} est une fonction polynôme, la formule $(*)$ est vraie pour l'entier $n + 1$. Nous avons ainsi montré que l'égalité $(*)$ est vraie pour tout entier $n \geqslant 1$.

- Nous allons enfin démontrer que f est de classe C^∞, c'est-à-dire que pour tout entier $n \geqslant 0$, la dérivée n-ième de f est définie et continue sur $\mathbb{R}$. Pour tout entier n positif, soit la propriété

$$\mathscr{P}_n \quad : \quad f^{(n)} \text{ est définie et continue sur } \mathbb{R} \text{ et } f^{(n)}(0) = 0.$$

Démontrons cette propriété par récurrence. Puisque f est de classe C^1 et $f'(0) = 0$, la propriété $\mathscr{P}_1$ est vraie. Supposons que la propriété $\mathscr{P}_n$ est vraie pour un entier $n \geqslant 1$ et posons pour simplifier $g = f^{(n)}$. Nous avons

$$g(x) = \begin{cases} 0 & \text{si } x \leqslant 0 \\ \dfrac{P_n(x)}{x^{2n}} \exp(-1/x) & \text{si } x > 0. \end{cases}$$

Puisque nous savons déjà que f est de classe C^∞ sur les intervalles $]-\infty, 0[$ et $]0, +\infty[$, nous devons seulement démontrer que g est dérivable en 0, que l'on a $g'(0) = 0$ et que la fonction g' est continue en 0.

D'après le calcul de $f^{(n)}(x)$ pour $x \neq 0$, nous avons

$$g'(x) = f^{(n+1)}(x) = \begin{cases} 0 & \text{si } x \leqslant 0 \\ \dfrac{P_{n+1}(x)}{x^{2n+2}} \exp(-1/x) & \text{si } x > 0\,. \end{cases}$$

Puisque $g'(x) = 0$ si x est négatif ou nul, il vient $\lim\limits_{x \to 0^-} g'(x) = 0$. En utilisant à nouveau les croissances comparées, nous avons $\lim\limits_{x \to 0^+} \dfrac{1}{x^{2n+2}} \exp(-1/x) = 0$, donc $g'(x)$ tend vers 0 quand x tend vers 0 par valeurs positives. Ainsi $g'(x)$ tend vers 0 quand x tend vers 0. Puisque la fonction g est continue par hypothèse de récurrence, nous pouvons appliquer la règle de L'Hospital : celle-ci affirme que g est dérivable à gauche et dérivable à droite en 0 et que les dérivées à gauche et à droite sont égales à 0. Par conséquent, g est dérivable en 0 et l'on a $0 = g'(0) = \lim\limits_{x \to 0} g'(x)$. Ainsi la fonction g' est continue en 0 et la propriété $\mathscr{P}_{n+1}$ est vraie. On en déduit que la propriété $\mathscr{P}_n$ est vraie quel que soit l'entier $n \geqslant 1$.

- Remarquons que l'on a $f'(x) > 0$ pour tout nombre réel $x > 0$, donc f est strictement croissante sur $[0, +\infty[$. On a aussi $\lim\limits_{x \to +\infty} f(x) = \lim\limits_{t \to 0^+} \exp(-t) = \exp(0) = 1$, d'où le graphe de f :

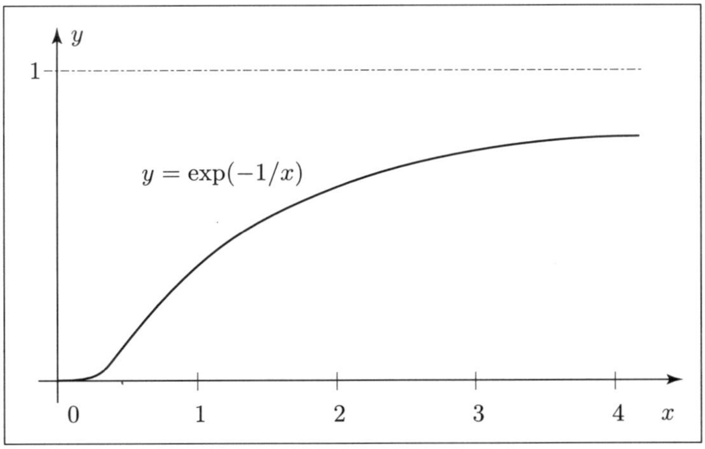

3. Formules de Taylor

Généralisons pour les fonctions de classe C^n la formule intégrale du paragraphe 1.

Formule de Taylor avec reste intégrale. *Soit* $f : I \to \mathbb{R}$ *une fonction de classe* C^n *sur un intervalle ouvert* I. *Pour tous nombres* a *et* b *appartenant à* I, *on a*

$$f(b) = f(a) + \frac{b-a}{1!} f'(a) + \cdots + \frac{(b-a)^{n-1}}{(n-1)!} f^{(n-1)}(a) + \int_a^b \frac{(b-t)^{n-1}}{(n-1)!} f^{(n)}(t)\, dt\,.$$

Rappelons que par convention, nous avons $f^{(0)} = f$; si $n = 1$, la formule ci-dessus s'écrit donc $f(b) = f(a) + \int_a^b f'(t)\, dt$: c'est l'égalité montrée au paragraphe 1.
Si $n = 2$, la formule s'écrit $f(b) = f(a) + (b-a)f'(a) + \int_a^b (b-t) f''(t)\, dt$.

La formule de Taylor avec reste intégrale exprime que $f(b)$ est la somme de l'expression

$$f(a) + \frac{b-a}{1!} f'(a) + \cdots + \frac{(b-a)^{n-1}}{(n-1)!} f^{(n-1)}(a)$$

(qui fait intervenir les dérivées successives de f en a et les puissances de l'accroissement $b-a$), et du *reste* $\int_a^b \frac{(b-t)^{n-1}}{(n-1)!} f^{(n)}(t)\, dt$.

Démonstration. Nous allons montrer que l'on a

$$f(b) = f(a) + \frac{b-a}{1!} f'(a) + \cdots + \frac{(b-a)^{k-1}}{(k-1)!} f^{(k-1)}(a) + \int_a^b \frac{(b-t)^{k-1}}{(k-1)!} f^{(k)}(t)\, dt$$

pour tout entier k tel que $1 \leqslant k \leqslant n$. Raisonnons par récurrence. Si $k = 1$, nous venons de remarquer que la formule est vraie. Supposons la formule vraie pour un entier k tel que $1 \leqslant k < n$. Quel que soit le nombre $t \in I$, posons

$$u(t) = -\frac{(b-t)^k}{k!}\ , v(t) = f^{(k)}(t) \quad \text{et} \quad R = \int_a^b \frac{(b-s)^{k-1}}{(k-1)!} f^{(k)}(s)\, ds\,.$$

On a $u'(t) = \frac{k(b-t)^{k-1}}{k!} = \frac{(b-t)^{k-1}}{(k-1)!}$ donc $R = \int_a^b u'(t)v(t)\, dt$. La fonction u' est de classe C^∞ (c'est une fonction polynôme) et la fonction v est de classe C^1 puisque $v' = f^{(k+1)}$ est continue par hypothèse. On peut donc intégrer par parties :

$$\begin{aligned} R &= \big[u(t)v(t)\big]_a^b - \int_a^b u(t)v'(t)\, dt \\ &= u(b)v(b) - u(a)v(a) - \int_a^b -\frac{(b-t)^k}{k!} f^{(k+1)}(t)\, dt \end{aligned}$$

$$= -u(a)v(a) + \int_a^b \frac{(b-t)^k}{k!} f^{(k+1)}(t)\,dt \qquad \text{car} \quad u(b) = 0$$
$$= \frac{(b-a)^k}{k!} f^{(k)}(a) + \int_a^b \frac{(b-t)^k}{k!} f^{(k+1)}(t)\,dt\,.$$

Posons $P=f(a)+\frac{b-a}{1!}f'(a)+\cdots+\frac{(b-a)^{k-1}}{(k-1)!}f^{(k-1)}(a)$. Puisque la formule est vraie pour l'entier k, on a $f(b)=P+R$ donc aussi $f(b)=P+\frac{(b-a)^k}{k!}f^{(k)}(a)+\int_a^b \frac{(b-t)^k}{k!}f^{(k+1)}(t)\,dt$, ce qui est la formule pour l'entier $k+1$. ■

Formule de Taylor avec reste en $f^{(n+1)}(\theta)$. *Soient n un entier positif, I un intervalle ouvert et $f : I \to \mathbb{R}$ une fonction de classe C^{n+1}. Supposons que a et b sont des éléments de I tels que $a \neq b$. Alors il existe un nombre θ strictement compris entre a et b tel que*

$$f(b) = f(a) + \frac{b-a}{1!} f'(a) + \cdots + \frac{(b-a)^n}{n!} f^n(a) + \frac{(b-a)^{n+1}}{(n+1)!} f^{(n+1)}(\theta)\,.$$

L'égalité ci-dessus s'appelle *la formule de Taylor au point a et à l'ordre $n+1$*. ***Attention***, le nombre θ dépend de n, de a et de b.

Démonstration. Définissons le nombre A en posant

$$\frac{(b-a)^{n+1}}{(n+1)!} A = \int_a^b \frac{(b-t)^{n-1}}{(n-1)!} f^{(n)}(t)\,dt - \frac{(b-a)^n}{n!} f^{(n)}(a)\,.$$

Soit $F : I \to \mathbb{R}$ la fonction définie par

$$F(x) = \int_x^b \frac{(b-t)^{n-1}}{(n-1)!} f^{(n)}(t)\,dt - \frac{(b-x)^n}{n!} f^{(n)}(x) - \frac{(b-x)^{n+1}}{(n+1)!} A\,.$$

Pour tout $x \in I$, on a $\int_x^b \frac{(b-t)^{n-1}}{(n-1)!} f^{(n)}(t)\,dt = -\int_b^x \frac{(b-t)^{n-1}}{(n-1)!} f^{(n)}(t)\,dt$. Puisque la fonction $t \mapsto \frac{(b-t)^{n-1}}{(n-1)!} f^{(n)}(t)$ est continue, la fonction $x \mapsto \int_x^b \frac{(b-t)^{n-1}}{(n-1)!} f^{(n)}(t)\,dt$ est dérivable et sa dérivée est $-\frac{(b-x)^{n-1}}{(n-1)!} f^{(n)}(x)$. Par ailleurs la dérivée de $\frac{(b-x)^n}{n!}$ est $-\frac{(b-x)^{n-1}}{(n-1)!}$ donc il vient

$$F'(x) = -\frac{(b-x)^{n-1}}{(n-1)!} f^{(n)}(x) - \frac{(b-x)^n}{n!} f^{(n+1)}(x) + \frac{(b-x)^{n-1}}{(n-1)!} f^{(n)}(x) + \frac{(b-x)^n}{n!} A$$
$$= \frac{(b-x)^n}{n!} \left(A - f^{(n+1)}(x)\right).$$

La fonction F est dérivable, donc continue sur I. De plus on a

$$F(a) = \int_a^b \frac{(b-t)^{n-1}}{(n-1)!} f^{(n)}(t)\,dt - \frac{(b-a)^n}{n!} f^{(n)}(a) - \frac{(b-a)^{n+1}}{(n+1)!} A = 0$$

par définition du nombre A. D'autre part, $F(b)=0$ puisque $\int_b^b \frac{(b-t)^{n-1}}{(n-1)!} f^{(n)}(t)\,dt = 0$. D'après le théorème de Rolle, il existe un nombre θ strictement compris entre a et b tel que $F'(\theta) = 0$. Puisque $b - \theta$ n'est pas égal à 0, c'est que l'on a $A = f^{(n+1)}(\theta)$. On en déduit

$$\int_a^b \frac{(b-t)^{n-1}}{(n-1)!} f^{(n)}(t)\,dt = \frac{(b-a)^n}{n!} f^{(n)}(a) + \frac{(b-a)^{n+1}}{(n+1)!} f^{(n+1)}(\theta)\,.$$

La formule à démontrer résulte maintenant de la formule de Taylor avec reste intégrale. ■

Corollaire (inégalité de Taylor). *Si* $\left|f^{(n+1)}(t)\right| \leqslant M$ *pour tout nombre* t *entre* a *et* b*, alors on a*

$$\left| f(b) - \left(f(a) + \frac{b-a}{1!} f'(a) + \cdots + \frac{(b-a)^n}{n!} f^{(n)}(a) \right) \right| \leqslant M \frac{|b-a|^{n+1}}{(n+1)!}\,.$$

> On ne calcule presque jamais le reste intégral de la formule de Taylor, mais on le majore ou on le minore.
> D'ailleurs, vous utiliserez le plus souvent la formule avec reste en $f^{(n+1)}(\theta)$.

Exemple 1. Écrivons la formule de Taylor pour la fonction exponentielle au point 0 et à l'ordre $n+1$. Pour cela, nous devons calculer les dérivées successives de cette fonction au point 0, ce qui est très simple : puisque $\exp = \exp' = \cdots = \exp^{(p)}$, on a $1 = \exp(0) = \exp'(0) = \cdots = \exp^{(p)}(0)$ pour tout entier $p > 0$. La formule est $\exp(x) = \exp(0) + \frac{x}{1!}\exp'(0) + \frac{x^2}{2!}\exp''(0) + \cdots + \frac{x^n}{n!}\exp^{(n)}(0) + \frac{x^{n+1}}{(n+1)!}\exp^{(n+1)}(\theta)$ c'est-à-dire

$$\exp(x) = 1 + \frac{x}{1!} + \frac{x^2}{2!} + \cdots + \frac{x^n}{n!} + \frac{x^{n+1}}{(n+1)!}\exp(\theta)$$

où le nombre θ est compris entre 0 et x.

Pour tout nombre réel x, posons pour simplifier $P_n(x) = 1 + \frac{x}{1!} + \frac{x^2}{2!} + \cdots + \frac{x^n}{n!}$.

- Supposons x strictement positif. Puisque la fonction exponentielle est croissante, on a pour tout $t \in [0, x]$, l'encadrement $0 < \exp(t) \leqslant \exp(x)$. Le nombre $\exp(x)$ est donc un majorant de la fonction exponentielle sur le segment $[0, x]$. Par suite, l'inégalité de Taylor au point 0 et à l'ordre $n+1$ s'écrit

$$|\exp(x) - P_n(x)| \leqslant \exp(x) \frac{x^{n+1}}{(n+1)!} \cdot$$

Nous avons montré au chapitre 3 que pour tout nombre a, la suite de terme général $\dfrac{a^n}{n!}$ a pour limite 0, donc on a $\lim\limits_{n\to+\infty} \dfrac{x^{n+1}}{(n+1)!} = 0$. On en déduit $\lim\limits_{n\to+\infty} \big(\exp(x) - P_n(x)\big) = 0$ c'est-à-dire $\lim\limits_{n\to+\infty} P_n(x) = \exp(x)$. En particulier si $x = 1$, il vient $e = \exp(1) = \lim\limits_{n\to+\infty} \left(1 + \dfrac{1}{1!} + \dfrac{1}{2!} + \cdots + \dfrac{1}{n!}\right)$.

- Supposons $x < 0$. Pour tout nombre $t \in [x, 0]$, on a cette fois $0 < \exp(t) \leqslant \exp(0) = 1$ donc la fonction exponentielle est majorée par 1 sur le segment $[x, 0]$. L'inégalité de Taylor au point 0 et à l'ordre $n+1$ s'écrit donc

$$|\exp(x) - P_n(x)| \leqslant \frac{|x|^{n+1}}{(n+1)!} \cdot$$

Comme ci-dessus, on a $\lim\limits_{n\to+\infty} \dfrac{|x|^{n+1}}{(n+1)!} = 0$ donc aussi $\lim\limits_{n\to+\infty} \big(\exp(x) - P_n(x)\big) = 0$.

Nous avons ainsi démontré la proposition suivante.

Proposition. *Soit x un nombre réel. Pour tout entier positif n, posons $P_n(x) = 1 + \dfrac{x}{1!} + \dfrac{x^2}{2!} + \cdots + \dfrac{x^n}{n!}$. On a $\exp(x) = \lim\limits_{n\to+\infty} P_n(x)$ et en particulier*

$$e = \lim \left(1 + \frac{1}{1!} + \frac{1}{2!} + \cdots + \frac{1}{n!}\right) \cdot$$

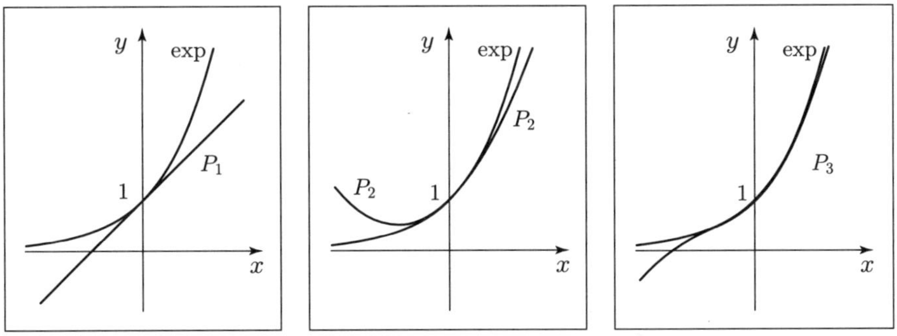

Les figures ci-dessus montrent les graphes de la fonction exponentielle et des fonctions polynômes P_n pour $n = 1, 2$ et 3.

Exemple 2. La dérivée p-ième de la fonction cosinus est donnée par $\cos^{(p)}(t) = \cos\left(t + p\frac{\pi}{2}\right)$. On a $\left|\cos^{(p)}(t)\right| \leqslant 1$ pour tout t et $\cos^{(p)}(0) = \cos\left(p\frac{\pi}{2}\right)$ donc $\cos^{(2p)}(0) = \cos(p\pi) = (-1)^p$ et $\cos^{(2p+1)}(0) = \cos\left(p\pi + \frac{\pi}{2}\right) = 0$. Voici le tableau des premières valeurs de $\cos^{(n)}(0)$:

n	0	1	2	3	4	5	6	7	8	9
$\cos^{(n)}(0)$	1	0	-1	0	1	0	-1	0	1	0

La formule de Taylor à l'ordre 2 et au point 0 s'écrit $\cos x = \cos(0) + \frac{x}{1!}\cos'(0) + \frac{x^2}{2!}\cos''(\theta)$ ou encore $\cos x = 1 - \frac{x^2}{2!}\sin\theta$. Puisque $\left|\sin(t)\right| \leqslant 1$ pour tout t, on en déduit quel que soit le nombre x, l'inégalité de Taylor

$$|\cos x - 1| \leqslant \frac{x^2}{2!}\,.$$

Voici de même les inégalités de Taylor aux ordres 4 et 6 :

$$\text{ordre 4 :} \qquad \left|\cos x - \left(1 - \frac{x^2}{2!}\right)\right| \leqslant \frac{x^4}{4!}$$

$$\text{ordre 6 :} \qquad \left|\cos x - \left(1 - \frac{x^2}{2!} + \frac{x^4}{4!}\right)\right| \leqslant \frac{x^6}{6!}\,.$$

Représentons sur les figures ci-dessous le graphe de la fonction cosinus et le graphe des fonctions polynôme $P_1(x) = 1 - \frac{x^2}{2!}$, $P_2(x) = 1 - \frac{x^2}{2!} + \frac{x^4}{4!}$ et $P_3(x) = 1 - \frac{x^2}{2!} + \frac{x^4}{4!} - \frac{x^6}{6!}$.

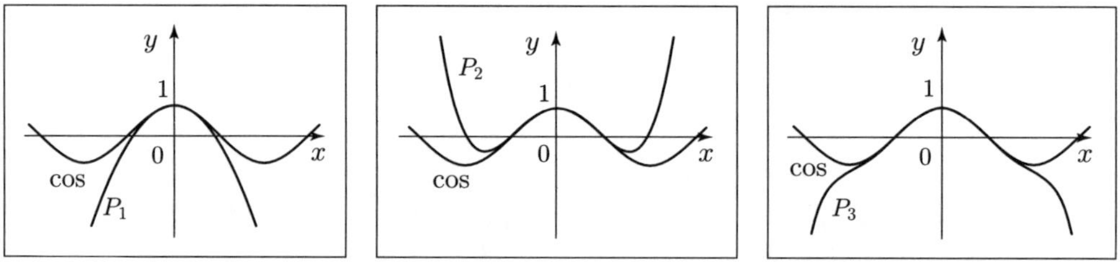

Remarque

Comme le montrent les exemples précédents, la formule de Taylor à l'ordre $n+1$ permet de comparer une fonction f à la fonction polynôme

$$x \mapsto f(a) + \frac{f'(a)}{1!}(x-a) + \frac{f''(a)}{2!}(x-a)^2 + \cdots + \frac{f^{(n)}(a)}{n!}(x-a)^n\,,$$

précisément de ***majorer l'écart*** qui existe entre ces deux fonctions ***sur tout un intervalle*** contenant a. Il faut penser à utiliser la formule de Taylor chaque fois que l'on veut obtenir une telle majoration.

Pour autant, il faut se rappeler qu'en général, une inégalité $f \leqslant g$ entre fonctions peut aussi se démontrer en considérant la différence $x \mapsto g(x) - f(x)$: on recherche le signe en étudiant les variations de $g - f$.

Exercice. Montrer que pour tout nombre réel x strictement positif, on a

$$\frac{3}{2}\sqrt{x} + \frac{3}{8\sqrt{x+1}} \leqslant (x+1)^{3/2} - x^{3/2} \leqslant \frac{3}{2}\sqrt{x} + \frac{3}{8\sqrt{x}}\,.$$

Réponse. Soit $f :]0, +\infty[\to \mathbb{R}$ l'application $x \mapsto x^{3/2}$. Il s'agit d'encadrer la différence $f(x+1) - f(x)$ et pour cela nous écrirons une formule de Taylor au point x. Pour tout nombre $x > 0$, on a $f'(x) = \frac{3}{2}\sqrt{x}$ et $f''(x) = \frac{3}{4\sqrt{x}}$. La dérivée seconde f'' est continue sur $]0, +\infty[$ donc f est de classe C^2 sur $]0, +\infty[$. Si a et b appartiennent à l'intervalle $]0, +\infty[$, la formule de Taylor à l'ordre 2 au point a s'écrit

$$f(b) - f(a) = (b-a)f'(a) + \frac{(b-a)^2}{2} f''(\theta)$$

où θ est un nombre entre a et b. Soit x un nombre strictement positif. Appliquons cette formule en prenant $a = x$ et $b = x + 1$, nombres qui sont bien tous deux strictement positifs :
il existe un nombre θ compris entre x et $x + 1$ tel que

$$f(x+1) - f(x) = (x+1-x)f'(x) + \frac{(x+1-x)^2}{2!} f''(\theta) = f'(x) + \frac{f''(\theta)}{2}\,.$$

Comme la fonction f'' est décroissante, on a $f''(x+1) \leqslant f''(\theta) \leqslant f''(x)$ donc

$$f'(x) + \frac{f''(x+1)}{2} \leqslant f(x+1) - f(x) \leqslant f'(x) + \frac{f''(x)}{2}\,.$$

Ce sont les inégalités qu'il fallait démontrer.

Pour obtenir des inégalités avec la formule de Taylor, il faut majorer ou minorer le terme $f^{(n+1)}(\theta)$.
Pour cela, on peut chercher le sens de variation de la fonction $g = f^{(n+1)}$ en étudiant éventuellement le signe de g', puis majorer ou minorer la fonction g entre a et b.

Exercices

1. Soit f une fonction de classe C^2 sur un intervalle ouvert I et soit $a \in I$.

a) Écrire la formule de Taylor avec reste intégral, pour la fonction f, au point a et à l'ordre 2.

b) Soit h un nombre réel tel que $a + h \in I$. Montrer que l'on a

$$f(a+h) = f(a) + hf'(a) + h^2 \int_0^1 (1-t)f''(a+th)\,dt\,.$$

2. a) Écrire la formule de Taylor à l'ordre 2 et au point 0 pour la fonction sinus.

b) Montrer que l'on a $|\sin x - x| \leqslant \dfrac{|x|^3}{6}$ pour tout nombre réel x. En déduire que l'on a $|\sin x - x| < |x|^3$ pour tout $x \neq 0$.

3. a) Écrire la formule de Taylor à l'ordre 9 et au point 0 pour la fonction sinus.

b) Posons $P(x) = x - \dfrac{x^3}{3!} + \dfrac{x^5}{5!} - \dfrac{x^7}{7!}$. Montrer que si l'on a $0 \leqslant x \leqslant \dfrac{\pi}{2}$, alors $P(x) \leqslant \sin x \leqslant P(x) + \dfrac{x^9}{9!}$.

c) Trouver un nombre $a > 0$ tel que $|\sin x - P(x)| \leqslant 10^{-5}$ pour tout nombre $x \in [0, a]$.

4. a) Écrire la formule de Taylor au point 1 et à l'ordre 2 pour la fonction Arc tangente.

b) Montrer que pour tout nombre $x \geqslant 0$, on a

$$\frac{1}{2}(x-1) - \frac{1}{2}(x-1)^2 \leqslant (\operatorname{Arc\,tg} x) - \frac{\pi}{4} \leqslant \frac{1}{2}(x-1)\,.$$

5. Posons $f(x) = \sqrt{\sin x}$.

a) Montrer que la fonction f est définie sur $[0, \pi]$ et que f possède une primitive F sur l'intervalle $]0, \pi[$.

b) On pose $G(x) = F\left(\dfrac{\pi}{2} + x\right) - F\left(\dfrac{\pi}{2} - x\right)$. Montrer que la fonction G est définie sur $]-\pi/2, \pi/2[$. Calculer $G'(x)$ et $G''(x)$.

c) Écrire la formule de Taylor au point 0 et à l'ordre 2 pour la fonction G. Montrer que pour tout nombre $x \in [0, \pi/2[$, on a

$$2x - \frac{x^2 \sin x}{2\sqrt{\cos x}} \leqslant \int_{\frac{\pi}{2}-x}^{\frac{\pi}{2}+x} \sqrt{\sin t}\,dt \leqslant 2x\,.$$

6. a) Montrer que pour tout nombre réel x, on a $1 - \dfrac{x^2}{2} \leqslant \cos x \leqslant 1 - \dfrac{x^2}{2} + \dfrac{x^4}{24}$.

b) Montrer que pour tout nombre $x \in [0, 1]$, on a $\sqrt{1-x} \leqslant 1 - \dfrac{x}{2}$.

c) En déduire l'inégalité $\cos x - \sqrt{1-x^2} \geqslant 0$ pour tout nombre x tel que $0 \leqslant x \leqslant 1$.

d) Écrire la formule de Taylor à l'ordre 2 et au point 0 pour la fonction $\sqrt{1-x}$. En déduire que si $x \in \left[0, \frac{\pi}{4}\right]$, alors on a $1 - \frac{x^2}{2} - \frac{x^4}{8\big(1-(\pi/4)\big)^{3/2}} \leqslant \sqrt{1-x^2}$.

e) Trouver un nombre $M > 0$ tel que l'on a, pour tout $x \in \left[0, \frac{\pi}{4}\right]$,

$$0 \leqslant \cos x - \sqrt{1-x^2} \leqslant Mx^4 .$$

7. Soit $f : \mathbb{R} \to \mathbb{R}$ la fonction définie par $f(x) = \exp(x) - \sin x$.

a) Calculer $f^{(n)}(0)$ pour tout entier $n \in \mathbb{N}$.

b) Montrer que pour tout $x \in [0,1]$, on a $0 \leqslant f(x) - \left(1 + \frac{x^2}{2}\right) \leqslant \frac{2x^3}{3}$.

8. Soit n un entier positif et soit x un nombre réel tel que $0 \leqslant x < n+1$. On définit des suites (u_p) et (v_p) en posant pour tout entier positif p,

$$u_p = \frac{x^{n+1}}{(n+1)!} + \frac{x^{n+2}}{(n+2)!} + \cdots + \frac{x^{n+p}}{(n+p)!}$$

$$v_p = 1 + \frac{x}{n+1} + \frac{x^2}{(n+1)^2} + \cdots + \frac{x^{p-1}}{(n+1)^{p-1}} .$$

a) Montrer que l'on a $v_p \leqslant \frac{n+1}{n+1-x}$ pour tout entier positif p.

b) Démontrer que l'on a $0 \leqslant u_p \leqslant \frac{x^{n+1}}{(n+1)!} v_p$ pour tout entier positif p.

Posons $P(x) = 1 + \frac{x}{1!} + \frac{x^2}{2!} + \cdots + \frac{x^n}{n!}$.

c) Montrer que la suite (u_p) a pour limite $\exp(x) - P(x)$.

d) En déduire les inégalités $0 \leqslant \exp x - P(x) \leqslant \frac{x^{n+1}}{n!\,(n+1-x)}$.

e) Trouver un polynôme Q tel que $|\exp(x) - Q(x)| \leqslant 10^{-5}$ pour tout nombre $x \in [0,1/2]$.

9. Soit $f : I \to \mathbb{R}$ une fonction de classe C^3 et soient a, b des éléments de l'intervalle I tels que $a < b$. Posons $m = \frac{a+b}{2}$ et pour tout $x \in \mathbb{R}$ vérifiant $|x| \leqslant \frac{b-a}{2}$, posons $g(x) = f(m+x) - f(m-x)$.

a) Calculer $g\left(\frac{b-a}{2}\right)$, $g(0)$, $g'(0)$, $g''(0)$ et $g'''(x)$.

b) Écrire la formule de Taylor au point 0 et à l'ordre 3 pour la fonction g.

c) Soit c un nombre réel tel que $|c| \leqslant \frac{b-a}{2}$. Montrer qu'il existe un nombre $d \in [a,b]$ tel que $\frac{1}{2} g'''(c) = f'''(d)$.

d) Montrer qu'il existe un nombre $\theta \in [a,b]$ tel que

$$f(b) = f(a) + (b-a) f'\left(\frac{a+b}{2}\right) + \frac{(b-a)^3}{24} f'''(\theta) .$$

10. Soit $f : \mathbb{R} \to \mathbb{R}$ une fonction de classe C^2. On suppose qu'il existe des nombres K et L positifs tels que $|f(x)| \leqslant K$ et $|f''(x)| \leqslant L$ pour tout nombre réel x.

a) Soit un nombre $a > 0$. En utilisant des formules de Taylor au point 0, montrer qu'il existe des nombres α et β tels que

$$f(a) - f(-a) = 2af'(0) + \frac{a^2}{2}\big(f''(\alpha) - f''(\beta)\big).$$

b) Montrer que l'on a $|f'(0)| \leqslant \dfrac{K}{a} + \dfrac{a}{2}\,L$ pour tout nombre $a > 0$.

c) Posons $u(t) = \dfrac{K}{t} + \dfrac{t}{2}\,L$ pour tout nombre $t > 0$. Étudier le sens de variation de la fonction u. En déduire l'inégalité $|f'(0)| \leqslant \sqrt{2KL}$.

d) Soit x_0 un nombre réel et soit $g : \mathbb{R} \to \mathbb{R}$ la fonction définie par $g(x) = f(x + x_0)$. Calculer $g'(x)$ et $g''(x)$. Montrer que l'on a $|f'(x_0)| \leqslant \sqrt{2KL}$.

11. Soit a un nombre réel strictement positif et soit $f : \mathbb{R} \to \mathbb{R}$ la fonction définie par $f(x) = |x|^a$ si $x \neq 0$ et $f(0) = 0$.

a) Pour quelles valeurs de a la fonction f est-elle de classe C^1 ?

b) Pour quelles valeurs de a la fonction f est-elle de classe C^2 ?

12. Reprenons la fonction $f : \mathbb{R} \to \mathbb{R}$ qui a été définie page **193**. Rappelons que cette fonction f est de classe C^∞, strictement croissante sur $[0, +\infty[$ et nulle sur $]-\infty, 0]$.

a) Pour tout $x \in \mathbb{R}$, posons $g(x) = f(x)f(1-x)$. Montrer que la fonction g est de classe C^∞, strictement positive sur $]0, 1[$ et nulle hors de l'intervalle $]0, 1[$.

b) Soit $a = \displaystyle\int_0^1 g(t)\,dt$. Montrer que le nombre a est strictement positif.

c) Pour tout $x \in \mathbb{R}$, posons $G(x) = \dfrac{1}{a}\displaystyle\int_0^x g(t)\,dt$.

(i) Calculer $G(x)$ pour $x \leqslant 0$ et pour $x \geqslant 1$.

(ii) Montrer que la fonction G est croissante et de classe C^∞ sur $\mathbb{R}$. Dessiner l'allure du graphe de la fonction G.

Quelques réponses ou indications

1. **b)** Faire un changement de variable dans l'intégrale.

2. **a)** On a $\sin'(0) = 1$ et $\sin''(0) = 0$; la formule est donc $\sin x = x - \frac{x^3}{6}\cos\theta$ où θ est entre 0 et x.

3. a) La formule est $\sin x = x - \frac{x^3}{3!} + \frac{x^5}{5!} - \frac{x^7}{7!} + \frac{x^9}{9!}\cos\theta$ où θ est entre 0 et $\pi/2$.

c) Il suffit que l'on ait $a \leqslant \sqrt[9]{9!\,10^{-5}}$; cette inégalité est vérifiée si par exemple $a \leqslant 1$.

4. b) Pour tout nombre réel θ, on a $\frac{|2\theta|}{1+\theta^2} \leqslant 1$.

6. a) Remarquer qu'il suffit de démontrer les inégalités pour tout nombre $x \geqslant 0$. Montrer que la fonction $x \mapsto \cos x - 1 + \frac{x^2}{2}$ est croissante sur $[0, +\infty[$. Posons $v(x) = 1 - \frac{x^2}{2} + \frac{x^4}{4!} - \cos x$. Calculer $v''(x)$; en déduire que v est croissante sur l'intervalle $[0, +\infty[$.

b) Il suffit d'élever au carré.

d) Si $0 \leqslant x < 1$, la formule de Taylor entre 0 et x s'écrit $\sqrt{1-x} = 1 - \frac{1}{2}x - \frac{1}{8}\frac{x^2}{(1-\theta)^{3/2}}$ où θ est entre 0 et x. Remarquer que si $x \in [0, \pi/4]$, alors $x^2 \in [0, \pi/4]$.

7. a) Distinguer selon que n est de la forme $4k$, $4k+1$, $4k+2$ ou bien $4k+3$, où $k \in \mathbb{N}$.

8. a) v_p est la somme des premiers termes d'une suite géométrique.

c) D'après l'exemple 1 du paragraphe 3, la suite de terme général $u_p + P(x)$ a pour limite $\exp x$.

d) La suite (u_p) est croissante et l'on a $u_p \leqslant \frac{x^{n+1}}{n!\,(n+1-x)}$ pour tout entier positif p.

e) Si $0 \leqslant x \leqslant 1/2$, alors $n+1-x \geqslant n+(1/2)$ donc $\frac{x^{n+1}}{n+1-x} \leqslant \frac{1}{2^{n+1}}\frac{1}{n+(1/2)} = \frac{1}{2^n(2n+1)}$.

9. a) Si $|x| \leqslant (b-a)/2$, alors $a = m-(b-a)/2 \leqslant m+x \leqslant m+(b-a)/2 = b$ et de même $a \leqslant m-x \leqslant b$. La fonction g est donc définie sur le segment $\left[-(b-a)/2, (b-a)/2\right]$. On a $g'''(x) = f'''(m+x) + f'''(m-x)$.

c) Le nombre $\alpha = (1/2)\big(f'''(m+c) + f'''(m-c)$ est le milieu du segment d'extrémités $f'''(m+c)$ et $f'''(m-c)$, donc appartient à ce segment. Puisque f''' est par hypothèse continue sur $[a,b]$, le théorème des valeurs intermédiaires affirme qu'il existe un nombre $d \in [a,b]$ tel que $f''(d) = \alpha$.

d) Utiliser (b).

10. a) Écrire la formule de Taylor entre 0 et a, la formule de Taylor entre 0 et $-a$ et retrancher les deux égalités.

b) Majorer $\big(f(a) - f(-a)\big) - \frac{a^2}{2}\big(f''(\alpha) - f''(\beta)\big)$ en utilisant l'inégalité triangulaire.

c) Calculer le minimum de la fonction u sur l'intervalle $]0, +\infty[$.

11. a) Calculer $f'(x)$ pour $x > 0$ et pour $x < 0$. Utiliser la règle de L'Hospital pour étudier la dérivabilité en 0 et la continuité de f' en 0.

b) même méthode qu'en (a) en remplaçant f par f'.

12. c) (i) Si $x \leqslant 0$, alors $G(x) = 0$. Si $x \geqslant 1$, alors $G(x) = 1$.

(ii) Montrer que la fonction G' est positive ou nulle et de classe C^∞. Ci-après l'allure du graphe de G.

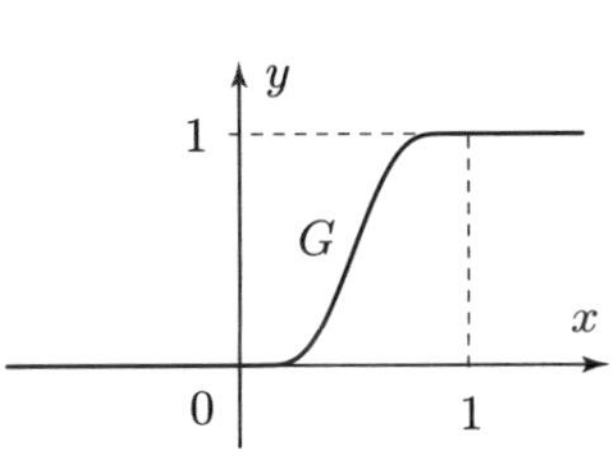

Chapitre 12

Développements limités

1. Un exemple

Proposons-nous de calculer la limite de l'expression $f(x) = \dfrac{e^x - 1 - x - x^2/2}{x^3}$ quand x tend vers 0.

Posons $u(x) = e^x - 1 - x - x^2/2$. Puisque $\lim_{x\to 0} e^x = 1$, le théorème sur la limite d'une somme affirme que l'on a $\lim_{x\to 0} u(x) = 0$. Quand x tend vers 0, la limite de f se présente sous une forme indéterminée et les théorèmes généraux ne permettent pas de conclure.

Écrivons la formule de Taylor pour la fonction exponentielle, au point 0 et à l'ordre 4 : pour tout nombre réel x, il existe un nombre θ compris entre 0 et x et tel que

$$e^x = 1 + \frac{x}{1!} + \frac{x^2}{2!} + \frac{x^3}{3!} + \frac{x^4}{4!}\, e^\theta\,.$$

Cherchons un encadrement de $\frac{x^4}{4!} e^\theta$ valable lorsque x appartient à l'intervalle $[-1,1]$. Puisque la fonction exponentielle est croissante et positive, on a $0 < e^\theta \leqslant e$ car le nombre θ est plus petit que 1. En multipliant par $\frac{x^4}{4!}$ qui est positif ou nul, on obtient l'inégalité $0 \leqslant \frac{x^4}{4!} e^\theta \leqslant e\frac{x^4}{4!}$ c'est-à-dire

$$0 \leqslant e^x - 1 - x - \frac{x^2}{2} - \frac{x^3}{3!} = u(x) - \frac{x^3}{3!} \leqslant e\frac{x^4}{4!}.$$

Pour tout nombre $x \in [-1,1]$, nous avons donc l'inégalité de Taylor

$$\left| u(x) - \frac{x^3}{3!} \right| \leqslant e\frac{x^4}{4!}. \qquad (*)$$

Posons $\varepsilon(x) = \dfrac{1}{x^3}\left(u(x) - \dfrac{x^3}{3!}\right)$ quel que soit le nombre x différent de 0. Pour tout $x \neq 0$, nous avons donc

$$u(x) - \frac{x^3}{3!} = x^3 \varepsilon(x)\,.$$

Si x est un nombre non nul appartenant à l'intervalle $[-1,1]$, l'inégalité $(*)$ implique $|x|^3|\varepsilon(x)| \leqslant e\dfrac{x^4}{4!}$. Puisque $\dfrac{x^4}{|x|^3} = |x|$, en divisant par le nombre positif $|x|^3$, il vient $|\varepsilon(x)| \leqslant e|x|$. Cette inégalité est vraie pour tout nombre x non nul de l'intervalle $[-1,1]$, nous pouvons donc passer à la limite quand x tend vers 0 : on obtient ainsi $\lim\limits_{x\to 0} \varepsilon(x) = 0$.

La limite de $f(x)$ est à présent très facile à calculer : pour tout $x \neq 0$, nous avons en effet

$$f(x) = \frac{u(x)}{x^3} = \frac{1}{x^3}\Big(\frac{x^3}{3!} + x^3\varepsilon(x)\Big) = \frac{1}{6} + \varepsilon(x)$$

donc
$$\lim_{x\to 0} f(x) = \frac{1}{6} + \lim_{x\to 0} \varepsilon(x) = \frac{1}{6}\cdot$$

Nous allons maintenant définir la notion mathématique appropriée à ce genre de calcul de limite.

2. Notion de développement limité

Définition

Soit I un intervalle ouvert tel que $0 \in I$ et soit $f : I \to \mathbb{R}$ une fonction continue en 0. Si n est un entier positif ou nul, on dit que f possède un *développement limité à l'ordre n au point* 0 s'il existe un polynôme à coefficients réels $P = a_0 + a_1X + \cdots + a_nX^n$, nul ou bien de degré inférieur ou égal à n, tel que

$$\lim_{x\to 0} \frac{f(x) - P(x)}{x^n} = 0\,.$$

Posons $\varepsilon(x) = \dfrac{f(x) - P(x)}{x^n}$ si $x \neq 0$. Pour tout nombre x non nul et appartenant à I, on a donc

$$f(x) = a_0 + a_1x + \cdots + a_nx^n + x^n\varepsilon(x) \quad \text{et} \quad \lim_{x\to 0} \varepsilon(x) = 0\,.$$

L'égalité $f(x) = a_0 + a_1x + \cdots + a_nx^n + x^n\,\varepsilon(x)$ s'appelle un développement limité de f à l'ordre n au point 0.

Remarque importante

Calculons la limite de chaque membre quand x tend vers 0. Puisque la fonction f est continue en 0, on a $\lim\limits_{x\to 0} f(x) = f(0)$. La fonction polynôme a pour limite $P(0) = a_0$ et puisque l'entier n est positif ou nul, on a $\lim\limits_{x\to 0} x^n\varepsilon(x) = 0$ d'après le théorème sur la limite d'un produit. Il vient donc $a_0 = f(0)$.

Puisque $\varepsilon(x)$ tend vers 0 quand x tend vers 0, nous pouvons prolonger la fonction ε par continuité en 0, en posant $\varepsilon(0) = 0$. Nous bénéficions maintenant d'une fonction ε définie sur I tout entier et *continue en* 0. Puisqu'on a $f(0) = a_0$, l'égalité $f(x) = a_0 + a_1 x + \cdots + a_n x^n + x^n\,\varepsilon(x)$ est encore vraie si $x = 0$, donc elle est vraie *quel que soit* $x \in I$.

Exemple. Dans l'exemple du paragraphe 1, réécrivons l'égalité $u(x) - \dfrac{x^3}{3!} = x^3\,\varepsilon(x)$ sous la forme

$$\exp(x) = 1 + x + \frac{x^2}{2} + \frac{x^3}{6} + x^3\,\varepsilon(x)\,.$$

Nous avons démontré que $\varepsilon(x)$ tend vers 0 quand x tend vers 0. Puisque le polynôme $1 + X + \frac{1}{2}X^2 + \frac{1}{6}X^3$ est de degré 3, cette égalité est un développement limité de la fonction exponentielle à l'ordre 3 au point 0. Nous avons aussi

$$\begin{aligned}\exp(x) &= 1 + x + \frac{x^2}{2} + x^2\left(\frac{x}{6} + x\varepsilon(x)\right)\\ &= 1 + x + \frac{x^2}{2} + x^2\alpha(x), \quad \text{où l'on a posé } \alpha(x) = \frac{x}{6} + x\varepsilon(x).\end{aligned}$$

D'après les théorèmes sur les limites, on a $\lim\limits_{x\to 0} \alpha(x) = 0$ donc l'égalité

$$\exp(x) = 1 + x + \frac{x^2}{2} + x^2\,\alpha(x)$$

est un développement limité de la fonction exponentielle à l'ordre 2 au point 0.

Définition

Soient I un intervalle ouvert, a un élément de I et $f : I \to \mathbb{R}$ une fonction continue en a. On dit que f possède un *développement limité à l'ordre* n *au point* a si la fonction $x \mapsto f(x + a)$ possède un développement limité à l'ordre n au point 0.

Cette définition signifie qu'il existe un polynôme P, nul ou de degré inférieur ou égal à n, tel que

$$f(x + a) = P(x) + x^n\varepsilon(x) \quad \text{et} \quad \lim_{x\to 0} \varepsilon(x) = 0\,.$$

Si l'on pose $\alpha(x) = \varepsilon(x - a)$, il vient $\lim\limits_{x\to a} \alpha(x) = 0$ par les propriétés des limites et

$$f(x) = P(x - a) + (x - a)^n\alpha(x)\,.$$

L'égalité ci-dessus s'appelle aussi un développement limité de f à l'ordre n au point a. Ce développement s'écrit explicitement sous la forme

$$f(x) = a_0 + a_1(x - a) + \cdots + a_n(x - a)^n + (x - a)^n\alpha(x), \quad \text{où } \lim_{x\to a} \alpha(x) = 0.$$

Exactement comme pour un développement limité en 0, on a $f(a) = a_0$ et à condition de poser $\alpha(a) = 0$, l'égalité du développement limité est vraie quel que soit $x \in I$.

Théorème d'unicité. *Si la fonction f possède un développement limité à l'ordre n au point a, ce développement est unique.*

Démonstration. Il suffit de faire la démonstration dans le cas $a = 0$. Supposons

$$f(x) = P(x) + x^n\alpha(x) = Q(x) + x^n\beta(x)$$

où les polynôme P et Q sont nuls ou bien de degré inférieur ou égal à n et $\lim\limits_{x\to 0} \alpha(x) = \lim\limits_{x\to 0} \beta(x) = 0$. En posant $R = P - Q$, on en déduit

$$R(x) = x^n\big(\beta(x) - \alpha(x)\big)\,. \qquad (*)$$

Puisque R est un polynôme nul ou de degré inférieur ou égal à n, écrivons $R(x) = r_0 + r_1 x + \cdots + r_n x^n$. Nous allons montrer, en raisonnant par récurrence, que tous les coefficients r_i sont nuls.

Passons à la limite quand x tend vers 0 dans l'égalité $(*)$. Puisque n est positif ou nul, le second membre tend vers 0 et $\lim\limits_{x\to 0} R(x) = R(0) = r_0$, d'où $r_0 = 0$. Soit p un entier tel que $0 \leqslant p < n$. Supposons que l'on on a $r_i = 0$ pour tout indice i tel que $0 \leqslant i \leqslant p$; alors

$$R(x) = r_{p+1}x^{p+1} + \cdots + r_n x^n = x^n\big(\beta(x) - \alpha(x)\big)\,.$$

Supposons $x \neq 0$ et divisons par x^{p+1} ; il vient

$$r_{p+1} + \cdots + r_n x^{n-p-1} = x^{n-p-1}\big(\beta(x) - \alpha(x)\big)\,.$$

Puisqu'on a $n - p - 1 \geqslant 0$, le second membre de cette égalité tend vers 0 quand x tend vers 0 d'après le théorème sur la limite d'un produit. Le théorème sur la limite d'une somme affirme que le premier membre tend vers r_{p+1}. Il vient donc $r_{p+1} = 0$, ce qui termine la démonstration. ■

Remarque

À partir de maintenant, nous ne parlerons plus d'un développement limité d'ordre n (ce qui laisserait sous-entendre qu'il en existe plusieurs), mais ***du*** développement limité de f à l'ordre n au point a.

Corollaire. *Soit $f(x) = P(x) + x^n\varepsilon(x)$ le développement limité de la fonction f à l'ordre n au point 0.*

- *Si f est une fonction paire, le polynôme P est pair.*
- *Si f est une fonction impaire, le polynôme P est impair.*

Démonstration. En changeant x en $-x$ dans le développement limité de f, il vient $f(-x) = P(-x) + (-x)^n\varepsilon(-x) = P(-x) + x^n(-1)^n\varepsilon(-x)$. Posons $\varepsilon_1(x) = (-1)^n\varepsilon(-x)$. La fonction ε_1 a pour limite 0 au point 0, donc l'égalité

$$f(-x) = P(-x) + x^n\varepsilon_1(x) \qquad (**)$$

est le développement limité de la fonction $g : x \mapsto f(-x)$ à l'ordre n au point 0.

Supposons que la fonction f est paire, c'est-à-dire que l'on a $f = g$. L'égalité $(**)$ est donc aussi le développement limité de f à l'ordre n au point 0. Puisque ce développement limité est unique, c'est que les polynômes $P(X)$ et $P(-X)$ sont égaux. Par définition (tome d'algèbre, chapitre 10), le polynôme P est pair, autrement dit tous les coefficients des monômes de degré impair sont égaux à 0.

Si la fonction f est impaire, on a de même $f = -g$ donc $P(X) = -P(-X)$, ce qui signifie que le polynôme P est impair, ou encore que tous les coefficients des monômes de degré pair sont nuls. ∎

La proposition suivante concerne les développements limités à l'ordre 0 ou 1.

Proposition. *Soit $f : I \to \mathbb{R}$ une fonction continue en un point $a \in I$.*

(i) *Le développement limité de f à l'ordre 0 au point a est*

$$f(x) = f(a) + \varepsilon(x), \quad \text{où } \lim_{x \to a} \varepsilon(x) = 0\,.$$

(ii) *La fonction f est dérivable en a si et seulement si f possède un développement limité à l'ordre 1 au point a. Dans ce cas, le développement limité est*

$$f(x) = f(a) + (x-a)f'(a) + (x-a)\varepsilon(x) \quad \text{où } \lim_{x \to a} \varepsilon(x) = 0\,.$$

Démonstration

(i) Posons $\varepsilon(x) = f(x) - f(a)$. Puisque f est continue en a, on a $\lim_{x \to a} f(x) = f(a)$ c'est-à-dire $\lim_{x \to a} \varepsilon(x) = 0$. Puisque nous avons posé $(x-a)^0 = 1$ par convention, il vient $f(x) = f(a) + \varepsilon(x) = f(a)(x-a)^0 + (x-a)^0\varepsilon(x)$ et le polynôme constant $f(a)$ est bien nul ou de degré 0.

(ii) Supposons la fonction f dérivable en a. Par définition de la dérivée, on a $\lim_{x \to a} \dfrac{f(x) - f(a)}{x - a} = f'(a)$ donc $\varepsilon(x) = \dfrac{f(x) - f(a)}{x - a} - f'(a)$ tend vers 0 quand x tend vers a. Nous avons $f(x) = f(a) + (x-a)f'(a) + (x-a)\varepsilon(x)$ et le polynôme $f(a) + (X-a)f'(a)$ est bien nul ou de degré inférieur ou égal à 1.

Réciproquement, supposons que f a pour développement limité à l'ordre 1 au point a

$$f(x) = a_0 + a_1(x-a) + (x-a)\varepsilon(x)\,.$$

Nous savons que $a_0 = f(a)$ donc $\dfrac{f(x) - f(a)}{x - a} = \dfrac{f(x) - a_0}{x - a} = a_1 + \varepsilon(x)$ et par suite $\lim_{x \to a} \dfrac{f(x) - f(a)}{x - a} = \lim_{x \to a} \big(a_1 + \varepsilon(x)\big) = a_1$. Par définition de la dérivée, nous obtenons $f'(a) = a_1$. ∎

Une convention à propos de la notation ε

Lorsque nous écrirons un développement limité en un point, nous utiliserons presque toujours la lettre ε pour désigner une fonction qui a pour limite 0 en ce point. Nous ne préciserons donc plus à chaque fois $\lim_{x\to a} \varepsilon(x) = 0$, cela étant sous-entendu.

Mais au cours d'un même calcul où plusieurs fonctions de ce type sont en présence, il sera nécessaire de désigner par ε_1, ε_2, etc les différentes fonctions utilisées.

3. Développement limité des fonctions de classe C^n

Intégration d'un développement limité. *Soit $f : I \to \mathbb{R}$ une fonction continue et soit F une primitive de f. Supposons qu'au point $a \in I$, la fonction f a pour développement limité à l'ordre n*

$$f(x) = a_0 + a_1(x-a) + \cdots + a_n(x-a)^n + (x-a)^n\varepsilon(x)\,.$$

Alors le développement limité de F à l'ordre $n+1$ au point a est

$$F(x)=F(a)+a_0(x-a)+a_1\frac{(x-a)^2}{2}+a_2\frac{(x-a)^3}{3}+\cdots+a_n\frac{(x-a)^{n+1}}{n+1}+(x-a)^{n+1}\varepsilon(x).$$

Démonstration. Posons $P = a_0 + a_1(X-a) + \cdots + a_n(X-a)^n$. Pour tout nombre $x \neq a$, on a $\varepsilon(x) = \dfrac{f(x)-P(x)}{(x-a)^n}$ donc ε est continue en tout point $x \in I$, $x \neq a$. Posons $\varepsilon(a) = 0$ de manière à bénéficier d'une fonction ε continue en a, donc continue sur I. Intégrons l'égalité $f(x) = a_0 + a_1(x-a) + \cdots + a_n(x-a)^n + (x-a)^n\varepsilon(x)$ qui est vraie quel que soit $x \in I$:

$$\begin{aligned}
F(x) - F(a) &= \int_a^x f(t)\,dt \\
&= \int_a^x \big(a_0 + a_1(t-a) + \cdots + a_n(t-a)^n\big)\,dt + \int_a^x (t-a)^n\varepsilon(t)\,dt \\
&= a_0(x-a) + a_1\frac{(x-a)^2}{2} + a_2\frac{(x-a)^3}{3} + \cdots + a_n\frac{(x-a)^{n+1}}{n+1} + u(x)
\end{aligned}$$

où l'on a posé $u(x) = \int_a^x (t-a)^n\varepsilon(t)\,dt$. Il reste à montrer que $u(x)$ est de la forme $(x-a)^{n+1}\varepsilon_1(x)$ où $\varepsilon_1(x)$ tend vers 0 quand x tend vers a, c'est-à-dire que l'on a $\lim_{x\to a} \dfrac{u(x)}{(x-a)^{n+1}} = 0$. D'après la proposition page 158, on a

$$u(x) = \int_a^x (t-a)^n\varepsilon(t)\,dt = (x-a)(\theta-a)^n\varepsilon(\theta)\,,$$

où le nombre θ appartient au segment d'extrémités a et x. On a $|\theta - a| \leqslant |x-a|$ et par suite

$$|u(x)| = |x-a||\theta-a|^n\big|\varepsilon(\theta)\big| \leqslant |x-a|^{n+1}\big|\varepsilon(\theta)\big|\,.$$

Donnons-nous un nombre $\eta > 0$. Par hypothèse, $\varepsilon(x)$ tend vers 0 quand x tend vers a et $\varepsilon(a) = 0$, donc il existe un nombre $\alpha > 0$ tel que

$$\big|\varepsilon(t)\big| \leqslant \eta \quad \text{quel que soit } t \text{ vérifiant } |t-a| \leqslant \alpha.$$

Pour tout nombre x vérifiant $|x-a| \leqslant \alpha$, on a $|\theta - a| \leqslant \alpha$, donc $|u(x)| \leqslant |x-a|^{n+1}\eta$. Si l'on a $|x-a| \leqslant \alpha$ et $x \neq a$, il vient donc $\dfrac{|u(x)|}{|x-a|^{n+1}} \leqslant \eta$. Par définition de la limite, cela montre que $\dfrac{u(x)}{(x-a)^{n+1}}$ tend vers 0 quand x tend vers a. ■

Théorème. *Soit $f : I \to \mathbb{R}$ une fonction de classe C^n et soit a un élément de I. La fonction f a pour développement limité à l'ordre n au point a*

$$f(x) = f(a) + \frac{f'(a)}{1!}(x-a) + \frac{f''(a)}{2!}(x-a)^2 + \cdots + \frac{f^{(n)}(a)}{n!}(x-a)^n + (x-a)^n\varepsilon(x).$$

Démonstration. Démontrons ce théorème en raisonnant par récurrence sur n. Supposons $n = 1$. Une fonction f de classe C^1 sur I est en particulier dérivable au point a. Nous savons qu'alors le développement limité de f à l'ordre 1 au point a est $f(x) = f(a) + (x-a)f'(a) + (x-a)\varepsilon(x)$. L'énoncé du théorème est donc vrai si $n = 1$. Supposons que l'on a $n \geqslant 2$ et que l'énoncé du théorème est vrai pour toute fonction de classe C^{n-1} sur I. Donnons-nous une fonction f de classe C^n sur I et posons $g = f'$. La fonction g est de classe C^{n-1} donc par hypothèse de récurrence, le développement limité de g à l'ordre $n-1$ au point a est

$$g(x)=g(a)+\frac{g'(a)}{1!}(x-a)+\frac{g''(a)}{2!}(x-a)^2+\cdots+\frac{g^{(n-1)}(a)}{(n-1)!}(x-a)^{n-1}+(x-a)^{n-1}\varepsilon(x).$$

Puisque f est une primitive de g, la proposition précédente affirme que le développement limité de f à l'ordre n au point a est

$$\begin{aligned} f(x) &= f(a) + g(a)(x-a) + \frac{g'(a)}{1!}\,\frac{(x-a)^2}{2} + \cdots + \frac{g^{(n-1)}(a)}{(n-1)!}\,\frac{(x-a)^n}{n} + (x-a)^n\varepsilon(x) \\ &= f(a) + g(a)(x-a) + g'(a)\frac{(x-a)^2}{2!} + \cdots + g^{(n-1)}(a)\frac{(x-a)^n}{n!} + (x-a)^n\varepsilon(x). \end{aligned}$$

Puisqu'on a $g(a) = f'(a)$, $g'(a) = f''(a)$, $\ldots$, $g^{(n-1)}(a) = f^{(n)}(a)$, la dernière égalité est celle de l'énoncé du théorème. ■

Voici un exercice d'application.

Exercice. Soit $f : \mathbb{R} \to \mathbb{R}$ une fonction de classe C^2 telle que $f(0) = 0$. Calculer la limite de $\dfrac{f(x) + f(-x)}{x^2}$ quand x tend vers 0.

Réponse. Puisque la fonction f est de classe C^2, elle a un développement limité à l'ordre 2 en 0. Nous avons supposé $f(0) = 0$, donc le développement est de la forme

$$f(x) = a_1 x + a_2 x^2 + x^2 \varepsilon(x) \ , \quad \text{où } \lim_{x \to 0} \varepsilon(x) = 0.$$

Remplaçons x par $-x$ dans l'égalité du développement limité. Il vient

$$f(-x) = -a_1 x + a_2 x^2 + x^2 \varepsilon(-x) \, .$$

En ajoutant ces deux égalités, on obtient $f(x) + f(-x) = 2a_2 x^2 + x^2 \big(\varepsilon(x) + \varepsilon(-x)\big)$, d'où

$$\frac{f(x) + f(-x)}{x^2} = 2a_2 + \varepsilon(x) + \varepsilon(-x) \, .$$

Quand x tend vers 0, $\varepsilon(x)$ et $\varepsilon(-x)$ tendent vers 0, donc $\dfrac{f(x) + f(-x)}{x^2}$ tend vers $2a_2$. D'après le théorème précédent, le coefficient de x^2 dans le développement limité de f est égal à $f''(0)/2$, donc $2a_2 = f''(0)$. Nous avons ainsi montré que l'on a $\displaystyle\lim_{x \to 0} \frac{f(x) + f(-x)}{x^2} = f''(0)$.

Pour une fonction de classe C^n, les coefficients du développement limité au point a sont ceux de la formule de Taylor au point a.

Mais attention : le développement limité d'une fonction de classe C^n ne permet pas à lui seul de connaître le reste de la formule de Taylor. Un développement limité n'est donc pas approprié pour encadrer explicitement une fonction sur un intervalle donné.

Exemple. Soient n un entier strictement positif, f la fonction définie par $f(x) = x^n$ et g la fonction définie par $g(x) = x^n + 10^{2n+1} x^{n+1}$.
Les développements limités de f et g à l'ordre n au point 0 sont

$$f(x) = x^n + x^n \varepsilon_1(x) \ , \qquad \text{où } \varepsilon_1(x) = 0$$
$$g(x) = x^n + x^n \varepsilon_2(x) \ , \qquad \text{où } \varepsilon_2(x) = 10^{2n+1} x$$

car on a bien $\lim_{x \to 0} \varepsilon_1(x) = \lim_{x \to 0} \varepsilon_2(x) = 0$. Sur le segment $I = [0, 1/10]$, nous avons $0 \leqslant f(x) \leqslant 10^{-n}$. Mais puisque $g(1/10) = 10^{-n} + 10^{2n+1} 10^{-(n+1)} = 10^{-n} + 10^n$, le maximum de g sur I est supérieur à 10^n. Bien que les développements limités de f et g à l'ordre n aient les mêmes coefficients, ces fonctions sont fort différentes sur l'intervalle I, d'un point de vue numérique.

Grâce au théorème précédent, nous sommes en mesure de calculer les développements limités des fonctions usuelles.

4. Développement limité au point 0 des fonctions usuelles

Il faut les connaître par cœur ou bien savoir les retrouver très vite.
Dans la liste suivante, un développement qui se termine par $x^p\varepsilon(x)$ est bien sûr à l'ordre p.

$\exp(x) = 1 + \dfrac{x}{1!} + \dfrac{x^2}{2!} + \cdots + \dfrac{x^n}{n!} + x^n\varepsilon(x)$
$\operatorname{ch} x = 1 + \dfrac{x^2}{2!} + \dfrac{x^4}{4!} + \cdots + \dfrac{x^{2n}}{(2n)!} + x^{2n+1}\varepsilon(x)$
$\operatorname{sh} x = x + \dfrac{x^3}{3!} + \dfrac{x^5}{5!} + \cdots + \dfrac{x^{2n-1}}{(2n-1)!} + x^{2n}\varepsilon(x)$
$\cos x = 1 - \dfrac{x^2}{2!} + \dfrac{x^4}{4!} + \cdots + (-1)^n\dfrac{x^{2n}}{(2n)!} + x^{2n+1}\varepsilon(x)$
$\sin x = x - \dfrac{x^3}{3!} + \dfrac{x^5}{5!} + \cdots + (-1)^{n-1}\dfrac{x^{2n-1}}{(2n-1)!} + x^{2n}\varepsilon(x)$
$(1+x)^\alpha = 1 + \alpha x + \dfrac{\alpha(\alpha-1)}{2!}x^2 + \dfrac{\alpha(\alpha-1)(\alpha-2)}{3!}x^3 + \cdots + \dfrac{\alpha(\alpha-1)\cdots(\alpha-n+1)}{n!}x^n + x^n\varepsilon(x)$
$\dfrac{1}{1-x} = 1 + x + x^2 + \cdots + x^n + x^n\varepsilon(x)$
$\dfrac{1}{1+x} = 1 - x + x^2 - x^3 \cdots + (-1)^n x^n + x^n\varepsilon(x)$
$\operatorname{Log}(1-x) = -x - \dfrac{x^2}{2} - \dfrac{x^3}{3} + \cdots - \dfrac{x^n}{n} + x^n\varepsilon(x)$
$\operatorname{Log}(1+x) = x - \dfrac{x^2}{2} + \dfrac{x^3}{3} + \cdots + (-1)^{n-1}\dfrac{x^n}{n} + x^n\varepsilon(x)$
$\operatorname{Arc\,tg} x = x - \dfrac{x^3}{3} + \dfrac{x^5}{5} + \cdots + (-1)^{n-1}\dfrac{x^{2n-1}}{2n-1} + x^{2n}\varepsilon(x)$
$\operatorname{Arc\,sin} x = x + \dfrac{1}{2}\dfrac{x^3}{3} + \dfrac{1.3}{2.4}\dfrac{x^5}{5} + \dfrac{1.3.5}{2.4.6}\dfrac{x^7}{7} + \cdots + \dfrac{1.3.5\cdots(2n-1)}{2.4.6\cdots(2n)}\dfrac{x^{2n+1}}{2n+1} + x^{2n+2}\varepsilon(x)$

Démonstration

- Pour la fonction exponentielle, on applique le théorème en utilisant les égalités

$$\exp(0) = \exp'(0) = \cdots = \exp^{(p)}(0) = 1\,.$$

- Pour les fonctions sinus et cosinus hyperboliques, nous savons que l'on a $\mathrm{ch}' = \mathrm{sh}$, $\mathrm{ch}'' = \mathrm{ch}$, $\mathrm{sh}' = \mathrm{ch}$ et $\mathrm{sh}'' = \mathrm{sh}$. On en déduit

$$\begin{aligned} \mathrm{ch}^{(2p)}(0) &= \mathrm{ch}(0) = 1 \qquad & \mathrm{ch}^{(2p+1)}(0) &= \mathrm{sh}(0) = 0 \\ \mathrm{sh}^{(2p)}(0) &= \mathrm{sh}(0) = 0 \qquad & \mathrm{sh}^{(2p+1)}(0) &= \mathrm{ch}(0) = 1 \end{aligned}$$

d'où le résultat en appliquant le théorème.

- On raisonne de même avec les fonctions sinus et cosinus : nous avons $\sin^{(p)}(0) = \sin\left(p\frac{\pi}{2}\right)$ et $\cos^{(p)}(0) = \cos\left(p\frac{\pi}{2}\right)$ donc

$$\begin{aligned} \sin^{(2p)}(0) &= 0 \qquad & \sin^{(2p+1)}(0) &= (-1)^p \\ \cos^{(2p)}(0) &= (-1)^p \qquad & \cos^{(2p+1)}(0) &= 0 \end{aligned}$$

et le théorème donne le résultat.

- Posons $f(x) = (1+x)^\alpha$. La formule donnant la dérivée p-ième d'une fonction puissance (page 192) montre que l'on a

$$f^{(p)}(x) = \alpha(\alpha-1)\cdots(\alpha-p+1)(1+x)^{\alpha-p}\,.$$

On en déduit $f^{(p)}(0) = \alpha(\alpha-1)\cdots(\alpha-p+1)$ et le développement limité de la fonction f en 0 est à nouveau donné par le théorème.

- Pour la fonction $x \mapsto \dfrac{1}{1-x}$, rappelons que l'on a $1 + x + x^2 + \cdots + x^n = \dfrac{1-x^{n+1}}{1-x}$ quel que soit le nombre $x \neq 1$. Cette égalité s'écrit encore

$$\begin{aligned} \frac{1}{1-x} &= 1 + x + x^2 + \cdots + x^n + \frac{x^{n+1}}{1-x} \\ &= 1 + x + x^2 + \cdots + x^n + x^n\frac{x}{1-x} \\ &= 1 + x + x^2 + \cdots + x^n + x^n\varepsilon(x) \qquad \text{où l'on a posé } \varepsilon(x) = \frac{x}{1-x}. \end{aligned}$$

Puisque $\lim\limits_{x\to 0} \varepsilon(x) = 0$, la dernière égalité est le développement limité de $\dfrac{1}{1-x}$ à l'ordre n au point 0. En changeant x en $-x$ dans ce développement limité, on trouve celui de $\dfrac{1}{1+x}$.

- Puisque la fonction $x \mapsto -\mathrm{Log}(1-x)$ est la primitive de $x \mapsto \dfrac{1}{1-x}$ qui s'annule en 0, il suffit d'intégrer le développement limité précédent pour obtenir le développement limité de $-\operatorname{Log}(1-x)$ à l'ordre $n+1$ au point 0 :

$$-\operatorname{Log}(1-x) = x + \frac{x^2}{2} + \frac{x^3}{3} + \cdots + \frac{x^{n+1}}{n+1} + x^{n+1}\varepsilon(x)\,.$$

En changeant x en $-x$ dans l'égalité ci-dessus, on obtient le développement de $\operatorname{Log}(1+x)$.

► Pour trouver le développement limité de la fonction Arc tangente, nous allons intégrer celui de sa dérivée $\dfrac{1}{1+x^2}$. En remplaçant x par x^2 dans le développement limité à l'ordre n de $\dfrac{1}{1+x}$, nous obtenons

$$\begin{aligned}\frac{1}{1+x^2} &= 1 - x^2 + x^4 + \cdots + (-1)^{n-1}x^{2n-2} + (-1)^n x^{2n} + x^{2n}\varepsilon\left(x^2\right)\\ &= 1 - x^2 + x^4 + \cdots + (-1)^{n-1}x^{2n-2} + x^{2n-1}\varepsilon_1(x)\end{aligned}$$

où l'on a posé $\varepsilon_1(x) = (-1)^n x + x\varepsilon\left(x^2\right)$. Puisque $\lim_{x\to 0}\varepsilon_1(x) = 0$, la dernière égalité est un développement limité à l'ordre $2n-1$. Intégrons ce développement limité en tenant compte de la relation $\operatorname{Arc\,tg} 0 = 0$; il vient le développement limité à l'ordre $2n$:

$$\operatorname{Arc\,tg} x = x - \frac{x^3}{3} + \frac{x^5}{5} + \cdots + (-1)^{n-1}\frac{x^{2n-1}}{2n-1} + x^{2n}\varepsilon(x)\,.$$

► Procédons de même pour la fonction Arc sinus. Le développement limité de $\dfrac{1}{\sqrt{1-x}} = (1-x)^{-1/2}$ s'obtient en remplaçant α par $-1/2$ et x par $-x$ dans le développement limité de $(1+x)^\alpha$ que nous avons écrit précédemment ; les coefficients α , $\dfrac{\alpha(\alpha-1)}{2!}$, $\dfrac{\alpha(\alpha-1)(\alpha-2)}{3!}$ deviennent $-\frac{1}{2}$, $-\frac{1}{2}\left(-\frac{3}{2}\right)\frac{1}{2!} = \dfrac{1.3}{2^2\,2!} = \dfrac{1.3}{2.4}$, $-\frac{1}{2}\left(-\frac{3}{2}\right)\left(-\frac{5}{2}\right)\frac{1}{3!} = -\dfrac{1.3.5}{2^3\,3!} = \dfrac{1.3.5}{2.4.6}$ et le coefficient de $(-x)^p$ est

$$-\frac{1}{2}\left(-\frac{3}{2}\right)\cdots\left(-\frac{2p-1}{2}\right)\frac{1}{p!} = \frac{(-1)(-3)\cdots(-2p+1)}{2^p\,p!} = (-1)^p\,\frac{1.3\cdots(2p-1)}{2.4\cdots(2p)}\,.$$

Puisque $(-x)^p = (-1)^p x^p$, les signes moins se détruisent et il vient le développement limité à l'ordre $n+1$:

$$\frac{1}{\sqrt{1-x}} = 1 + \frac{1}{2}x + \frac{1.3}{2.4}x^2 + \cdots + \frac{1.3.5\cdots(2n+1)}{2.4.6\cdots(2n+2)}x^{n+1} + x^{n+1}\varepsilon(x)\,.$$

Remplaçons x par x^2 :

$$\begin{aligned}\frac{1}{\sqrt{1-x^2}} &= 1+\frac{1}{2}x^2+\frac{1.3}{2.4}x^4+\cdots+\frac{1.3.5\cdots(2n+1)}{2.4.6\cdots(2n+2)}x^{2n+2}+x^{2n+2}\varepsilon(x)\\ &= 1+\frac{1}{2}x^2+\frac{1.3}{2.4}x^4+\cdots+\frac{1.3.5\cdots(2n-1)}{2.4.6\cdots(2n)}x^{2n}+\\ &\quad +x^{2n+1}\left(\frac{1.3.5\cdots(2n+1)}{2.4.6\cdots(2n+2)}x+x\varepsilon(x)\right).\end{aligned}$$

La fonction ε_1 en facteur de x^{2n+1} tend vers 0 quand x tend vers 0, donc la dernière égalité est un développement limité à l'ordre $2n+1$. Puisque la fonction Arc sinus est la primitive de $\frac{1}{\sqrt{1-x^2}}$ qui s'annule en 0, on trouve le développement limité de $\operatorname{Arc\,sin} x$ à l'ordre $2n+2$ en intégrant le développement précédent. ■

Remarque

Dans la liste précédente, conformément à ce que nous avons démontré, le développement limité d'une fonction paire ne comporte, dans sa partie polynôme, que des puissances paires de x ; et pour les fonctions impaires, il n'y a que des puissances impaires de x.

Si P est un polynôme nul ou de degré inférieur ou égal à n, dire que $f(x) = P(x) + x^n\varepsilon(x)$ est le développement limité de f au point 0 et à l'ordre n, signifie

$$\lim_{x\to 0}\frac{f(x)-P(x)}{x^n}=0.$$

5. Deux exemples garde-fou

Exemple 1. Soit $f : \mathbb{R} \to \mathbb{R}$ la fonction définie par

$$f(x)=\begin{cases}0 & \text{si } x\leqslant 0\\ \exp(-1/x) & \text{si } x>0.\end{cases}$$

Nous avons montré au paragraphe 2 du chapitre 11, que la fonction f est de classe C^∞ et que l'on a $0 = f(0) = f'(0) = f''(0) = \cdots = f^{(n)}(0)$ quel que soit l'entier $n \geqslant 1$. D'après le théorème du paragraphe 3, le développement limité de f à l'ordre n en 0 est

$$f(x)=f(0)+\frac{f'(0)}{1!}x+\frac{f''(0)}{2!}x^2+\cdots+\frac{f^{(n)}(0)}{n!}x^n+x^n\varepsilon(x)$$

c'est-à-dire

$$f(x)=x^n\varepsilon(x).$$

Dans le développement limité de f au point 0 et à l'ordre n, tous les coefficients sont nuls et pourtant la fonction f n'est pas la fonction nulle.
En un point, des fonctions différentes peuvent donc avoir, pour tout n, le même développement limité à l'ordre n.

Exemple 2. Soit $f : \mathbb{R} \to \mathbb{R}$ la fonction définie par

$$f(x) = \begin{cases} 0 & \text{si } x = 0 \\ x^3 \sin(1/x) & \text{si } x \neq 0\,. \end{cases}$$

- Quel que soit le nombre $x \neq 0$, nous avons $|f(x)| = |x^3|\,|\sin(1/x)| \leqslant |x^3|$. Puisque $\lim\limits_{x\to 0} |x^3| = 0$, on en déduit $\lim\limits_{x\to 0} f(x) = 0 = f(0)$. La fonction f est donc continue en 0.
- Posons $\varepsilon(x) = x\sin(1/x)$ de sorte que pour tout nombre x non nul, on a l'égalité

$$f(x) = x^2\varepsilon(x)\,. \qquad (*)$$

Comme ci-dessus, en majorant par 1 la valeur absolue du sinus, nous obtenons l'inégalité $|\varepsilon(x)| \leqslant |x|$ et par conséquent $\lim\limits_{x\to 0} \varepsilon(x) = 0$. L'égalité $(*)$ est donc le développement limité de f à l'ordre 2 au point 0.
On en déduit que le développement limité à l'ordre 1 est $f(x) = x\varepsilon(x)$. D'après la proposition du paragraphe 2, la fonction f est dérivable en 0 ; de plus, nous savons que le nombre $f'(0)$ est le coefficient de x dans la partie polynôme du développement limité à l'ordre 1, donc $f'(0) = 0$. Ce résultat est aussi facile à montrer directement : on a en effet $\lim\limits_{x\to 0} \dfrac{f(x)}{x} = \lim\limits_{x\to 0} x^2\sin(1/x) = 0$.
- Montrons que f ne possède pas de dérivée seconde en 0.
Pour tout nombre x différent de 0, nous avons d'après les règles de dérivation

$$f'(x) = 3x^2\sin(1/x) + x^3\Big(-\frac{1}{x^2}\cos(1/x)\Big) = 3x^2\sin(1/x) - x\cos(1/x)\,.$$

Par définition de la dérivée, nous devons montrer que l'expression $\dfrac{f'(x) - f'(0)}{x - 0} = \dfrac{f'(x)}{x} = 3x\sin(1/x) - \cos(1/x)$ n'a pas de limite quand x tend vers 0. Or nous savons déjà que l'on a $\lim\limits_{x\to 0} 3x\sin(1/x) = 0$. Raisonnons par l'absurde en supposant que $f'(x)/x$ a une limite quand x tend vers 0. Le théorème sur la limite d'une différence affirme alors que $\cos(1/x)$ possède aussi une limite quand x tend vers 0 ; mais nous avons démontré page 43 que $\cos(1/x)$ n'a pas de limite quand x tend vers 0, d'où la contradiction cherchée.
Ainsi une fonction peut posséder un développement limité à l'ordre 2 au point 0 et ne pas avoir de dérivée seconde en 0.

- Puisque la fonction f' n'est pas dérivable en 0, nous savons que f' n'a pas de développement limité à l'ordre 1 au point 0 (proposition du paragraphe 2). Pourtant la fonction f a un développement à l'ordre 2 : *on ne peut donc pas « dériver un développement limité ».*

Exercices

1. Soit $f : \mathbb{R} \to \mathbb{R}$ une fonction continue dont le développement limité à l'ordre 2 en 0 est $f(x) = 1 - x + 2x^2 + x^2\varepsilon(x)$. Posons $F(x) = \int_x^{2x} f(t)\,dt$. Calculer le développement limité de F à l'ordre 3 au point 0.

2. a) Écrire le développement limité de $\sqrt{1+x}$ à l'ordre 3 au point 0.

b) Écrire le développement limité de $\operatorname{Log} x$ à l'ordre 3 au point 1.

3. Pour tout nombre réel x, posons $f(x) = \operatorname{Log}\left(x + \sqrt{x^2+1}\right)$. Calculer $f'(x)$. En déduire le développement limité de la fonction f à l'ordre 5 au point 0.

4. Écrire le développement limité de $\exp(x-1)$ à l'ordre 3 au point 0. En déduire le développement limité de $\exp x$ à l'ordre 3 au point -1.

5. Écrire le développement limité de $\dfrac{1}{1+(x/2)}$ à l'ordre 3 au point 0. En déduire le développement limité de $1/x$ à l'ordre 3 au point 2.

6. Écrire le développement limité de $\sqrt{1+(x/4)}$ à l'ordre 2 au point 0. En déduire le développement limité de $\sqrt{x}$ à l'ordre 2 au point 4.

7. Écrire le développement limité de $\operatorname{Log}\left(1+(x/e)\right)$ à l'ordre 2 au point 0. En déduire le développement limité de $\operatorname{Log} x$ à l'ordre 2 au point e.

Quelques réponses ou indications

1. On a $F(x) = G(2x) - G(x)$, où G est une primitive de f.

2. a) $\sqrt{1+x} = (1+x)^{1/2} = 1 + \frac{1}{2}x - \frac{1}{8}x^2 + \frac{1}{16}x^3 + x^3\varepsilon(x)$, où $\lim\limits_{x\to 0} \varepsilon(x) = 0$.

b) $\operatorname{Log} x = x - 1 - \frac{1}{2}(x-1)^2 + \frac{1}{3}(x-1)^3 + (x-1)^3\varepsilon(x)$, où $\lim\limits_{x\to 1} \varepsilon(x) = 0$.

3. Intégrer le développement limité à l'ordre 4 au point 0 de $f'(x) = \frac{1}{\sqrt{1+x^2}}$

4. On a le développement limité en 0 : $\exp(x-1) = \frac{1}{e}\exp x = \frac{1}{e} + \frac{1}{e}x + \frac{1}{e}\frac{x^2}{2} + \frac{1}{e}\frac{x^3}{6} + x^3\varepsilon(x)$. On en déduit $\exp x = \frac{1}{e} + \frac{1}{e}(x+1) + \frac{1}{2e}(x+1)^2 + \frac{1}{6e}(x+1)^3 + (x+1)^3\varepsilon_1(x)$ où $\lim_{x\to -1} \varepsilon_1(x) = 0$.

5. En remplaçant x par $x/2$ dans le développement limité en 0 de $\frac{1}{1+x}$, on obtient $\frac{1}{1+(x/2)} = 1 - \frac{x}{2} + \frac{x^2}{2^2} - \frac{x^3}{2^3} + x^3\varepsilon(x)$. Puisque $\frac{1}{2+x} = \frac{1}{2}\frac{1}{1+(x/2)}$, on en déduit $\frac{1}{x} = \frac{1}{2} - \frac{1}{4}(x-2) + \frac{1}{8}(x-2)^2 - \frac{1}{16}(x-2)^3 + (x-2)^3\varepsilon_1(x)$ où $\lim_{x\to 2} \varepsilon_1(x) = 0$.

6. On a le développement limité en 0 : $\sqrt{1+(x/4)} = 1 + \frac{1}{2}\frac{x}{4} - \frac{1}{8}\frac{x^2}{4^2} + x^2\varepsilon(x)$. Puisque $\sqrt{4+x} = 2\sqrt{1+(x/4)}$, le développement demandé est $\sqrt{x} = 2 + \frac{1}{4}(x-4) - \frac{1}{64}(x-4)^2 + (x-4)^2\varepsilon_1(x)$ où $\lim_{x\to 4} \varepsilon_1(x) = 0$.

7. On a $\operatorname{Log}\big(1+(x/e)\big) = \frac{x}{e} - \frac{1}{2}\frac{x^2}{e^2} + x^2\varepsilon(x)$. Puisque $\operatorname{Log}(e+x) = 1 + \operatorname{Log}\big(1+(x/e)\big)$, le développement demandé est $\operatorname{Log} x = 1 + \frac{1}{e}(x-e) - \frac{1}{2e^2}(x-e)^2 + (x-e)^2\varepsilon_1(x)$ où $\lim_{x\to e} \varepsilon_1(x) = 0$.

Chapitre 13

Le calcul des développements limités

Au précédent chapitre, nous avons montré que si l'on intègre le développement limité à l'ordre n d'une fonction f, on obtient le développement limité à l'ordre $n+1$ d'une primitive de f. Nous allons maintenant présenter les opérations algébriques que l'on peut faire sur les développements limités. Dans les énoncés, nous formulons les résultats pour les développements limités au point 0 ; il sera très facile, dans les exercices, de les appliquer à des développements limités en un point a quelconque.

1. Développement limité d'une somme et du produit par un nombre

Proposition. *Soient f et g des fonctions ayant pour développement limité à l'ordre n au point 0*

$$f(x) = P(x) + x^n\varepsilon(x) \qquad \text{et} \qquad g(x) = Q(x) + x^n\varepsilon(x)\,.$$

Le développement limité de la fonction $f+g$ à l'ordre n au point 0 est

$$(f+g)(x) = (P+Q)(x) + x^n\varepsilon(x)\,.$$

Si λ est un nombre réel, le développement limité de la fonction λf à l'ordre n au point 0 est

$$(\lambda f)(x) = (\lambda P)(x) + x^n\varepsilon(x)\,.$$

Démonstration. Dans cet énoncé, nous avons désigné par la même lettre ε des fonctions *a priori* différentes : l'une est relative au développement limité de f, une autre à celui de g et une dernière est relative au développement de $f+g$. Puisque nous allons utiliser ces fonctions ε dans un même calcul, notons-les différemment, par exemple en écrivant

$$f(x) = P(x) + x^n \varepsilon_1(x) \qquad \lim_{x \to 0} \varepsilon_1(x) = 0$$

$$\text{et} \qquad g(x) = Q(x) + x^n \varepsilon_2(x) \qquad \lim_{x \to 0} \varepsilon_2(x) = 0$$

pour les développements limités de f et g.

On a $f(x)+g(x)=P(x)+Q(x)+x^n\big(\varepsilon_1(x)+\varepsilon_2(x)\big)$ et en posant $\varepsilon_3(x)=\varepsilon_1(x)+\varepsilon_2(x)$, cette égalité s'écrit

$$(f+g)(x) = (P+Q)(x) + x^n \varepsilon_3(x)\,. \qquad (*)$$

Par hypothèse, les polynômes P et Q sont nuls ou bien de degré inférieur ou égal à n, donc il en va de même du polynôme $P + Q$. D'après le théorème sur la limite d'une somme, on a $\lim_{x \to 0} \varepsilon_3(x) = 0$; l'égalité $(*)$ est donc le développement limité de la fonction $f + g$ à l'ordre n au point 0. La démonstration pour la fonction λf est tout à fait semblable. ■

Exemple. Le développement limité de $\sin x$ à l'ordre 4 au point $\pi/4$.

Nous devons calculer le développement limité de $\sin\left(x + \frac{\pi}{4}\right)$ à l'ordre 4 au point 0.

En utilisant la formule $\sin\left(x + \frac{\pi}{4}\right) = \sin x \,\cos\frac{\pi}{4} + \sin\frac{\pi}{4}\,\cos x = \frac{\sqrt{2}}{2}\,(\sin x + \cos x)$, nous sommes ramenés aux développements limités en 0 des fonctions sinus et cosinus, qui font partie des développements limités à connaître ; à l'ordre 4, on a

$$\sin x = x - \frac{x^3}{3!} + x^4\varepsilon(x) \quad \text{et} \quad \cos x = 1 - \frac{x^2}{2!} + \frac{x^4}{4!} + x^4\varepsilon(x)\,.$$

En ajoutant les fonctions polynôme, on obtient

$$\sin x + \cos x = 1 + x - \frac{x^2}{2!} - \frac{x^3}{3!} + \frac{x^4}{4!} + x^4\varepsilon(x)$$

et en multipliant par $\frac{\sqrt{2}}{2}$, on trouve le développement

$$\sin\left(x + \frac{\pi}{4}\right) = \frac{\sqrt{2}}{2} + \frac{\sqrt{2}}{2}x - \frac{\sqrt{2}}{4}x^2 - \frac{\sqrt{2}}{12}x^3 + \frac{\sqrt{2}}{48}x^4 + x^4\varepsilon(x)\,.$$

Le développement limité cherché s'obtient enfin en changeant x en $x - \frac{\pi}{4}$:

$$\sin x = \frac{\sqrt{2}}{2} + \frac{\sqrt{2}}{2}\left(x - \frac{\pi}{4}\right) - \frac{\sqrt{2}}{4}\left(x - \frac{\pi}{4}\right)^2 - \frac{\sqrt{2}}{12}\left(x - \frac{\pi}{4}\right)^3 + \\ + \frac{\sqrt{2}}{48}\left(x - \frac{\pi}{4}\right)^4 + \left(x - \frac{\pi}{4}\right)^4 \varepsilon(x)\,, \quad \text{où} \lim_{x \to \frac{\pi}{4}} \varepsilon(x) = 0\,.$$

2. Tronquer un polynôme

Définition

Soit $P = a_0 + a_1X + \cdots + a_nX^n$ un polynôme à coefficients réels et soit p un entier tel que $0 \leqslant p \leqslant n$. Le polynôme *tronqué à l'ordre* p est

$$T_p(P) = a_0 + a_1X + \cdots + a_pX^p\,.$$

Pour écrire le polynôme tronqué $T_p(P)$, on remplace par zéro tous les coefficients des monômes de P de degré au moins égal à $p+1$. Le polynôme $T_p(P)$ est nul ou bien de degré inférieur ou égal à p.

Si P et Q sont des polynômes, on a $T_p(P+Q) = T_p(P) + T_p(Q)$ et pour tout nombre réel λ, $T_p(\lambda P) = \lambda T_p(P)$.

Remarquons aussi que $T_p(P)$ est le reste de la division euclidienne de P par le polynôme X^{p+1} (voir le chapitre 10 du tome d'algèbre).

Proposition. *Si une fonction f a pour développement limité $f(x) = P(x) + x^n\varepsilon(x)$ à l'ordre n au point 0 et si p est un entier tel que $0 \leqslant p \leqslant n$, le développement limité de f à l'ordre p au point 0 est $f(x) = T_p(P)(x) + x^p\varepsilon(x)$.*

Démonstration. Si $p = n$, on a $T_p(P) = P$ et il n'y a rien à démontrer. Supposons $p < n$. En mettant X^{p+1} en facteur dans les termes de plus haut degré de P, on a l'égalité de polynômes

$$P = a_0 + a_1X + \cdots + a_pX^p + X^{p+1}Q = T_p(P) + X^{p+1}Q$$

où Q est le quotient de la division euclidienne de P par X^{p+1}. Il vient donc

$$\begin{aligned} f(x) &= a_0 + a_1x + \cdots + a_px^p + x^{p+1}Q(x) + x^n\varepsilon(x) \\ &= T_p(P)(x) + x^p\left(xQ(x) + x^{n-p}\varepsilon(x)\right) \\ &= T_p(P)(x) + x^p\varepsilon_1(x) \qquad \text{où l'on a posé } \varepsilon_1(x) = xQ(x) + x^{n-p}\varepsilon(x). \end{aligned}$$

Puisque la fonction $x \mapsto Q(x)$ est continue, on a $\lim_{x\to 0} Q(x) = Q(0)$, donc $\lim_{x\to 0} xQ(x) = 0$ d'après le théorème sur la limite d'un produit. Puisque l'entier $n-p$ est strictement positif, on a $\lim_{x\to 0} x^{n-p} = 0$ donc aussi (produit de limites) $\lim_{x\to 0} x^{n-p}\varepsilon(x) = 0$. On en déduit (limite d'une somme) $\lim_{x\to 0} \varepsilon_1(x) = 0$, d'où le résultat. ∎

Nous avons déjà pratiqué la proposition précédente dans l'exemple page 209.

Exemple. Supposons que $f(x) = x^3 - 2x^4 + x^5 - x^6 + x^6\varepsilon(x)$ est le développement limité à l'ordre 6 en 0 d'une fonction f. Pour écrire le développement à l'ordre 4, on supprime de la partie polynôme tous les monômes de degré strictement plus grand que 4 :

$$f(x) = x^3 - 2x^4 + x^4\varepsilon(x)\,.$$

De même, le développement de f à l'ordre 2 est $f(x) = x^2\varepsilon(x)$ car en tronquant la partie polynôme à l'ordre 2, on obtient le polynôme nul.

Remarque. Soit la fonction polynôme $x \mapsto P(x) = a_0 + a_1x + \cdots + a_nx^n$. Si p est un entier compris entre 0 et n, il ressort de la démonstration précédente que le développement limité de la fonction $x \mapsto P(x)$ à l'ordre p au point 0 est simplement

$$P(x) = a_0 + a_1x + \cdots + a_px^p + x^p\varepsilon(x) = T_p(P)(x) + x^p\varepsilon(x)\,.$$

3. Développement limité d'un produit

Proposition. *Soient f et g des fonctions ayant pour développement limité à l'ordre n au point 0*

$$f(x) = P(x) + x^n\varepsilon(x) \qquad \text{et} \qquad g(x) = Q(x) + x^n\varepsilon(x)\,.$$

Le développement limité de la fonction produit fg à l'ordre n au point 0 est

$$(fg)(x) = T_n(PQ)(x) + x^n\varepsilon(x)\,.$$

Démonstration. Pour les besoins de la démonstration, écrivons $f(x) = P(x) + x^n\varepsilon_1(x)$ pour le développement limité de f et $g(x) = Q(x) + x^n\varepsilon_2(x)$ pour celui de g, où les fonctions ε_1 et ε_2 ont pour limite 0 au point 0. Alors

$$\begin{aligned}(fg)(x) = f(x)g(x) &= P(x)Q(x) + x^n\big(P(x)\varepsilon_2(x) + Q(x)\varepsilon_1(x)\big) + x^{2n}\varepsilon_1(x)\varepsilon_2(x)\\ &= P(x)Q(x) + x^n\big(P(x)\varepsilon_2(x) + Q(x)\varepsilon_1(x) + x^n\varepsilon_1(x)\varepsilon_2(x)\big)\,.\end{aligned}$$

D'après la remarque précédente, la fonction polynôme $x \mapsto (PQ)(x) = P(x)Q(x)$ a pour développement limité à l'ordre n, $(PQ)(x) = T_n(PQ)(x) + x^n\varepsilon_3(x)$. Il vient donc

$$\begin{aligned}(fg)(x) &= T_n(PQ)(x) + x^n\varepsilon_3(x) + x^n\big(P(x)\varepsilon_2(x) + Q(x)\varepsilon_1(x) + x^n\varepsilon_1(x)\varepsilon_2(x)\big)\\ &= T_n(PQ)(x) + x^n\varepsilon_4(x)\end{aligned}$$

où l'on a posé $\varepsilon_4(x) = \varepsilon_3(x) + P(x)\varepsilon_2(x) + Q(x)\varepsilon_1(x) + x^n\varepsilon_1(x)\varepsilon_2(x)$. Puisque $P(x)$ et $Q(x)$ tendent respectivement vers $P(0)$ et $Q(0)$ quand x tend vers 0, les théorèmes sur la limite d'une somme et d'un produit montrent que $\lim\limits_{x\to 0}\varepsilon_4(x) = 0$, d'où le résultat. ■

Exemple. Le développement limité de $(\operatorname{Arc\,tg} x)^2$ à l'ordre 8 au point 0.

On sait que le développement limité de $\operatorname{Arc\,tg} x$ à l'ordre 8 au point 0 est

$$\operatorname{Arc\,tg} x = x - \frac{x^3}{3} + \frac{x^5}{5} - \frac{x^7}{7} + x^8\varepsilon(x).$$

Calculons le carré de la fonction polynôme $P(x) = x - \frac{x^3}{3} + \frac{x^5}{5} - \frac{x^7}{7}$ en tronquant le résultat à l'ordre 8, c'est-à-dire en supprimant les monômes de degré supérieur à 8 au fur et à mesure qu'ils apparaissent. Bien entendu, il est inutile de calculer et d'écrire ces monômes. On obtient ainsi

$$\begin{aligned}\underbrace{x^2 + \frac{x^6}{9}}_{\text{termes carrés}} \quad \underbrace{-2x\frac{x^3}{3} + 2x\frac{x^5}{5} - 2x\frac{x^7}{7} - 2\frac{x^3}{3}\frac{x^5}{5}}_{\text{termes rectangles}} &= \\ &= x^2 - \frac{2}{3}x^4 + \left(\frac{1}{9} + \frac{2}{5}\right)x^6 - \left(\frac{2}{7} + \frac{2}{15}\right)x^8 \\ &= x^2 - \frac{2}{3}x^4 + \frac{23}{45}x^6 - \frac{44}{105}x^8.\end{aligned}$$

Le développement limité cherché est donc

$$(\operatorname{Arc\,tg} x)^2 = x^2 - \frac{2}{3}x^4 + \frac{23}{45}x^6 - \frac{44}{105}x^8 + x^8\varepsilon(x).$$

4. Développement limité d'une composée

Remarquons que la composée de deux fonctions polynôme est bien une fonction polynôme. En effet, si $P = a_0 + a_1X + \cdots + a_pX^p$ et $Q = b_0 + b_1X + \cdots + b_qX^q$, alors on a $P \circ Q = a_0 + a_1Q + \cdots + a_pQ^p$ qui est une somme de polynômes, donc un polynôme.

Proposition. *Soient f et g des fonctions ayant pour développement limité à l'ordre n au point 0*

$$f(x) = P(x) + x^n\varepsilon(x) \qquad \text{et} \qquad g(x) = Q(x) + x^n\varepsilon(x).$$

Si $g(0) = 0$, le développement limité de la fonction composée $f \circ g$ à l'ordre n au point 0 est

$$(f \circ g)(x) = T_n(P \circ Q)(x) + x^n\varepsilon(x).$$

Démonstration. Si $n=0$, le polynôme P est constant, donc aussi le composé $P \circ Q$: on a $P = f(0)$, donc $P \circ Q = f(0) = T_0(P \circ Q)$. Puisque $g(0) = 0$ par hypothèse, il vient $f(0) = f\big(g(0)\big) = (f \circ g)(0)$. La fonction $f \circ g$ est continue en 0, donc le développement limité de $f \circ g$ à l'ordre 0 au point 0 est bien $(f \circ g)(x) = T_0(P \circ Q) + \varepsilon(x)$.

Supposons $n \geqslant 1$. Pour les besoins de la démonstration, notons $f(x) = P(x) + x^n \varepsilon_1(x)$ et $g(x) = Q(x) + x^n \varepsilon_2(x)$ les développement limités de f et g. Par définition de la composée, on a l'égalité

$$(f \circ g)(x) = f\big(g(x)\big) = P\big(g(x)\big) + \big(g(x)\big)^n \varepsilon_1\big(g(x)\big) \qquad (*)$$

et si $P = a_0 + a_1 X + \cdots + a_n X^n$, il vient $P\big(g(x)\big) = a_0 + a_1 g(x) \cdots + a_n \big(g(x)\big)^n$. Puisque la fonction $x \mapsto P\big(g(x)\big)$ est une somme de puissances de g, les résultats précédents sur le développement limité d'une somme et d'un produit permettent d'en écrire le développement limité à l'ordre n au point 0 :

$$\begin{aligned} P\big(g(x)\big) &= T_n\Big(a_0 + a_1 Q + \cdots + a_n Q^n\Big)(x) + x^n \varepsilon_3(x) \\ &= T_n(P \circ Q)(x) + x^n \varepsilon_3(x)\,. \end{aligned}$$

Puisque $g(0) = 0$, le terme constant du polynôme Q est nul, donc ce polynôme s'écrit $Q = b_1 X + \cdots + b_n X^n$. Il vient

$$\begin{aligned} g(x) &= b_1 x + \cdots + b_n x^n + x^n \varepsilon_2(x) \\ &= x\left(b_1 + \cdots + b_n x^{n-1} + x^{n-1} \varepsilon_2(x)\right) = x h(x) \end{aligned}$$

où la fonction $h(x) = b_1 + \cdots + b_n x^{n-1} + x^{n-1} \varepsilon_2(x)$ a pour limite b_1 quand x tend vers 0. On a $\big(g(x)\big)^n = x^n \big(h(x)\big)^n$, d'où $\big(g(x)\big)^n \varepsilon_1\big(g(x)\big) = x^n \big(h(x)\big)^n \varepsilon_1\big(g(x)\big)$. Posons $\varepsilon_1(0) = 0$ de manière à disposer d'une fonction ε_1 continue en 0. Puisque $\lim\limits_{x \to 0} g(x) = g(0) = 0$, nous avons $\lim\limits_{x \to 0} \varepsilon_1\big(g(x)\big) = \varepsilon_1(0) = 0$. Il vient donc $\lim\limits_{x \to 0} \big(h(x)\big)^n \varepsilon_1\big(g(x)\big) = b_1^n \lim\limits_{x \to 0} \varepsilon_1\big(g(x)\big) = 0$ et finalement

$$\big(g(x)\big)^n \varepsilon_1\big(g(x)\big) = x^n \varepsilon_4(x) \quad \text{où} \quad \lim_{x \to 0} \varepsilon_4(x) = 0.$$

L'égalité $(*)$ s'écrit maintenant

$$\begin{aligned} (f \circ g)(x) &= T_n(P \circ Q)(x) + x^n \varepsilon_3(x) + x^n \varepsilon_4(x) \\ &= T_n(P \circ Q)(x) + x^n \big(\varepsilon_3(x) + \varepsilon_4(x)\big) \end{aligned}$$

d'où le résultat puisque la fonction $\varepsilon_3 + \varepsilon_4$ a pour limite 0 au point 0. ■

Exemple. Le développement limité de $\cos(\sin x)$ à l'ordre 5 au point 0.

Puisque $\sin(0) = 0$, on peut appliquer la proposition précédente à la fonction composée $\cos \circ \sin$. Écrivons les développements limités de sinus et cosinus à l'ordre 5 au point 0 :

$$\sin x = x - \frac{x^3}{3!} + \frac{x^5}{5!} + x^5 \varepsilon(x) \qquad \text{et} \qquad \cos x = 1 - \frac{x^2}{2!} + \frac{x^4}{4!} + x^5 \varepsilon(x)\,.$$

Posons $P(x) = 1 - \dfrac{x^2}{2!} + \dfrac{x^4}{4!}$ et $Q(x) = x - \dfrac{x^3}{3!} + \dfrac{x^5}{5!}$ et calculons la composée

$$P \circ Q(x) = 1 - \frac{1}{2!}\big(Q(x)\big)^2 + \frac{1}{4!}\big(Q(x)\big)^4$$

en ne retenant que les monômes de degré inférieur ou égal à 5. La fonction Q^2 tronquée à l'ordre 5 est $x^2 - 2x\frac{x^3}{3!}$, la fonction Q^4 tronquée à l'ordre 5 est x^4, donc $P \circ Q$ tronquée à l'ordre 5 est

$$1 - \frac{1}{2!}\left[x^2 - 2x\frac{x^3}{3!}\right] + \frac{1}{4!}x^4 = 1 - \frac{1}{2}x^2 + \left(\frac{1}{6} - \frac{1}{24}\right)x^4 = 1 - \frac{1}{2}x^2 + \frac{1}{8}x^4 .$$

Le développement limité cherché est donc

$$\cos(\sin x) = 1 - \frac{1}{2}x^2 + \frac{1}{8}x^4 + x^5\varepsilon(x) .$$

Exemple. Calculons le développement limité de $u(x) = \exp\left(\sqrt[3]{1+x}\right)$à l'ordre 2 au point 0.

Si l'on pose $g(x) = \sqrt[3]{1+x}$, on a $u = \exp \circ g$. Mais comme $g(0) \neq 0$, il n'est pas question d'appliquer la proposition précédente à cette composée. Heureusement, nous remarquons que l'on a $u(x) = \exp\left(\sqrt[3]{1+x}\right) = e\exp\left(\sqrt[3]{1+x} - 1\right)$ et la fonction $h : x \mapsto \sqrt[3]{1+x} - 1$ vérifie $h(0) = 0$. Nous allons donc calculer le développement limité de $\exp \circ h$ à l'ordre 2 au point 0 et en multipliant par le nombre e, nous obtiendrons le développement limité de u. Puisque $\sqrt[3]{1+x} = (1+x)^{1/3}$ pour tout $x > -1$, on a les développements limités en 0 :

$$\sqrt[3]{1+x} = (1+x)^{1/3} = 1 + \frac{x}{3} + \frac{1}{3}\left(-\frac{2}{3}\right)\frac{x^2}{2!} + x^2\varepsilon(x)$$

$$h(x) = \sqrt[3]{1+x} - 1 = \frac{x}{3} - \frac{x^2}{9} + x^2\varepsilon(x) .$$

Puisque le développement limité de la fonction exponentielle à l'ordre 2 au point 0 est $\exp(x) = 1 + x + \frac{x^2}{2!} + x^2\varepsilon(x)$, nous devons calculer la composée $P \circ Q$ des fonctions polynôme $P(x) = 1 + x + \frac{x^2}{2}$ et $Q(x) = \frac{x}{3} - \frac{x^2}{9}$ en ne retenant que les monômes de degré inférieur ou égal à 2. On a $P \circ Q(x) = 1 + Q(x) + \frac{1}{2}\left(Q(x)\right)^2$, donc il vient

$$1 + \left(\frac{x}{3} - \frac{x^2}{9}\right) + \frac{1}{2}\frac{x^2}{9} = 1 + \frac{x}{3} - \frac{x^2}{18} .$$

Le développement limité de $\exp \circ h$ à l'ordre 2 au point 0 est donc

$$\exp \circ h(x) = 1 + \frac{1}{3}x - \frac{1}{18}x^2 + x^2\varepsilon(x)$$

et celui de u est

$$\exp\left(\sqrt[3]{1+x}\right) = e + \frac{e}{3}x - \frac{e}{18}x^2 + x^2\varepsilon(x) .$$

Corollaire. *Soient f et g des fonctions ayant un développement limité à l'ordre n au point 0. Si $g(0) \neq 0$, la fonction f/g possède un développement limité à l'ordre n au point 0.*

Démonstration. Puisque les fonctions f et g sont continues en 0, l'hypothèse $g(0) \neq 0$ assure que la fonction f/g est définie et continue en 0. Puisque f/g est le produit des fonctions f et $1/g$, il suffit de montrer que $1/g$ possède un développement limité à l'ordre n au point 0. Posons $a = g(0)$ et $u(x) = g(x) - a$. Alors

$$\frac{1}{g(x)} = \frac{1}{a + u(x)} = \frac{1}{a} \frac{1}{1 + \big(u(x)/a\big)}.$$

Introduisons la fonction h définie par $h(x) = \dfrac{1}{1+x}$. Il vient $\dfrac{1}{g(x)} = \dfrac{1}{a} h\Big(\dfrac{u(x)}{a}\Big)$. La fonction $1/g$ est donc la composée $\varphi \circ \psi$ des fonctions $\psi : x \mapsto \dfrac{u(x)}{a}$ et $\varphi : x \mapsto \dfrac{1}{a} h(x)$. La fonction h fait partie des fonctions dont nous connaissons le développement limité à l'ordre n au point 0 ; il suffit de multiplier ce développement par $\dfrac{1}{a}$ pour avoir le développement de φ. Puisque la fonction g a par hypothèse un développement limité à l'ordre n au point 0, il en va de même de u et de ψ. Puisque $u(0) = g(0) - a = 0$, nous avons $\psi(0) = 0$. Par conséquent la fonction $\varphi \circ \psi = 1/g$ possède un développement limité à l'ordre n au point 0. ■

Exemple. Soit a un nombre réel non nul. Calculons le développement limité de $\dfrac{1}{a - x}$ à l'ordre n au point 0.

On a $\dfrac{1}{a-x} = \dfrac{1}{a} \dfrac{1}{1 - (x/a)}$ et le développement limité de $\dfrac{1}{1-x}$ à l'ordre n au point 0 est

$$\frac{1}{1-x} = 1 + x + x^2 + \cdots + x^n + x^n \varepsilon(x).$$

D'après la proposition sur le développement limité d'une composée, il suffit de substituer x/a à x dans la partie polynôme de ce développement pour obtenir le développement de $\dfrac{1}{1-(x/a)}$. Il vient donc

$$\frac{1}{1-(x/a)} = 1 + \frac{x}{a} + \frac{x^2}{a^2} + \cdots + \frac{x^n}{a^n} + x^n \varepsilon(x)$$

d'où le développement limité à l'ordre n de $\dfrac{1}{a-x}$ au point 0 :

$$\frac{1}{a-x} = \frac{1}{a} + \frac{1}{a^2} x + \frac{1}{a^3} x^2 + \cdots + \frac{1}{a^{n+1}} x^n + x^n \varepsilon(x).$$

La méthode utilisée dans la démonstration du corollaire n'est en général pas la plus rapide pour calculer le développement limité d'un quotient : nous allons voir que celui-ci s'obtient en pratiquant un *algorithme* très simple.

5. Calcul pratique du développement limité d'un quotient

Dans le tome d'algèbre, chapitre 12 paragraphe 3, nous avons énoncé le résultat suivant (division des polynômes selon les puissances croissantes) :

Soient A et B des polynômes de $\mathbb{R}[X]$ et soit n un entier naturel. Si $B(0) \neq 0$, il existe un unique polynôme Q tel que

$$\begin{cases} A - BQ \text{ est divisible par } X^{n+1}, \\ Q = 0 \text{ ou } \deg Q \leqslant n. \end{cases}$$

Le polynôme Q est le quotient à l'ordre n de la division de A par B selon les puissances croissantes. Pour calculer Q, on écrit les polynômes A et B dans l'ordre croissant des puissances de X et l'on pratique la division en s'arrêtant lorsque X^{n+1} est en facteur dans le reste.

Proposition. *Soient f et g des fonctions ayant pour développement limité à l'ordre n au point 0*

$$f(x) = A(x) + x^n\varepsilon(x) \qquad \text{et} \qquad g(x) = B(x) + x^n\varepsilon(x).$$

Si le nombre $g(0) = B(0)$ est non nul, le développement limité de f/g à l'ordre n au point 0 est

$$\frac{f(x)}{g(x)} = Q(x) + x^n\varepsilon(x)$$

où Q est le quotient à l'ordre n de la division de A par B selon les puissances croissantes.

Démonstration. Écrivons $A - BQ = X^{n+1}R$ où R est un polynôme. En notant $f(x) = A(x) + x^n\varepsilon_1(x)$ et $g(x) = B(x) + \varepsilon_2(x)$, il vient

$$\begin{aligned} f(x) - Q(x)g(x) &= A(x) - B(x)Q(x) + x^n\varepsilon_1(x) - x^nQ(x)\varepsilon_2(x) \\ &= x^{n+1}R(x) + x^n\varepsilon_1(x) - x^nQ(x)\varepsilon_2(x) \\ &= x^n\big(xR(x) + \varepsilon_1(x) - Q(x)\varepsilon_2(x)\big). \end{aligned}$$

En divisant par $g(x)$, on obtient $\dfrac{f(x)}{g(x)} - Q(x) = x^n\varepsilon_3(x)$ où la fonction $\varepsilon_3(x) = \dfrac{1}{g(x)}\big(xR(x) + \varepsilon_1(x) - Q(x)\varepsilon_2(x)\big)$ tend vers 0 d'après les théorèmes sur les limites. Puisque Q est un polynôme nul ou de degré inférieur ou égal à n, l'égalité $\dfrac{f(x)}{g(x)} = Q(x) + x^n\varepsilon_3(x)$ est le développement limité de $\dfrac{f}{g}$ à l'ordre n au point 0. ■

Exemple. Le développement limité de $\operatorname{tg} x$ à l'ordre 5 au point 0.

Les développements limités de sinus et de cosinus à l'ordre 5 au point 0 sont $\sin x = P(x) + x^5\varepsilon(x)$ et $\cos x = Q(x) + x^5\varepsilon(x)$, où

$$P(x) = x - \frac{x^3}{3!} + \frac{x^5}{5!} \qquad \text{et} \qquad Q(x) = 1 - \frac{x^2}{2!} + \frac{x^4}{4!}\,.$$

Calculons le quotient à l'ordre 5 de la division de P par Q selon les puissances croissantes. On dispose les calculs comme d'habitude pour une division et il revient au même de pratiquer directement sur les fonctions polynôme :

$$\begin{array}{r|l}
x - \dfrac{x^3}{6} + \dfrac{x^5}{120} & 1 - \dfrac{x^2}{2} + \dfrac{x^4}{24} \\ \cline{2-2}
x - \dfrac{x^3}{2} + \dfrac{x^5}{24} & x + \dfrac{x^3}{3} + \dfrac{2}{15}x^5 \\ \cline{1-1}
\dfrac{x^3}{3} - \dfrac{x^5}{30} & \\
\dfrac{x^3}{3} - \dfrac{x^5}{6} + \cdots & \\ \cline{1-1}
\dfrac{2}{15}x^5 + \cdots &
\end{array}$$

Le développement limité de $\operatorname{tg} x$ à l'ordre 5 au point 0 est donc

$$\operatorname{tg} x = x + \frac{1}{3}x^3 + \frac{2}{15}x^5 + x^5\varepsilon(x)\,.$$

Dans la division, nous avons remplacé par $+\cdots$ les monômes de degré plus grand que 5 qu'il est inutile d'écrire.

Lorsque vous calculerez un développement limité, disposez clairement les calculs de manière à ne pas oublier de termes lorsque vous ferez des sommes, des produits, des composées ou des divisions selon les puissances croissantes. Chacune de ces opérations est simple, mais il peut y en avoir plusieurs à effectuer.
N'écrivez pas les monômes de degré trop grand dont on sait d'après les théorèmes qu'ils n'interviendront pas dans le résultat final.

6. Quelques cas particuliers

Il peut arriver que les résultats soient meilleurs que ceux prévus par les théorèmes généraux, c'est-à-dire que l'on gagne des unités dans l'ordre d'un développement limité. Soit $f(x) = P(x) + x^n\varepsilon(x)$ le développement limité de f à l'ordre n au point 0 et soit p un entier strictement positif.

- Le développement limité de la fonction $x \mapsto x^p f(x)$, *à l'ordre* $n+p$ au point 0, est $x^p f(x) = x^p P(x) + x^{n+p}\varepsilon(x)$.
- Supposons $n \geqslant 1$ et $f(0)=0$. On a $P(0)=0$ donc le polynôme P s'écrit $P=XQ$ où Q est un polynôme nul ou de degré inférieur ou égal à $n-1$. On a

$$f(x) = xQ(x) + x^n\varepsilon(x) = x\big(Q(x) + x^{n-1}\varepsilon(x)\big) = xu(x)$$

où l'on a posé $u(x)=Q(x)+x^{n-1}\varepsilon(x)$. Cette dernière égalité est le développement limité de la fonction u à l'ordre $n-1$ au point 0. D'après la proposition sur le produit, on a donc le développement limité

$$\big(u(x)\big)^p = T_{n-1}(Q^p)(x) + x^{n-1}\varepsilon(x)\,.$$

Puisque $\big(f(x)\big)^p = \big(xu(x)\big)^p = x^p\big(u(x)\big)^p$, le résultat ci-dessus fournit le développement limité de la fonction $x \mapsto \big(f(x)\big)^p$ *à l'ordre* $p+n-1$:

$$\big(f(x)\big)^p = x^p\,T_{n-1}(Q^p)(x) + x^{p+n-1}\varepsilon(x)\,.$$

- Le développement limité de la fonction $x \mapsto f(x^p)$ *à l'ordre* np au point 0 est

$$f(x^p) = P(x^p) + x^{np}\varepsilon(x)\,.$$

En effet, on a $f(x^p)=P(x^p)+(x^p)^n\,\varepsilon(x^p)=P(x^p)+x^{np}\varepsilon(x^p)$. D'après les théorèmes sur les limites, nous savons que $\lim\limits_{x\to 0}\varepsilon(x^p) = 0$ car x^p tend vers 0 quand x tend vers 0, et le polynôme $P(X^p)$ est nul ou de degré inférieur ou égal à np.

7. Applications des développements limités

Calcul des limites. Lorsqu'on veut calculer une limite et que les théorèmes généraux ne s'appliquent pas parce qu'on a affaire à une forme indéterminée, un développement limité permet généralement de trouver la réponse. Présentons cette technique essentielle sous forme d'exercices.

Exercice. Calculer $\lim\limits_{x\to 0} \dfrac{x \operatorname{Log} \operatorname{ch} x}{1 + x\sqrt{1+x} - \exp(\sin x)}$.

Réponse. Le numérateur et le dénominateur tendent vers 0, il convient donc de chercher leur développement limité à un ordre suffisant pour que les fonctions polynôme obtenues ne soient pas nulles. Le développement limité de $\sqrt{1+x}$ à l'ordre 2 au point 0 est

$$\sqrt{1+x} = 1 + \frac{1}{2}x - \frac{1}{8}x^2 + x^2\varepsilon(x)$$

d'où celui de $x\sqrt{1+x}$ à l'ordre 3 :

$$x\sqrt{1+x} = x + \frac{1}{2}x^2 - \frac{1}{8}x^3 + x^3\varepsilon(x)\,.$$

Le développement limité de $\sin x$ au point 0 et à l'ordre 3 est $\sin x = x - \frac{1}{6}x^3 + x^3\varepsilon(x)$ et celui de la fonction exponentielle est $\exp x = 1 + x + \frac{1}{2}x^2 + \frac{1}{6}x^3 + x^3\varepsilon(x)$. En composant ces développements limités, nous obtenons

$$\exp(\sin x) = 1 + x + \frac{1}{2}x^2 + x^3\varepsilon(x)\,.$$

Notons $D(x) = 1 + x\sqrt{1+x} - \exp(\sin x)$ le dénominateur de l'expression ; il vient le développement limité à l'ordre 3 :

$$\begin{aligned} D(x) &= \left(1 + x + \frac{1}{2}x^2 - \frac{1}{8}x^3\right) - \left(1 + x + \frac{1}{2}x^2\right) + x^3\varepsilon(x) \\ &= -\frac{1}{8}x^3 + x^3\varepsilon(x)\,. \end{aligned}$$

Le premier terme non nul de la partie polynôme étant de degré 3, calculons également à l'ordre 3 le développement limité du numérateur. Pour cela, il suffit de calculer le développement limité à l'ordre 2 de $\operatorname{Log}\operatorname{ch} x$. Nous connaissons les développements limités à l'ordre 2 :

$$\operatorname{ch} x - 1 = \frac{x^2}{2!} + x^2\varepsilon(x) \quad \text{et} \quad \operatorname{Log}(1+x) = x - \frac{1}{2}x^2 + x^2\varepsilon(x)\,.$$

En composant ces développements limités, ce qui est possible car $\operatorname{ch}(0) - 1 = 0$, on trouve

$$\operatorname{Log}\operatorname{ch} x = \operatorname{Log}\big(1 + (\operatorname{ch} x - 1)\big) = \frac{1}{2}x^2 + x^2\varepsilon_1(x)$$

où $\lim\limits_{x\to 0} \varepsilon_1(x) = 0$. Nous avons alors

$$\frac{x \operatorname{Log}\operatorname{ch} x}{D(x)} = \frac{x^3\big(1/2 + \varepsilon_1(x)\big)}{x^3\big(-1/8 + \varepsilon(x)\big)} = \frac{1/2 + \varepsilon_1(x)}{-1/8 + \varepsilon(x)}\,.$$

Dans la dernière expression, le numérateur tend vers $1/2$ quand x tend vers 0 et le dénominateur tend vers $-1/8$, donc la limite cherchée est égale à -4.

Exercice. Calculer la limite de $f(x) = \left(\dfrac{2^{\frac{1}{x}} + 3^{\frac{1}{x}}}{2}\right)^x$ quand x tend vers $+\infty$.

Réponse. Posons $g(x) = f(1/x) = \left(\dfrac{2^x + 3^x}{2}\right)^{1/x}$ et cherchons la limite de $g(x)$ quand x tend vers 0. Quand x tend vers 0, $\dfrac{2^x + 3^x}{2}$ tend vers $\dfrac{2^0 + 3^0}{2} = 1$ et l'exposant $1/x$ tend vers l'infini : nous sommes en présence d'une forme indéterminée.

Rappelons que si a est un nombre réel positif, on a par définition $a^x = \exp(x \operatorname{Log} a)$ pour tout x. Nous avons donc quel que soit x

$$2^x = \exp(x \operatorname{Log} 2) \quad \text{et} \quad 3^x = \exp(x \operatorname{Log} 3)\,.$$

Pour calculer la limite de $g(x)$, prenons le logarithme :

$$\operatorname{Log} g(x) = \frac{1}{x} \operatorname{Log}\left(\frac{2^x + 3^x}{2}\right) = \frac{1}{x} \operatorname{Log} h(x)$$

où $h(x) = \dfrac{2^x + 3^x}{2}$. Écrivons le développement limité de la fonction h à l'ordre 1 au point 0 ; on a

$$\exp(x \operatorname{Log} 2) = 1 + x \operatorname{Log} 2 + x\varepsilon(x)$$

$$\exp(x \operatorname{Log} 3) = 1 + x \operatorname{Log} 3 + x\varepsilon(x)$$

donc il vient

$$\begin{aligned} h(x) &= \frac{1}{2}\big(\exp(x \operatorname{Log} 2) + \exp(x \operatorname{Log} 3)\big) = 1 + \frac{\operatorname{Log} 2 + \operatorname{Log} 3}{2} x + x\varepsilon(x) \\ &= 1 + \frac{\operatorname{Log} 6}{2} x + x\varepsilon(x) = 1 + \big(\operatorname{Log} \sqrt{6}\big)x + x\varepsilon(x)\,. \end{aligned}$$

Puisque nous connaissons le développement limité de $\operatorname{Log}(1 + x)$ au point 0, écrivons

$$\operatorname{Log} h(x) = \operatorname{Log}\Big(1 + \big(h(x) - 1\big)\Big) = \operatorname{Log}\big(1 + u(x)\big)$$

où la fonction $u : x \mapsto u(x) = h(x) - 1$ a pour limite 0 quand x tend vers 0. Or $\operatorname{Log}(1+x) = x + x\varepsilon(x)$ et $u(x) = \big(\operatorname{Log}\sqrt{6}\big)x + x\varepsilon(x)$. En composant ces développements limités, on obtient

$$\operatorname{Log} h(x) = \operatorname{Log}\big(1 + u(x)\big) = \big(\operatorname{Log} \sqrt{6}\big)x + x\varepsilon(x)\,.$$

Il vient $\operatorname{Log} g(x) = \dfrac{1}{x} \operatorname{Log} h(x) = \operatorname{Log}\sqrt{6} + \varepsilon(x)$ c'est-à-dire $\lim\limits_{x \to 0} \operatorname{Log} g(x) = \operatorname{Log}\sqrt{6}$. En composant avec la fonction exponentielle qui est continue sur $\mathbb{R}$, nous obtenons enfin

$$\lim_{x \to +\infty} f(x) = \lim_{x \to 0^+} g(x) = \lim_{x \to 0} \exp\big(\operatorname{Log} g(x)\big) = \exp \operatorname{Log} \sqrt{6} = \sqrt{6}\,.$$

Exercice. Calculer la limite de la suite de terme général $u_n = \left(\cos\frac{1}{n}\right)^{n^2}$.

Réponse. La limite se présente sous la forme indéterminée 1^∞. En prenant le logarithme, on obtient la suite de terme général $\operatorname{Log} u_n = n^2 \operatorname{Log}\cos\frac{1}{n}$ dont nous allons calculer la limite. Le développement limité de $\cos x - 1$ à l'ordre 2 au point 0 est $\cos x - 1 = -\frac{x^2}{2} + x^2\varepsilon(x)$ et celui de $\operatorname{Log}(1+x)$ est $\operatorname{Log}(1+x) = x - \frac{1}{2}x^2 + x^2\varepsilon(x)$. Nous pouvons composer ces développements limités, ce qui donne

$$\operatorname{Log}\cos x = \operatorname{Log}\big(1 + (\cos x - 1)\big) = -\frac{1}{2}x^2 + x^2\varepsilon(x)$$

où $\lim_{x\to 0}\varepsilon(x) = 0$ et $\varepsilon(0) = 0$. Remplaçons x par $1/n$ dans cette égalité et posons $\varepsilon_n = \varepsilon(1/n)$. Nous obtenons $\operatorname{Log}\cos(1/n) = -\frac{1}{2n^2} + \frac{1}{n^2}\varepsilon_n$ et donc

$$\operatorname{Log} u_n = n^2 \operatorname{Log}\cos(1/n) = -\frac{1}{2} + \varepsilon_n\,.$$

La fonction ε est continue en 0 et la suite $(1/n)$ a pour limite 0, donc (propriété des fonctions continues) la suite (ε_n) a pour limite $\varepsilon(0) = 0$. En passant à la limite, on obtient $\lim \operatorname{Log} u_n = -\frac{1}{2}$. Puisque la fonction exponentielle est continue sur $\mathbb{R}$, il vient

$$\lim u_n = \lim \exp\left(\operatorname{Log} u_n\right) = \exp\left(-\frac{1}{2}\right) = \frac{1}{\sqrt{e}}\,.$$

Pour calculer une limite, faites un développement limité.

Calcul des dérivées n-ièmes en un point. Au chapitre 12, nous avons démontré que si f est une fonction de classe C^n, son développement limité à l'ordre n au point a est

$$f(x) = f(a) + f'(a)(x-a) + \frac{f''(a)}{2!}(x-a)^2 + \cdots + \frac{f^{(n)}(a)}{n!}(x-a)^n + (x-a)^n\varepsilon(x)\,.$$

Si l'on peut calculer ce développement limité, alors on en déduit les valeurs des dérivées $f'(a)$, $f''(a)$, ..., $f^{(n)}(a)$.

Exercice. Calculer la valeur en 0 des quatre premières dérivées de $\dfrac{\cos x}{1+x+x^2}$.

Réponse. Posons $f(x) = \dfrac{\cos x}{1+x+x^2}$ et cherchons le développement limité de f à l'ordre 4 au point 0. Puisque le développement limité de $\cos x$ à l'ordre 4 au point 0 est $\cos x = 1 - \frac{x^2}{2!} + \frac{x^4}{4!} + x^4\varepsilon(x)$, nous devons calculer le quotient à l'ordre 4 de la division de $1-\dfrac{x^2}{2!}+\dfrac{x^4}{4!}$ par $1+x+x^2$. On trouve ainsi

$$f(x)=1-x-\frac{1}{2}x^2+\frac{3}{2}x^3-\frac{23}{24}x^4+x^4\varepsilon(x)\,. \tag{1}$$

La fonction f est de classe C^∞, donc le développement limité de f à l'ordre 4 au point 0 est aussi

$$f(x)=f(0)+\frac{f'(0)}{1!}x+\frac{f''(0)}{2!}x^2+\frac{f^{(3)}(0)}{3!}x^3+\frac{f^{(4)}(0)}{4!}x^4+x^4\varepsilon(x)\,. \tag{2}$$

D'après l'unicité du développement limité, on déduit de (1) et (2) les égalités

$$f(0)=1\ ,\quad \frac{f'(0)}{1!}=-1\ ,\quad \frac{f''(0)}{2!}=-\frac{1}{2}\ ,\quad \frac{f^{(3)}(0)}{3!}=\frac{3}{2}\ ,\quad \frac{f^{(4)}(0)}{4!}=-\frac{23}{24}\,.$$

On a donc $f'(0)=-1$, $f''(0)=-1$, $f^{(3)}(0)=9$, $f^{(4)}(0)=-23$.

Exercices

1. Calculer le développement limité de $x\mapsto x^4-1$ à l'ordre 3 et au point -1.

2. En effectuant des divisions selon les puissances croissantes, calculer le développement limité à l'ordre 3 au point 0 des fonctions suivantes :

a) $\dfrac{1}{1+2x+x^3}$ **b)** $\dfrac{1}{\frac{1}{2}+x+\frac{1}{2}x^2}$ **c)** $\dfrac{x+x^4}{2+x^3}$.

3. a) Calculer le développement limité des fonctions suivantes à l'ordre 8 et au point 0 :

$$(\sin x)(\operatorname{Arc}\sin x)\quad ;\qquad \operatorname{Arc}\sin\left(\frac{x^2}{1+x}\right)\quad ;\qquad \sqrt{1+\sin^3 x}.$$

b) Calculer le développement limité à l'ordre 5 au point 0 de la fonction $(1+x)^x$.

4. Trouver le développement limité des fonctions suivantes au point 0 et à l'ordre indiqué :

$\left(\cos(x+x^2)\right)^2$ (ordre 5) ; $\dfrac{\cos x}{1+\operatorname{tg} x}$ (ordre 4) ; $\dfrac{1}{\cos x}$ (ordre 5) ;

$\dfrac{1}{1+e^x}$ (ordre 2) ; $\dfrac{\sin x}{x}$ (ordre 5) ; $\left(\dfrac{\sin x}{x}\right)^{\frac{1}{x}}$ (ordre 2) ;

$\dfrac{x^2}{\sqrt[3]{1-x}}$ (ordre 5) ; $\sqrt{1+\sqrt{1+x^2}}$ (ordre 5) ; $\displaystyle\int_0^x \frac{\sin t}{1+t}\,dt$ (ordre 5).

5. Posons $f(x)=\operatorname{ch} x-\dfrac{12+5x^2}{12-x^2}$. Trouver le développement limité de la fonction f à l'ordre 6 au point 0. En déduire la limite de $\dfrac{f(2x)}{f(x)}$ quand x tend vers 0.

6. Trouver le développement limité des fonctions suivantes au point 1 et à l'ordre indiqué :

$$\frac{\sqrt{x}-1}{\operatorname{Log} x} \quad (\text{ordre } 3)\,; \qquad x^x \quad (\text{ordre } 5)\,; \qquad \operatorname{tg} x \quad (\text{ordre } 2)\,;$$

$$\operatorname{tg}\frac{\pi x}{4} \quad (\text{ordre } 3)\,; \qquad \operatorname{Log}\bigl(1+(1/x)\bigr) \quad (\text{ordre } 3)\,; \qquad \operatorname{Arc\,tg} x \quad (\text{ordre } 4).$$

7. Calculer les cinq premières dérivées de la fonction $x \mapsto \dfrac{\operatorname{Log} x}{1+x}$ au point 1.

8. Soit $n \in \mathbb{N}$ et soit a_n le coefficient de x^n dans le développement limité au point 0 de la fonction $x \mapsto \dfrac{1}{1+x+x^2}\cdot$ Calculer a_n en fonction de n.

9. Calculer la limite des fonctions suivantes quand x tend vers 0 :

$$\frac{\sin x - x}{x^2} \quad ; \qquad \frac{\sin x - x}{x\operatorname{Log}(1-x^2)} \quad ; \qquad \frac{\sin x - \operatorname{tg} x}{\operatorname{th} x - \operatorname{tg} x}\,.$$

10. Calculer la limite de $\dfrac{(\operatorname{Arc\,tg} x)^2 - (\operatorname{tg} x)(\sin x)}{(1-\cos x)^2}$ quand x tend vers 0.

11. Calculer la limite des fonctions suivantes quand x tend vers 0 :

$$\frac{(\sin x - x)\operatorname{Log}|x|}{|x|^{5/2}} \quad ; \qquad \frac{\sqrt{\sin x}-\sqrt{x}}{\sin\sqrt{x}-\sqrt{x}} \quad ; \qquad \frac{1}{x}-\frac{1}{\operatorname{Log}(1+x)}$$

$$\frac{1}{x^2}\operatorname{Log}\left(\frac{\sin x}{x}\right) \quad ; \qquad \frac{1}{x^2}\left[\frac{\cos(x+x^2)}{1+x+x^2}-\exp(-x)\right] \quad ; \qquad \left(\frac{1}{\operatorname{Log}(1+x)}\right)^2-\frac{\exp(x)}{x^2}\,.$$

12. Calculer les limites suivantes :

$$\lim_{x\to 1}\frac{x^x - x^{\frac{1}{x}}}{(x-1)^2} \quad ; \qquad \lim_{x\to 1}\frac{\sqrt{x+3}-\sqrt[3]{5x+3}}{1-\operatorname{tg}\frac{\pi x}{4}} \quad ; \qquad \lim_{x\to 0}\frac{x^x-1-(\sin x)(\operatorname{Log} x)}{\sqrt[3]{1+x}-\sqrt[3]{1-x}}$$

$$\lim_{x\to\frac{\pi}{2}}\left(\operatorname{tg}\frac{x}{2}\right)^{\operatorname{tg} x} \quad ; \qquad \lim_{x\to+\infty}\left(\frac{x+1}{x-1}\right)^x \quad ; \qquad \lim_{x\to+\infty}\left(\frac{x^2}{2}+x^4\operatorname{Log}\cos\frac{1}{x}\right).$$

13. Calculer la limite des suites de terme général :

$$\left(1+\frac{1}{n^\alpha}\right)^n \text{ où } \alpha>0 \quad ; \qquad \left(n\sin\frac{1}{n}\right)^{n^2} \quad ; \qquad 3\sqrt[n]{2}-2\sqrt[n]{3} \quad ; \qquad (\operatorname{sh}\sqrt{n})^{\frac{1}{n}}.$$

14. Soit a un nombre réel. Calculer la limite de la suite de terme général $(n^2+1)^a-(n^2-1)^a$ (vous discuterez selon les valeurs de a).

15. Soit $f : \mathbb{R} \to \mathbb{R}$ l'application définie par $f(x) = 2x + \sin x$.

a) Montrer que f est bijective.

b) Montrer que l'application f^{-1} est de classe C^3. En déduire que f^{-1} possède un développement limité à l'ordre 3 au point 0. Notons $f^{-1}(x) = a + bx + cx^2 + dx^3 + x^3\varepsilon(x)$ ce développement limité.

c) Calculer le développement limité de f à l'ordre 3 au point 0. Calculer les nombres a, b, c, d en utilisant la relation $f \circ f^{-1}(x) = x$.

16. Soit $f : \mathbb{R} \to \mathbb{R}$ une fonction de classe C^2 telle que $f(0) = 0$ et $f'(0) \neq 0$. Calculer, au moyen des dérivées de f, la limite de $\dfrac{xf(x) - f(x^2)}{\big(f(x)\big)^3}$ quand x tend vers 0.

17. Soit $f : \mathbb{R} \to \mathbb{R}$ la fonction définie par $f(x) = \begin{cases} \operatorname{ch}\sqrt{x} & \text{si } x \geqslant 0 \\ \cos\sqrt{-x} & \text{si } x < 0\,. \end{cases}$

a) Écrire les développements limités de $\cos x$ et $\operatorname{ch} x$ à l'ordre 4 au point 0. Montrer que f est continue. Montrer que f a un développement limité à l'ordre 2 au point 0 et calculer ce développement limité.

b) Montrer que la fonction f est dérivable en 0.

c) Montrer que la fonction f est de classe C^1.

18. Soit $f : \mathbb{R} \to \mathbb{R}$ une fonction de classe C^∞. Supposons que $s : \mathbb{R} \to \mathbb{R}$ est une fonction dérivable telle que $s'(x) = 1 + f(x)s(x)$ pour tout x.

a) Montrer que la fonction s est de classe C^∞.

b) On suppose que le développement limité de f à l'ordre 2 en 0 est $f(x) = 1 + 4x + x^2\varepsilon(x)$. Calculer au moyen de $s(0)$ les coefficients du développement limité à l'ordre 2 de la fonction s en 0.

Quelques réponses ou indications

1. En développant $(x-1)^4$ par la formule du binôme de Newton, on obtient le développement limité au point 0 : $(x-1)^4 - 1 = -4x + 6x^2 - 4x^3 + x^3\varepsilon(x)$. Le développement limité demandé est donc $x^4 - 1 = -4(x+1) + 6(x+1)^2 - 4(x+1)^3 + (x+1)^3\varepsilon_1(x)$ où $\lim\limits_{x \to -1} \varepsilon_1(x) = 0$.

2. a) $\frac{1}{1+2x+x^3} = 1 - 2x + 4x^2 - 9x^3 + x^3\varepsilon(x)$

c) $\frac{x+x^4}{2+x^3} = \frac{1}{2}x + x^3\varepsilon(x)$

3. a) $(\sin x)(\operatorname{Arc}\sin x) = x^2 + \frac{1}{18}x^6 + \frac{1}{30}x^8 + x^8\varepsilon(x)$

$\operatorname{Arc}\sin\left(\frac{x^2}{1+x}\right) = x^2 - x^3 + x^4 - x^5 + \frac{7}{6}x^6 - \frac{3}{2}x^7 + 2x^8 + x^8\varepsilon(x)$

$\sqrt{1+\sin^3 x} = 1 + \frac{1}{2}x^3 - \frac{1}{4}x^5 - \frac{1}{8}x^6 + \frac{13}{240}x^7 + \frac{1}{8}x^8 + x^8\varepsilon(x)$

b) Ne confondez pas cette fonction avec une fonction $x \mapsto (1+x)^\alpha$ où α est une constante : on a par définition $(1+x)^x = \exp\big(x \operatorname{Log}(1+x)\big)$. Le développement limité demandé est $(1+x)^x = 1 + x^2 - \frac{1}{2}x^3 + \frac{5}{6}x^4 - \frac{3}{4}x^5 + x^5\varepsilon(x)$.

4. $\big(\cos(x+x^2)\big)^2 = 1 - x^2 - 2x^3 - \frac{2}{3}x^4 + \frac{4}{3}x^5 + x^5\varepsilon(x)$

$\frac{\cos x}{1+\operatorname{tg} x} = 1 - x + \frac{1}{2}x^2 - \frac{5}{6}x^3 + \frac{29}{24}x^4 + x^4\varepsilon(x)$

$\frac{1}{\cos x} = 1 + \frac{1}{2}x^2 + \frac{5}{24}x^4 + x^5\varepsilon(x)$

$\frac{1}{1+e^x} = \frac{1}{2} - \frac{1}{4}x + x^2\varepsilon(x)$

$\frac{\sin x}{x} = 1 - \frac{1}{6}x^2 + \frac{1}{120}x^4 + x^5\varepsilon(x)$

$\left(\frac{\sin x}{x}\right)^{\frac{1}{x}} = \exp\left(\frac{1}{x}\operatorname{Log}\left(\frac{\sin x}{x}\right)\right) = 1 - \frac{1}{6}x + \frac{1}{72}x^2 + x^2\varepsilon(x)$

$\sqrt{1+\sqrt{1+x^2}} = \sqrt{2} + \frac{\sqrt{2}}{8}x^2 - \frac{5\sqrt{2}}{128}x^4 + x^5\varepsilon(x)$.

Le développement limité de $\int_0^x \frac{\sin t}{1+t}\,dt$ s'obtient en intégrant le développement limité de $\frac{\sin x}{1+x}$ à l'ordre 4 au point 0 ; on trouve $\int_0^x \frac{\sin t}{1+t}\,dt = \frac{1}{2}x^2 - \frac{1}{3}x^3 + \frac{5}{24}x^4 - \frac{1}{6}x^5 + x^5\varepsilon(x)$.

5. On a $f(x) = -\frac{1}{480}x^6 + x^6\varepsilon(x)$ donc $\lim_{x\to 0} \frac{f(2x)}{f(x)} = 2^6$.

6. Dans les développements limités suivants, on a $\lim_{x\to 1} \varepsilon(x) = 0$.

$\frac{\sqrt{x}-1}{\operatorname{Log} x} = \frac{1}{2} + \frac{1}{8}(x-1) - \frac{1}{24}(x-1)^2 + \frac{3}{128}(x-1)^3 + (x-1)^3\varepsilon(x)$

$x^x = 1 + (x-1) + (x-1)^2 + \frac{1}{2}(x-1)^3 + \frac{1}{3}(x-1)^4 + \frac{1}{12}(x-1)^5 + (x-1)^5\varepsilon(x)$

$\operatorname{tg} x = \frac{\pi}{4} + \left(1 + \frac{\pi^2}{16}\right)(x-1) + \frac{\pi}{4}\left(1 + \frac{\pi^2}{16}\right)(x-1)^2 + (x-1)^2\varepsilon(x)$

$\operatorname{tg}\frac{\pi x}{4} = 1 + \frac{\pi}{2}(x-1) + \frac{\pi^2}{8}(x-1)^2 + \frac{\pi^3}{24}(x-1)^3 + (x-1)^3\varepsilon(x)$

$\operatorname{Log}\big(1 + (1/x)\big) = \log 2 - \frac{1}{2}(x-1) + \frac{3}{8}(x-1)^2 - \frac{7}{24}(x-1)^3 + (x-1)^3\varepsilon(x)$

Pour calculer le développement limité de $\operatorname{Arc}\operatorname{tg} x$ à l'ordre 4 au point 1, il suffit d'intégrer le développement limité de $\operatorname{Arc}\operatorname{tg}'(x)$ à l'ordre 3 au point 1 ; on obtient $\operatorname{Arc}\operatorname{tg} x = \frac{\pi}{4} + \frac{1}{2}(x-1) - \frac{1}{4}(x-1)^2 + \frac{1}{12}(x-1)^3 + (x-1)^4\varepsilon(x)$.

8. On a $\frac{1}{1+x+x^2} = \frac{1}{1-x^3} - \frac{x}{1-x^3}\cdot$ On trouve $a_n = 1$ si n est congru à 0 modulo 3, $a_n = -1$ si n est congru à 1 modulo 3 et $a_n = 0$ si n est congru à 2 modulo 3.

9. $\lim_{x\to 0} \frac{\sin x - \operatorname{tg} x}{\operatorname{th} x - \operatorname{tg} x} = 3/4$.

10. La limite est égale à $-10/3$.

11. $\lim\limits_{x\to 0} \frac{(\sin x - x)\,\mathrm{Log}\,|x|}{|x|^{5/2}} = 0$; $\lim\limits_{x\to 0} \frac{\sqrt{\sin x}-\sqrt{x}}{\sin\sqrt{x}-\sqrt{x}} = 0$

$\lim\limits_{x\to 0} \left(\frac{1}{x} - \frac{1}{\mathrm{Log}(1+x)}\right) = -\frac{1}{2}$; $\lim\limits_{x\to 0} \frac{1}{x^2}\,\mathrm{Log}\left(\frac{\sin x}{x}\right) = -\frac{1}{6}$

$\lim\limits_{x\to 0} \frac{1}{x^2}\left[\frac{\cos(x+x^2)}{1+x+x^2} - \exp(-x)\right] = -1$; $\lim\limits_{x\to 0} \left[\left(\frac{1}{\mathrm{Log}(1+x)}\right)^2 - \frac{\exp(x)}{x^2}\right] = -\frac{5}{12}$

12. $\lim\limits_{x\to 1} \frac{\sqrt{x+3}-\sqrt[3]{5x+3}}{1-\mathrm{tg}\,\frac{\pi x}{4}} = \frac{1}{3\pi}$; $\lim\limits_{x\to\frac{\pi}{2}} \left(\mathrm{tg}\,\frac{x}{2}\right)^{\mathrm{tg}\,x} = \frac{1}{e}$; $\lim\limits_{x\to+\infty} \left(\frac{x+1}{x-1}\right)^x = e^2$.

13. $\lim \left(1+\frac{1}{n^\alpha}\right)^n = \begin{cases} 1 & \text{si } \alpha > 1 \\ e & \text{si } \alpha = 1 \\ +\infty & \text{si } 0 < \alpha < 1 \end{cases}$; $\lim \left(n\sin\frac{1}{n}\right)^{n^2} = e^{-1/6}$

$\lim \left(\mathrm{sh}\sqrt{n}\right)^{\frac{1}{n}} = 1.$

15. c) $a = 0, \quad b = \frac{1}{3}, \quad c = 0, \quad d = \frac{1}{486}\cdot$

17. a) Le développement limité de f à l'ordre 2 au point 0 est $f(x) = 1 + \frac{1}{2}x + \frac{1}{24}x^2 + x^2\varepsilon(x)$.

b) Utiliser une proposition du chapitre précédent.

c) En calculant $f'(x)$ pour $x > 0$ et pour $x < 0$, on trouve $\lim\limits_{x\to 0+} f'(x) = \lim\limits_{x\to 0-} f'(x) = 1/2$. Puisque $f'(0) = 1/2$ (c'est le coefficient de x dans le développement limité de f au point 0), la fonction f' est continue en 0. On en déduit que f' est continue sur $\mathbb{R}$.

18. a) La fonction s est dérivable, donc continue. Puisque la fonction f est continue, on en déduit que la fonction $x \mapsto 1 + f(x)s(x)$ est continue. La fonction s a donc une dérivée continue, autrement dit s est de classe C^1. Raisonnons par récurrence pour montrer que s est de classe C^p quel que soit l'entier positif p. Supposons que s est de classe C^n, où n est un entier positif. Puisque la fonction f est de classe C^n, la fonction $x \mapsto 1 + f(x)s(x)$ est de classe C^n, donc s' est de classe C^n. Cela signifie que s est de classe C^{n+1}.

b) Puisque la fonction s est de classe C^∞, elle a un développement limité à l'ordre 2 au point 0, de la forme $s(x) = a_0 + a_1 x + a_2 x^2 + x^2\varepsilon(x)$. Le développement limité de la fonction $x \mapsto 1 + f(x)s(x)$ à l'ordre 1 au point 0 est donc

$$1 + f(x)s(x) = 1 + (1+4x)(a_0 + a_1 x) + x\varepsilon(x) = 1 + a_0 + (4a_0 + a_1)x + x\varepsilon(x)\,.$$

Par hypothèse, ce développement limité est aussi celui de s', donc en intégrant on obtient le développement limité de s à l'ordre 2 au point 0 :

$$s(x) = s(0) + (1 + a_0)x + (1/2)(4a_0 + a_1)x^2 + x^2\varepsilon(x)\,.$$

D'après l'unicité du développement limité, on en déduit les égalités $a_0 = s(0)$, $a_1 = 1 + a_0$ et $a_2 = (1/2)(4a_0 + a_1)$, d'où $a_2 = (1/2)(1 + 5a_0)$. Il vient $a_1 = 1 + s(0)$ et $a_2 = (1/2)\big(1 + 5s(0)\big)$. Le développement limité de la fonction s à l'ordre 2 au point 0 est donc

$$s(x) = s(0) + \big(1 + s(0)\big)x + (1/2)\big(1 + 5s(0)\big)x^2 + x^2\varepsilon(x)\,.$$

Dans le chapitre sur les équations différentielles, nous montrerons qu'il existe effectivement des fonctions s telles que $s'(x) = 1 + f(x)s(x)$ pour tout x.

Chapitre 14

Étude de fonctions

1. Sens de variation

Trouver les variations d'une fonction numérique, c'est partager le domaine de définition en intervalles sur lesquels la fonction est monotone. Cela se fait en général par l'étude du signe de la dérivée : si la dérivée est strictement positive sur un intervalle I, alors la fonction est strictement croissante sur I ; si la dérivée est strictement négative, la fonction est strictement décroissante.
On représente d'habitude les résultats de cette étude par *le tableau de variation* de la fonction : le sens de variation y est figuré par des flèches montantes ou descendantes. On y indique aussi la limite de la fonction en chacune des bornes du domaine de définition.

2. Étude locale en un point

Faire l'étude locale d'une fonction numérique f en un point x_0 de son domaine de définition, c'est étudier plus précisément les valeurs $f(x)$ lorsque x est « proche de x_0 ». La proposition suivante est la clef de cette étude.

Proposition. *Soient f une fonction et x_0 un nombre réel appartenant au domaine de définition de f. Supposons que f possède un développement limité à l'ordre n en x_0*

$$f(x) = P(x - x_0) + (x - x_0)^n \varepsilon(x) \quad , \quad \lim_{x \to x_0} \varepsilon(x) = 0$$

et que le polynôme P est de la forme $P = a_p X^p + \cdots + a_n X^n$ où p est un entier tel que $0 \leqslant p \leqslant n$ et $a_p \neq 0$. Alors il existe un nombre réel $\alpha > 0$ tel que $f(x)$ est non nul et a le signe de $a_p(x - x_0)^p$ pour tout $x \neq x_0$ appartenant à l'intervalle $]x_0 - \alpha, x_0 + \alpha[$.

Démonstration. Si l'on tronque le polynôme P à l'ordre p, on obtient le développement limité de f à l'ordre p :

$$f(x) = a_p(x - x_0)^p + (x - x_0)^p\varepsilon(x) \quad \text{où} \quad \lim_{x \to x_0} \varepsilon(x) = 0.$$

Puisque a_p n'est pas nul, nous avons $\dfrac{f(x)}{a_p(x - x_0)^p} = 1 + \dfrac{1}{a_p}\varepsilon(x)$ pour tout $x \neq x_0$, donc $\lim\limits_{x \to x_0} \dfrac{f(x)}{a_p(x - x_0)^p} = 1$. D'après la proposition page 22, on en déduit qu'il existe un nombre $\alpha > 0$ tel que $\dfrac{f(x)}{a_p(x - x_0)^p} > \dfrac{1}{2}$ si $|x - x_0| < \alpha$ et $x \neq x_0$. Pour ces valeurs de x, le nombre $\dfrac{f(x)}{a_p(x - x_0)^p}$ est strictement positif, donc $f(x)$ a le signe de $a_p(x - x_0)^p$.

■

Pour exprimer la conclusion de la proposition, nous dirons simplement que $f(x)$ *a le signe de* $a_p(x - x_0)^p$ *quand* x *tend vers* x_0.

Il faut avoir bien compris la démonstration précédente : en effet, on est amené à utiliser des variantes de la proposition, pour trouver par exemple le signe d'une expression $f(x)$ quand x tend vers $+\infty$. Dans ce cas, c'est de la démonstration elle-même qu'il faut s'inspirer. Formulons des définitions précises.

Définitions

Soient I un intervalle et $f : I \to \mathbb{R}$ une fonction. Supposons que x_0 est un nombre appartenant à I ou bien que x_0 est une extrémité de I. Nous dirons (par exemple) que $f(x)$ *est positif quand* x *tend vers* x_0, s'il existe un intervalle ouvert J de centre x_0 tel que $f(x)$ est positif quel que soit x différent de x_0 et appartenant à la fois à J et au domaine de définition de f.
On a une définition analogue si x_0 est $+\infty$ ou $-\infty$.
On définit de même l'expression $f(x)$ *est non nul quand* x *tend vers* x_0.

Exemple. Quel est le signe de $e\sqrt{x} - e^x$ quand x tend vers 1 ?

Écrivons les développements limités au point 1 et à l'ordre 1 de $\sqrt{x} = \sqrt{1 + (x-1)}$ et de $e^x = ee^{x-1}$:

$$\sqrt{x} = 1 + \frac{1}{2}(x - 1) + (x - 1)\varepsilon(x)$$

$$e^x = e\big(1 + (x - 1) + (x - 1)\varepsilon(x)\big).$$

Il vient

$$\begin{aligned} e\sqrt{x} - e^x &= e\left(1 + \frac{1}{2}(x - 1)\right) - e\big(1 + (x - 1)\big) + (x - 1)\varepsilon(x) \\ &= -\frac{e}{2}(x - 1) + (x - 1)\varepsilon(x) \end{aligned}$$

où $\lim_{x \to 1} \varepsilon(x) = 0$. L'expression $e\sqrt{x} - e^x$ a donc le signe de $1 - x$ quand x tend vers 1, autrement dit elle est négative quand x tend vers 1 par valeurs supérieures et elle est positive quand x tend vers 1 par valeurs inférieures.

Exemple. Quel est le signe de $e^{1/x} - \dfrac{2+x}{1+x}$ quand x tend vers $-\infty$?

Pour tout $x \neq 0$, écrivons $\dfrac{2+x}{1+x} = \dfrac{1+(2/x)}{1+(1/x)} = u(1/x)$ où u est la fonction $x \mapsto \dfrac{1+2x}{1+x}$. Puisque $1/x$ tend vers 0 quand x tend vers $-\infty$, calculons un développement limité de $e^x - u(x)$ au point 0. Nous avons les développements limités au point 0 :

$$\frac{1}{1+x} = 1 - x + x^2 + x^2\varepsilon(x) \quad \text{et} \quad e^x = 1 + x + \frac{1}{2}x^2 + x^2\varepsilon(x)$$

donc il vient

$$\frac{1+2x}{1+x} = (1+2x)\big(1 - x + x^2 + x^2\varepsilon(x)\big) = 1 + x - x^2 + x^2\varepsilon(x)$$

$$e^x - \frac{1+2x}{1+x} = \frac{3}{2}x^2 + x^2\varepsilon(x)\,.$$

Pour tout $x \neq 0$, remplaçons x par $1/x$ dans cette dernière égalité ; nous obtenons

$$e^{1/x} - \frac{1+(2/x)}{1+(1/x)} = e^{1/x} - \frac{2+x}{1+x} = \frac{3}{2x^2} + \frac{1}{x^2}\varepsilon(1/x)\,.$$

D'après les propriétés des limites, $\varepsilon(1/x)$ tend vers 0 quand x tend vers $-\infty$. En raisonnant comme dans la démonstration de la proposition précédente, on en déduit que $e^{1/x} - \dfrac{2+x}{1+x}$ a le signe de $\dfrac{3}{2x^2}$, donc est positif, quand x tend vers $-\infty$.

Tangente en un point. Soit f une fonction numérique. Rappelons que le graphe de f est l'ensemble des points $\big(x, f(x)\big)$ dans le plan affine $\mathbb{R}^2$. Si f est dérivable en x_0, la tangente en x_0 est la droite passant par le point $\big(x_0, f(x_0)\big)$ et de pente $f'(x_0)$. L'équation de la tangente en x_0 est donc

$$\boxed{y = f'(x_0)(x - x_0) + f(x_0)}$$

Position du graphe par rapport à la tangente. Comme toute droite du plan, la tangente en x_0 partage le plan en deux demi-plans :

- si $y > f'(x_0)(x - x_0) + f(x_0)$, on dit que le point (x, y) appartient au *demi-plan supérieur*, ou encore que ce point est *au-dessus* de la tangente ;
- si $y < f'(x_0)(x - x_0) + f(x_0)$, on dit que le point de (x, y) appartient au *demi-plan inférieur*, ou que ce point est *en dessous* de la tangente.

Définition

Supposons que la fonction f est dérivable en x_0.
Si la fonction $x \mapsto f(x) - \big(f(x_0) + (x - x_0)f'(x_0)\big)$ s'annule en changeant de signe en x_0, on dit que la fonction f présente *une inflexion* en x_0, ou que le point $\big(x_0, f(x_0)\big)$ est *un point d'inflexion*.

En A : le graphe est au-dessus de la tangente.
En B : le graphe est en dessous de la tangente.
Le point C est un point d'inflexion.

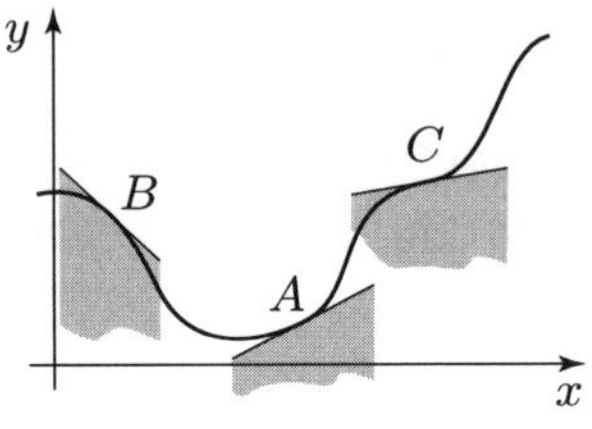

Proposition. *Soient f une fonction numérique et x_0 un nombre réel.*

a) *Si $f(x) = a_0 + a_1(x - x_0) + (x - x_0)\varepsilon(x)$ est le développement limité de f à l'ordre 1 en x_0, la tangente au graphe de f en x_0 a pour équation $y = a_0 + a_1(x - x_0)$.*

b) *Supposons que le développement limité de f à l'ordre 2 en x_0 est*

$$f(x) = a_0 + a_1(x - x_0) + a_2(x - x_0)^2 + (x - x_0)^2\varepsilon(x)\,.$$

Si $a_2 > 0$, alors pour tout x différent de x_0 appartenant à un intervalle convenable de centre x_0, le point $\big(x, f(x)\big)$ est au-dessus de la tangente. Si $a_2 < 0$, le point est en dessous de la tangente.

c) *Supposons que le développement limité de f à l'ordre 3 en x_0 est*

$$f(x) = a_0 + a_1(x - x_0) + a_3(x - x_0)^3 + (x - x_0)^3\varepsilon(x)\,.$$

Si $a_3 \neq 0$, le point $\big(x_0, f(x_0)\big)$ est un point d'inflexion.

Démonstration

a) Puisque la fonction f a un développement limité à l'ordre 1 en x_0, f est dérivable en x_0 et l'on a $a_0 = f(x_0)$, $a_1 = f'(x_0)$. L'équation de la tangente en x_0 est donc $y = a_0 + a_1(x - x_0)$.

b) Posons $u(x) = f(x) - \big(f(x_0) + f'(x_0)(x - x_0)\big)$. Alors

$$u(x) = f(x) - a_0 - a_1(x - x_0) = a_2(x - x_0)^2 + (x - x_0)^2\varepsilon(x)$$

et cette égalité est le développement limité à l'ordre 2 en x_0 de la fonction u. Puisque nous avons supposé $a_2 \neq 0$, la proposition précédente s'applique : il existe un nombre $\alpha > 0$ tel que $u(x)$ a le signe de $a_2(x - x_0)^2$, c'est-à-dire le signe de a_2, pour tous les nombres x différents de x_0 appartenant à l'intervalle $]x_0 - \alpha, x_0 + \alpha[$. Si $a_2 > 0$, on a donc $u(x) > 0$ pour de tels x et si $a_2 < 0$, on a $u(x) < 0$.

c) On a cette fois le développement limité

$$u(x) = f(x) - \big(f(x_0) + f'(x_0)(x - x_0)\big) = a_3(x - x_0)^3 + (x - x_0)^3\varepsilon(x)\,.$$

Puisque a_3 est non nul, $u(x)$ a le signe de $a_3(x - x_0)^3$, c'est-à-dire celui de $a_3(x - x_0)$, si x tend vers x_0. La fonction u s'annule en changeant de signe en x_0, donc la fonction f a une inflexion en x_0. ∎

Corollaire. *Supposons que le développement limité de f à l'ordre 2 en x_0 est*

$$f(x) = a_0 + a_2(x - x_0)^2 + (x - x_0)^2\varepsilon(x)\,.$$

Si $a_2 > 0$, la fonction f a un minimum local en x_0. Si $a_2 < 0$, la fonction f a un maximum local en x_0.

Démonstration. Supposons $a_2 > 0$. Pour tout x appartenant à un intervalle ouvert convenable de centre x_0, on a $f(x) - f(x_0) = f(x) - a_0 \geqslant 0$; par définition (page 107), la fonction f a donc un minimum local en x_0. Si $a_2 < 0$, alors $f(x) - f(x_0) \leqslant 0$ dans un certain intervalle ouvert de centre x_0 et f a un maximum local en x_0. ∎

La proposition précédente traite les cas où la fonction a un développement limité à l'ordre 1, 2 ou 3. Supposons plus généralement que la fonction f possède un développement limité à l'ordre p en x_0, de la forme

$$f(x) = a_0 + a_1(x - x_0) + a_p(x - x_0)^p + (x - x_0)^p\varepsilon(x)\,,$$

et que le coefficient a_p est différent de 0. La différence $u(x) = f(x) - \big(f(x_0) + f'(x_0)(x - x_0)\big)$ a le signe de $a_p(x - x_0)^p$ si x est différent de x_0 et dans un certain intervalle de centre x_0. Si p est un entier pair, l'étude est comme dans cas $p = 2$ et la conclusion est la même. Si p est impair, alors comme dans le cas $p = 3$, le point $\big(x_0, f(x_0)\big)$ est un point d'inflexion.

Exercice. Soit $f : \mathbb{R} \to \mathbb{R}$ la fonction définie par $f(x) = \sqrt[3]{x^3 + 6x^2 - 5}$. Écrire l'équation de la tangente au point d'abscisse 2 et trouver la position du graphe par rapport à cette tangente.

Réponse. Calculons le développement limité à l'ordre 2 de f au point 2. On a

$$\begin{aligned} f(2 + x) &= \big((2 + x)^3 + 6(2 + x)^2 - 5\big)^{1/3} = \big(27 + 36x + 12x^2 + x^3\big)^{1/3} \\ &= 3\left(1 + \frac{4}{3}x + \frac{4}{9}x^2 + \frac{1}{27}x^3\right)^{1/3} \\ &= 3\left(1 + \frac{4}{9}x + \frac{4}{27}x^2 + \frac{(1/3)(-2/3)}{2}\,\frac{16}{9}x^2 + x^2\varepsilon(x)\right) \\ &= 3 + \frac{4}{3}x - \frac{4}{27}x^2 + x^2\varepsilon(x)\,. \end{aligned}$$

Le développement limité à l'ordre 2 de f au point 2 est donc

$$f(x) = 3 + \frac{4}{3}(x-2) - \frac{4}{27}(x-2)^2 + (x-2)^2\varepsilon(x)$$

où $\lim_{x\to 2} \varepsilon(x) = 0$.

On a $f(2) = 3$ et la tangente au point $(2,3)$ a pour équation $y = 3 + \frac{4}{3}(x-2)$. Puisque le coefficient de $(x-2)^2$ est négatif, le graphe est sous la tangente. Ci-contre, l'allure locale de la fonction au point $(2,3)$.

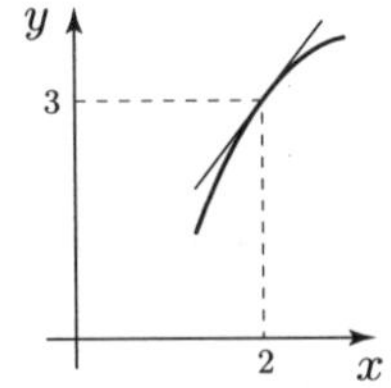

3. Branche infinie et asymptote

Soit f une fonction numérique.

Définitions

- Soit a un nombre réel. Si $\lim_{x\to a} f(x) = \pm\infty$, on dit que la droite d'équation $x = a$ est une *asymptote verticale*.
- Si $f(x)$ tend vers $+\infty$ ou vers $-\infty$ quand x tend vers $+\infty$ (ou quand x tend vers $-\infty$), on dit que la fonction a une *branche infinie* quand x tend vers $+\infty$ (ou quand x tend vers $-\infty$).
- Si a et b sont des nombres réels, on dit que la droite d'équation $y = ax + b$ est *asymptote* à f quand x tend vers $+\infty$ si $\lim_{x\to+\infty} \big(f(x) - (ax+b)\big) = 0$. On définit de même la notion d'asymptote quand x tend vers $-\infty$. Si $a = 0$, l'asymptote est dite *horizontale*.
- Si a est un nombre réel et si $\lim_{x\to+\infty} \frac{f(x)}{x} = a$, on dit que la fonction f a une *direction asymptotique de pente a* quand x tend vers $+\infty$. On définit de même une direction asymptotique quand x tend vers $-\infty$.
- Si $\lim_{x\to+\infty} \frac{f(x)}{x} = +\infty$, on dit que *l'axe des ordonnées est direction asymptotique*.

Soit P le point d'abscisse x sur la droite d'équation $y = ax+b$ et soit M le point $\big(x, f(x)\big)$. La différence $f(x) - (ax+b)$ est la mesure algébrique $\overline{PM}$. Dire que la droite est asymptote à f quand x tend vers $+\infty$ signifie que $\overline{PM}$ tend vers 0 quand x tend vers $+\infty$.

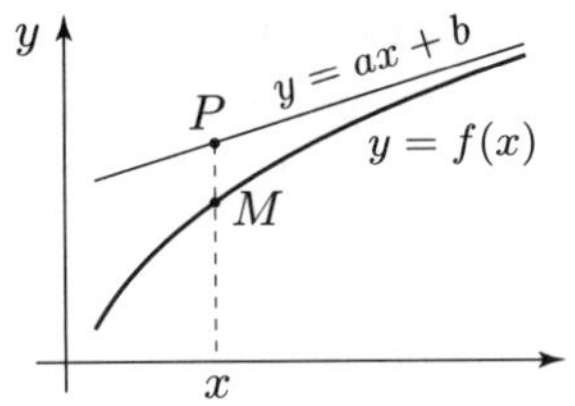

Proposition. *Soient a et b des nombres réels. La droite d'équation $y = ax + b$ est asymptote à f quand x tend vers $+\infty$ si et seulement si*

$$\lim_{x\to+\infty} \frac{f(x)}{x} = a \qquad \text{et} \qquad \lim_{x\to+\infty} \big(f(x) - ax\big) = b\,.$$

Démonstration

La condition est évidemment suffisante par définition d'une asymptote. Supposons que la droite d'équation $y = ax + b$ est asymptote à f quand x tend vers $+\infty$. Par définition, la fonction ε définie par $\varepsilon(x) = f(x) - (ax + b)$ a pour limite 0 quand x tend vers $+\infty$. On a $f(x) = ax + b + \varepsilon(x)$ donc $\dfrac{f(x)}{x} = a + \dfrac{b}{x} + \dfrac{\varepsilon(x)}{x}$. D'après les théorèmes sur les limites, $\dfrac{b}{x}$ et $\dfrac{\varepsilon(x)}{x}$ tendent vers 0 quand x tend vers $+\infty$, donc $\lim\limits_{x \to +\infty} \dfrac{f(x)}{x} = a$. Puisque $f(x) - ax = b + \varepsilon(x)$, il vient $\lim\limits_{x \to +\infty} \big(f(x) - ax\big) = \lim\limits_{x \to +\infty} \big(b + \varepsilon(x)\big) = b$, donc la droite d'équation $y = ax + b$ est asymptote à f. ■

Remarques

- Dans la pratique, pour chercher si la fonction f a une asymptote, on calcule d'abord la limite de $f(x)/x$.
- Si la droite d'équation $y = ax + b$ est asymptote à f quand x tend vers $+\infty$, la position du graphe de f par rapport à l'asymptote est donnée par le signe de $f(x) - (ax + b)$: si cette expression est positive quand x tend vers $+\infty$, l'extrémité du graphe est au-dessus de l'asymptote. Le signe de $f(x) - (ax + b)$ quand x tend vers $+\infty$ s'obtient en faisant un développement limité, comme dans l'exercice ci-après.

Exemples. Voici des exemples de direction asymptotique quand x tend vers $+\infty$:

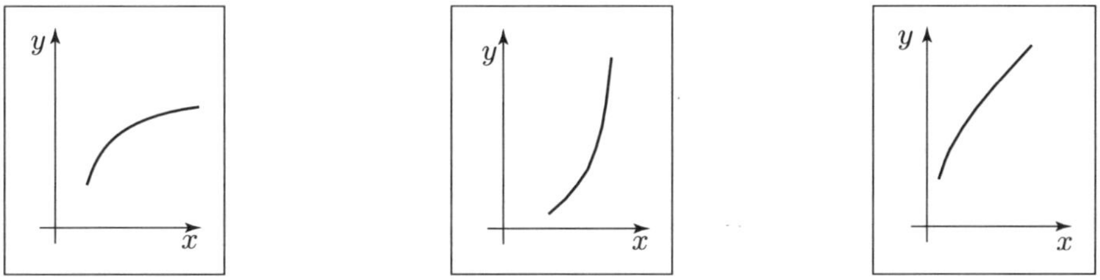

$x \mapsto \operatorname{Log} x$ — **direction asymptotique** Ox

$x \mapsto x^2$ — **direction asymptotique** Oy

$x \mapsto x + \sqrt{x}$ — **direction asymptotique de pente** 1

Exemple. Pour la fonction définie par $f(x) = 2x + 1 + \dfrac{1}{x-1}$, la droite d'équation $y = 2x + 1$ est asymptote quand x tend vers $+\infty$ ou quand x tend vers $-\infty$. L'extrémité du graphe correspondant à $+\infty$ est au-dessus de l'asymptote et l'extrémité correspondant à $-\infty$ est en dessous. La droite d'équation $x = 1$ est une asymptote verticale.

Exemple. Soit $f:\mathbb{R}\to\mathbb{R}$ la fonction définie par $f(x)=1+\dfrac{\sin x}{x^2+1}$. Puisque $\left|\dfrac{\sin x}{x^2+1}\right|\leqslant \dfrac{1}{x^2+1}$, on en déduit $\lim\limits_{x\to+\infty}\big(f(x)-1\big)=\lim\limits_{x\to+\infty}\dfrac{\sin x}{x^2+1}=0$, donc la droite d'équation $y=1$ est asymptote à f quand x tend vers $+\infty$; c'est une asymptote horizontale. La différence $f(x)-1$ a le signe de $\sin x$ donc change de signe une infinité de fois quand x tend vers $+\infty$; l'extrémité du graphe « oscille » de part et d'autre de l'asymptote.

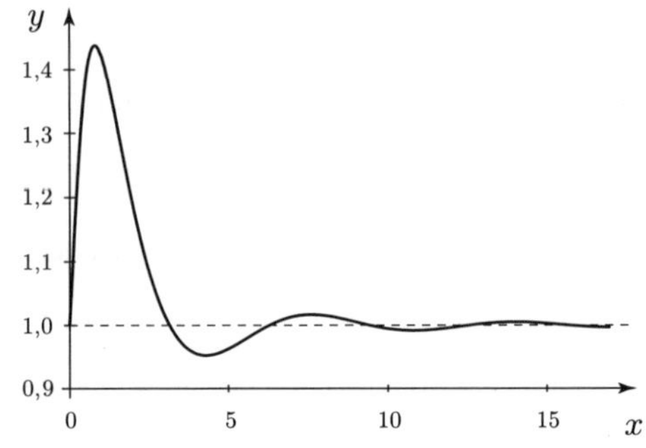

Exercice. Montrer que la fonction f définie par $f(x)=\sqrt[3]{x^3+6x^2-5}$ a une asymptote quand x tend vers $+\infty$ ou $-\infty$ et trouver la position du graphe par rapport à cette asymptote.

Réponse. Pour tout nombre $x\neq 0$, nous avons

$$f(x)=\sqrt[3]{x^3+6x^2-5}=x\sqrt[3]{1+\frac{6}{x}-\frac{5}{x^3}}=xu(1/x)$$

où l'on a posé $u(x)=\sqrt[3]{1+6x-5x^3}$. Puisque $1+6x-5x^3$ tend vers 1 quand x tend vers 0, nous savons qu'il existe un nombre $\alpha>0$ tel que $1+6x-5x^3$ est positif si $|x|<\alpha$ (par exemple $\alpha=1/12$ convient). Pour de tels nombres x, on a donc $u(x)=(1+6x-5x^3)^{1/3}$.

Calculons le développement limité à l'ordre 2 au point 0 de la fonction u :

$$\begin{aligned}\left(1+6x-5x^3\right)^{1/3}&=1+2x+\frac{(1/3)(-2/3)}{2}(6x)^2+x^2\varepsilon(x)\\&=1+2x-4x^2+x^2\varepsilon(x)\quad \text{où } \lim_{x\to 0}\varepsilon(x)=0.\end{aligned}$$

Pour tout nombre x tel que $|x|>1/\alpha$, remplaçons x par $1/x$ dans le développement limité précédent ; en posant $\varepsilon_1(x)=\varepsilon(1/x)$, il vient

$$\left(1+\frac{6}{x}-\frac{5}{x^3}\right)^{1/3}=1+\frac{2}{x}-\frac{4}{x^2}+\frac{1}{x^2}\varepsilon_1(x)$$

donc

$$f(x)=x\left(1+\frac{2}{x}-\frac{4}{x^2}+\frac{1}{x^2}\varepsilon_1(x)\right)=x+2-\frac{4}{x}+\frac{1}{x}\varepsilon_1(x)\,.$$

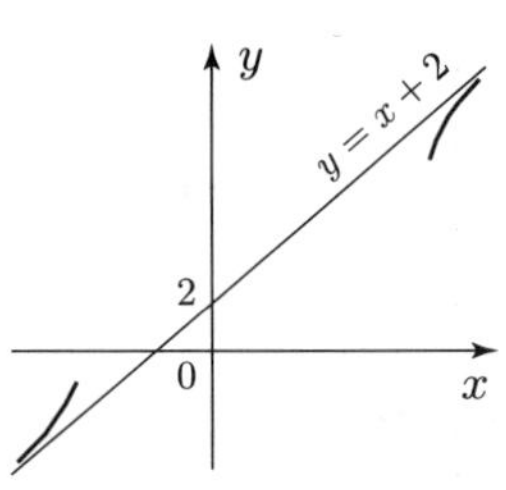

Puisque $1/x$ tend vers 0 quand x tend vers $+\infty$ ou quand x tend vers $-\infty$, nous avons $\lim\limits_{x\to+\infty}\varepsilon_1(x)=\lim\limits_{x\to-\infty}\varepsilon_1(x)=0$. On en déduit

$$\lim_{x\to+\infty}\big(f(x)-(x+2)\big)=\lim_{x\to+\infty}\left(-\frac{4}{x}+\frac{1}{x}\varepsilon_1(x)\right)=0$$

et de même $\lim\limits_{x\to-\infty}\big(f(x)-(x+2)\big)=0$. La droite d'équation $y=x+2$ est donc asymptote à f quand x tend vers $+\infty$ ou quand x tend vers $-\infty$. De plus, la différence

$f(x) - (x+2)$ a le signe de $-4/x$ quand x tend vers $+\infty$ ou $-\infty$. L'extrémité du graphe correspondant à $+\infty$ est donc sous l'asymptote et l'extrémité correspondant à $-\infty$ est au-dessus. La figure ci-contre illustre la position du graphe par rapport à l'asymptote.

4. Représentation graphique

On représente le graphe d'une fonction numérique f en dessinant « la courbe » formée des points dont les coordonnées sont x et $f(x)$, où x appartient au domaine de définition de f. Sur ce dessin, il faut rendre visible tous les renseignements obtenus par l'étude de la fonction : sens de variation, tangente en quelques points particuliers et position du graphe par rapport à la tangente, directions asymptotiques, asymptotes et position du graphe par rapport à celles-ci.

Éventuellement, il peut être utile d'étudier la convexité ou la concavité de la fonction sur certains intervalles ; cette étude se fait en général en calculant le signe de $f''(x)$. Rappelons que si la fonction f'' s'annule en changeant de signe en x_0, alors la fonction f a une inflexion en x_0 : cela résulte du corollaire de la page 116.

En ce qui concerne le tracé de la courbe représentative, il ne s'agit pas de réaliser un dessin numériquement très précis, mais un schéma illustrant le comportement de la fonction.

5. Un exemple d'étude de fonction

Posons $f(x) = x \operatorname{Log}\left|2 + \frac{1}{x}\right|$ ·

Puisque la fonction logarithme n'est pas définie en 0, cette expression n'a de sens que si $x \neq -1/2$ et $x \neq 0$. Le domaine de définition de la fonction f est donc la réunion des trois intervalles $]-\infty, -1/2[$, $]-1/2, 0[$, $]0, +\infty[$. Étudions la fonction f.

Calcul de la dérivée. Nous avons $\operatorname{Log}\left|2 + \dfrac{1}{x}\right| = \operatorname{Log}|2x+1| - \operatorname{Log}|x|$ et la fonction $x \mapsto \operatorname{Log}|x|$ a pour dérivée $x \mapsto 1/x$. La dérivée de $\operatorname{Log}\left|2 + \dfrac{1}{x}\right|$ est donc $\dfrac{2}{2x+1} - \dfrac{1}{x} = -\dfrac{1}{x(2x+1)}$. En dérivant $f(x)$ comme un produit, il vient $f'(x) = \operatorname{Log}\left|2 + \dfrac{1}{x}\right| + x\,\dfrac{-1}{x(2x+1)}$ c'est-à-dire

$$f'(x) = \operatorname{Log}\left|2 + \frac{1}{x}\right| - \frac{1}{2x+1} \qquad \text{si } x \neq -1/2 \text{ et } x \neq 0$$

Sens de variation. Pour trouver le signe de $f'(x)$, étudions les variations de f'. Si x est différent de 0 et $-1/2$, on a

$$f''(x) = \frac{1}{2+\frac{1}{x}}\left(-\frac{1}{x^2}\right) + \frac{2}{(2x+1)^2} = -\frac{1}{x(2x+1)} + \frac{2}{(2x+1)^2} = -\frac{1}{x(2x+1)^2}\,.$$

La fonction f' est croissante sur chacun des intervalles $]-\infty, -1/2[$ et $]-1/2, 0[$, décroissante sur $]0, +\infty[$. Calculons maintenant les limites de f' aux bornes de ces intervalles. On a

$$f'(x) = \frac{1}{2x+1}\Big[(2x+1)\operatorname{Log}|2x+1| - (2x+1)\operatorname{Log}|x| - 1\Big]\,.$$

Puisque $\lim\limits_{x\to 0} x \operatorname{Log} x = 0$, on a $\lim\limits_{x\to -1/2} (2x+1)\operatorname{Log}|2x+1| = 0$, donc le terme entre crochets tend vers -1 quand x tend vers $-1/2$. Il s'ensuit

$$\lim_{x\to(-1/2)^+} f'(x) = -\infty \quad \text{et} \quad \lim_{x\to(-1/2)^-} f'(x) = +\infty\,.$$

Quand x tend vers 0, $\left|2+\frac{1}{x}\right|$ tend vers $+\infty$ donc aussi $f'(x)$.
Quand x tend vers $+\infty$ ou $-\infty$, $f'(x)$ tend vers $\operatorname{Log} 2$.
On en déduit le tableau de variation de la fonction f' :

x	$-\infty$		$-\frac{1}{2}$		0		$+\infty$
f''		$+$	$\Vert$	$+$	$\Vert$	$-$	
f'	$\operatorname{Log} 2$	$\nearrow$	$+\infty$ $\Vert$ $-\infty$	$\nearrow$	$+\infty$ $\Vert$	$\searrow$	$\operatorname{Log} 2$

Ce tableau montre que l'on a $f'(x) > \operatorname{Log} 2 > 0$ si $x < -1/2$ ou si $x > 0$; pour ces valeurs de x, $f'(x)$ est strictement positif, donc la fonction f est strictement croissante sur chacun des intervalles $]-\infty, -1/2[$ et $]0, +\infty[$.
La fonction f' est continue et strictement croissante sur l'intervalle $]-1/2, 0[$. Elle définit donc une bijection de l'intervalle $]-1/2, 0[$ sur l'intervalle $]-\infty, +\infty[$. On en déduit qu'il existe un unique nombre réel $\alpha \in]-1/2, 0[$ tel que $f'(\alpha) = 0$. Comme f' est strictement croissante sur $]-1/2, 0[$, nous avons $f'(x) > 0$ si $\alpha < x < 0$ et $f'(x) < 0$ si $-1/2 < x < \alpha$. Ainsi la fonction f est strictement croissante sur l'intervalle $[\alpha, 0[$ et strictement décroissante sur l'intervalle $]-1/2, \alpha]$.

Limites aux bornes des intervalles de définition. Quand x tend vers $+\infty$ ou vers $-\infty$, $\operatorname{Log}\left|2+\dfrac{1}{x}\right|$ tend vers $\operatorname{Log} 2$, donc $\lim\limits_{x\to+\infty} f(x)=+\infty$ et $\lim\limits_{x\to-\infty} f(x)=-\infty$.

Quand x tend vers $-1/2$, $\operatorname{Log}\left|2+\dfrac{1}{x}\right|$ tend vers $-\infty$, donc $\lim\limits_{x\to-1/2} f(x) = +\infty$.

Pour étudier $f(x)$ quand x tend vers 0, écrivons $f(x) = x\operatorname{Log}|2x+1| - x\operatorname{Log}|x|$. Puisque $\lim\limits_{x\to 0} x\operatorname{Log}|2x+1| = 0$ et $\lim\limits_{x\to 0} x\operatorname{Log}|x| = 0$, on en déduit $\lim\limits_{x\to 0} f(x) = 0$. La fonction f se prolonge donc par continuité en 0 en posant $f(0) = 0$.

Tableau de variation

x	$-\infty$		$-\frac{1}{2}$		α		0		$+\infty$
f'		$+$	‖	$-$	$\mathbf{0}$	$+$	‖	$+$	
f	$-\infty$	↗	$+\infty$ ‖ $+\infty$	↘	$f(\alpha)$	↗	0 ‖ 0	↗	$+\infty$

Ce tableau montre que $f(\alpha)$ est un nombre strictement négatif. Puisque $f'(\alpha) = 0$, la tangente au point $\big(\alpha, f(\alpha)\big)$ est horizontale et grâce au sens de variation, nous voyons que f a un minimum local en α.

Asymptotes. Puisque $\lim\limits_{x\to-1/2} f(x) = +\infty$, la droite d'équation $x = -1/2$ est une asymptote verticale.

La fonction f a une branche infinie quand x tend vers $+\infty$ et quand x tend vers $-\infty$. Si $|x| > 1$, alors $1/|x| < 1$ donc on a $2 + \dfrac{1}{x} > 0$ et par suite

$$f(x) = x\operatorname{Log}\left(2+\frac{1}{x}\right) = x\operatorname{Log} 2 + x\operatorname{Log}\left(1+\frac{1}{2x}\right).$$

Pour étudier cette expression de manière précise quand x tend vers $+\infty$, utilisons un développement limité. Nous connaissons le développement limité à l'ordre 2 de $\operatorname{Log}(1+x)$ en 0 :

$$\operatorname{Log}(1+x) = x - \frac{1}{2}x^2 + x^2\varepsilon(x) \qquad \text{où} \quad \lim_{x\to 0}\varepsilon(x) = 0.$$

Pour tout nombre x tel que $|x| > 1$, il vient donc

$$\begin{aligned} f(x) &= x \operatorname{Log} 2 + x \left[\frac{1}{2x} - \frac{1}{2}\frac{1}{4x^2} + \frac{1}{4x^2}\varepsilon\left(\frac{1}{2x}\right) \right] \\ &= x \operatorname{Log} 2 + \frac{1}{2} - \frac{1}{8x} + \frac{1}{4x}\varepsilon\left(\frac{1}{2x}\right) \\ &= x \operatorname{Log} 2 + \frac{1}{2} - \frac{1}{8x} + \frac{1}{x}\varepsilon_1(x) \end{aligned}$$

où l'on a posé $\varepsilon_1(x) = \frac{1}{4}\varepsilon\left(\frac{1}{2x}\right)$. D'après les théorèmes sur les limites, nous savons que $\lim_{x\to+\infty} \varepsilon_1(x) = \lim_{x\to 0} \varepsilon(x) = 0$ et de même $\lim_{x\to-\infty} \varepsilon_1(x) = 0$. *A fortiori*, $\frac{1}{x}\varepsilon_1(x)$ tend vers 0 quand x tend vers $+\infty$ ou quand x tend vers $-\infty$, donc

$$\lim_{x\to+\infty} \big(f(x) - (x \operatorname{Log} 2 + 1/2)\big) = \lim_{x\to-\infty} \big(f(x) - (x \operatorname{Log} 2 + 1/2)\big) = 0\,.$$

Ainsi la droite d'équation $y = x \operatorname{Log} 2 + 1/2$ est asymptote à f quand x tend vers $+\infty$ ou quand x tend vers $-\infty$.

Pour voir quelle est la position du graphe par rapport à cette asymptote, cherchons le signe de la différence

$$f(x) - (x \operatorname{Log} 2 + 1/2) = -\frac{1}{8x} + \frac{1}{x}\varepsilon_1(x) = -\frac{1}{8x}\left(1 - 8\varepsilon_1(x)\right)\,.$$

Quand x tend vers $+\infty$, le terme $1 - 8\varepsilon_1(x)$ tend vers 1. On en déduit que $f(x) - (x \operatorname{Log} 2 + 1/2)$ a le signe de $-1/x$ quand x tend vers $+\infty$. Puisque $-1/x$ est négatif si $x > 0$, l'extrémité correspondante du graphe est en dessous de l'asymptote. Quand x tend vers $-\infty$, $-1/x$ est positif et l'extrémité du graphe est au-dessus de l'asymptote.

Tangente à l'origine. Puisque $f(x)$ tend vers 0 quand x tend vers 0, nous avons pu prolonger par continuité la fonction f en posant $f(0) = 0$. Cherchons s'il y a une tangente au point $(0, 0)$. La fonction f' n'étant pas définie en 0, il faut étudier la limite de $\dfrac{f(x) - f(0)}{x - 0} = \dfrac{f(x)}{x}$ quand x tend vers 0. On a

$$\lim_{x\to 0} \frac{f(x)}{x} = \lim_{x\to 0} \operatorname{Log}\left|2 + \frac{1}{x}\right| = \lim_{x\to+\infty} \operatorname{Log} x = +\infty$$

donc la fonction a une tangente verticale en 0.

Représentation graphique

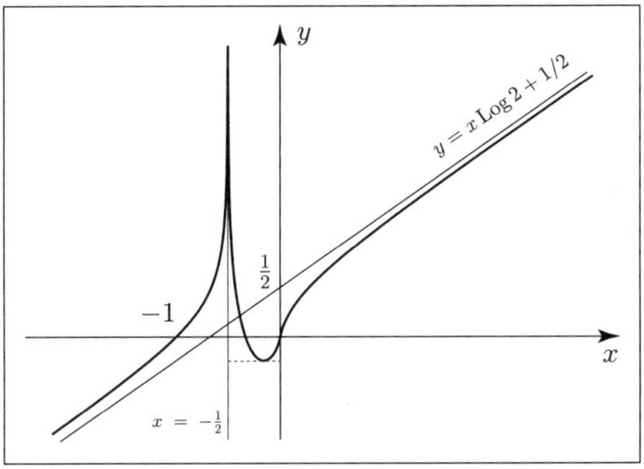

Exercices

1. Pour chacune des fonctions suivantes, écrire l'équation de la tangente au point indiqué et trouver la position du graphe par rapport à cette tangente :

(i)) $\left(\sin x\right)^2 - \dfrac{x^2}{1+x^2}$ au point 0 ; **(ii)** $\sin x + \operatorname{Arc}\sin x$ au point 0 ;

(iii)) $\sqrt{3x} - \sqrt{2+x}$ au point 1.

2. Étudier les branches infinies des fonctions suivantes et la position du graphe par rapport aux asymptotes :

(i)) $2x - 3 + \dfrac{\operatorname{Log}|1+x|}{1-x}$; **(ii)** $\sqrt[3]{x^3+x^2+1}$; **(iii)** $\dfrac{x\exp\left(x+\dfrac{1}{x}\right)}{\exp(x)-1}$.

3. Soit $f : \mathbb{R} \to \mathbb{R}$ la fonction définie par $f(x) = \sqrt{x^2+1} - x$.

a) Quel est le sens de variation de f ? Calculer la limite de $f(x)$ quand x tend vers $+\infty$.

b) Montrer que la fonction a une asymptote quand x tend vers $-\infty$ et trouver la position du graphe par rapport à cette asymptote.

c) Trouver l'équation de la tangente au point $(0,1)$. Dessiner le graphe de f.

d) Posons $g(x) = f\left(x + \dfrac{1}{2x^2}\right)$ si $x \neq 0$ et $g(0) = 0$. Calculer la limite à gauche et la limite à droite de g en 0. Montrer la fonction g est continue et dérivable en 0. Trouver l'équation de la tangente à g en 0 et la position du graphe par rapport à celle-ci.

4. Pour chacune des fonctions suivantes, étudier le sens de variation, les branches infinies et les points où la tangente est horizontale ou bien verticale, puis dessiner le graphe :

(i)) $\dfrac{2x^2 - x + 2}{x} - \dfrac{x}{1 + x^2}$; **(ii)** $\sqrt[3]{x^2(x+1)}$;

(iii)) $\sqrt[3]{x(x^2 - 1)}$; **(iv)** $(1 + x + x^2)\exp(1/x)$.

5. Soit $f : \mathbb{R} \setminus \{0\} \to \mathbb{R}$ la fonction définie par $f(x) = \left(x - \frac{1}{x}\right)\exp\left(\frac{1}{x}\right)$.

a) Montrer que f est croissante sur $]0, +\infty[$ et qu'il existe un nombre réel $a \in]-1, 0[$ tel que f est croissante sur l'intervalle $]-\infty, a]$ et décroissante sur l'intervalle $[a, 0[$.

b) Étudier les branches infinies quand x tend vers $+\infty$ et quand x tend vers $-\infty$.

c) Calculer $\lim\limits_{x\to 0^+} f(x)$, $\lim\limits_{x\to 0^-} f(x)$ et $\lim\limits_{x\to 0^-} \dfrac{f(x)}{x}$. Dessiner le graphe de f.

6. Soit $f : \mathbb{R} \to \mathbb{R}$ la fonction définie par $f(x) = \dfrac{x}{1 + \exp(1/x)}$ si $x \neq 0$ et $f(0) = 0$.

a) Montrer que f est continue et calculer $f'(x)$ pour $x \neq 0$.

b) Soit $u : \mathbb{R} \to \mathbb{R}$ la fonction définie par $u(x) = 1 + \exp x + x \exp x$. Étudier les variations de u. En déduire que l'on a $u(x) > 0$ pour tout x et que la fonction f est croissante.

c) Étudier la branche infinie de f quand x tend vers $+\infty$ et quand x tend vers $-\infty$.

d) Calculer les demi-dérivées de f en 0. Dessiner le graphe de f.

7. Posons $f(x) = (x-1)^2 \operatorname{Arc\,tg} \dfrac{1}{x}$.

a) Calculer la limite à droite et la limite à gauche de f en 0.

b) Étudier la branche infinie de f quand x tend vers $+\infty$ et quand x tend vers $-\infty$.

c) Étudier les variations de f.

d) Calculer les demi-dérivées (à droite et à gauche) de f en 0. Dessiner le graphe de f.

8. Soit $f : \mathbb{R} \to \mathbb{R}$ la fonction définie par $f(x) = (\cos x)^3 + (\sin x)^3$.

a) Montrer que f est 2π-périodique et que $f(x + \pi) = -f(x)$ et $f(\pi/2 - x) = f(x)$.

b) Montrer que le graphe de f est symétrique par rapport à la droite d'équation $x = \pi/4$ et symétrique par rapport au point $(3\pi/4, 0)$.

c) Étudier les variations de f sur l'intervalle $[-\pi/4, \pi/4]$. Montrer que dans cet intervalle, la fonction f a un point d'inflexion et calculer l'abscisse de ce point.

d) Dessiner le graphe de f.

9. Pour tout nombre réel x, posons $f(x) = x^2 + \sin x$.

a) Calculer f' et montrer que la fonction f' est strictement croissante.

b) Déterminer le sens de variation de f.

c) Étudier les branches infinies puis dessiner le graphe de f.

10. Pour tout $x \in \mathbb{R}$, posons $g(x) = x + \exp x$.

a) Montrer que pour tout nombre réel t, il existe un unique nombre réel x tel que $g(x) = t$. Dans la suite, nous notons $f(t)$ le nombre x tel que $g(x) = t$.

b) Montrer que la fonction $f : \mathbb{R} \to \mathbb{R}$ est une bijection strictement croissante. Calculer $f(1)$. Calculer la limite de $f(t)$ quand t tend vers $+\infty$ et quand t tend vers $-\infty$.

c) Montrer que si $t > 1$, alors $f(t) < \operatorname{Log} t$ et que si $0 < t < 1$, alors $f(t) > \operatorname{Log} t$.

d) Calculer $\lim\limits_{x \to +\infty} \big(x - \operatorname{Log} g(x)\big)$. En déduire que l'on a $\lim\limits_{t \to +\infty} \big(f(t) - \operatorname{Log} t\big) = 0$.

e) Calculer $\lim\limits_{x \to -\infty} \big(x - \operatorname{Log} g(x)\big)$. En déduire que l'on a $\lim\limits_{t \to -\infty} \big(f(t) - t\big) = 0$.

f) Montrer que f est dérivable et que l'on a $f'(t) = \dfrac{1}{1 + \exp f(t)}$ pour tout t. En déduire que la fonction f est concave.

g) Calculer $f'(1)$ et montrer que l'on a $-1 < f(0) < -1/2$. Dessiner l'allure du graphe de la fonction f.

11. Soit $f : \mathbb{R} \to \mathbb{R}$ une fonction deux fois dérivable. On suppose que l'on a $f(0) = 0$, $f'(0) = 1$ et $f''(x) + xf(x) = 0$ quel que soit $x \in \mathbb{R}$.

a) Montrer que pour tout entier $n \geqslant 1$, la fonction f possède un développement limité à l'ordre n au point 0.

b) Quelle est l'équation de la tangente au graphe de f au point $(0, 0)$? Quelle est la position du graphe de f par rapport à cette tangente ?

c) Posons $u(x) = x\big(f(x)\big)^2 + \big(f'(x)\big)^2 - \int_0^x \big(f(t)\big)^2\, dt$. Calculer $u'(x)$. En déduire que l'on a $u(x) = 1$ pour tout x.

d) Montrer que l'on a $x\big(f(x)\big)^2 - \int_0^x \big(f(t)\big)^2\, dt \leqslant 1$ pour tout x.

e) Pour tout $x > 0$, posons $h(x) = \dfrac{1}{x}\Big(1 + \int_0^x \big(f(t)\big)^2\, dt\Big)$.

(i) Montrer que la fonction h est décroissante sur $]0, +\infty[$.

(ii) En déduire que pour tout $x \geqslant 1$, on a $\big(f(x)\big)^2 \leqslant h(1)$.

f) Soit $a \in \mathbb{R}$. Montrer que la fonction f est bornée sur l'intervalle $[a, +\infty[$.

12. Trouver des nombres réels a et b de sorte que la fonction $f : \mathbb{R} \to \mathbb{R}$ définie par

$$f(x) = |x| \quad \text{si } |x| \geqslant 1 \qquad \text{et} \qquad f(x) = ax^2 + b \quad \text{si } |x| < 1$$

soit de classe C^1. Dessiner le graphe de cette fonction f.

13. a) Soit a un nombre réel. Calculer $\int_0^1 |2t - a|\, dt$.

b) Soit $f : \mathbb{R} \to \mathbb{R}$ la fonction définie par $f(x) = \int_0^1 |2t - x|\, dt$. Dessiner le graphe de f. Montrer que f est de classe C^1, mais pas de classe C^2.

14. Soit a et b des nombres réels tels que $a > 0$ et soit $k \in \mathbb{R}$.

a) Soit $h : \mathbb{R} \to \mathbb{R}$ la fonction dont le graphe est la droite de pente k passant par le point (a, b). Calculer $h(x)$ pour tout x.

b) Trouver une fonction polynôme p de degré 3 telle que la fonction $f : \mathbb{R} \to \mathbb{R}$ définie par

$$f(x) = \begin{cases} 0 & \text{si } x \leqslant 0 \\ p(x) & \text{si } 0 < x < a \\ h(x) & \text{si } x \geqslant a \end{cases}$$

soit de classe C^1.

c) On suppose $a = b = 1$ et $k = -1$. Calculer $f(x)$ pour tout x et dessiner le graphe de la fonction f.

15. a) Soit $g : \mathbb{R} \to \mathbb{R}$ une fonction de classe C^1 telle que $g(0) = 0$ et $g(1) = 1$. Montrer que le maximum de $g'(x)$ sur le segment $[0, 1]$ est au moins égal à 1.

b) Soit a un nombre réel tel que $0 < a < 1/2$.

(i) Trouver un nombre réel k tel que le graphe de la fonction $u : x \mapsto kx^2$ ait une tangente de pente $1/(1 - a)$ au point d'abscisse a.

(ii) Dessiner le graphe de cette fonction u sur le segment $[0, a]$.

(iii) Pour tout x, posons $v(x) = 1 - u(1 - x)$. Dessiner le graphe de la fonction v sur $[1 - a, 1]$.

c) Soit $\varepsilon > 0$. Définir une fonction $f : \mathbb{R} \to \mathbb{R}$ croissante, de classe C^1, telle que $f(x) = 0$ si $x \leqslant 0$, $f(x) = 1$ si $x \geqslant 1$ et telle que le maximum de $f'(x)$ sur le segment $[0, 1]$ soit inférieur ou égal à $1 + \varepsilon$.

Quelques réponses ou indications

1. (i) La tangente est l'axe $0x$ et le graphe est au-dessus.

(ii) La tangente a pour équation $y = 2x$ et l'origine est un point d'inflexion.

2. (ii) L'asymptote quand x tend vers $+\infty$ ou $-\infty$ a pour équation $y = x + 1/3$, le graphe est en dessous quand x tend vers $+\infty$ et au-dessus quand x tend vers $-\infty$.

(iii) Asymptote verticale d'équation $x = 0$; asymptote d'équation $y = x + 1$ quand x tend vers $+\infty$ et le graphe est au-dessus ; asymptote d'équation $y = 0$ quand x tend vers $-\infty$ et le graphe est au-dessus.

3. b) Penser que si $x < 0$, alors $\sqrt{x^2} = -x$. L'asymptote a pour équation $y = -2x$ et le graphe est au-dessus.

d) On a $g'(0) = 0$, la tangente est l'axe des abscisses et le graphe est au-dessus.

5. a) On a $f'(x) = \frac{u(x)}{x^3} \exp(1/x)$ où $u(x) = x^3 - x^2 + x + 1$. La fonction u est continue et strictement croissante sur $\mathbb{R}$, $u(-1)$ est négatif et $u(0)$ est positif.

b) Quand x tend vers $+\infty$ ou $-\infty$, il y a une asymptote d'équation $y = x + 1$ et le graphe est en dessous quand x tend vers $+\infty$, au-dessus quand x tend vers $-\infty$.

c) On a $\lim_{x \to 0^+} f(x) = -\infty$ et $\lim_{x \to 0^-} f(x) = \lim_{x \to 0^-} \frac{f(x)}{x} = 0$.

6. b) La fonction u a un minimum en -2 et $u(-2) > 0$. Si $x \neq 0$, $f'(x)$ a le signe de $u(1/x)$.

c) L'asymptote a pour équation $y = \frac{x}{2} - \frac{1}{4}$ et le graphe est au-dessus.

d) $f'_d(0) = 0$ et $f'_g(0) = 1$: ce sont les pentes des demi-tangentes à l'origine.

8. b) On a $f(x) = f(\pi/2 - x)$ pour tout x, ou encore $f(\pi/4 - x) = f(x - \pi/4)$. Cela veut dire que la droite d'équation $x = \pi/4$ est un axe de symétrie du graphe de f. On a aussi $f(3\pi/4 - x) = -f(x - 3\pi/4)$, donc le graphe de f est symétrique par rapport au point $(3\pi/4, 0)$.

c) On a $f'(x) = 3 \sin x \cos x (\sin x - \cos x)$. La fonction f est croissante sur $[-\pi/4, 0]$ et décroissante sur $[0, \pi/4]$. Pour trouver le point d'inflexion, il faut résoudre l'équation $f''(x) = 0$, ou encore $(\sin x + \cos x)(3 \sin x \cos x - 1) = 0$; l'abscisse de ce point est $\frac{1}{2} \operatorname{Arc}\sin \frac{2}{3}$ et appartient à $]0, \pi/4[$.

10. a) La fonction $g : \mathbb{R} \to \mathbb{R}$ est continue, dérivable et sa dérivée $g'(x) = 1 + \exp x$ est strictement positive, donc g est strictement croissante. De plus, $g(x)$ tend vers $-\infty$ quand x tend vers $-\infty$ et vers $+\infty$ quand x tend vers $+\infty$. L'image de g est donc l'intervalle $]-\infty, +\infty[$. On en déduit que l'application g est une bijection. Par définition, on a l'équivalence $t = g(x) \iff f(t) = x$, de sorte que f est la bijection réciproque de g.

b) On a $1 = g(0)$, donc $f(1) = 0$. Puisque $f = g^{-1}$, $f(t)$ tend vers $+\infty$ quand t tend vers $+\infty$ et vers $-\infty$ quand t tend vers $-\infty$.

c) Pour tout nombre $t > 0$, on a l'équivalence $f(t) < \operatorname{Log} t \iff t < g(\operatorname{Log} t)$ et $g(\operatorname{Log} t) = (\operatorname{Log} t) + t$.

d) Pour tout $x > 0$, on a $g(x) > 0$, $g(x) = (\exp x)\big(1 + x\exp(-x)\big)$, donc $\operatorname{Log}\big(g(x)\big) = x + \operatorname{Log}\big(1 + x\exp(-x)\big)$. Puisque $x\exp(-x)$ tend vers 0 quand x tend vers $+\infty$, on en déduit $\lim\limits_{x\to+\infty} [x - \operatorname{Log} g(x)] = 0$. Puisque $f(t)$ tend vers $+\infty$ quand t tend vers $+\infty$, on a $\lim\limits_{x\to+\infty} [x - \operatorname{Log} g(x)] = \lim\limits_{t\to+\infty} \big[f(t) - \operatorname{Log} g\big(f(t)\big)\big]$, par les propriétés des limites. D'où le résultat, car $g\big(f(t)\big) = t$.

e) On a $x - g(x) = -\exp x$, donc $\lim\limits_{x\to-\infty} \big(x - g(x)\big) = 0$. Puisque $f(t)$ tend vers $-\infty$ quand t tend vers $-\infty$, on en déduit par les propriétés des limites $\lim\limits_{x\to-\infty} \big(x - g(x)\big) = \lim\limits_{t\to-\infty} \big[f(t) - g\big(f(t)\big)\big]$. Il vient donc $\lim\limits_{t\to-\infty} \big(f(t) - t\big) = 0$.

f) Puisque $g'(t)$ n'est jamais nul, la fonction $f = g^{-1}$ est dérivable. Pour exprimer $f'(t)$, dériver la fonction $t \mapsto f(t) + \exp f(t)$. Montrer que la fonction f' est décroissante.

g) Pour dessiner le graphe de f, il faut tenir compte de tous les résultats démontrés dans les questions précédentes. On peut aussi dessiner le graphe de g et opérer une symétrie par rapport à la droite d'équation $y = x$, car les fonctions f et g sont des bijections réciproques.

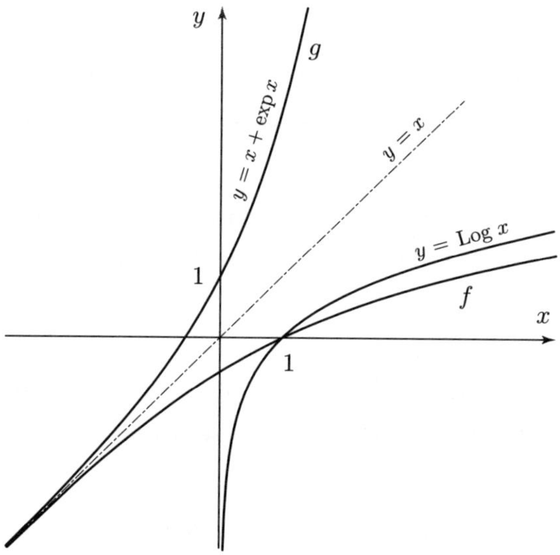

11. a) En raisonnant par récurrence, montrer que f est de classe C^n pour tout entier $n \geqslant 1$.

b) Le développement limité de f en 0, à l'ordre 6, est $f(x) = x - (1/12)x^4 + x^6\varepsilon(x)$.

c) La fonction $x \mapsto \int_0^x \big(f(t)\big)^2\, dt$ a pour dérivée $x \mapsto \big(f(x)\big)^2$.

d) Utiliser (c).

e) (i) Calculer $h'(x)$ et utiliser (d).

e) (ii) On a $x\big(f(x)\big)^2 \leqslant xh(x)$, d'après (d).

f) Si $a \geqslant 1$, alors d'après (e), on a $|f(x)| \leqslant \sqrt{h(1)}$ pour tout $x \in [a, +\infty[$, donc f est bornée sur $[a, +\infty[$. Supposons $a < 1$. Puisque la fonction f est continue, elle est bornée sur le segment $[a, 1]$. Puisque f est bornée sur l'intervalle $[1, +\infty[$, on en déduit que f est bornée sur $[a, +\infty[$.

On peut montrer, grâce à la théorie des équations différentielles, qu'il existe une fonction f satisfaisant les hypothèses qui ont été faites.

12. Posons $u(x) = ax^2 + b$. On doit avoir $u(1) = 1$ et $u'(1) = 1$, ce qui détermine a et b. Penser à la règle de L'Hospital pour montrer que la fonction ainsi obtenue est dérivable en 1.

13. a) Distinguer les cas $a \leqslant 0$, $0 < a < 2$ et $a \geqslant 2$.

b) Le graphe de f se trouve figure 1.

14. b) Poser $p(x) = \alpha x^3 + \beta x^2 + \gamma x + \delta$. Puisqu'on doit avoir $p(0) = p'(0) = 0$, il vient $\gamma = \delta = 0$. On doit aussi avoir $p(a) = b$ et $p'(a) = k$, ce qui détermine les coefficients α et β. On obtient $\alpha = (ka - 2b)/a^3$ et $\beta = 3b - ka)/a^2$. Penser à la règle de L'Hospital pour démontrer que f est dérivable en 0 et en a.

c) Le graphe de f est représenté figure 2.

15. a) Appliquer le théorème des accroissements finis.

c) Utiliser (b) : quelle est la pente de la droite passant par les points de coordonnées $(a, u(a))$ et $(1 - a, v(1 - a))$? Les fonctions f ainsi construites montrent que, dans la question (a), on ne peut pas améliorer la minoration de $g'(x)$ par 1.

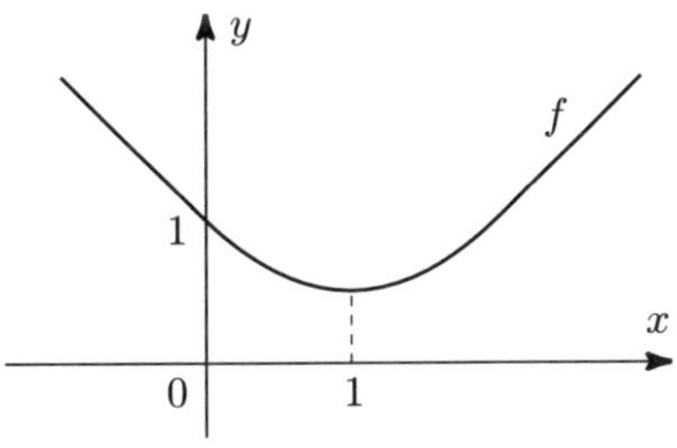

figure 1

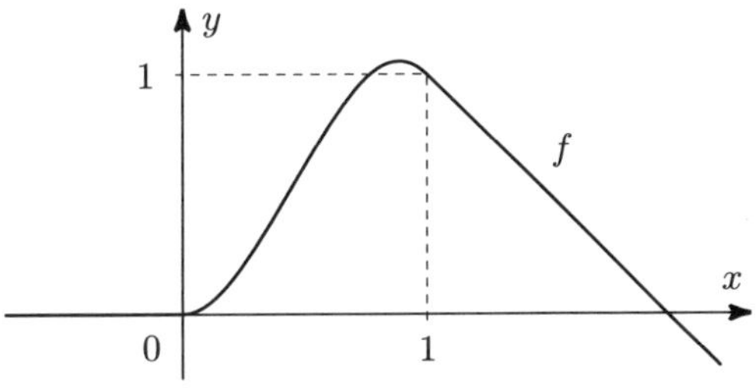

figure 2

Chapitre 15

Courbes paramétrées

Soit I un intervalle de $\mathbb{R}$ ou une réunion d'intervalles et soient u, v des fonctions numériques définies sur I. Si t appartient à I, alors $u(t)$ et $v(t)$ sont des nombres réels et le couple $\big(u(t), v(t)\big)$ est un élément de l'ensemble $\mathbb{R}^2$. On définit donc une fonction $f : I \to \mathbb{R}^2$ en posant $f(t) = \big(u(t), v(t)\big)$ pour tout $t \in I$. On dit que f est une *fonction vectorielle*.

Réciproquement, toute fonction $f : I \to \mathbb{R}^2$ est de la forme $t \mapsto \big(u(t), v(t)\big)$ où u et v sont des fonctions à valeurs réelles et définies sur I. Ces fonctions u et v s'appellent *les fonctions coordonnées de* f.

Le terme « fonction vectorielle » fait bien sûr référence au $\mathbb{R}$-espace vectoriel $\mathbb{R}^2$. Nous allons d'ailleurs utiliser les règles de calcul, définitions et propriétés relatives aux espaces vectoriels qui sont expliquées au chapitre 6 du tome d'algèbre.

1. Limite, continuité et dérivée d'une fonction vectorielle

Définitions

Soit $f : I \to \mathbb{R}^2$ la fonction vectorielle définie par $f(t) = \big(u(t), v(t)\big)$.

- Soit $\ell = (\ell_1, \ell_2) \in \mathbb{R}^2$ et soit t_0 un nombre réel. Si l'on a $\lim\limits_{t\to t_0} u(t) = \ell_1$ et $\lim\limits_{t\to t_0} v(t) = \ell_2$, on dit que *la fonction f a pour limite ℓ en t_0*, ou que *$f(t)$ tend vers ℓ quand t tend vers t_0*, et l'on note $\lim\limits_{t\to t_0} f(t) = \ell$. On définit de même la limite de $f(t)$ quand t tend vers $+\infty$ ou vers $-\infty$.
- Si $t_0 \in I$, la fonction f est dite *continue en t_0* si les fonctions u et v sont continues en t_0. La fonction f est *continue sur I* si f est continue en tout $t_0 \in I$.
- Si les fonctions u et v sont dérivables en t_0, on dit que f est *dérivable en t_0* ; le vecteur $f'(t_0) = \big(u'(t_0), v'(t_0)\big)$ s'appelle le *vecteur dérivé de f en t_0*.

D'après les propriétés des limites de fonctions numériques, nous avons la proposition suivante.

Proposition. *Soient $f : I \to \mathbb{R}^2$ et $g : I \to \mathbb{R}^2$ des fonctions vectorielles.*

- *Si $\lim_{t\to t_0} f(t) = \ell$ et $\lim_{t\to t_0} g(t) = \ell'$, alors $\lim_{t\to t_0} \big(f(t)+g(t)\big) = \ell + \ell'$.*
- *Soit $\alpha : I \to \mathbb{R}$ une fonction numérique. Si $\lim_{t\to t_0} \alpha(t) = a$, où $a \in \mathbb{R}$, et si $\lim_{t\to t_0} f(t) = \ell$, alors $\lim_{t\to t_0} \alpha(t)f(t) = a\ell$.*

Proposition. *Soit (r,s) une base du $\mathbb{R}$-espace vectoriel $\mathbb{R}^2$. Soit $f : I \to \mathbb{R}^2$ une fonction vectorielle et pour tout $t \in I$, soient $a(t)$ et $b(t)$ les coordonnées du vecteur $f(t)$ dans la base (r,s). On a l'équivalence*

$$\lim_{t\to t_0} f(t) = 0 \quad \Longleftrightarrow \quad \lim_{t\to t_0} a(t) = \lim_{t\to t_0} b(t) = 0\,.$$

Démonstration. Les vecteurs r et s appartiennent à $\mathbb{R}^2$ donc $r=(\alpha,\beta)$ et $s=(\gamma,\delta)$, où $\alpha,\beta,\gamma,\delta$ sont des nombres réels. Puisque les vecteurs r et s forment une base de $\mathbb{R}^2$, le déterminant $\begin{vmatrix} \alpha & \gamma \\ \beta & \delta \end{vmatrix}$ est non nul, c'est-à-dire $\alpha\delta - \beta\gamma \neq 0$. En notant $(\mathbf{e}_1, \mathbf{e}_2)$ la base canonique de $\mathbb{R}^2$, nous avons par définition $r = \alpha\mathbf{e}_1 + \beta\mathbf{e}_2$ et $s = \gamma\mathbf{e}_1 + \delta\mathbf{e}_2$, d'où

$$\mathbf{e}_1 = \frac{1}{\alpha\delta - \beta\gamma}(\delta r - \beta s) \qquad \text{et} \qquad \mathbf{e}_2 = \frac{1}{\alpha\delta - \beta\gamma}(-\gamma r + \alpha s)\,.$$

Pour tout nombre $t \in I$, on a

$$\begin{aligned} f(t) &= a(t)r + b(t)s \qquad \text{par définition de } a(t) \text{ et } b(t) \\ &= \big(\alpha a(t) + \gamma b(t)\,,\, \beta a(t) + \delta b(t)\big) \end{aligned}$$

donc les fonctions coordonnées de f sont définies par $u(t) = \alpha a(t) + \gamma b(t)$ et $v(t) = \beta a(t) + \delta b(t)$. Si $a(t)$ et $b(t)$ tendent vers 0 quand t tend vers t_0, alors d'après les théorèmes sur les limites, il vient $\lim_{t\to t_0} u(t) = 0$ et $\lim_{t\to t_0} v(t) = 0$, ou encore $\lim_{t\to t_0} f(t) = 0$. Exprimons maintenant $a(t)$ et $b(t)$ au moyen de $u(t)$ et $v(t)$; il vient

$$a(t) = \frac{1}{\alpha\delta - \beta\gamma}\big(\delta u(t) - \gamma v(t)\big) \qquad \text{et} \qquad b(t) = \frac{1}{\alpha\delta - \beta\gamma}\big(-\beta u(t) + \alpha v(t)\big).$$

Si $u(t)$ et $v(t)$ tendent vers 0 quand t tend vers t_0, alors d'après les propriétés des limites, il en va de même de $a(t)$ et de $b(t)$. ∎

Développement limité

Supposons que les fonctions coordonnées u et v d'une fonction vectorielle $f : I \to \mathbb{R}^2$ sont continues et possèdent un développement limité à l'ordre n au point t_0 :

$$\begin{aligned} u(t) &= u_0 + u_1(t-t_0) + \cdots + u_n(t-t_0)^n + (t-t_0)^n\,\varepsilon_1(t) \\ v(t) &= v_0 + v_1(t-t_0) + \cdots + v_n(t-t_0)^n + (t-t_0)^n\,\varepsilon_2(t) \end{aligned}$$

où $\lim_{t\to t_0} \varepsilon_1(t) = 0 = \lim_{t\to t_0} \varepsilon_2(t)$. Écrivons ces deux égalités sous la forme d'une seule égalité entre vecteurs. Définissons pour cela la fonction vectorielle ε en posant $\varepsilon(t) = \big(\varepsilon_1(t), \varepsilon_2(t)\big)$. Puisque $f(t) = \big(u(t), v(t)\big)$, il vient

$$f(t) = (u_0, v_0) + (t-t_0)(u_1, v_1) + \cdots + (t-t_0)^n(u_n, v_n) + (t-t_0)^n\varepsilon(t)\,.$$

On a $\lim_{t\to t_0} \varepsilon(t) = 0$ d'après la définition de la limite d'une fonction vectorielle. L'égalité ci-dessus s'appelle le *développement limité à l'ordre n de f en t_0*.
Nous avons $(u_0, v_0) = \big(u(t_0), v(t_0)\big) = f(t_0)$. De plus, si l'entier n est supérieur ou égal à 1, nous savons d'après la proposition page 211, que les fonctions numériques u et v sont dérivables en t_0 et que l'on a $(u_1, v_1) = \big(u'(t_0), v'(t_0)\big) = f'(t_0)$.

Exemple. Soit $f : \mathbb{R} \to \mathbb{R}^2$ la fonction définie par $f(t) = \big(2t^3 - t\sin t, t^3 + \cos t\big)$. Les fonctions coordonnées ont pour développement limité à l'ordre 4 en 0

$$\begin{aligned} 2t^3 - t\sin t &= -t^2 + 2t^3 + \frac{1}{6}t^4 + t^4\varepsilon_1(t) \\ t^3 + \cos t &= 1 - \frac{1}{2}t^2 + t^3 + \frac{1}{24}t^4 + t^4\varepsilon_2(t) \end{aligned}$$

donc le développement limité de f à l'ordre 4 en 0 est

$$f(t) = (0,1) + t^2(-1, -1/2) + t^3(2,1) + t^4(1/6, 1/24) + t^4\varepsilon(t) \qquad \text{où } \lim_{t\to 0} \varepsilon(t) = 0\,.$$

2. Courbe paramétrée

Une fonction vectorielle $f : I \to \mathbb{R}^2$ s'appelle aussi une *courbe paramétrée*. Dans le cadre des courbes paramétrées, il est commode d'utiliser le langage de l'espace affine $\mathbb{R}^2$ (chapitre 8 du tome d'algèbre), c'est-à-dire de parler de points et de droites de $\mathbb{R}^2$. Ainsi, pour tout nombre $t \in I$, $f(t)$ est un point de $\mathbb{R}^2$ et l'ensemble des points $f(t)$ où $t \in I$, est en général une « courbe plane » que l'on représente par un dessin.
Soient $f : I \to \mathbb{R}^2$ une courbe paramétrée, u et v les fonctions coordonnées de f et soit $t_0 \in I$.

Tangente en un point

Supposons que f est dérivable en t_0, c'est-à-dire par définition, que les fonctions coordonnées $t \mapsto u(t)$ et $t \mapsto v(t)$ sont dérivables en t_0. Les fonctions u et v possèdent donc un développement limité à l'ordre 1 en t_0 :

$$u(t) = u(t_0) + u'(t_0)(t - t_0) + (t - t_0)\varepsilon_1(t)$$
$$v(t) = v(t_0) + v'(t_0)(t - t_0) + (t - t_0)\varepsilon_2(t)$$

où $\lim_{t \to t_0} \varepsilon_1(t) = 0 = \lim_{t \to t_0} \varepsilon_2(t)$. Puisque nous avons posé $f'(t_0) = \big(u'(t_0), v'(t_0)\big)$, le développement limité à l'ordre 1 de f en t_0 est

$$f(t) = f(t_0) + (t - t_0)f'(t_0) + (t - t_0)\varepsilon(t)\,.$$

Si t est différent de t_0, nous avons $\frac{1}{t - t_0}\big(f(t) - f(t_0)\big) = f'(t_0) + \varepsilon(t)$. D'après les propriétés des limites de fonctions vectorielles, il vient donc

$$\lim_{t \to t_0} \frac{1}{t - t_0}\big(f(t) - f(t_0)\big) = \lim_{t \to t_0} \big(f'(t_0) + \varepsilon(t)\big) = f'(t_0) + \lim_{t \to t_0} \varepsilon(t) = f'(t_0)\,.$$

Faisons l'hypothèse que le vecteur dérivé $f'(t_0)$ n'est pas nul, c'est-à-dire que l'un au moins des nombres réels $u'(t_0)$ ou bien $v'(t_0)$ n'est pas égal à 0. Supposons par exemple $u'(t_0) \neq 0$. Nous savons qu'il existe un intervalle ouvert J de centre t_0, tel que la différence $u(t) - u(t_0)$ a le signe de $u'(t_0)$ pour tout $t \in J$ différent de t_0 (voir page 243). On a donc $u(t) - u(t_0) \neq 0$ si $t \in J \setminus \{t_0\}$. Puisque $f(t) - f(t_0) = \big(u(t) - u(t_0), v(t) - v(t_0)\big)$, nous avons aussi $f(t) - f(t_0) \neq 0$ pour tout $t \in J \setminus \{t_0\}$. Si t appartient à J et est différent de t_0, considérons dans l'espace affine $\mathbb{R}^2$, la droite D_t passant par les deux points $f(t)$ et $f(t_0)$; cette droite est bien définie puisque $f(t) \neq f(t_0)$ lorsque $t \in J \setminus \{t_0\}$. Le vecteur $\overrightarrow{f(t_0)\,f(t)} = f(t) - f(t_0)$ est un vecteur directeur de la droite D_t et il en est de même du vecteur $\frac{1}{t - t_0}\big(f(t) - f(t_0)\big)$. Quand t tend vers t_0, ce vecteur directeur de D_t tend vers le vecteur dérivé $f'(t_0)$.

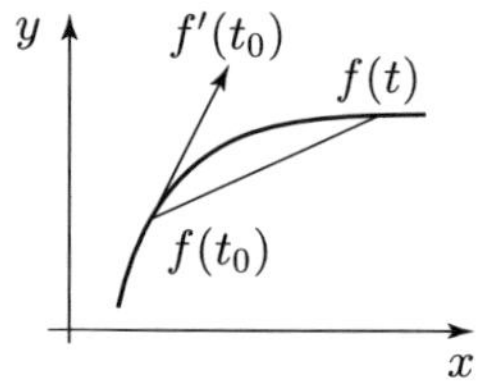

Intuitivement, la droite D_t a pour position limite la droite passant par le point $f(t_0)$ et de vecteur directeur $f'(t_0)$. Voila qui justifie la définition suivante.

Définition

Soit $f : I \to \mathbb{R}^2$ une courbe paramétrée. Si f est dérivable en $t_0 \in I$ et si $f'(t_0) \neq 0$, la *tangente à la courbe au point* $f(t_0)$ est la droite passant par le point $f(t_0)$ et de vecteur directeur $f'(t_0)$.

Puisque $f(t_0) = \big(u(t_0), v(t_0)\big)$ et $f'(t_0) = \big(u'(t_0), v'(t_0)\big)$, l'équation de la tangente en t_0 est (voir le chapitre 8 du tome d'algèbre)

$$\begin{vmatrix} x - u(t_0) & u'(t_0) \\ y - v(t_0) & v'(t_0) \end{vmatrix} = 0$$

ou encore

$$\big(y - v(t_0)\big)u'(t_0) - \big(x - u(t_0)\big)v'(t_0) = 0\,.$$

Remarque

Soit $g : I \to \mathbb{R}$ une fonction numérique et soit $f : I \to \mathbb{R}^2$ la courbe paramétrée définie par $f(t) = \big(t, g(t)\big)$. Par définition, l'ensemble des points $f(t)$ est le graphe de la fonction g. Si g est dérivable en t_0, alors $f'(t_0) = \big(1, g'(t_0)\big)$ donc le vecteur $f'(t_0)$ est non nul. La tangente à la courbe au point $f(t_0)$ a pour équation $y - g(t_0) - (x - t_0)g'(t_0) = 0$: c'est bien l'équation de la tangente à g en t_0 (voir page 245).

Nous allons maintenant mener pour les courbes paramétrées une étude analogue à celle qui a été faite pour les fonctions numériques.

Étude locale en un point. Soit $f : I \to \mathbb{R}^2$ une courbe paramétrée dérivable en $t_0 \in I$ et soient u, v les fonctions coordonnées de f. Supposons que les fonctions u et v possèdent un développement limité à l'ordre $n \geqslant 2$ en t_0. Le développement limité à l'ordre n de f en t_0 est de la forme

$$f(t) = f(t_0) + (t - t_0)f'(t_0) + (t - t_0)^2 w_2 + \cdots + (t - t_0)^n w_n + (t - t_0)^n \varepsilon(t)$$

où $\lim\limits_{t \to t_0} \varepsilon(t) = 0$ et où w_2, ..., w_n sont des vecteurs de $\mathbb{R}^2$.

Premier cas : $f'(t_0) \neq 0$ et w_2 n'est pas colinéaire à $f'(t_0)$.

Les vecteurs $f'(t_0)$ et w_2 sont linéairement indépendants, donc $\big(f'(t_0), w_2\big)$ est une base de l'espace vectoriel $\mathbb{R}^2$. En tronquant à l'ordre 2 le développement limité, il vient

$$f(t) - f(t_0) = (t - t_0)f'(t_0) + (t - t_0)^2 w_2 + (t - t_0)^2 \varepsilon(t) \quad \text{où } \lim_{t \to t_0} \varepsilon(t) = 0.$$

Pour tout nombre $t \in I$, notons $a(t)$ et $b(t)$ les coordonnées du vecteur $\varepsilon(t)$ dans la base $\big(f'(t_0), w_2\big)$, autrement dit $\varepsilon(t) = a(t)f'(t_0) + b(t)w_2$. Il vient

$$\overrightarrow{f(t_0)f(t)} = f(t) - f(t_0) = \Big[t - t_0 + (t - t_0)^2 a(t)\Big] f'(t_0) + \Big[(t - t_0)^2 + (t - t_0)^2 b(t)\Big] w_2\,.$$

Les coordonnées du vecteur $\overrightarrow{f(t_0)\,f(t)}$ dans la base $\big(f'(t_0), w_2\big)$ sont donc

$$t - t_0 + (t - t_0)^2 a(t) \qquad \text{et} \qquad (t - t_0)^2 + (t - t_0)^2 b(t)\,.$$

Puisque $\varepsilon(t)$ tend vers 0 quand t tend vers t_0, nous savons d'après une proposition du premier paragraphe, que l'on a $\lim_{t\to t_0} a(t) = \lim_{t\to t_0} b(t) = 0$.

Quand t tend vers t_0, la première coordonnée a le signe de $t - t_0$, donc change de signe. La seconde coordonnée a le signe de $(t - t_0)^2$, donc est positive : par rapport à la tangente, la courbe est « du coté de w_2 ». On en déduit *l'allure de la courbe en* t_0.

Deuxième cas : $n \geqslant 3$, $f'(t_0) \neq 0$, w_2 est colinéaire à $f'(t_0)$ et w_3 n'est pas colinéaire à $f'(t_0)$.

Les vecteurs $f'(t_0)$ et w_3 sont linéairement indépendants, donc $\big(f'(t_0), w_3\big)$ est une base de l'espace vectoriel $\mathbb{R}^2$. D'autre part, il existe un nombre réel λ tel que $w_2 = \lambda f'(t_0)$. En tronquant à l'ordre 3 le développement limité, on obtient

$$f(t) - f(t_0) = \big((t - t_0) + \lambda(t - t_0)^2\big) f'(t_0) + (t - t_0)^3 w_3 + (t - t_0)^3 \varepsilon(t)$$

où $\lim_{t\to t_0} \varepsilon(t) = 0$. En posant $\varepsilon(t) = a(t) f'(t_0) + b(t) w_3$, les coordonnées du vecteur $\overrightarrow{f(t_0)\, f(t)} = f(t) - f(t_0)$ dans la base $\big(f'(t_0), w_3\big)$ sont

$$t - t_0 + \lambda(t - t_0)^2 + (t - t_0)^3 a(t) \qquad \text{et} \qquad (t - t_0)^3 + (t - t_0)^3 b(t)\,.$$

Puisque les fonctions a et b ont pour limite 0 en t_0, la première coordonnée a le signe de $t - t_0$ quand t tend vers t_0 et la seconde coordonnée a le signe de $(t - t_0)^3$, c'est-à-dire aussi le signe de $t - t_0$. Ces coordonnées ont donc le même signe et le signe change. Voici l'allure de la courbe en t_0. On dit que le point $f(t_0)$ est un *point d'inflexion*.

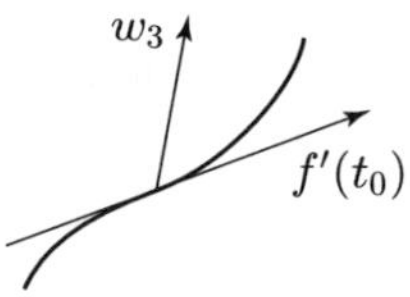

Remarque. Supposons que le vecteur $f'(t_0)$ est non nul, que l'entier n est supérieur ou égal à 3 et qu'il existe un entier p tel que $3 \leqslant p \leqslant n$ et

$$w_2\,,\ \ldots\,, w_{p-1} \text{ sont colinéaires à } f'(t_0) \text{ et } w_p \text{ n'est pas colinéaire à } f'(t_0).$$

Alors $\big(f'(t_0), w_p\big)$ est une base de $\mathbb{R}^2$. En procédant comme ci-dessus, on montre que l'allure de la courbe en t_0 est celle du premier cas si p est pair et que le point $f(t_0)$ est d'inflexion si p est impair.

Troisième cas : $n \geqslant 3$, $f'(t_0) = 0$ et $\big(w_2, w_3\big)$ est une base de $\mathbb{R}^2$.

Le développement limité à l'ordre 3 de f en t_0 est

$$f(t) = f(t_0) + (t - t_0)^2 w_2 + (t - t_0)^3 w_3 + (t - t_0)^3 \varepsilon(t)\,.$$

En notant encore $a(t)$ et $b(t)$ les coordonnées de $\varepsilon(t)$ dans la base $\big(w_2, w_3\big)$, les coordonnées du vecteur $\overrightarrow{f(t_0)\, f(t)}$ dans cette base sont

$$(t - t_0)^2 + (t - t_0)^3 a(t) \qquad \text{et} \qquad (t - t_0)^3 + (t - t_0)^3 b(t)\,.$$

La première coordonnée est positive quand t tend vers t_0 : par rapport à w_3, la courbe est donc « du coté de w_2 ». La seconde coordonnée a le signe de $t - t_0$, donc change de signe. L'allure de la courbe est représentée ci-contre. On dit que le point $f(t_0)$ est un *point de rebroussement*.

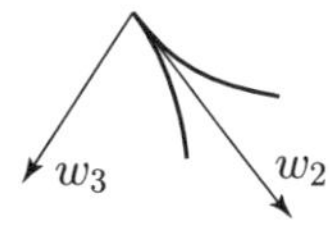

Dans l'étude des fonctions numériques, nous n'avons pas trouvé cette configuration : en effet, nous avons remarqué que pour une courbe paramétrée de la forme $t \mapsto \big(t, g(t)\big)$, le vecteur dérivé est toujours différent de 0.

Quatrième cas : $n \geqslant 4$, $f'(t_0) = 0$, w_3 est colinéaire à w_2 et $\big(w_2, w_4\big)$ est une base de $\mathbb{R}^2$.

Posons $w_3 = \lambda w_2$. Le développement limité à l'ordre 4 de f en t_0 est

$$f(t) = f(t_0) + \big((t-t_0)^2 + \lambda(t-t_0)^3\big)w_2 + (t-t_0)^4 w_4 + (t-t_0)^4 \varepsilon(t)\,.$$

Si $a(t)$ et $b(t)$ sont les coordonnées de $\varepsilon(t)$ dans la base $\big(w_2, w_4\big)$, les coordonnées du vecteur $\overrightarrow{f(t_0)\,f(t)}$ dans cette base sont

$$(t-t_0)^2 + \lambda(t-t_0)^3 + (t-t_0)^4 a(t) \quad \text{et} \quad (t-t_0)^4 + (t-t_0)^4 b(t)\,.$$

Les deux coordonnées sont positives quand t tend vers t_0, d'où l'allure de la courbe. Le point $f(t_0)$ est encore appelé point de rebroussement.

Remarque. Supposons que n est au moins égal à 4 et qu'il existe des entiers p et q tel que $2 \leqslant p < q \leqslant n$ et

$$\begin{cases} f'(t_0) = w_i = 0 \text{ si } 2 \leqslant i < p & \text{et} \quad w_p \neq 0 \\ w_j \text{ est colinéaire à } w_p \text{ si } p < j < q & \text{et} \quad \big(w_p, w_q\big) \text{ est une base de } \mathbb{R}^2. \end{cases}$$

On obtient l'allure de la courbe en raisonnant comme dans les cas particuliers que nous venons de traiter ; selon la parité des entiers p et q, on trouve l'une des quatre configurations précédentes.

- Si $f'(t_0) \neq 0$, la tangente en $f(t_0)$ a pour vecteur directeur $f'(t_0)$.
- Si $f'(t_0) = 0$, la courbe est « tangente au premier vecteur » w_p non nul.
- L'allure s'obtient en cherchant le signe des coordonnées de $f(t) - f(t_0)$ dans une base du type $\big(f'(t_0), w_p\big)$ ou bien (w_p, w_q).

Définition

Si $f'(t_0) = 0$, on dit que le point $f(t_0)$ est *stationnaire*.

Exercices

1. Soit f la courbe paramétrée de fonctions coordonnées $u(t)=t^2+\cos t$, $v(t)=t^2+\sin t$. Dessiner l'allure de la courbe au point $f(0)$.

Réponse. Écrivons les développements limités à l'ordre 2 des fonctions u et v en 0 :

$$u(t) = 1 + \frac{1}{2}t^2 + t^2\varepsilon_1(t)$$
$$v(t) = t + t^2 + t^2\varepsilon_2(t)\,.$$

Le développement limité à l'ordre 2 de f au point 0 est donc

$$f(t) = (1,0) + t(0,1) + t^2(1/2,1) + t^2\varepsilon(t) \quad \text{où} \lim_{t\to 0}\varepsilon(t) = 0\,.$$

On a $f(0) = (1,0)$, $f'(0) = (0,1)$ et $w_2 = (1/2,1)$. Les vecteurs $f'(0)$ et w_2 forment une base de $\mathbb{R}^2$, nous sommes dans le premier cas et l'allure est celle de la figure 1 ci-dessous.

2. Soit f la courbe paramétrée de fonctions coordonnées $u(t) = 2 + t^3(3t-4)$, $v(t) = 4 - 3t^2 + 2t^3$. Dessiner l'allure de la courbe au point $f(1)$.

Réponse. Calculons les développements limités à l'ordre 3 des fonctions u et v en 1. On trouve

$$u(t) = 1 + 6(t-1)^2 + 8(t-1)^3 + (t-1)^3\varepsilon_1(t)$$
$$v(t) = 3 + 3(t-1)^2 + 2(t-1)^3 + (t-1)^3\varepsilon_2(t)\,.$$

Le développement limité à l'ordre 3 de f est donc

$$f(t) = (1,3) + (t-1)^2(6,3) + (t-1)^3(8,2) + (t-1)^3\varepsilon(t) \quad \text{où} \lim_{t\to 1}\varepsilon(t) = 0\,.$$

On a $f'(1) = 0$, $w_2 = (6,3)$, $w_3 = (8,2)$ et les vecteurs w_2 et w_3 forment une base de $\mathbb{R}^2$. Nous sommes dans le troisième cas et l'allure est montrée par la figure 2 ci-dessous.

3. Soit f la courbe paramétrée de coordonnées $u(t) = 2t^3 - t\sin t$, $v(t) = t^3 + \cos t$. Dessiner l'allure de la courbe au point $f(0)$.

Réponse. Nous avons calculé dans un exemple précédent le développement limité à l'ordre 4 de f en 0 :

$$f(t) = (0,1) + t^2(-1,-1/2) + t^3(2,1) + t^4(1/6,1/24) + t^4\varepsilon(t) \text{ où } \lim_{t\to 0}\varepsilon(t) = 0\,.$$

On a $f'(0) = 0$, $w_2 = (-1,-1/2)$, $w_3 = (2,1) = -2w_2$ et $w_4 = (1/6,1/24)$, donc nous sommes dans le quatrième cas. L'allure est représentée figure 3.

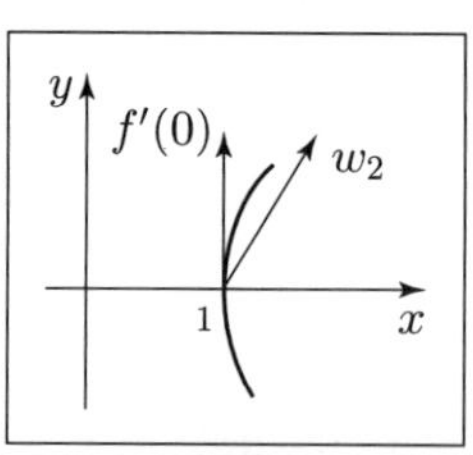

figure 1

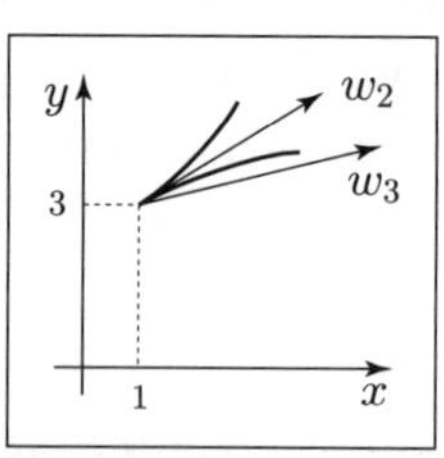

figure 2

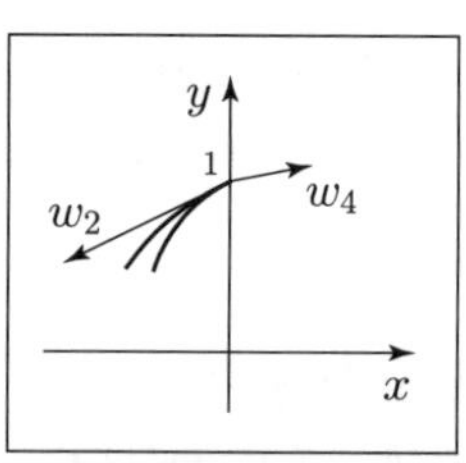

figure 3

Branche infinie, asymptote

Comme pour les fonctions numériques, on a les définitions suivantes.

Définitions

Soit $f : I \to \mathbb{R}^2$ une courbe paramétrée de fonctions coordonnées u et v. Supposons que t_0 est un nombre appartenant à I, ou bien une extrémité de I, ou bien $+\infty$ ou $-\infty$.

- Si l'une au moins des fonctions coordonnées u ou v ne reste pas bornée quand t tend vers t_0, on dit que f a une *branche infinie quand t tend vers t_0*.
- Si $\lim\limits_{t \to t_0} u(t) = a$, où $a \in \mathbb{R}$, et si $\lim\limits_{t \to t_0} v(t) = \pm\infty$, on dit que la droite d'équation $x = a$ est une *asymptote verticale*. De même, si $\lim\limits_{t \to t_0} u(t) = \pm\infty$ et si $\lim\limits_{t \to t_0} v(t) = a$, la droite d'équation $y = a$ s'appelle une *asymptote horizontale*.
- Supposons que $u(t)$ et $v(t)$ tendent vers $+\infty$ ou $-\infty$ quand t tend vers t_0.
  - S'il existe un nombre réel a tel que $\lim\limits_{t \to t_0} \dfrac{v(t)}{u(t)} = a$, on dit que la courbe a une *direction asymptotique de pente a quand t tend vers t_0*.
  - Si de plus il existe un nombre réel b tel que $\lim\limits_{t \to t_0} \big(v(t) - au(t)\big) = b$, on dit que la droite d'équation $y = ax + b$ est *asymptote à la courbe quand t tend vers t_0*.

Soit $P(t)$ le point d'abscisse $u(t)$ sur la droite d'équation $y = ax + b$ et soit $M(t)$ le point $f(t) = \big(u(t), v(t)\big)$. Nous avons $P(t) = \big(u(t), au(t) + b\big)$ donc

$$\overrightarrow{P(t)\,M(t)} = \big(u(t), v(t)\big) - \big(u(t), au(t) + b\big) = \big(0, v(t) - au(t) - b\big).$$

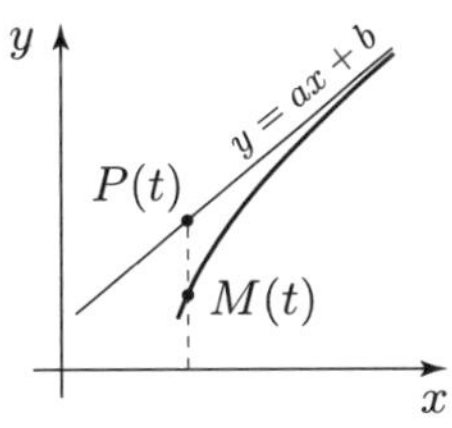

Dire que la droite d'équation $y = ax + b$ est asymptote à f quand t tend vers t_0 signifie donc que $\overrightarrow{P(t)\,M(t)}$ tend vers 0 quand t tend vers t_0.

La position de la courbe par rapport à l'asymptote est donnée par le signe de $v(t) - au(t) - b$ quand t tend vers t_0.

Exemple. Soit $f :]-\pi/2, \pi/2[\to \mathbb{R}^2$ la courbe paramétrée de fonctions coordonnées $u(t) = \operatorname{tg} t$, $v(t) = 2t - \dfrac{1}{\cos t}$.

Quand t tend vers $\pi/2$, la courbe a une branche infinie car $u(t)$ tend vers $+\infty$; de plus $v(t)$ tend vers $-\infty$. En utilisant les développements limités en 0 des fonctions sinus et cosinus, on a pour tout $h \in]0, \pi/2[$

$$\begin{aligned} u(\pi/2 - h) &= \frac{\sin(\pi/2 - h)}{\cos(\pi/2 - h)} = \frac{\cos h}{\sin h} = \frac{1 - (h^2/2) + h^2\varepsilon_1(h)}{h\big(1 - (h^2/6) + h^2\varepsilon_2(h)\big)} \\ &= \frac{1}{h}\left(1 - \frac{h^2}{3} + h^2\varepsilon(h)\right) = \frac{1}{h} - \frac{1}{3}h + h\varepsilon(h) \end{aligned}$$

$$\begin{aligned} v(\pi/2 - h) &= \pi - 2h - \frac{1}{\sin h} = \pi - 2h - \frac{1}{h}\,\frac{1}{1 - (h^2/6) + h^2\varepsilon_2(h)} \\ &= \pi - 2h - \frac{1}{h}\left(1 + \frac{h^2}{6} + h^2\varepsilon_2(h)\right) = -\frac{1}{h} + \pi - \frac{13}{6}h + h\varepsilon(h) \end{aligned}$$

où $\lim\limits_{h\to 0^+} \varepsilon(h) = 0$. Il vient donc

$$\begin{aligned} u(t) &= \frac{1}{\pi/2 - t} - \frac{1}{3}(\pi/2 - t) + (\pi/2 - t)\varepsilon(t) \\ v(t) &= -\frac{1}{\pi/2 - t} + \pi - \frac{13}{6}(\pi/2 - t) + (\pi/2 - t)\varepsilon(t) \quad \text{où} \lim_{t\to(\pi/2)^-} \varepsilon(t) = 0. \end{aligned}$$

On a $\lim\limits_{t\to(\pi/2)^-} v(t)/u(t) = -1$ et $v(t) + u(t) = \pi - \frac{5}{2}(\pi/2 - t) + (\pi/2 - t)\varepsilon(t)$ donc

$$\lim_{t\to(\pi/2)^-} \big(v(t) + u(t)\big) = \pi\,.$$

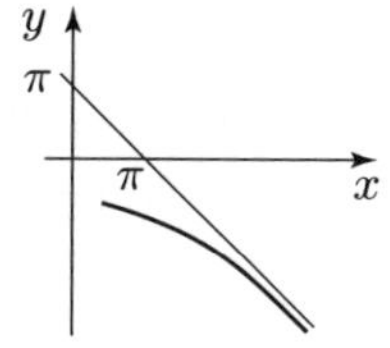

La droite d'équation $y = -x + \pi$ est donc asymptote à la courbe quand t tend vers $\pi/2$. De plus, $v(t) + u(t) - \pi$ a le signe de $-\frac{5}{2}(\pi/2 - t)$, donc est négatif, quand t tend vers $\pi/2$ par valeurs inférieures. L'extrémité correspondante de la courbe est donc sous l'asymptote.

3. Plan d'étude d'une courbe paramétrée

Soit $f : I \to \mathbb{R}^2$ une courbe paramétrée de fonctions coordonnées u et v.

Domaine d'étude. Il est parfois possible de limiter l'étude à une partie de l'intervalle de définition. Voici des cas qu'il faut savoir reconnaître.

- Si $I = \mathbb{R}$ et si les deux fonctions coordonnées sont T-périodiques, alors $f(t+T) = f(t)$ pour tout t et il suffit d'étudier la courbe paramétrée sur un intervalle de longueur T. En effet, l'image de la fonction f est aussi $f\big([0, T]\big)$ et « quand t parcourt $\mathbb{R}$, le point $f(t)$ parcourt une infinité de fois cette image ».

- Supposons que I est l'un des intervalles $]-a, a[$ ($a \in \mathbb{R}$), ou bien $]-\infty, +\infty[$. Si les fonctions u et v sont paires, on a $f(-t) = f(t)$ pour tout t et il suffit d'étudier la courbe sur l'intervalle $[0, a[$ ou bien sur $[0, +\infty[$.
  Si u est une fonction paire et v une fonction impaire, les points $f(t)$ et $f(-t) = \big(u(-t), v(-t)\big) = \big(u(t), -v(t)\big)$ sont symétriques par rapport à l'axe des abscisses : la courbe, c'est-à-dire l'image de la fonction f, est donc symétrique par rapport à cet axe. Il suffit de faire l'étude sur l'intervalle $[0, a[$ ou $[0, +\infty[$, puis de compléter le dessin par symétrie.
  De même, si u est impaire et v paire, la courbe est symétrique par rapport à l'axe des ordonnées.

Sens de variation. Il est d'usage de faire un tableau de variation où figurent, l'un sous l'autre, les sens de variation des fonctions u et v. On y indique aussi les limites aux extrémités des intervalles de définition. Si l'on a pu restreindre l'étude à une partie de l'intervalle de définition, il suffit d'étudier les variations sur cette partie.

Étude locale. Il s'agit de trouver l'allure de la courbe en chacun des points stationnaires, c'est-à-dire aux points où l'on a $f'(t_0) = 0$. Il peut être utile de déterminer aussi la position de la courbe par rapport à sa tangente en quelques points particuliers non stationnaires.

Étude des branches infinies. On trouve facilement les asymptotes horizontales ou verticales. Si $u(t)$ et $v(t)$ tendent vers $+\infty$ ou $-\infty$ quand t tend vers t_0, il convient de se demander s'il y a une asymptote oblique. Pour cela,

- il faut chercher si le rapport $v(t)/u(t)$ a une limite finie a ;
- si c'est le cas, on calcule la limite de $v(t) - au(t)$; si cette limite est finie et égale à b, la droite d'équation $y = ax + b$ est asymptote.
- La position de la courbe par rapport à cette asymptote est donnée par le signe de $v(t) - au(t) - b$ quand t tend vers t_0, et ce signe se calcule au moyen de développements limités.

Représentation graphique. On représente l'ensemble des points $f(t)$ par un dessin illustrant tous les résultats obtenus. Le sens de variation des fonctions u et v détermine la direction du tracé : si par exemple u est décroissante et v croissante, la direction à suivre est « en haut à gauche ». Sur la représentation graphique, il faut faire figurer les tangentes horizontales ou verticales, ainsi que les asymptotes.

4. Un exemple d'étude de courbe paramétrée

Soit la courbe paramétrée $f : \mathbb{R} \setminus \{-1, 1\} \to \mathbb{R}^2$ dont les fonctions coordonnées sont

$$u(t) = \frac{t^2+1}{t^2-1} \quad \text{et} \quad v(t) = \frac{t^2}{t-1} \cdot$$

Tableau de variation. Calculons les dérivées des fonctions u et v :

$$u'(t) = \frac{-4t}{(t^2-1)^2} \quad \text{et} \quad v'(t) = \frac{t(t-2)}{(t-1)^2} \cdot$$

Ces deux fonctions s'annulent en 0 donc le point $f(0) = (-1, 0)$ est stationnaire. Les limites de $u(t)$ et de $v(t)$ quand t tend vers $-\infty$, $+\infty$, -1 ou 1 se calculent très simplement ; nous les indiquons dans le tableau ci-dessous. Puisqu'on a $v'(2) = 0$ et $u'(2) \neq 0$, le vecteur $f'(2)$ est non nul et colinéaire au vecteur $(1, 0)$. La tangente au point $f(2) = (5/3, 4)$ est donc horizontale.

t	$-\infty$		-1		0		1		2		$+\infty$
$u'(t)$		$+$	‖	$+$	0	$-$	‖	$-$		$-$	
$u(t)$	1	↗	$+\infty$ ‖ $-\infty$	↗	-1	↘	$-\infty$ ‖ $+\infty$	↘	$5/3$	↘	1
$v'(t)$		$+$		$+$	0	$-$	‖	$-$	0	$+$	
$v(t)$	$-\infty$	↗	$-1/2$	↗	0	↘	$-\infty$ ‖ $+\infty$	↘	4	↗	$+\infty$

Étude locale au point $f(0)$. Nous avons les développements limités à l'ordre 3 au point 0 :

$$u(t) = -\frac{1+t^2}{1-t^2} = -(1+t^2)\big(1 + t^2 + t^3\varepsilon_1(t)\big) = -1 - 2t^2 + t^3\varepsilon_1(t)$$

$$v(t) = -\frac{t^2}{1-t} = -t^2\big(1 + t + t\varepsilon_2(t)\big) = -t^2 - t^3 + t^3\varepsilon_2(t)$$

d'où le développement limité à l'ordre 3 de f en 0 :

$$f(t) = (-1, 0) + t^2(-2, -1) + t^3(0, -1) + t^3\varepsilon(t) \text{ où } \lim_{t \to 0} \varepsilon(t) = 0 .$$

Puisque $f'(0)$ est nul et que les vecteurs $w_2 = (-2,-1)$ et $w_3 = (0,-1)$ forment une base de $\mathbb{R}^2$, le point $f(0) = (-1,0)$ est un point de rebroussement. La courbe a l'allure ci-contre.

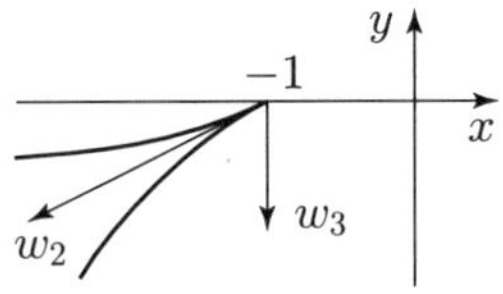

Branches infinies

- Quand t tend vers -1, $v(t)$ tend vers $-1/2$ et $u(t)$ tend vers $+\infty$ ou $-\infty$ selon que t tend vers -1 par valeurs inférieures ou supérieures. La droite d'équation $y = -1/2$ est donc asymptote horizontale quand t tend vers -1.
- On a $\lim_{t\to+\infty} u(t) = 1$ et $\lim_{t\to+\infty} v(t) = +\infty$ donc la droite d'équation $x = 1$ est asymptote verticale quand t tend vers $+\infty$. De même quand t tend vers $-\infty$, $u(t)$ tend vers 1 et $v(t)$ vers $-\infty$, donc cette même droite est asymptote quand t tend vers $-\infty$.
- Il y a aussi une branche infinie quand t tend vers 1 ; puisque $|u(t)|$ et $|v(t)|$ tendent alors vers $+\infty$, cherchons la limite de $v(t)/u(t)$ quand t tend vers 1. Pour tout nombre t différent de 1 et -1, on a

$$\frac{v(t)}{u(t)} = \frac{t^2}{t-1}\,\frac{t^2-1}{t^2+1} = \frac{t^2(t+1)}{t^2+1}$$

donc $\lim_{t\to1} v(t)/u(t) = 2/2 = 1$. Étudions la différence $v(t) - u(t)$; on a

$$v(t) - u(t) = \frac{t^2(t+1) - (t^2+1)}{t^2-1} = \frac{t^3-1}{t^2-1} = \frac{t^2+t+1}{t+1}$$

donc $\lim_{t\to1} \big(v(t) - u(t)\big) = 3/2$. La droite d'équation $y = x + 3/2$ est asymptote à la courbe quand t tend vers 1. Avec un développement limité, cherchons le signe de $v(t) - u(t) - 3/2$ quand t tend vers 1. Pour tout nombre h différent de 0 et -2, nous avons

$$\begin{aligned} v(1+h) - u(1+h) - \frac{3}{2} &= \frac{(1+h)^2 + (1+h) + 1}{2+h} - \frac{3}{2} = \frac{3+3h+h^2}{2+h} - \frac{3}{2} \\ &= \frac{3h+2h^2}{2(2+h)} = \frac{3h}{4}\,\frac{1+2h/3}{1+h/2} \\ &= \frac{3h}{4}\big(1+\varepsilon(h)\big) \qquad \text{où } \lim_{h\to0} \varepsilon(h) = 0. \end{aligned}$$

Quand h tend vers 0, cette expression a le signe de h. Quand t tend vers 1 par valeurs supérieures, l'extrémité correspondante de la courbe est donc au-dessus de l'asymptote et quand t tend vers 1 par valeurs inférieures, elle est en dessous.

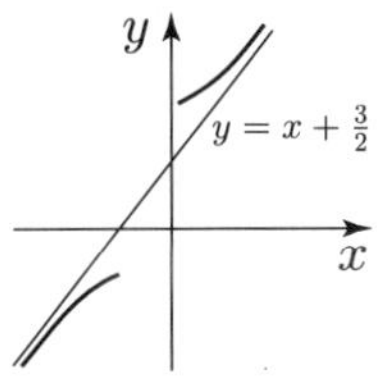

Voici l'allure de la courbe :

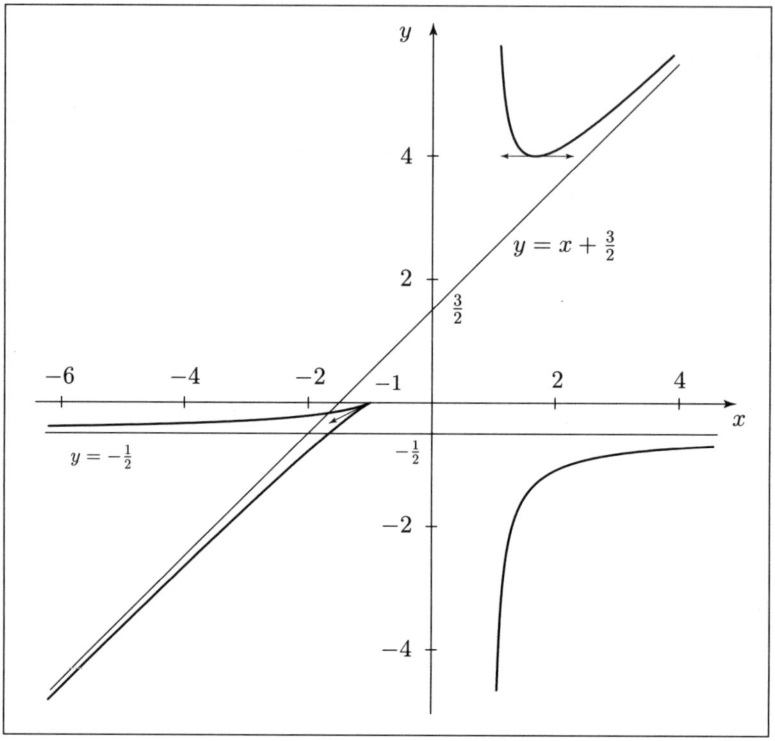

5. Longueur d'un arc paramétré

Soient f une courbe paramétrée et a, b des éléments de l'intervalle de définition de f. Quand t parcourt l'intervalle $[a, b]$, $f(t)$ décrit un arc de la courbe. Nous allons définir la longueur de cet arc paramétré, tout au moins lorsque la fonction f est suffisamment régulière : nous supposons désormais que nos courbes sont de classe C^1, c'est-à-dire définies par une fonction f dérivable et de dérivée continue.

Définition

Soit $f : I \to \mathbb{R}^2$ une courbe paramétrée de classe C^1. Notons u, v les fonctions coordonnées de f. Si a et b sont des éléments de I, la *longueur de l'arc entre a et b* est le nombre $L_f(a, b) = \left| \int_a^b \sqrt{u'(t)^2 + v'(t)^2}\, dt \right|$.

Exemple 1. Prenons comme courbe le segment de droite joignant l'origine $O=(0,0)$ au point $A=(p,q)$. Les points du segment OA sont les points $f(t)=(pt,qt)$, où $t\in[0,1]$. On a $f'(t)=(p,q)$ et d'après notre définition, la longueur du segment est $\left|\int_0^1 \sqrt{p^2+q^2}\,dt\right| = \sqrt{p^2+q^2}$: on obtient bien le résultat attendu.

Exemple 2. Considérons un arc de cercle. Pour paramétrer le cercle centré en $O=(0,0)$ et de rayon $r>0$, utilisons la fonction $f:[0,2\pi]\to\mathbb{R}$ définie par $f(t)=(r\cos t, r\sin t)$. Soit $a\in[0,2\pi]$. Considérons l'arc de cercle ayant pour extrémités les points $U=f(0)=(r,0)$ et $A=f(a)=(r\cos a, r\sin a)$ (l'angle des vecteurs $\overrightarrow{OU}$, $\overrightarrow{OA}$ a pour mesure a). Puisque $u(t)=r\cos t$ et $v(t)=r\sin t$, il vient

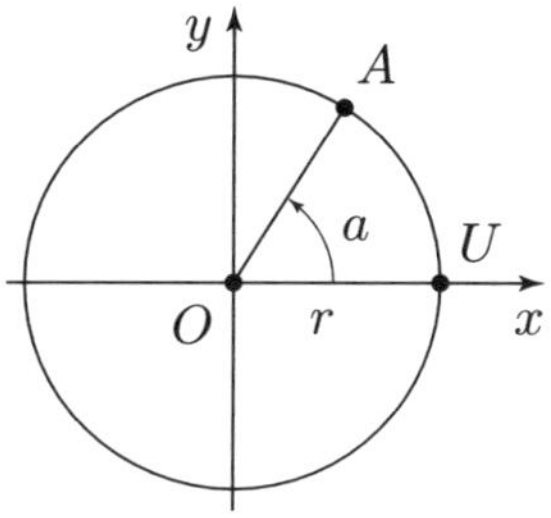

$$u'(t)^2+v'(t)^2=(-r\sin t)^2+(r\cos t)^2=r^2(\sin^2 t+\cos^2 t)=r^2.$$

Par définition, la longueur de l'arc de cercle entre U et A est

$$L_f(0,a)=\left|\int_0^a \sqrt{u'(t)^2+v'(t)^2}\,dt\right| = \left|\int_0^a r\,dt\right| = ar\,.$$

En choisissant $a=2\pi$, on obtient le périmètre du cercle.

Nous aurions pu paramétrer le cercle de façon différente, par exemple par la fonction $t\mapsto\big(\cos(2t),\sin(-2t)\big)$ sur $[0,\pi]$. Or la longueur d'un arc ne doit pas dépendre de la façon dont on le paramètre : il est donc important de vérifier que notre définition de la longueur est indépendante du paramétrage.

Étant donnée une courbe paramétrée $f:I\to\mathbb{R}^2$ de classe C^1, nous appellerons *changement de paramétrage* une fonction $\varphi:J\to I$ ayant les propriétés suivantes :

- φ est une bijection de classe C^1,
- $\varphi'(s)\neq 0$ quelque soit $s\in J$.

Un changement de paramétrage est en particulier strictement monotone : en effet, la fonction φ' est continue ; puisqu'elle ne s'annule pas sur l'intervalle J, on en déduit, d'après le théorème des valeurs intermédiaires, qu'elle ne change pas de signe ; la fonction φ' garde donc un signe constant sur l'intervalle J.
Soit $g:J\to\mathbb{R}^2$ la courbe paramétrée définie par $g=f\circ\varphi$; on a donc $g(s)=f\big(\varphi(s)\big)$ pour tout $s\in J$. Puisque φ est bijective, les fonctions f et g ont la même image, donc définissent la même courbe géométrique. De plus, g est de classe C^1 comme composée de deux fonctions de classe C^1.

Lemme. *Soit* $f : I \to \mathbb{R}^2$ *une courbe paramétrée de classe* C^1 *et soit* $\varphi : J \to I$ *un changement de paramétrage. Posons* $g = f \circ \varphi$. *Si* a, b *sont des éléments de* J, *on a* $L_g(a, b) = L_f\big(\varphi(a), \varphi(b)\big)$.

Démonstration. Notons u, v les fonctions coordonnées de f. Les fonctions coordonnées de $g = f \circ \varphi$ sont $u \circ \varphi$ et $v \circ \varphi$. D'après la règle de dérivation d'une composée, il vient $(u \circ \varphi)'(s) = u'\big(\varphi(s)\big)\varphi'(s)$ et $(v \circ \varphi)'(s) = v'\big(\varphi(s)\big)\varphi'(s)$. Par définition de la longueur d'un arc de la courbe g, on a donc

$$\begin{aligned} L_g(a, b) &= \left|\int_a^b \sqrt{(u \circ \varphi)'(s)^2 + (v \circ \varphi)'(s)^2}\, ds\right| \\ &= \left|\int_a^b \sqrt{\Big(u'\big(\varphi(s)\big)^2 + v'\big(\varphi(s)\big)^2\Big)\, \varphi'(s)^2}\, ds\right| \\ &= \left|\int_a^b \sqrt{\Big(u'\big(\varphi(s)\big)^2 + v'\big(\varphi(s)\big)^2\Big)}\, |\varphi'(s)|\, ds\right|. \end{aligned}$$

Faisons le changement de variable $t = \varphi(s)$ dans l'intégrale. On a $dt = \varphi'(s)\, ds$ et les bornes deviennent $\varphi(a)$ et $\varphi(b)$. D'après nos hypothèses, $\varphi'(s)$ garde un signe constant. Supposons d'abord que $\varphi'(s)$ soit toujours positif. Alors il vient

$$\int_a^b \sqrt{\Big(u'\big(\varphi(s)\big)^2 + v'\big(\varphi(s)\big)^2\Big)}\, |\varphi'(s)|\, ds = \int_{\varphi(a)}^{\varphi(b)} \sqrt{u'(t)^2 + v'(t)^2}\, dt$$

donc $L_g(a,b) = L_f\big(\varphi(a), \varphi(b)\big)$. Supposons maintenant $\varphi'(s) < 0$. On a $|\varphi'(s)| = -\varphi'(s)$ donc

$$\begin{aligned} \int_a^b \sqrt{\Big(u'\big(\varphi(s)\big)^2 + v'\big(\varphi(s)\big)^2\Big)}\, |\varphi'(s)|\, ds &= \int_{\varphi(a)}^{\varphi(b)} \sqrt{u'(t)^2 + v'(t)^2}\, (-dt) \\ &= -\int_{\varphi(a)}^{\varphi(b)} \sqrt{u'(t)^2 + v'(t)^2}\, dt \end{aligned}$$

et en prenant les valeurs absolues, il vient à nouveau $L_g(a, b) = L_f\big(\varphi(a), \varphi(b)\big)$. ∎

Si A et B sont des points de $\mathbb{R}^2$, le segment de droite d'extrémités A et B a une longueur inférieure ou égale à celle de tout arc joignant A et B. Vérifions cette propriété.

Proposition. *Soient* $f : I \to \mathbb{R}^2$ *une courbe paramétrée et* a, b *des éléments de* I. *Le segment de droite ayant pour extrémités les points* $f(a)$ *et* $f(b)$ *est de longueur inférieure ou égale à* $L_f(a, b)$.

Démonstration. On peut supposer $a < b$. Écrivons la démonstration lorsque les points $f(a)$ et $f(b)$ appartiennent à l'axe des abscisses. Posons donc $f(a) = (\alpha, 0)$ et $f(b) = (\beta, 0)$. Notons u et v les fonctions coordonnées de f, de sorte que l'on a $u(a) = \alpha$, $v(a) = 0$, $u(b) = \beta$ et $v(b) = 0$.

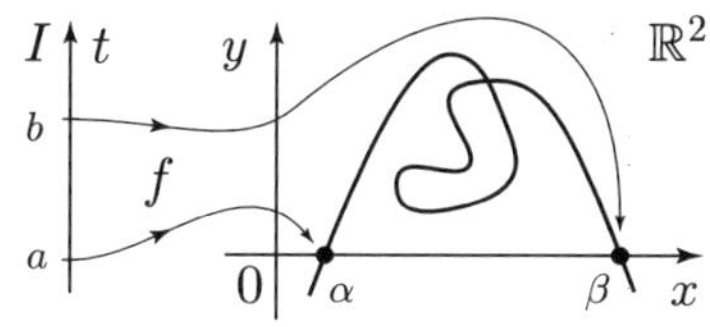

Pour tous nombres réels r et s, nous avons l'inégalité $|r| \leqslant \sqrt{r^2 + s^2}$, donc pour tout nombre t appartenant au segment $[a, b]$, il vient $|u'(t)| \leqslant \sqrt{u'(t)^2 + v'(t)^2}$. En intégrant entre a et b, nous obtenons

$$\int_a^b |u'(t)|\, dt \leqslant \int_a^b \sqrt{u'(t)^2 + v'(t)^2}\, dt = L_f(a, b)\,.$$

D'après une propriété de l'intégrale (page 163), nous avons aussi

$$\left| \int_a^b u'(t)\, dt \right| \leqslant \int_a^b |u'(t)|\, dt\,.$$

On en déduit $\left| \int_a^b u'(t)\, dt \right| \leqslant L_f(a,b)$. Dans le membre de gauche, on intègre la dérivée de u, donc $\int_a^b u'(t)\, dt = u(b) - u(a) = \beta - \alpha$. Or le segment de droite d'extrémités $(\alpha, 0)$ et $(\beta, 0)$ a pour longueur $|\beta - \alpha|$. Cela démontre la proposition. ■

Remarque : aspect intuitif de la longueur

On peut approcher un arc paramétré par une ligne brisée formée de segments dont les extrémités sont sur l'arc. Si les segments sont de plus en plus petits, la longueur de la ligne brisée ainsi formée doit tendre vers la longueur de l'arc. C'est effectivement ce qui se produit pour une courbe de classe C^1.

Exercice. Soit $a > 0$. Calculer la longueur de l'arc de la parabole d'équation $y = x^2$ entre les points d'abscisse 0 et a.

> **Réponse.** Puisque la parabole est le graphe de la fonction $x \mapsto x^2$, on paramètre la courbe par les fonctions coordonnées $u(t) = t$, $v(t) = t^2$. Le nombre a étant positif, la longueur demandée est la valeur de l'intégrale $L = \int_0^a \sqrt{u'(t)^2 + v'(t)^2}\, dt =$

$\int_0^a \sqrt{1+4t^2}\,dt$. En intégrant par parties, nous obtenons

$$\begin{aligned}\int \sqrt{1+4t^2}\,dt &= t\sqrt{1+4t^2} - \int t\frac{8t}{2\sqrt{1+4t^2}}\,dt\\ &= t\sqrt{1+4t^2} - \int \frac{1+4t^2}{\sqrt{1+4t^2}}\,dt + \int \frac{1}{\sqrt{1+4t^2}}\,dt\\ &= t\sqrt{1+4t^2} - \int \sqrt{1+4t^2}\,dt + \int \frac{1}{\sqrt{1+4t^2}}\,dt\,.\end{aligned}$$

On en déduit $2L = a\sqrt{1+4a^2} + \int_0^a \frac{1}{\sqrt{1+4t^2}}\,dt$. Faisons le changement de variable $s=2t$ dans la dernière intégrale ; il vient

$$\int_0^a \frac{1}{\sqrt{1+4t^2}}\,dt = \frac{1}{2}\int_0^{2a} \frac{1}{\sqrt{1+s^2}}\,ds = \frac{1}{2}\operatorname{Log}\big(2a+\sqrt{1+4a^2}\big)\,.$$

On a donc $L = \frac{1}{2}a\sqrt{1+4a^2} + \frac{1}{4}\operatorname{Log}\big(2a+\sqrt{1+4a^2}\big)$.

Exercices

1. Pour la courbe paramétrée définie par $f(t) = (t+t^2\,,\,2t-t^3)$, trouver les points où la tangente est horizontale et les points où la tangente est verticale. Écrire l'équation de la tangente au point $f(0)$ et de la tangente au point $f(1)$.

2. Dessiner l'allure des courbes paramétrées suivantes au point $f(0)$:

(i) $f(t) = (t^2+t^3\,,\,t^2-t^3)$; **(ii)** $f(t) = (t^2+t^3+t^4\,,\,t^2+t^3-t^4)$;
(iii) $f(t) = (t^3-t^4\,,\,-t^3+2t^4)$; **(iv)** $f(t) = (t^3+t^4\,,\,t^2+2t^3)$;
(v) $f(t) = (t^3+t^4-t^5\,,\,2t^3+2t^4+t^5)$; **(vi)** $f(t) = (t^2+t^4\,,\,3t^2-t^4)$.

3. Soit f la courbe paramétrée définie par $f(t) = \left(t^2+\frac{2}{t}\,,\,t^2+\frac{1}{t^2}\right)$.

a) Trouver le point stationnaire et dessiner l'allure de la courbe en ce point.

b) Montrer que la courbe a une asymptote quand t tend vers $+\infty$ ou $-\infty$; trouver l'équation de l'asymptote et la position des extrémités de la courbe par rapport à celle ci.

c) Étudier le sens de variation des fonctions coordonnées. Déterminer le point où la tangente est horizontale. Dessiner la courbe.

4. Soit f la courbe paramétrée définie par $f(t) = \left(\frac{t}{1-t^4}\,,\,\frac{t^3}{1-t^4}\right)$.

a) Montrer que la courbe est symétrique par rapport à l'origine $O=(0,0)$ et trouver le sens de variation des fonctions coordonnées sur l'intervalle $[0,+\infty[$.

b) Trouver l'équation de l'asymptote quand t tend vers 1 et la position de la courbe par rapport à cette asymptote.

c) Déterminer la tangente au point $f(0)$.

d) Quelle est la limite de $f(t)$ quand t tend vers $+\infty$? Si $t \neq 0$, notons $p(t)$ la pente de la droite $\big(Of(t)\big)$; quelle est la limite de $p(t)$ quand t tend vers $+\infty$?

e) Dessiner la courbe.

5. Soit f la courbe paramétrée définie par $f(t) = \left(\dfrac{t^2+1}{2t}\,,\ \dfrac{2t-1}{t^2}\right)$.

a) Étudier le sens de variation des fonctions coordonnées.

b) Trouver le point stationnaire et dessiner l'allure de la courbe en ce point.

c) Étudier les branches infinies. Dessiner la courbe.

6. Étudier les courbes paramétrées suivantes et les dessiner :

(a) $f(t) = \big(\cos t\,,\ \sin(t/3)\big)$; **(b)** $f(t) = \left(t\operatorname{Log} t\,,\ \dfrac{\operatorname{Log} t}{t}\right)$

(c) $f(t) = \left(\cos t\,,\ \dfrac{(\sin t)^2}{2+\sin t}\right)$; **(d)** $f(t) = \big(2|t|e^{3t}\,,\, te^t\big)$.

7. Soit la courbe paramétrée définie par $f(t) = \big(t - \sin t\,,\ 1 - \cos t\big)$. Montrer que le point $f(t+2\pi)$ est l'image de $f(t)$ par la translation de vecteur $(2\pi, 0)$. Étudier la courbe dans l'intervalle $[0, 2\pi]$ puis dessiner la courbe.

8. Soit $a > 0$. Calculer la longueur de la courbe d'équation $y = \operatorname{ch} x$ entre les points d'abscisse 0 et a.

9. a) Étudier la courbe paramétrée définie par $f(t) = \big((\cos t)^3, (\sin t)^3\big)$, où $t \in [0, 2\pi]$.

b) Calculer la longueur de cette courbe.

10. Soit $\mathcal{C}$ l'ensemble des points $(x,y) \in \mathbb{R}^2$ tels que $(x-y)^3 - xy = 0$.

a) Montrer que $\mathcal{C}$ est symétrique par rapport à la droite d'équation $y + x = 0$.

b) Soit t un nombre réel différent de 0 et de 1. Montrer qu'il existe un unique point $M(t)$, différent de $(0,0)$, appartenant à $\mathcal{C}$ et à la droite d'équation $y = tx$; calculer les coordonnées du point $M(t)$.

c) Dessiner l'ensemble $\mathcal{C}$.

11. Soit $\mathcal{P}$ l'ensemble des points de $\mathbb{R}^2$ de la forme $(t + t^2\,,\ t - t^2)$, où $t \in \mathbb{R}$.

a) Montrer que pour tout $(x,y) \in \mathbb{R}^2$, on a l'équivalence $(x,y) \in \mathcal{P} \iff 2(x-y) = (x+y)^2$.

b) Pour tout $(x,y) \in \mathbb{R}^2$, notons X et Y les coordonnées de (x,y) dans le repère cartésien $\big(O;(1,1),(1,-1)\big)$, où O est le point $(0,0)$. Montrer que l'on a $(x,y) \in \mathcal{P} \iff Y = X^2$.

c) Dessiner la courbe $\mathcal{P}$.

Quelques réponses ou indications

1. Il y a une tangente verticale au point $f(-1/2)$ et une tangente horizontale aux points $f(\pm\sqrt{2/3})$. La tangente au point $f(1) = (2,1)$ a pour équation $3y + x - 5 = 0$.

2. (v) Le point (0,0) est d'inflexion ; (vi) La fonction f est paire.

3. a) Le point $f(1)$ est stationnaire.

   b) Quand t tend vers $+\infty$ ou $-\infty$, la droite d'équation $y = x$ est asymptote ; la courbe est en dessous quand t tend vers $+\infty$ et au-dessus quand t tend vers $-\infty$.

   c) La tangente au point $f(-1)$ est horizontale. L'allure de la courbe est montrée figure 1.

4. b) Quand t tend vers 1, la droite d'équation $y = x - 1/2$ est asymptote et la courbe est au-dessus.

   c) La courbe est tangente à l'axe des abscisses en $f(0)$.

   d) $p(t) = t^2$.

   e) Voir figure 2.

5. b) Le point stationnaire est $f(1)$, c'est un point de rebroussement.

   c) Quand t tend vers $+\infty$ ou $-\infty$, l'axe des abscisses est asymptote. Voir l'allure de la courbe figure 3.

6. a) La fonction f est 6π-périodique. L'allure de la courbe est montrée figure 4.

   b) Voir figure 5. c) Voir figure 6.

8. Paramétrer la courbe comme dans le dernier exercice traité.

9. a) Chercher les symétries et réduire l'intervalle d'étude à $[0, \pi/2]$.

   b) Calculer d'abord la longueur de l'arc entre les points de paramètre 0 et $\pi/2$, puis utiliser les symétries. La longueur totale de la courbe est égale à 6.

11. a) Supposons $x = t + t^2$ et $y = t - t^2$. Alors il vient $x + y = 2t$ et $x - y = 2t^2$, d'où $2(x-y) = (x+y)^2$. Réciproquement, supposons que les nombres x et y vérifient l'équation $2(x-y) = (x+y)^2$. Montrer qu'il existe $t \in \mathbb{R}$ tel que $x = t + t^2$ et $y = t - t^2$.

    b) Par définition, on a l'égalité $(x, y) = X(1,1) + Y(1,-1)$.

    c) D'après (b), la courbe $\mathcal{P}$ est une parabole de sommet O ; son axe de symétrie est la droite d'équation $y = -x$. On peut chercher les points d'intersection de $\mathcal{P}$ avec les axes Ox et Oy.

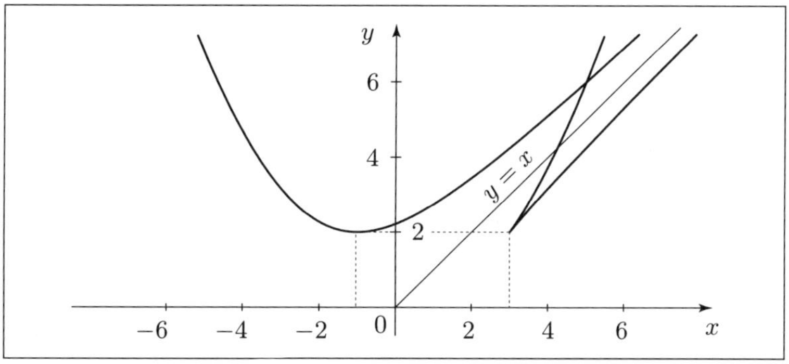

figure 1

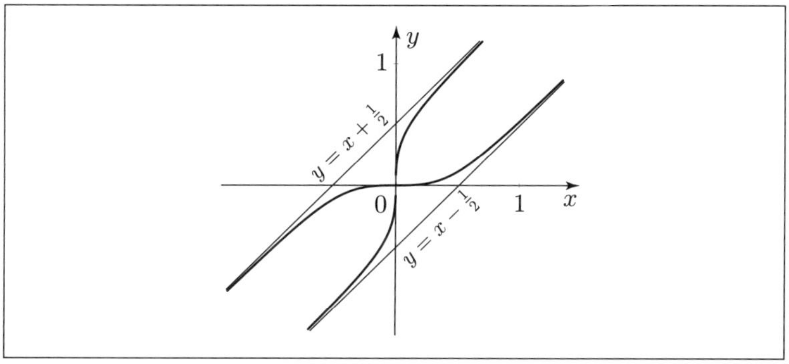

figure 2

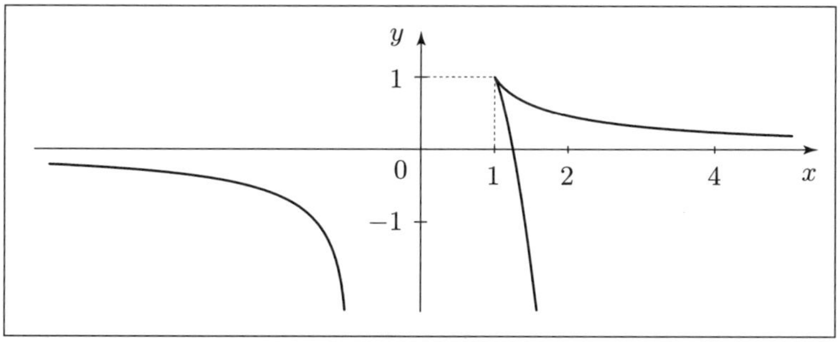

figure 3

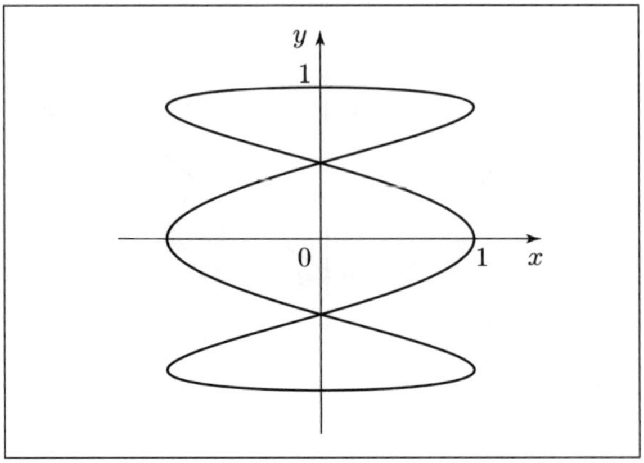

figure 4

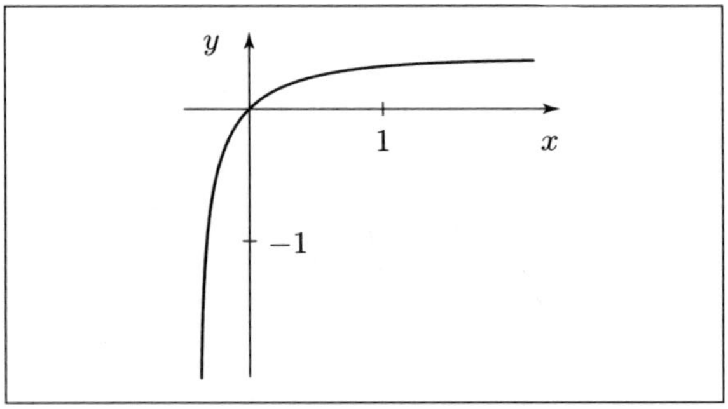

figure 5

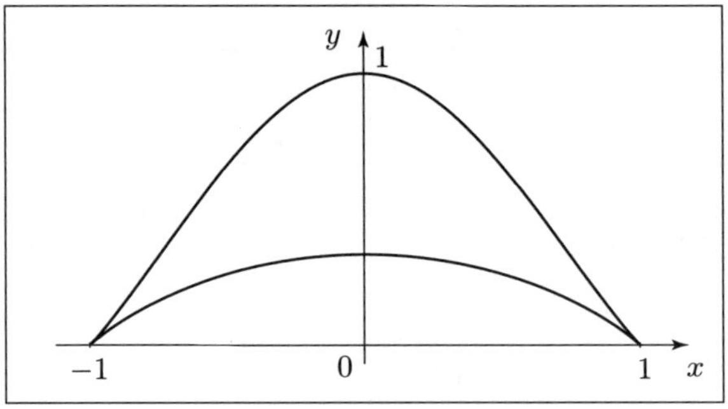

figure 6

Chapitre 16

Étude de primitives

De nombreuses primitives ne peuvent s'exprimer explicitement au moyen des fonctions usuelles. Malgré cet inconvénient, nous allons voir comment mener à bien l'étude d'une telle fonction. Tout d'abord, si F est une primitive d'une fonction f, alors par définition nous avons $F' = f$, donc le sens de variation de F est donné par le signe de $f(x)$. Le plus souvent, la première question qui se pose concerne les limites de la fonction F aux bornes de l'intervalle de définition. Nous allons démontrer des théorèmes qui permettent parfois de déterminer si ces limites existent. Dans ce chapitre, nous utiliserons les propriétés de l'intégrale, des primitives, des limites et des fonctions monotones : il est indispensable de les avoir à l'esprit.

1. Un exemple

Proposons-nous d'étudier la fonction F définie sur l'intervalle $]0, +\infty[$ par

$$F(x) = \int_1^x \frac{e^{-t}}{\sqrt{t}}\, dt \quad \text{pour tout nombre } x > 0.$$

La fonction f définie par $f(x) = \dfrac{e^{-x}}{\sqrt{x}}$ est continue sur l'intervalle $]0, +\infty[$, donc elle possède des primitives définies sur $]0, +\infty[$, comme nous l'avons vu au chapitre 10. Par définition, la fonction F est la primitive de f telle que $F(1) = 0$.

Sens de variation. Quel que soit le nombre $x > 0$, nous avons $F'(x) = \dfrac{e^{-x}}{\sqrt{x}} > 0$, donc la fonction F est strictement croissante. Puisque $F(1) = 0$, on en déduit $F(x) > 0$ si $x > 1$ et $F(x) < 0$ si $0 < x < 1$.

Étude au point $(1,0)$. Au point d'abscisse 1, la tangente au graphe de F a pour équation $y - F(1) = (x-1)F'(1)$ c'est-à-dire $y = \frac{1}{e}(x-1)$.
Quelle est la position du graphe par rapport à la tangente ? Pour répondre à cette question, cherchons le développement limité de F à l'ordre 2 au point 1. Dans le chapitre 12, nous avons démontré qu'en intégrant terme à terme un développement limité à l'ordre n, on obtient le développement limité d'une primitive à l'ordre $n+1$. Calculons donc le développement limité à l'ordre 1 de f au point 1 ; rappelons que celui-ci s'obtient à partir du développement de $f(1+u)$ au point 0. On a

$$\begin{aligned} f(1+u) = \frac{e^{-(1+u)}}{\sqrt{1+u}} &= e^{-1}(1+u)^{-1/2}\, e^{-u} = \frac{1}{e}\left(1 - \frac{1}{2}u\right)(1-u) + u\varepsilon(u) \\ &= \frac{1}{e}\left(1 - \frac{3}{2}u\right) + u\varepsilon(u) \\ &= \frac{1}{e} - \frac{3}{2e}u + u\varepsilon(u) \qquad \text{où } \lim_{u\to 0}\varepsilon(u) = 0\,. \end{aligned}$$

Il vient donc

$$f(x) = \frac{e^{-x}}{\sqrt{x}} = \frac{1}{e} - \frac{3}{2e}(x-1) + (x-1)\varepsilon(x) \qquad \text{où } \lim_{x\to 1}\varepsilon(x) = 0\,.$$

Intégrons ce développement limité ; la constante d'intégration est égale à $F(1) = 0$ donc nous obtenons

$$F(x) = \frac{1}{e}(x-1) - \frac{3}{4e}(x-1)^2 + (x-1)^2\varepsilon(x) \qquad \text{où } \lim_{x\to 1}\varepsilon(x) = 0\,.$$

Le coefficient de $(x-1)^2$ est négatif, par suite le graphe de F est en dessous de la tangente au point au point $(1,0)$.

Limite de $F(x)$ quand x tend vers $+\infty$. Puisque la fonction F est croissante sur l'intervalle $]0,+\infty[$, de deux choses l'une : ou bien $F(x)$ tend vers $+\infty$ quand x tend vers $+\infty$, ou bien $F(x)$ a une limite finie L quand x tend vers $+\infty$. Cette propriété, qui fait partie des résultats généraux concernant les fonctions monotones, est un théorème du chapitre 4 paragraphe 2. Plus précisément, la limite de $F(x)$ est finie si et seulement si F est majorée. Nous allons montrer que nous sommes effectivement dans ce cas.
Pour tout nombre $t \geqslant 1$, nous avons $\sqrt{t} \geqslant 1$, donc $\frac{e^{-t}}{\sqrt{t}} \leqslant e^{-t}$ car une exponentielle est toujours positive. Si x est un nombre réel tel que $x \geqslant 1$, alors quel que soit le nombre $t \in [1,x]$, nous avons $f(t) \leqslant e^{-t}$. Intégrons cette inégalité de 1 à x : puisqu'on a $x \geqslant 1$, le sens de l'inégalité se conserve. Il vient donc

$$F(x) = \int_1^x \frac{e^{-t}}{\sqrt{t}}\,dt \leqslant \int_1^x e^{-t}\,dt \quad \text{pour tout } x \geqslant 1.$$

Une primitive de la fonction $x \mapsto e^{-x}$ est $x \mapsto -e^{-x}$, donc

$$\int_1^x e^{-t}\,dt = -e^{-x} + e^{-1} < e^{-1}\,.$$

On en déduit $F(x) < 1/e$ quel que soit $x \geqslant 1$. Ainsi la fonction F est croissante et majorée sur l'intervalle $[1, +\infty[$. Par conséquent il existe un nombre L tel que $\lim_{x\to+\infty} F(x) = L$. Nous ne savons pas « calculer » ce nombre L, mais nous avons démontré son existence. Voici une autre façon d'énoncer le résultat : le graphe de F a pour asymptote horizontale la droite d'équation $y = L$.

Rappelons que la limite L est le plus petit majorant de la fonction F. Nous avons donc $F(x) \leqslant L \leqslant 1/e$ quel que soit $x > 0$; en particulier $0 = F(1) < F(2) \leqslant L$, donc il vient $0 < L \leqslant 1/e$.

Limite de $F(x)$ quand x tend vers 0. Il s'agit cette fois de décider si la fonction F est minorée ou non. Pour tout nombre t positif ou nul, nous avons $e^{-t} \leqslant 1$. On en déduit $f(t) \leqslant 1/\sqrt{t}$ pour tout nombre $t > 0$. Supposons que x appartient à l'intervalle $]0, 1]$ et intégrons l'inégalité précédente de 1 à x : le sens de l'inégalité change car nous avons $x \leqslant 1$. Il vient

$$F(x) = \int_1^x \frac{e^{-t}}{\sqrt{t}}\,dt \geqslant \int_1^x \frac{dt}{\sqrt{t}}\,.$$

Une primitive de la fonction $x \mapsto \dfrac{1}{\sqrt{x}}$ est $x \mapsto 2\sqrt{x}$, donc

$$\int_1^x \frac{dt}{\sqrt{t}} = 2\sqrt{x} - 2\sqrt{1} = 2\sqrt{x} - 2 > -2$$

et par suite $F(x) > -2$ quel que soit $x \in]0, 1]$. Ainsi la fonction F est croissante et minorée sur l'intervalle $]0, 1]$, donc il existe un nombre M tel que $\lim_{x\to 0} F(x) = M$. Ce nombre est le plus grand des minorants de F, donc nous avons $M \geqslant -2$. De plus, la fonction F prend des valeurs négatives sur $]0, 1[$, donc le nombre M est strictement négatif. Finalement nous avons l'encadrement $-2 \leqslant M < 0$.

Graphe de F. Puisque $F(x)$ tend vers M quand x tend vers 0, nous pouvons prolonger la fonction F par continuité en 0 en posant $F(0) = M$. Quand x tend vers 0, la dérivée $F'(x) = \dfrac{e^{-x}}{\sqrt{x}}$ tend vers $+\infty$, donc le graphe de F est tangent à l'axe des ordonnées au point $(0, M)$. Par ailleurs, nous avons $F''(x) = f'(x) = -\dfrac{e^{-x}}{\sqrt{x}} - \dfrac{e^{-x}}{2x\sqrt{x}}$ pour tout $x > 0$, donc $F''(x)$ est strictement négatif. On en déduit que la fonction F

est concave, d'après le corollaire page 116. Voici le graphe de F :

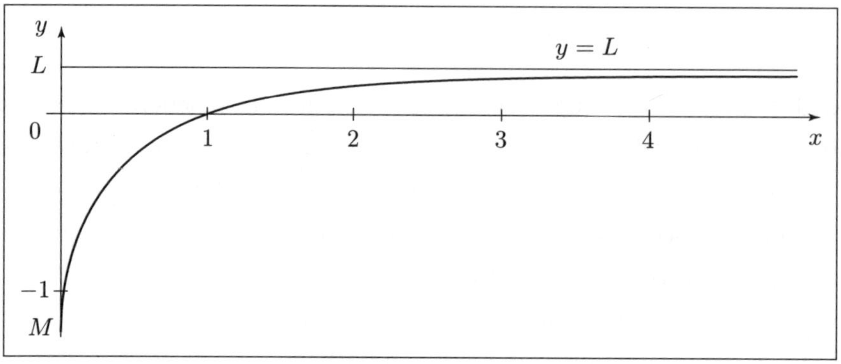

2. Intégrales impropres

Au chapitre 9, nous avons défini l'intégrale $\int_a^b f(t)\,dt$ d'une fonction intégrable sur le segment $[a, b]$. Nous allons maintenant étudier les conditions dans lesquelles on peut définir un nombre $\int_a^b f(t)\,dt$ lorsque f est seulement défini sur l'intervalle $[a, b[$ (ouvert du coté de b) ou sur l'intervalle $]a, b]$ (ouvert du coté de a).
Précisons les hypothèses que nous faisons dans la suite du chapitre.

- Si $f : [a, b[\to \mathbb{R}$ est une fonction, nous supposons que b est ou bien un nombre réel (plus grand que a), ou bien le symbole $+\infty$, et nous supposons que l'intégrale $\int_a^x f(t)\,dt$ existe quel que soit le nombre $x \in [a, b[$;
- de même, si $g :]a, b] \to \mathbb{R}$ est une fonction, nous supposons que a peut être le symbole $-\infty$ et que l'intégrale $\int_x^b g(t)\,dt$ existe quel que soit $x \in]a, b]$.

Notation

Soit $f : [a, b[\to \mathbb{R}$ une fonction. Si la fonction $x \mapsto \int_a^x f(t)\,dt$ a une limite finie quand x tend vers b, cette limite est notée $\int_a^b f(t)\,dt$. De même, si g est une fonction définie sur $]a, b]$ et si la limite $\lim\limits_{x\to a} \int_x^b g(t)\,dt$ existe et est finie, alors cette limite est notée $\int_a^b g(t)\,dt$.

Terminologie

Si f est une fonction définie sur l'intervalle $[a, b[$, le symbole $\int_a^b f(t)\,dt$ n'a de sens que si la limite $\lim\limits_{x\to b} \int_a^x f(t)\,dt$ existe et est un nombre réel. On dit dans ce cas que *l'intégrale impropre* $\int_a^b f(t)\,dt$ *est convergente.* Si cette limite n'existe pas, ou si elle est infinie, on dit (par abus) que *l'intégrale impropre* $\int_a^b f(t)\,dt$ *est divergente*.

On emploie la même terminologie pour une fonction définie sur un intervalle $]a,b]$.

Attention ! L'utilisation du symbole $\int_a^b f(t)\,dt$ ne préjuge pas de l'existence de la limite : ce symbole n'a aucun sens tant que l'on n'a pas vérifié que l'intégrale impropre est convergente.

Exemples

1) Dans l'exemple présenté au paragraphe 1, nous avons montré qu'il existe un nombre L tel que $\lim_{x\to+\infty}\int_1^x \frac{e^{-t}}{\sqrt{t}}\,dt = L$. L'intégrale impropre $\int_1^{+\infty}\frac{e^{-t}}{\sqrt{t}}\,dt$ est donc convergente et l'on a $\int_1^{+\infty}\frac{e^{-t}}{\sqrt{t}}\,dt = L$.

Nous avons aussi montré qu'il existe un nombre M tel que $\lim_{x\to 0}\int_1^x \frac{e^{-t}}{\sqrt{t}}\,dt = M$.

Pour tout nombre $x>0$, on a l'égalité $\int_x^1 \frac{e^{-t}}{\sqrt{t}}\,dt = -\int_1^x \frac{e^{-t}}{\sqrt{t}}\,dt$, donc il vient $\lim_{x\to 0}\int_x^1 \frac{e^{-t}}{\sqrt{t}}\,dt = -M$. Par conséquent l'intégrale impropre $\int_0^1 \frac{e^{-t}}{\sqrt{t}}\,dt$ est convergente et l'on a $\int_0^1 \frac{e^{-t}}{\sqrt{t}}\,dt = -M$.

2) L'intégrale impropre $\displaystyle\int_0^1 \frac{\operatorname{Log} t}{t}\,dt$ est-elle convergente ?

La fonction $x \mapsto \dfrac{\operatorname{Log} x}{x}$ est de la forme $x \mapsto u'(x)u(x)$, il est donc facile d'en calculer une primitive : on a en effet $\int \frac{\operatorname{Log} x}{x}\,dt = \frac{1}{2}(\operatorname{Log} x)^2$. Il vient $\int_x^1 \frac{\operatorname{Log} t}{t}\,dt = -\frac{1}{2}(\operatorname{Log} x)^2$ et par suite $\lim_{x\to 0}\int_x^1 \frac{\operatorname{Log} t}{t}\,dt = -\infty$. L'intégrale impropre $\int_0^1 \frac{\operatorname{Log} t}{t}\,dt$ est donc divergente.

3) Supposons que f et g sont des fonctions définies sur l'intervalle $[a,b[$ et que les intégrales impropres $\int_a^b f(t)\,dt$ et $\int_a^b g(t)\,dt$ sont toutes deux convergentes. D'après les propriétés des limites (limite d'une somme et du produit par un nombre), l'intégrale impropre $\int_a^b \big(f(t)+g(t)\big)\,dt$ est convergente et il en va de même, pour tout nombre λ, de l'intégrale impropre $\int_a^b \lambda f(t)\,dt$. De plus, nous avons les égalités

$$\int_a^b \big(f(t)+g(t)\big)\,dt = \int_a^b f(t)\,dt + \int_a^b g(t)\,dt \quad \text{et} \quad \int_a^b \lambda f(t)\,dt = \lambda\int_a^b f(t)\,dt\,.$$

Les exemples fondamentaux

1) *Soit a un nombre réel strictement positif.*

a) *L'intégrale impropre* $\displaystyle\int_a^{+\infty} \frac{dt}{t^\alpha}$ *est convergente si* $\alpha > 1$ *et divergente si* $\alpha \leqslant 1$.

b) *L'intégrale impropre* $\displaystyle\int_0^{a} \frac{dt}{t^\alpha}$ *est convergente si* $\alpha < 1$ *et divergente si* $\alpha \geqslant 1$.

2) *Si a et b sont des nombres réels tels que $a < b$, on a les mêmes résultats qu'en* (b) *pour l'intégrale impropre* $\displaystyle\int_a^b \frac{dt}{(b-t)^\alpha}$.

Démontrons ces résultats. Dans le cas $\alpha \neq 1$, nous avons $\displaystyle\int \frac{1}{t^\alpha}\, dt = \frac{1}{1-\alpha} x^{1-\alpha}$ donc

$$\int_a^x \frac{dt}{t^\alpha} = \frac{1}{1-\alpha}\left(x^{1-\alpha} - a^{1-\alpha}\right).$$

D'après les propriétés des fonctions puissances, nous savons que si $1-\alpha > 0$, alors $\lim\limits_{x\to+\infty} x^{1-\alpha} = +\infty$ et $\lim\limits_{x\to 0} x^{1-\alpha} = 0$. Si $1-\alpha < 0$, alors on a $\lim\limits_{x\to+\infty} x^{1-\alpha} = 0$ et $\lim\limits_{x\to 0} x^{1-\alpha} = +\infty$. On en déduit :

$$\text{si } \alpha < 1, \text{ alors } \lim_{x\to+\infty} \int_a^x \frac{dt}{t^\alpha} = +\infty \quad \text{et} \quad \lim_{x\to 0} \int_x^a \frac{dt}{t^\alpha} = \frac{a^{1-\alpha}}{1-\alpha} = \int_0^a \frac{dt}{t^\alpha}$$

$$\text{si } \alpha > 1, \text{ alors } \lim_{x\to 0} \int_x^a \frac{dt}{t^\alpha} = +\infty \quad \text{et} \quad \lim_{x\to+\infty} \int_a^x \frac{dt}{t^\alpha} = \frac{a^{1-\alpha}}{\alpha-1} = \int_a^{+\infty} \frac{dt}{t^\alpha}.$$

Dans le cas $\alpha = 1$, nous avons $\displaystyle\int_a^x \frac{dt}{t} = \operatorname{Log} x - \operatorname{Log} a$. Puisque $\operatorname{Log} x$ n'a de limite finie ni quand x tend vers 0, ni quand x tend vers $+\infty$, on en déduit que les intégrales impropres $\displaystyle\int_a^{+\infty} \frac{dt}{t}$ et $\displaystyle\int_0^a \frac{dt}{t}$ sont toutes les deux divergentes.
Si b est un nombre réel plus grand que a, alors en faisant le changement de variable $u(t) = b - t$ dans l'intégrale $\displaystyle\int_a^x \frac{dt}{(b-t)^\alpha}$, il vient pour tout $x \in [a, b[$

$$\int_a^x \frac{dt}{(b-t)^\alpha} = \int_{b-a}^{b-x} \frac{-dt}{t^\alpha} = \frac{1}{1-\alpha}\left[(b-a)^{1-\alpha} - (b-x)^{1-\alpha}\right]$$

et l'on conclut en raisonnant comme ci-dessus.

> Vous devez connaître ces exemples fondamentaux ou savoir vite les retrouver. Pour cela, il suffit de se rappeler que pour ces intégrales impropres, le résultat change selon que α est plus grand ou plus petit que 1 ; on teste alors la réponse en utilisant les primitives très simples $\displaystyle\int \frac{dt}{t^2} = \frac{1}{x}$, $\displaystyle\int \frac{dt}{\sqrt{t}} = 2\sqrt{x}$ et $\displaystyle\int \frac{dt}{t} = \operatorname{Log} x$.

Remarque
Supposons que la fonction f est définie sur $[a,b[$ et considérons l'intégrale impropre $\int_{x_0}^{b} f(t)\,dt$ où x_0 appartient à l'intervalle $[a,b[$. D'après la relation de Chasles, nous avons $\int_{x_0}^{x} f(t)\,dt = \int_{x_0}^{a} f(t)\,dt + \int_{a}^{x} f(t)\,dt$ pour tout $x \in [a,b[$. Par suite le premier membre de cette égalité a une limite finie quand x tend vers b si et seulement si l'intégrale impropre $\int_{a}^{b} f(t)\,dt$ est convergente. Autrement dit, les intégrales impropres $\int_{x_0}^{b} f(t)\,dt$ et $\int_{a}^{b} f(t)\,dt$ sont toutes deux convergentes ou toutes deux divergentes : *le caractère convergent ou divergent d'une intégrale impropre ne dépend que de la borne où la fonction n'est pas définie.*

Cas d'une fonction définie sur un intervalle ouvert. Supposons que la fonction f est définie sur $]a,b[$ et que l'intégrale $\int_{x}^{y} f(t)\,dt$ existe quels que soient les nombres x et y appartenant à $]a,b[$. Donnons-nous un nombre $x_0 \in]a,b[$. D'après la relation de Chasles,

$$\int_{x}^{y} f(t)\,dt = \int_{x}^{x_0} f(t)\,dt + \int_{x_0}^{y} f(t)\,dt\,.$$

Si les intégrales impropres $\int_{a}^{x_0} f(t)\,dt$ et $\int_{x_0}^{b} f(t)\,dt$ sont ***toutes les deux*** convergentes, alors l'intégrale $\int_{x}^{x_0} f(t)\,dt$ tend vers $\int_{a}^{x_0} f(t)\,dt$ quand x tend vers a et l'intégrale $\int_{x_0}^{y} f(t)\,dt$ tend vers $\int_{x_0}^{b} f(t)\,dt$ quand y tend vers b. Dans ce cas, on définit $\int_{a}^{b} f(t)\,dt$ comme étant la somme $\int_{a}^{x_0} f(t)\,dt + \int_{x_0}^{b} f(t)\,dt$. La notation est justifiée puisque la somme de ces deux intégrales impropres ne dépend pas du choix de $x_0 \in]a,b[$. On dit encore que *l'intégrale impropre* $\int_{a}^{b} f(t)\,dt$ *est convergente*.

Ainsi dans le cas de l'exemple traité au paragraphe 1, nous avons

$$\int_{0}^{+\infty} \frac{e^{-t}}{\sqrt{t}}\,dt = \int_{0}^{1} \frac{e^{-t}}{\sqrt{t}}\,dt + \int_{1}^{+\infty} \frac{e^{-t}}{\sqrt{t}}\,dt = -M + L\,.$$

Le cas d'une fausse intégrale impropre. Supposons que la fonction $f :]a,b] \to \mathbb{R}$ est continue et que $f(x)$ tend vers une limite finie ℓ quand x tend vers a. Si nous posons $f(a) = \ell$, nous obtenons une fonction, que nous noterons encore f, qui est continue sur le segment $[a,b]$: nous avons fait un prolongement par continuité. Nous savons que la fonction f possède une primitive sur $[a,b]$, c'est-à-dire qu'il existe une fonction F continue sur $[a,b]$, dérivable sur $]a,b[$ et telle que $F'(x) = f(x)$ quel que soit $x \in]a,b[$ (voir le chapitre 10). Nous avons alors $\int_{x}^{b} f(t)\,dt = F(b) - F(x)$ pour tout nombre $x \in [a,b]$. Puisque la fonction F est continue en a, $F(b)-F(x)$ tend vers $F(b)-F(a)$ quand x tend vers a, donc il vient $\lim_{x\to a}\int_x^b f(t)\,dt = F(b)-F(a) = \int_a^b f(t)\,dt$. Autrement dit, *si la fonction* $f :]a,b] \to \mathbb{R}$ *a une limite finie en* a, *alors en prolongeant* f *par continuité en* a, *l'intégrale impropre* $\int_a^b f(t)\,dt$ *est l'intégrale ordinaire.*

Exercice. Calculer $\displaystyle\int_{-\infty}^{+\infty} \frac{dt}{\operatorname{ch} t}$.

Réponse. La fonction $x \mapsto \operatorname{ch} x$ est continue et ne prend pas la valeur 0, donc la fonction $x \mapsto 1/\operatorname{ch} x$ est continue sur $\mathbb{R}$. Calculons la primitive $\displaystyle\int_0^x \frac{dt}{\operatorname{ch} t}$. Par définition, on a $\displaystyle\frac{1}{\operatorname{ch} t} = \frac{2}{e^t + e^{-t}}$. En faisant le changement de variable $s = e^t$, il vient $ds = s\,dt$ et

$$\int_0^x \frac{dt}{\operatorname{ch} t} = \int_1^{e^x} \frac{2}{s+(1/s)}\frac{ds}{s} = 2\int_1^{e^x} \frac{ds}{s^2+1}$$
$$= 2\operatorname{Arc\,tg}(e^x) - 2\operatorname{Arc\,tg}(1) = 2\operatorname{Arc\,tg}(e^x) - \frac{\pi}{2}\,.$$

Puisqu'on a $\lim_{x\to+\infty} \operatorname{Arc\,tg} x = \pi/2$, on en déduit $\lim_{x\to+\infty} \operatorname{Arc\,tg}(e^x) = \pi/2$, d'où

$$\int_0^{+\infty} \frac{dt}{\operatorname{ch} t} = \lim_{x\to+\infty} \int_0^x \frac{dt}{\operatorname{ch} t} = 2\frac{\pi}{2} - \frac{\pi}{2} = \frac{\pi}{2}\,.$$

Quand x tend vers $-\infty$, e^x tend vers 0, $\operatorname{Arc\,tg}(e^x)$ tend vers 0, donc il vient

$$\int_{-\infty}^0 \frac{dt}{\operatorname{ch} t} = \lim_{x\to-\infty} \int_x^0 \frac{dt}{\operatorname{ch} t} = -\lim_{x\to-\infty} \int_0^x \frac{dt}{\operatorname{ch} t} = -\left(-\frac{\pi}{2}\right) = \frac{\pi}{2}\,.$$

On en déduit

$$\int_{-\infty}^{+\infty} \frac{dt}{\operatorname{ch} t} = \int_{-\infty}^0 \frac{dt}{\operatorname{ch} t} + \int_0^{+\infty} \frac{dt}{\operatorname{ch} t} = \frac{\pi}{2} + \frac{\pi}{2} = \pi\,.$$

Si l'on fait le changement de variable $s = -t$ dans l'intégrale $\displaystyle\int_0^x \frac{dt}{\operatorname{ch} t}$, on obtient l'égalité $\displaystyle\int_0^x \frac{dt}{\operatorname{ch} t} = -\int_0^{-x} \frac{dt}{\operatorname{ch} t}$, car la fonction cosinus hyperbolique est paire. Sans calculer la primitive, on pouvait donc prévoir la relation $\displaystyle\int_{-\infty}^{+\infty} \frac{dt}{\operatorname{ch} t} = 2\int_0^{+\infty} \frac{dt}{\operatorname{ch} t}$.

3. Des théorèmes de convergence

Plaçons-nous pour commencer dans le cadre des fonctions positives ou nulles. Dans les énoncés, nous considérons des fonctions définies sur un intervalle $[a,b[$, mais les résultats sont analogues dans le cas d'un intervalle $]a,b]$.

Proposition. *Soit f une fonction positive ou nulle définie sur l'intervalle $[a,b[$. L'intégrale impropre $\int_a^b f(t)\,dt$ est convergente si et seulement si la fonction $x \mapsto \int_a^x f(t)\,dt$ est majorée sur l'intervalle $[a,b[$.*

Démonstration. Si x et y sont des nombres de l'intervalle $[a,b[$, nous avons $\int_a^y f(t)\,dt = \int_a^x f(t)\,dt + \int_x^y f(t)\,dt$ en vertu de la relation de Chasles. Si l'on a $x \leqslant y$, alors l'intégrale $\int_x^y f(t)\,dt$ est un nombre positif ou nul car la fonction f est positive ou nulle par hypothèse. Nous avons alors $\int_a^y f(t)\,dt \geqslant \int_a^x f(t)\,dt$, ce qui montre que la fonction F définie par $F(x) = \int_a^x f(t)\,dt$ est croissante. D'après le théorème page 62, déjà utilisé dans l'exemple traité en début de ce chapitre, nous savons que la fonction F a une limite finie en b si et seulement si F est majorée. ■

Dans la pratique, une intégrale se laisse souvent majorer plus facilement par une autre intégrale : le théorème suivant est alors essentiel.

Théorème. *Soient f et g des fonctions numériques définies sur l'intervalle $[a,b[$ et intégrables sur $[a,x]$ pour tout $x \in [a,b[$. Supposons que l'on a $0 \leqslant f \leqslant g$.*

- *Si l'intégrale impropre $\int_a^b g(t)\,dt$ est convergente, alors l'intégrale impropre $\int_a^b f(t)\,dt$ est convergente et l'on a $\int_a^b f(t)\,dt \leqslant \int_a^b g(t)\,dt$.*
- *Si l'intégrale impropre $\int_a^b f(t)\,dt$ est divergente, alors l'intégrale impropre $\int_a^b g(t)\,dt$ est divergente.*

Démonstration. Pour tout nombre x appartenant à l'intervalle $[a,b[$, posons pour simplifier $F(x) = \int_a^x f(t)\,dt$ et $G(x) = \int_a^x g(t)\,dt$. Puisqu'on a $f \leqslant g$, on en déduit (propriété de l'intégrale) l'inégalité $F(x) \leqslant G(x)$ pour tout $x \in [a,b[$. Supposons que l'intégrale impropre $\int_a^b g(t)\,dt$ est convergente. Puisque g est une fonction positive ou nulle, cela signifie d'après la proposition précédente, que la fonction G est majorée. Mais alors la fonction F aussi est majorée, donc l'intégrale impropre $\int_a^b f(t)\,dt$ est convergente par application une nouvelle fois de la proposition ci-dessus. Puisque $F(x) \leqslant G(x)$ pour tout $x \in [a,b[$, on a alors $\lim_{x\to b} F(x) \leqslant \lim_{x\to b} G(x)$.
Le second énoncé est contraposé du premier (voir le chapitre 1 du tome d'algèbre).■

Si une fonction f est négative ou nulle, on peut appliquer le théorème à la fonction $-f$. Étudions maintenant le cas d'une fonction dont les valeurs ne gardent pas forcément un signe constant.

Théorème. *Soit f une fonction numérique définie sur l'intervalle $[a,b[$. Si l'intégrale impropre $\int_a^b |f(t)|\,dt$ est convergente, alors l'intégrale impropre $\int_a^b f(t)\,dt$ est convergente et l'on a $\left|\int_a^b f(t)\,dt\right| \leqslant \int_a^b |f(t)|\,dt$.*

Définition

Si l'intégrale impropre $\int_a^b |f(t)|\,dt$ est convergente, on dit que l'intégrale impropre $\int_a^b f(t)\,dt$ est *absolument convergente*.

Le théorème précédent affirme donc notamment :

une intégrale impropre absolument convergente est convergente.

Démonstration du théorème. Pour tout nombre réel r, on a $0 \leqslant |r| - r \leqslant 2|r|$, donc pour tout $t \in [a,b[$, on a $0 \leqslant |f(t)| - f(t) \leqslant 2|f(t)|$. En posant $g(t) = |f(t)| - f(t)$, il vient donc $0 \leqslant g(t) \leqslant 2|f(t)|$. Puisque l'intégrale impropre $\int_a^b |f(t)|\,dt$ est convergente, il en va de même de l'intégrale impropre $\int_a^b 2|f(t)|\,dt$. D'après le théorème précédent, l'intégrale impropre $\int_a^b g(t)\,dt$ est donc convergente. Pour tout t, nous avons $f(t) = |f(t)| - g(t)$, autrement dit $f = |f| - g$. Les intégrales impropres relatives aux fonctions $|f|$ et g étant convergentes, on en déduit que l'intégrale impropre $\int_a^b f(t)\,dt$ est convergente (voir l'exemple **3** page 289). ■

Exemple 1. Considérons l'intégrale impropre $\displaystyle\int_1^{+\infty} e^{-t^2}\,dt$. Quel que soit le nombre $x \geqslant 1$, on a $x^2 \geqslant x$ donc $0 \leqslant e^{-x^2} \leqslant e^{-x}$ car la fonction exponentielle est positive et croissante. Nous avons $\int_1^x e^{-t}\,dt = -e^{-x} - \left(-e^{-1}\right) = e^{-1} - e^{-x}$, expression qui tend vers $1/e$ quand x tend vers $+\infty$, donc l'intégrale impropre $\int_1^{+\infty} e^{-t}\,dt$ est convergente. D'après le premier théorème de convergence, on en déduit que l'intégrale impropre $\int_1^{+\infty} e^{-t^2}\,dt$ est convergente également.

Exemple 2. Dans l'intégrale impropre $\displaystyle\int_0^{+\infty} \frac{\sin t}{1+t^2}\,dt$, la fonction sous le signe intégrale ne garde pas un signe constant. Mais nous avons $|\sin x| \leqslant 1$ pour tout x donc $\left|\dfrac{\sin x}{1+x^2}\right| \leqslant \dfrac{1}{1+x^2}$. La fonction $\operatorname{Arc\,tg}$ est une primitive de $x \mapsto \dfrac{1}{1+x^2}$, donc on a

$$\int_0^x \frac{dt}{1+t^2} = \operatorname{Arc\,tg} x - \operatorname{Arc\,tg} 0 = \operatorname{Arc\,tg} x$$

et puisque $\operatorname{Arc\,tg} x$ tend vers $\pi/2$ quand x tend vers $+\infty$, l'intégrale impropre $\int_0^{+\infty} \frac{dt}{1+t^2}$ est convergente. Le premier théorème de convergence affirme que l'intégrale impropre $\int_0^{+\infty} \left|\frac{\sin t}{1+t^2}\right| dt$ est convergente. Nous pouvons appliquer le second théorème de convergence : l'intégrale impropre $\int_0^{+\infty} \frac{\sin t}{1+t^2}\, dt$ est convergente, et même absolument convergente.

Exemple 3. Soient x et y des nombres réels strictement positifs. Dans l'intégrale $\int_x^y \frac{\sin t}{t}\, dt$, faisons une intégration par parties en choisissant $1-\cos x$ comme primitive de $\sin x$ et en dérivant $1/x$. Il vient

$$\int_x^y \frac{\sin t}{t}\, dt = \frac{1-\cos y}{y} - \frac{1-\cos x}{x} + \int_x^y \frac{1-\cos t}{t^2}\, dt\,. \qquad (*)$$

D'après les développements limités en 0 des fonctions sinus et cosinus, nous avons $\lim\limits_{t\to 0} \frac{1-\cos t}{t^2} = 1/2$ et $\lim\limits_{t\to 0} \frac{\sin t}{t} = 1$. Les intégrales $\int_0^y \frac{\sin t}{t}\, dt$ et $\int_0^y \frac{1-\cos t}{t^2}\, dt$ sont donc de fausses intégrales impropres.

Faisons tendre x vers 0 dans l'égalité $(*)$. Puisque $\frac{1-\cos x}{x} = x\,\frac{1-\cos x}{x^2}$, il vient $\lim\limits_{x\to 0} \frac{1-\cos x}{x} = 0$ et par suite

$$\int_0^y \frac{\sin t}{t}\, dt = \frac{1-\cos y}{y} + \int_0^y \frac{1-\cos t}{t^2}\, dt\,. \qquad (**)$$

Étudions maintenant l'intégrale impropre $\int_0^{+\infty} \frac{\sin t}{t}\, dt$.

Puisque $\cos t$ est compris entre -1 et 1 pour tout nombre t, on a $0 \leqslant 1-\cos t \leqslant 2$ et par suite $0 \leqslant \frac{1-\cos t}{t^2} \leqslant 2/t^2$. L'intégrale impropre $\int_1^{+\infty} \frac{dt}{t^2}$ est convergente d'après l'exemple fondamental (où $\alpha = 2$). On en déduit (premier théorème de convergence) que l'intégrale impropre $\int_0^{+\infty} \frac{1-\cos t}{t^2}\, dt$ est aussi convergente. Quand y tend vers $+\infty$, $\frac{1-\cos y}{y}$ tend vers 0, donc en passant à la limite dans $(**)$, on en déduit que l'intégrale impropre $\int_0^{+\infty} \frac{\sin t}{t}\, dt$ est convergente et égale à $\int_0^{+\infty} \frac{1-\cos t}{t^2}\, dt$.

Dans l'exercice 10 à la fin de ce chapitre, nous verrons que cette intégrale impropre, bien que convergente, n'est pas absolument convergente. En utilisant des théorèmes de deuxième année, on peut démontrer que l'on a $\int_0^{+\infty} \frac{\sin t}{t}\, dt = \pi/2$.

Exemple 4. Étudions l'intégrale impropre $\displaystyle\int_1^{+\infty} \frac{\operatorname{Log} t}{t^\alpha}\,dt$ où α est un nombre réel. La fonction sous le signe intégrale est positive ou nulle sur l'intervalle $[1, +\infty[$.

Premier cas : $\alpha \leqslant 1$. Pour tout nombre $x \geqslant 1$, on a $x^\alpha \leqslant x$ (propriétés des fonctions puissances) et $\operatorname{Log} x \geqslant 0$, donc $\dfrac{\operatorname{Log} x}{x^\alpha} \geqslant \dfrac{\operatorname{Log} x}{x}$. Nous avons déjà remarqué que la fonction $x \mapsto \frac{1}{2}(\operatorname{Log} x)^2$ est une primitive de $\dfrac{\operatorname{Log} x}{x}$. Quand x tend vers $+\infty$, $(\operatorname{Log} x)^2$ tend vers $+\infty$, donc l'intégrale impropre $\displaystyle\int_1^{+\infty} \frac{\operatorname{Log} t}{t}\,dt$ est divergente. Par le premier théorème, on en déduit que l'intégrale impropre $\displaystyle\int_1^{+\infty} \frac{\operatorname{Log} t}{t^\alpha}\,dt$ est aussi divergente.

Second cas : $\alpha > 1$. Posons $\alpha = 1 + 2\beta$, de sorte que l'on a $\beta > 0$. D'après les croissances comparées, $\displaystyle\lim_{x \to +\infty} \frac{\operatorname{Log} x}{x^\beta} = 0$. Par définition de la limite, il existe un nombre $A > 1$ tel que $\dfrac{\operatorname{Log} x}{x^\beta} \leqslant 1$ dès que x est supérieur ou égal à A. Pour tout nombre $x \geqslant A$, nous avons alors

$$0 \leqslant \frac{\operatorname{Log} x}{x^\alpha} = \frac{\operatorname{Log} x}{x^\beta}\,\frac{1}{x^{1+\beta}} \leqslant \frac{1}{x^{1+\beta}}\,.$$

L'intégrale impropre $\displaystyle\int_A^{+\infty} \frac{dt}{t^{1+\beta}}$ est un exemple fondamental : puisque β est strictement positif, $1+\beta$ est strictement plus grand que 1 donc l'intégrale impropre $\displaystyle\int_A^{+\infty} \frac{dt}{t^{1+\beta}}$ est convergente. Par application du premier théorème de convergence, on en déduit que l'intégrale impropre $\displaystyle\int_A^{+\infty} \frac{\operatorname{Log} t}{t^\alpha}\,dt$ est convergente et il en va de même de l'intégrale impropre $\displaystyle\int_1^{+\infty} \frac{\operatorname{Log} t}{t^\alpha}\,dt$.

4. Fonctions équivalentes

Nous allons introduire une notion commode pour l'étude des intégrales impropres. Dans la définition et les énoncés suivants, x_0 est un nombre réel ou bien l'un des symboles $+\infty$ ou $-\infty$. Si f est une fonction, rappelons (voir page 244) ce que veut dire « $f(x)$ est non nul quand x tend vers x_0 ».

- Si $x_0 \in \mathbb{R}$, cela signifie qu'il existe un intervalle ouvert J de centre x_0 ayant la propriété suivante : $f(x)$ est différent de 0 quel que soit le nombre x, différent de x_0, appartenant à la fois au domaine de définition de f et à l'intervalle J.
- Supposons que f est définie sur un intervalle $[a, +\infty[$: $f(x)$ est non nul quand x tend vers $+\infty$ signifie qu'il existe un nombre A tel que $f(x) \neq 0$ si $x \geqslant A$.

Définition et notation

Soient f et g des fonctions telles que $f(x)$ et $g(x)$ sont non nuls quand x tend vers x_0. On dit que $f(x)$ est *équivalent à* $g(x)$ *quand* x *tend vers* x_0 si l'on a $\lim_{x\to x_0} f(x)/g(x) = 1$. Cette propriété se note $f(x) \underset{x\to x_0}{\sim} g(x)$.

Exemples

1) Supposons que la fonction f a une limite finie $\ell \neq 0$ en x_0. Alors $f(x)$ est non nul quand x tend vers x_0 et par les propriétés des limites, $f(x)/\ell$ tend vers 1 quand x tend vers x_0. On a donc $f(x) \underset{x\to x_0}{\sim} \ell$.

2) Plus généralement, supposons que x_0 est un nombre réel, que n est un entier et que l'on a

$$f(x) = a(x - x_0)^n + (x - x_0)^n \varepsilon(x) \qquad \text{où } a \neq 0 \text{ et } \lim_{x\to x_0} \varepsilon(x) = 0.$$

Puisque le nombre a est non nul, $f(x)$ est non nul quand x tend vers x_0 et par hypothèse $\lim_{x\to x_0} f(x)/a(x - x_0)^n = 1$; il vient donc $f(x) \underset{x\to x_0}{\sim} a(x - x_0)^n$. En particulier :

> quand x tend vers x_0, $f(x)$ est équivalent au premier terme non nul de son développement limité (s'il existe).

Nous avons par exemple

$$\sin x \underset{x\to 0}{\sim} x \quad , \quad (1 - \cos x) \underset{x\to 0}{\sim} x^2/2 \quad \text{et} \quad \operatorname{Log} x \underset{x\to 1}{\sim} x - 1 .$$

3) Soit f une fonction rationnelle, c'est-à-dire de la forme $f(x) = \dfrac{a_n x^n + \cdots + a_0}{b_p x^p + \cdots + b_0}$ où n et p sont des entiers positifs et où les a_i et les b_j sont des nombre réels tels que $a_n \neq 0$ et $b_p \neq 0$. Notons $N(x)$ le numérateur de cette fraction. Nous avons

$$N(x) = a_n x^n + \cdots + a_0 = a_n x^n \Big(1 + \frac{a_{n-1}}{a_n}\,\frac{1}{x} + \cdots + \frac{a_0}{a_n}\,\frac{1}{x^n}\Big) .$$

Puisque le terme entre parenthèses tend vers 1 quand x tend vers $+\infty$, il vient $\lim_{x\to+\infty} N(x)/a_n x^n = 1$. En écrivant le dénominateur $D(x)$ sous une forme analogue, nous avons $\lim_{x \to +\infty} D(x)/b_p x^p = 1$ et par suite le rapport

$$\frac{f(x)}{(a_n/b_p)x^{n-p}} = \frac{f(x)}{a_n x^n / b_p x^p} = \frac{N(x)/a_n x^n}{D(x)/b_p x^p}$$

tend vers 1 quand x tend vers $+\infty$. On a donc $f(x) \underset{x \to +\infty}{\sim} (a_n/b_p)x^{n-p}$.

Règles de calcul sur les équivalents. Les théorèmes sur la limite d'un produit et la limite d'un inverse montrent que l'on peut multiplier ou diviser des équivalents : *si* $f_1(x) \underset{x \to x_0}{\sim} g_1(x)$ *et* $f_2(x) \underset{x \to x_0}{\sim} g_2(x)$*, alors*

$$f_1(x) f_2(x) \underset{x \to x_0}{\sim} g_1(x) g_2(x) \quad \text{et} \quad f_1(x)/f_2(x) \underset{x \to x_0}{\sim} g_1(x)/g_2(x).$$

En revanche, il n'est pas possible en général d'ajouter des équivalents. Par exemple, $\lim_{x \to +\infty} \dfrac{x^3 + x^2}{x^3 + x} = 1$ donc $(x^3 + x^2) \underset{x \to +\infty}{\sim} (x^3 + x)$ et bien sûr $-x^3 \underset{x \to +\infty}{\sim} -x^3$. Mais $(x^3 + x^2) - x^3 = x^2$ n'est pas équivalent à $(x^3 + x) - x^3 = x$ quand x tend vers $+\infty$. On ne peut pas non plus composer des équivalents : ainsi on a par exemple $(x + x^2) \underset{x \to +\infty}{\sim} x^2$ mais $e^{x+x^2}/e^{x^2} = e^x$ tend vers $+\infty$ quand x tend vers $+\infty$.
Voici comment utiliser les équivalents pour étudier des intégrales impropres de fonctions ***strictement positives***. La proposition suivante n'est pas un résultat nouveau, mais seulement un corollaire commode du premier théorème de convergence.

Proposition. *Soient f et g des fonctions strictement positives définies sur l'intervalle $[a, b[$. Si l'on a $f(x) \underset{x \to b}{\sim} g(x)$, alors les intégrales impropres $\int_a^b f(t)\, dt$ et $\int_a^b g(t)\, dt$ sont toutes deux convergentes ou bien elles sont toutes deux divergentes.*

Démonstration. Par hypothèse, $\lim_{x \to b} f(x)/g(x) = 1$ donc par définition de la limite, il existe un nombre $A \in [a, b[$ tel que $1/2 \leqslant f(x)/g(x) \leqslant 3/2$ si $A \leqslant x < b$. Puisque $g(x)$ est positif quel que soit x, il vient l'encadrement $(1/2)g(x) \leqslant f(x) \leqslant (3/2)g(x)$ pour tout $x \in [A, b[$. Appliquons le premier théorème de convergence : si l'intégrale impropre $\int_A^b g(t)\, dt$ est convergente, l'inégalité de droite implique qu'il en va de même pour l'intégrale impropre $\int_A^b f(t)\, dt$. Si l'intégrale impropre $\int_A^b g(t)\, dt$ est divergente, il en va de même pour l'intégrale impropre $\int_A^b f(t)\, dt$ d'après l'inégalité de gauche. Puisque le caractère convergent ou divergent de ces intégrales impropres ne dépend pas de la borne A, le résultat est démontré. ■

On a bien entendu un énoncé analogue pour des fonctions définies sur un intervalle $]a, b]$, ou bien pour des fonctions strictement négatives.

Exercices

1) L'intégrale impropre $\displaystyle\int_0^1 \frac{dt}{\operatorname{Log} t}$ est-elle convergente ?

2) Pour quelles valeurs du nombre $\alpha > 0$ l'intégrale impropre $\displaystyle\int_1^{+\infty} \frac{\sqrt{t}}{1+t^\alpha}\,dt$ est-elle convergente ?

3) Étudier l'intégrale impropre $\displaystyle\int_0^1 \frac{\operatorname{Log}(1+t^\alpha)}{1-\cos t}\,dt$ où α est un nombre strictement positif.

Réponses

1) Nous avons $\lim_{x\to 0} 1/\operatorname{Log} x = 0$ donc la fonction $x \mapsto 1/\operatorname{Log} x$ qui a *priori* est définie seulement sur l'intervalle ouvert $]0,1[$, se prolonge par continuité en 0. L'intégrale impropre $\displaystyle\int_0^{1/2} \frac{dt}{\operatorname{Log} t}$ est donc l'intégrale ordinaire d'une fonction continue sur le segment $[0,1/2]$.

Étudions maintenant l'intégrale impropre $\displaystyle\int_{1/2}^1 \frac{dt}{\operatorname{Log} t}$. La fonction logarithme est négative sur l'intervalle $]0,1[$ et $\operatorname{Log} x \underset{x\to 1}{\sim} x-1$. Or l'intégrale impropre $\displaystyle\int_{1/2}^1 \frac{dt}{t-1}$ est divergente, donc l'intégrale impropre $\displaystyle\int_{1/2}^1 \frac{dt}{\operatorname{Log} t}$ est divergente aussi d'après la proposition précédente. Finalement, l'intégrale impropre $\displaystyle\int_0^1 \frac{dt}{\operatorname{Log} t}$ est divergente d'après la définition qui a été donnée pour l'intégrale impropre d'une fonction définie sur un intervalle ouvert.

2) La fonction sous le signe intégrale est strictement positive. Puisque le nombre α est strictement positif, nous avons

$$\lim_{x\to+\infty} (1+x^\alpha)/x^\alpha = \lim_{x\to+\infty} (x^{-\alpha}+1) = 1 + \lim_{x\to+\infty} x^{-\alpha} = 1$$

c'est-à-dire $(1+x^\alpha) \underset{x\to+\infty}{\sim} x^\alpha$. D'après les règles de calcul sur les équivalents, on en déduit

$$\frac{\sqrt{x}}{1+x^\alpha} \underset{x\to+\infty}{\sim} \frac{\sqrt{x}}{x^\alpha} = \frac{1}{x^{\alpha-(1/2)}}\,.$$

Or nous savons que l'intégrale impropre $\displaystyle\int_1^{+\infty} \frac{dt}{t^{\alpha-(1/2)}}$ est convergente si et seulement si $\alpha-(1/2) > 1$. On en conclut que l'intégrale impropre $\displaystyle\int_1^{+\infty} \frac{\sqrt{t}}{1+t^\alpha}\,dt$ est convergente si et seulement si $\alpha > 3/2$.

3) La fonction sous le signe intégrale est continue et strictement positive sur $]0,1]$. D'après le développement limité à l'ordre 1 au point 0 de $\operatorname{Log}(1+x)$, on a $\operatorname{Log}(1+x^\alpha) = x^\alpha + x^\alpha\varepsilon(x)$ où $\varepsilon(x)$ tend vers 0 quand x tend vers 0. Il vient donc

$\mathrm{Log}(1+x^\alpha) \underset{x\to 0}{\sim} x^\alpha$. Puisque $1-\cos x \underset{x\to 0}{\sim} x^2/2$, on en déduit

$$\frac{\mathrm{Log}(1+x^\alpha)}{1-\cos x} \underset{x\to 0}{\sim} \frac{x^\alpha}{x^2/2} = \frac{2}{x^{2-\alpha}}.$$

L'intégrale impropre $\displaystyle\int_0^1 \frac{\mathrm{Log}(1+t^\alpha)}{1-\cos t}\,dt$ a donc le même caractère convergent ou divergent que $\displaystyle\int_0^1 \frac{dt}{t^{2-\alpha}}$. Or cette dernière intégrale impropre est convergente si et seulement si $2-\alpha<1$. L'intégrale impropre $\displaystyle\int_0^1 \frac{\mathrm{Log}(1+t^\alpha)}{1-\cos t}\,dt$ est donc convergente si et seulement si $\alpha>1$.

- Pour déterminer si l'intégrale impropre d'une fonction strictement positive est convergente ou divergente, on peut remplacer la fonction par un équivalent plus simple.
- Pour une fonction qui ne garde pas un signe constant, il faut étudier l'absolue convergence de l'intégrale.

5. Comment étudier une fonction primitive

Supposons que f est une fonction continue sur l'intervalle $[a,b[$ et posons $F(x) = \displaystyle\int_a^x f(t)\,dt$ pour tout $x\in[a,b[$. La fonction F est donc la primitive de f qui prend la valeur 0 en a. Voici des renseignements sur la fonction F que l'on peut obtenir en utilisant les techniques expliquées dans ce chapitre et les précédents. Une telle étude a été présentée en exemple dès le paragraphe 1.

- Sens de variation de F : il est donné par le signe de $F'(x)=f(x)$.
- Étude locale en un point $x_0\in[a,b[$: si la fonction f a un développement limité à l'ordre n en x_0, il suffit d'intégrer ce développement limité pour obtenir le développement limité de F en x_0 à l'ordre $n+1$. Attention : la constante d'intégration est $F(x_0)=\displaystyle\int_a^{x_0} f(t)\,dt$, un nombre qui a toute chance de ne pas se laisser calculer explicitement.
- Limite de $F(x)$ quand x tend vers b : par définition, cette limite existe et est finie si et seulement si l'intégrale impropre $\displaystyle\int_a^b f(t)\,dt$ est convergente. Dans le cas où cette intégrale converge, sa valeur est souvent impossible à calculer de façon explicite.

  Rappelons que si F est croissante, alors quand x tend vers b, ou bien $F(x)$ a une limite finie, ou bien $F(x)$ tend vers $+\infty$.
- Convexité : si f est croissante, la fonction F est convexe puisque $F'=f$.

Exercice. Soit la fonction $F:\mathbb{R}\to\mathbb{R}$ définie par $F(x)=\displaystyle\int_0^x e^{-t^2}\,dt$. Dessiner l'allure du graphe de F.

Réponse. La fonction $x\mapsto e^{-x^2}$ est continue sur $\mathbb{R}$ donc on a $F'(x)=e^{-x^2}>0$ et la fonction F est strictement croissante. En faisant le changement de variable $u(x)=-x$ dans l'intégrale, il vient

$$F(x)=\int_0^x e^{-t^2}\,dt=\int_0^{-x} e^{-(-t)^2}\,(-dt)=-\int_0^{-x} e^{-t^2}\,dt=-F(-x)$$

donc la fonction F est impaire : son graphe est symétrique par rapport à l'origine. Nous avons montré au paragraphe 3 que l'intégrale impropre $\displaystyle\int_0^{+\infty} e^{-t^2}\,dt$ est convergente : c'est donc que $F(x)$ a une limite finie $a=\displaystyle\int_0^{+\infty} e^{-t^2}\,dt$ quand x tend vers $+\infty$, autrement dit la droite d'équation $y=a$ est asymptote horizontale à F quand x tend vers $+\infty$ (des techniques d'analyse un peu plus élaborées permettent de montrer que $a=\sqrt{\pi}/2$). La fonction $x\mapsto e^{-x^2}$ est décroissante sur l'intervalle $[0,+\infty[$, donc la fonction F est concave sur cet intervalle.

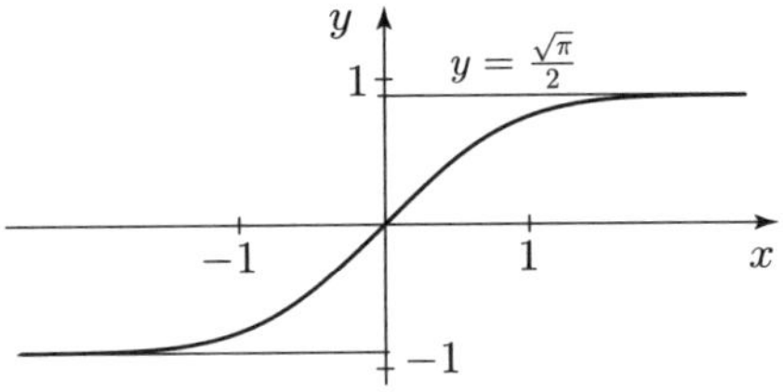

graphe de $x\mapsto\displaystyle\int_0^x e^{-t^2}\,dt$

Exercice. Dessiner l'allure du graphe de la fonction $F:\,]-1,+\infty[\,\to\mathbb{R}$ définie par $F(x)=\displaystyle\int_0^x \frac{t-1}{\sqrt{1+t^3}}\,dt$.

Réponse. La fonction $x\mapsto\dfrac{x-1}{\sqrt{1+x^3}}$ est définie et continue sur l'intervalle $]-1,+\infty[$, donc $F'(x)=\dfrac{x-1}{\sqrt{1+x^3}}$. Cette expression a le signe de $x-1$ donc la fonction F est strictement décroissante sur l'intervalle $]-1,1[$ et strictement croissante sur $]1,+\infty[$: la fonction F a un minimum en 1. La valeur de ce minimum est $F(1)$ qui est un nombre négatif car la fonction sous le signe intégrale est négative sur l'intervalle $[0,1[$. Nous avons $\sqrt{1+x^3}=x^{3/2}\sqrt{1+(1/x^3)}$ et $\lim\limits_{x\to+\infty}1/x^3=0$, donc

$$\sqrt{1+x^3}\underset{x\to+\infty}{\sim}x^{3/2}\,.$$

On en déduit $\dfrac{x-1}{\sqrt{1+x^3}}\underset{x\to+\infty}{\sim}\dfrac{x}{x^{3/2}}=\dfrac{1}{\sqrt{x}}$ et par suite l'intégrale impropre $\displaystyle\int_0^{+\infty}\frac{t-1}{\sqrt{1+t^3}}\,dt$ est divergente. Par conséquent $F(x)$ tend vers $+\infty$ quand x tend vers $+\infty$. Nous étudierons cette branche infinie dans l'exercice 14 en fin de chapitre.
Sur l'intervalle $]-1,0[$, la fonction sous le signe intégrale est strictement négative, nous pouvons donc chercher la nature de l'intégrale impropre $\displaystyle\int_{-1}^0\frac{t-1}{\sqrt{1+t^3}}\,dt$ en utilisant un

équivalent. Nous avons $1+x^3=(1+x)(1-x+x^2)$ donc $\lim\limits_{x\to -1} \dfrac{\sqrt{1+x^3}}{\sqrt{1+x}} = \sqrt{3}$ et par suite $\sqrt{1+x^3} \underset{x\to -1}{\sim} \sqrt{3}\sqrt{1+x}$. Puisque $x-1 \underset{x\to -1}{\sim} -2$, il vient $\dfrac{x-1}{\sqrt{1+x^3}} \underset{x\to -1}{\sim} \dfrac{-2}{\sqrt{3}} \dfrac{1}{\sqrt{1+x}}$.

L'intégrale impropre $\displaystyle\int_{-1}^{0} \frac{dt}{\sqrt{1+t}}$ est convergente (c'est l'un des exemples fondamentaux à connaître), donc l'intégrale impropre $\displaystyle\int_{-1}^{0} \frac{t-1}{\sqrt{1+t^3}}\, dt$ est convergente aussi. Cela veut dire que la limite quand x tend vers -1 de $\displaystyle\int_{x}^{0} \frac{t-1}{\sqrt{1+t^3}}\, dt = -F(x)$ existe et est finie. Ainsi la fonction F a une limite finie $a = \displaystyle\int_{0}^{-1} \frac{t-1}{\sqrt{1+t^3}}\, dt$ quand x tend vers -1. Puisque la fonction sous le signe intégrale est négative sur l'intervalle $]-1,0]$, on en déduit que $\displaystyle\int_{-1}^{0} \frac{t-1}{\sqrt{1+t^3}}\, dt$ est négatif, donc le nombre a est positif.

Prolongeons par continuité la fonction F en posant $F(-1)=a$. Puisque $F'(x)=\dfrac{x-1}{\sqrt{1+x^3}}$ tend vers $-\infty$ quand x tend vers -1, le graphe de F est tangent à l'axe des ordonnées au point $(-1,a)$.

Précisons la tangente au point $\big(0,F(0)\big) = (0,0)$. Nous avons $F'(0) = -1$ donc cette tangente a pour équation $y = -x$. Le développement limité à l'ordre 1 au point 0 de la fonction $x \mapsto \dfrac{x-1}{\sqrt{1+x^3}}$ est $-1+x+x\varepsilon(x)$; puisque $F(0)=0$, le développement limité à l'ordre 2 au point 0 de F est donc $F(x) = -x + x^2/2 + x^2\varepsilon(x)$. On en déduit que le graphe de F est au-dessus de la tangente à l'origine.

Le calcul de F'' montre que $F''(x)$ a le signe de $-x^3+3x^2+2$. D'après le théorème des valeurs intermédiaires, cette fonction polynôme s'annule en changeant de signe pour une valeur de x comprise entre 3 et 4 : il y a donc un point d'inflexion.

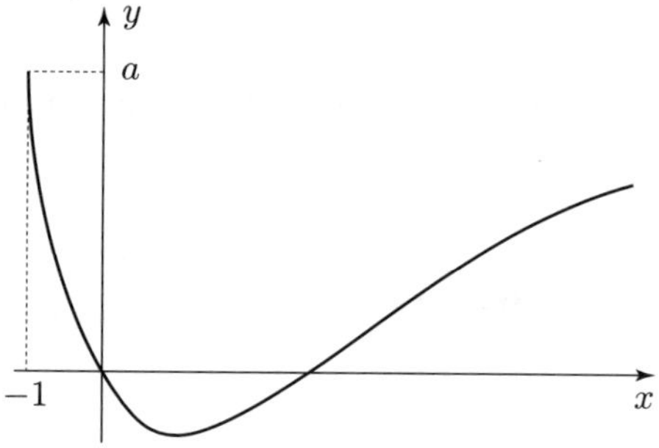

graphe de $x \mapsto \displaystyle\int_0^x \frac{t-1}{\sqrt{1+t^3}}\, dt$

Remarque

Supposons que u et v sont des fonctions définies sur le même intervalle et que f est une fonction continue. Pour étudier une fonction de la forme $x \mapsto \displaystyle\int_{u(x)}^{v(x)} f(t)\, dt$, on choisit une primitive F de f et l'on a par définition $\displaystyle\int_{u(x)}^{v(x)} f(t)\, dt = F\big(u(x)\big) - F\big(v(x)\big)$.

Exercices

1. a) Montrer que l'on a $\sqrt{e^x - 1} \underset{x\to 0}{\sim} \sqrt{x}$ et $\sqrt{e^x - 1} \underset{x\to +\infty}{\sim} e^{x/2}$.

b) En déduire que l'intégrale impropre $\displaystyle\int_0^{+\infty} \frac{dt}{\sqrt{e^t - 1}}$ est convergente.

2. a) Soit α un nombre réel. Trouver un équivalent de $\dfrac{x^3 + \sin x}{(2x^2 + x + 1)^\alpha}$ de la forme a/x^β, quand x tend vers $+\infty$.

b) Pour quelles valeurs de α l'intégrale impropre $\displaystyle\int_0^{+\infty} \frac{t^3 + \sin t}{(2t^2 + t + 1)^\alpha}\, dt$ est-elle convergente ?

3. Les intégrales impropres suivantes sont-elles convergentes ?

(i) $\displaystyle\int_{-1}^{+\infty} \frac{dt}{t^2 + \sqrt[3]{t^4 + 1}}$ **(ii)** $\displaystyle\int_0^{+\infty} \left(\frac{\sin t}{t}\right)^2 dt$

(iii) $\displaystyle\int_1^{+\infty} \frac{t-1}{t \operatorname{Log} t}\, dt$ **(iv)** $\displaystyle\int_0^1 (\operatorname{Log} t)^2\, dt$

(v) $\displaystyle\int_2^{+\infty} \frac{dt}{(\operatorname{Log} t)^2}$ **(vi)** $\displaystyle\int_0^{+\infty} \frac{\operatorname{Log} t}{1 + t^\alpha}\, dt$ où $\alpha > 0$

4. a) Pour quelles valeurs du nombre réel α l'intégrale impropre $\displaystyle\int_1^{+\infty} \frac{t^\alpha}{1+t}\, dt$ est-elle convergente ?

b) Pour quelles valeurs du nombre réel α l'intégrale impropre $\displaystyle\int_0^{+\infty} \frac{t^\alpha}{1+t}\, dt$ est-elle convergente ?

c) Calculer une primitive de la fonction $x \mapsto 3x/(1 + x^3)$ sur l'intervalle $]-1, +\infty[$.

d) Calculer $\displaystyle\int_0^{+\infty} \frac{t^{-1/3}}{1+t}\, dt$.

5. a) Trouver un équivalent de $\dfrac{\sin(1/x)}{\sqrt{x}}$ de la forme $1/x^\alpha$, quand x tend vers $+\infty$.

b) Montrer que l'intégrale impropre $\displaystyle\int_0^{+\infty} \frac{\sin(1/t)}{\sqrt{t}}\, dt$ est absolument convergente.

6. a) L'intégrale impropre $\displaystyle\int_{-\infty}^0 e^t \cos(t^2)\, dt$ est-elle convergente ?

b) Pour quelles valeurs du nombre α l'intégrale impropre $\displaystyle\int_0^{+\infty} t^\alpha e^{-t}\, dt$ est-elle convergente ?

7. Soit f une fonction numérique continue sur $\mathbb{R}$. On suppose que l'intégrale impropre $\int_0^{+\infty} f(t)\,dt$ est convergente. Montrer que l'on a $\lim_{x\to+\infty} \int_x^{+\infty} f(t)\,dt = 0$.

8. Définissons une fonction f sur l'intervalle $[0, +\infty[$, de la manière suivante : pour tout entier $n \geqslant 0$, nous posons

$$f(x) = \begin{cases} 2^{n+1}(x-n) & \text{si } n \leqslant x < n + 2^{-(n+1)} \\ 2^{n+1}(n + 2^{-n} - x) & \text{si } n + 2^{-(n+1)} \leqslant x < n + 2^{-n} \\ 0 & \text{si } n + 2^{-n} \leqslant x < n+1\,. \end{cases}$$

a) Vérifier que la fonction f est continue et que le graphe de f a l'allure ci-dessous :

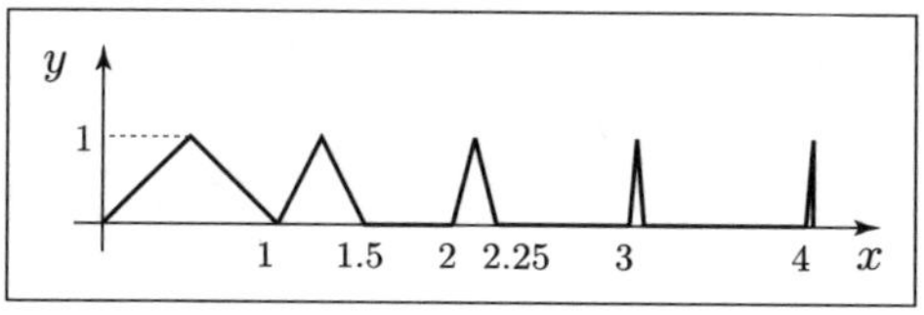

b) Montrer que $f(x)$ n'a pas de limite quand x tend vers $+\infty$.

c) Soit $n \geqslant 1$ un entier. Montrer que l'on a $\displaystyle\int_0^n f(t)\,dt = \frac{1}{2} + \frac{1}{2^2} + \cdots + \frac{1}{2^n}$.

d) Montrer que la fonction $x \mapsto \displaystyle\int_0^x f(t)\,dt$ est croissante. En déduire que l'intégrale impropre $\displaystyle\int_0^{+\infty} f(t)\,dt$ est convergente.

9. Démontrer l'égalité $\displaystyle\int_0^{+\infty} \frac{1-\cos t}{t^2}\,dt = \int_0^{+\infty} \left(\frac{\sin t}{t}\right)^2 dt$.

10. a) Posons $u(x) = (x/2) - (\sin 2x)/4$. Calculer $u'(x)$. En déduire que si $x > 1$, on a

$$\int_1^x \frac{\sin^2 t}{t}\,dt = \frac{u(x)}{x} - u(1) + \int_1^x \frac{u(t)}{t^2}\,dt.$$

b) Montrer que l'intégrale impropre $\displaystyle\int_1^{+\infty} \frac{u(t)}{t^2}\,dt$ est divergente.

c) Montrer que l'intégrale impropre $\displaystyle\int_0^{+\infty} \frac{\sin^2 t}{t}\,dt$ est divergente. En déduire que l'intégrale impropre $\displaystyle\int_0^{+\infty} \frac{|\sin t|}{t}\,dt$ est divergente.

11. a) Soit a un nombre réel strictement positif. Montrer que l'intégrale impropre $\displaystyle\int_0^a \frac{\sqrt{1+t}-\sqrt{t}}{t+\sqrt{t}}\,dt$ est convergente.

b) Posons $F(0)=0$ et $F(x) = \displaystyle\int_0^x \frac{\sqrt{1+t}-\sqrt{t}}{t+\sqrt{t}}\,dt$ pour tout nombre positif x. Montrer que la fonction F est dérivable sur l'intervalle $]0,+\infty[$, continue et croissante sur l'intervalle $[0,+\infty[$.

c) Montrer que $F(x)$ a une limite finie quand x tend vers $+\infty$.

12. Soit $f : \mathbb{R} \to \mathbb{R}$ la fonction définie par $f(x) = \dfrac{\operatorname{Arc\,tg} x}{x}$ si $x \neq 0$ et $f(0) = 1$. Posons $F(x) = \displaystyle\int_0^x f(t)\,dt$.

a) Montrer que la fonction F est définie sur $\mathbb{R}$ et que F est une fonction impaire.

b) Calculer la dérivée de la fonction $x \mapsto F(x) - F(1/x)$. Montrer que pour tout nombre $x > 0$, on a $F(x) - F(1/x) = \dfrac{\pi}{2} \operatorname{Log} x$.

c) Montrer que pour tout nombre $t > 0$, on a les inégalités

$$t - \operatorname{Arc\,tg} t > 0 \text{ et } \operatorname{Arc\,tg} t - t + t^3/3 > 0.$$

En déduire l'encadrement $8/9 \leqslant F(1) \leqslant 1$.

d) Calculer $\displaystyle\lim_{x\to+\infty} \big(F(x) - (\operatorname{Log} x)\operatorname{Arc\,tg} x\big)$.

e) À l'aide d'une intégration par parties, en déduire l'égalité $\displaystyle\int_1^{+\infty} \frac{\operatorname{Log} t}{1+t^2}\,dt = F(1)$.

13. Soit $F :]-\infty, 1[\to \mathbb{R}$ la fonction définie par $F(x) = \displaystyle\int_0^x \frac{e^t - 1}{(1-t)(2-t)}\,dt$.

a) Calculer $F'(x)$ et trouver le sens de variation de F.

b) Montrer que l'intégrale impropre $\displaystyle\int_0^{-\infty} \frac{e^t - 1}{(1-t)(2-t)}\,dt$ est convergente et que c'est un nombre positif.

c) Montrer que $F(x)$ tend vers $+\infty$ quand x tend vers 1.

d) Montrer que la fonction F' est strictement croissante sur $]0,1[$.

e) Dessiner l'allure du graphe de F.

14. Reprenons la fonction F définie sur l'intervalle $]-1,+\infty[$ par

$$F(x) = \int_0^x \frac{t-1}{\sqrt{1+t^3}}\,dt\,.$$

Dans le dernier exercice du paragraphe **5**, nous avons montré que $F(x)$ tend vers $+\infty$ quand x tend vers $+\infty$.

a) Montrer que l'intégrale impropre $\displaystyle\int_0^{+\infty}\left(\frac{t-1}{\sqrt{1+t^3}}-\frac{1}{\sqrt{t}}\right)dt$ est convergente.

b) En déduire que $F(x)-2\sqrt{x}$ a une limite finie quand x tend vers $+\infty$.

c) Quelle est la limite de $F(x)/x$ quand x tend vers $+\infty$?

15. Posons $\displaystyle F(x)=\int_x^{x^2}\frac{\mathrm{Log}(1+t^2)}{t}\,dt.$

a) Montrer que la fonction F est définie sur $\mathbb{R}$ et impaire. Calculer $F(1)$ et $F'(x)$.

b) Montrer qu'il existe un nombre $\alpha\in\,]0,1[$ tel que F est croissante sur $[\alpha,+\infty[$ et décroissante sur $[0,\alpha]$.

c) Calculer le développement limité à l'ordre 4 de F en 0. Montrer que le développement limité à l'ordre 2 de F en 1 est
$F(x)=(\mathrm{Log}\,2)(x-1)+\left(\dfrac{3-\mathrm{Log}\,2}{2}\right)(x-1)^2+(x-1)^2\varepsilon(x)$ où $\lim\limits_{x\to1}\varepsilon(x)=0$.

d) Montrer que si $x>0$, on a $F(x)+F(1/x)=3(\mathrm{Log}\,x)^2=\displaystyle\int_x^{x^2}\frac{\mathrm{Log}(t^2)}{t}\,dt.$

e) Soit un nombre réel $x>1$. Démontrer l'égalité

$$F(x)-3(\mathrm{Log}\,x)^2=\int_x^{x^2}\frac{1}{t}\,\mathrm{Log}\left(1+\frac{1}{t^2}\right)dt.$$

En déduire l'encadrement $3(\mathrm{Log}\,x)^2\leqslant F(x)\leqslant 3(\mathrm{Log}\,x)^2+\dfrac{1}{2x^2}$.

f) Sur un même dessin, représenter l'allure du graphe de F et celui de la fonction $x\mapsto 3(\mathrm{Log}\,x)^2$.

16. Pour tout nombre $x\in[0,1[$, posons $f(x)=\dfrac{2x\sqrt{1-x^4}}{1+x^4}$.

a) Montrer que $f'(x)=2\dfrac{x^8-6x^4+1}{(1+x^4)^2\sqrt{1-x^4}}$ et $1-f(x)^4=\dfrac{(x^4+2x^2-1)^2(x^4-2x^2-1)}{(1+x^4)^4}$.

b) Posons $p(x)=x^2-6x+1$ pour tout x et $\alpha=\sqrt{\sqrt{2}-1}$ (on a donc $0<\alpha<1$).

(i) Montrer que si $0\leqslant x<\alpha^4$, alors on a $p(x)>0$.

(ii) En déduire que f est strictement croissante sur $[0,\alpha]$ et définit une bijection de $[0,\alpha]$ sur $[0,1]$.

c) Montrer que pour tout $x\in[0,\alpha[$, on a

$$\int_0^{f(x)}\frac{dt}{\sqrt{1-t^4}}=2\int_0^x\frac{dt}{\sqrt{1-t^4}}.$$

d) Montrer que l'intégrale impropre $\int_0^1 \frac{dt}{\sqrt{1-t^4}}$ est convergente. En déduire l'égalité

$$\int_0^1 \frac{dt}{\sqrt{1-t^4}} = 2\int_0^{\sqrt{\sqrt{2}-1}} \frac{dt}{\sqrt{1-t^4}}.$$

Quelques réponses ou indications

1. **b)** Les intégrales impropres $\int_0^1 \frac{dt}{\sqrt{t}}$ et $\int_1^{+\infty} e^{-t/2}\,dt$ sont toutes deux convergentes.

2. **a)** On a $(x^3+\sin x) \underset{x\to+\infty}{\sim} x^3$ et $(2x^2+x+1) \underset{x\to+\infty}{\sim} 2x^2$, donc $\frac{x^3+\sin x}{(2x^2+x+1)^\alpha} \underset{x\to+\infty}{\sim} \frac{1}{2^\alpha x^{2\alpha-3}}$.

   b) L'intégrale impropre converge si et seulement si $2\alpha-3>1$.

3. **(i)** L'intégrale impropre converge car $x^2+\sqrt[3]{x^4+1} \underset{x\to+\infty}{\sim} x^2$.

   (iii) La fonction $\frac{x-1}{x\operatorname{Log} x}$ est continue en 1 et $\frac{x-1}{x\operatorname{Log} x} \underset{x\to+\infty}{\sim} \frac{1}{\operatorname{Log} x}$. L'intégrale impropre $\int_1^{+\infty} \frac{t-1}{t\operatorname{Log} t}\,dt$ est donc divergente.

   (iv) On a $\lim\limits_{x\to 0} \sqrt{x}(\operatorname{Log} x)^2 = 0$ donc il existe un nombre $\alpha>0$ tel que $(\operatorname{Log} x)^2 \leqslant 1/\sqrt{x}$ quel que soit $x\in\,]0,\alpha]$; l'intégrale impropre est donc convergente.

   (v) Il existe un nombre $A>1$ tel que $1/(\operatorname{Log} x)^2 \geqslant 1/x$ quel que soit $x\geqslant A$.

   (vi) L'intégrale impropre est convergente si et seulement si $\alpha>1$.

4. **b)** L'intégrale impropre converge si et seulement si $-1<\alpha<0$.

   c) En décomposant $3X/(1+X^3)$ en éléments simples, on obtient comme primitive $\frac{1}{2}\operatorname{Log}(x^2-x+1) - \operatorname{Log}(x+1) + \sqrt{3}\operatorname{Arc\,tg} \frac{1}{\sqrt{3}}(2x-1)$.

   d) D'après **(b)**, l'intégrale impropre est convergente. En faisant le changement de variable $u(x)=\sqrt[3]{x}$, on obtient $\int_0^{+\infty} \frac{t^{-1/3}}{1+t}\,dt = \int_0^{+\infty} \frac{3t}{1+t^3}\,dt$. En utilisant **(c)** et un calcul de limites, on trouve que cette intégrale impropre vaut $2\pi/\sqrt{3}$.

5. **a)** On a $\sin(1/x) \underset{x\to+\infty}{\sim} 1/x$.

   b) Pour étudier l'intégrale impropre relativement à la borne 0, majorer $|\sin(1/x)|$ par 1.

8. **d)** Pour montrer que la fonction $x\mapsto \int_0^x f(t)\,dt$ est majorée, remarquer que pour tout entier $n\geqslant 1$, on a $1/2+1/4+\cdots+1/2^n \leqslant 1$.

9. Exprimer $1-\cos x$ au moyen de $\sin^2(x/2)$.

10. a) Intégrer par parties.

c) Pour montrer que l'intégrale impropre $\int_0^{+\infty} \frac{|\sin t|}{t}\,dt$ diverge, remarquer que l'on a $|\sin x| \geqslant \sin^2 x$.

11. a) $x+\sqrt{x} \underset{x\to 0}{\sim} \sqrt{x}$.

c) Trouver un équivalent de la fonction sous le signe intégrale quand x tend vers $+\infty$.

12. b) Si $x>0$, alors on a $\operatorname{Arc\,tg} x + \operatorname{Arc\,tg}(1/x) = \pi/2$.

d) On a $F(x) - (\operatorname{Arc\,tg} x)\operatorname{Log} x = F(1/x) + (\operatorname{Arc\,tg}(1/x)\operatorname{Log} x$ et au second membre de cette expression, chaque terme tend vers 0 quand x tend vers $+\infty$.

e) Intégrer par parties $\int_1^x \frac{\operatorname{Log} t}{1+t^2}\,dt$.

14. a) Montrer que $\frac{x-1}{\sqrt{1+x^3}} - \frac{1}{\sqrt{x}} \underset{x\to+\infty}{\sim} -1/x^{3/2}$.

c) D'après (b), $\big(F(x)-2\sqrt{x}\big)/x$ tend vers 0 quand x tend vers $+\infty$, donc $\lim\limits_{x\to+\infty} F(x)/x = 0$.

15. a) On a $F'(x) = 2x\frac{\operatorname{Log}(1+x^4)}{x^2} - \frac{\operatorname{Log}(1+x^2)}{x} = \frac{1}{x}\operatorname{Log}\frac{(1+x^4)^2}{1+x^2}$.

b) On a $(1+x^4)^2-(1+x^2) = u(u^3+2u-1)$ où l'on a posé $u=x^2$; étudier la fonction $x \mapsto x^3+2x-1$ sur l'intervalle $[0,+\infty[$.

d) Utiliser le changement de variable $u(x)=1/x$.

e) Pour l'inégalité de droite, utiliser l'inégalité $\operatorname{Log}(1+x) \leqslant x$.

16. b) (i) Calculer α^4 et les racines du polynôme X^2-6X+1.

(ii) En remarquant l'identité $x^8-6x^4+1 = p(x^4)$, montrer que l'on a $f'(x)>0$ si $x\in[0,\alpha[$. Calculer ensuite $f(0)$ et $f(\alpha)$.

c) D'après (b-ii), si $0\leqslant x<\alpha$, alors on a $0\leqslant f(x)<1$. Calculer la dérivée de chaque membre de l'égalité en utilisant les calculs faits à la question (a).

d) Montrer que $\sqrt{1-x^4}$ est équivalent à $2\sqrt{1-x}$ quand x tend vers 1 (par valeurs inférieures). Pour montrer l'égalité demandée, faire un passage à la limite quand x tend vers 1.
Cet exercice est à rapprocher de l'exercice 10 page 185.

Chapitre 17

Équations différentielles

Au chapitre 7, nous avons appris à résoudre des équations différentielles linéaires à coefficients constants. Intéressons-nous maintenant à d'autres types d'équations différentielles. Nous introduisons ici la notion générale d'équation différentielle, mais les théorèmes fondamentaux seront présentés en deuxième année.

1. Notion d'équation différentielle

Soient I et J des intervalles ouverts. Rappelons (chapitre 2 du tome d'algèbre) que le produit cartésien $I \times J$ est l'ensemble des couples (x, y) de nombres réels tels que $x \in I$ et $y \in J$. Donnons-nous une fonction $F : I \times J \to \mathbb{R}$.

Définitions

- Une *solution de l'équation différentielle* $y' = F(x, y)$ est une fonction φ ayant les propriétés suivantes :
  - a) φ est définie sur un intervalle ouvert U inclus dans I,
  - b) φ prend ses valeurs dans J, autrement dit $\varphi : U \to J$,
  - c) φ est dérivable sur U et $\varphi'(x) = F\big(x, \varphi(x)\big)$ pour tout $x \in U$.
- Résoudre l'équation différentielle, c'est trouver toutes les solutions.
- L'ensemble $I \times J$ s'appelle le *domaine* de l'équation.

Le champ de directions. Supposons que φ est une solution de l'équation différentielle $y' = F(x, y)$. Si (x, y) est un point du graphe de φ, alors on a $y = \varphi(x)$ et en ce point, la pente de la tangente au graphe est $\varphi'(x) = F\big(x, \varphi(x)\big) = F(x, y)$.
En tout point $(x,y) \in I \times J$, dessinons un segment centré en (x, y) et de pente $F(x, y)$. À chaque point du plan, nous avons ainsi attribué une direction : on dit que l'on a un *champ de directions*.

Le graphe d'une solution est en tout point tangent au champ de directions

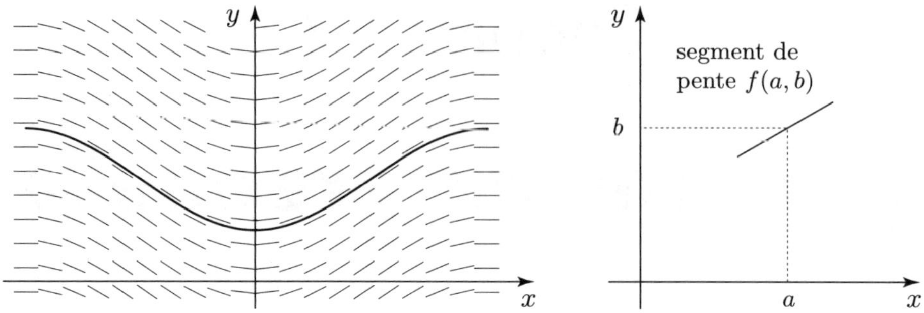

Il en résulte que si un point appartient aux graphes de deux solutions, alors en ce point les graphes ont la même tangente.

Exemples

- Considérons l'équation différentielle $y' = \text{Log}\, y$. La fonction F est définie par $F(x,y) = \text{Log}\, y$ quel que soit $x \in \mathbb{R}$ et quel que soit $y > 0$, le domaine est donc $\mathbb{R} \times]0, +\infty[$. Si a est un nombre strictement positif, alors en tout point de la droite d'équation $y = a$, le champ a pour pente $\text{Log}\, a$ et les segments figurant ce champ sont tous parallèles. La figure 1 permet de visualiser l'allure des solutions de l'équation différentielle.
  En particulier, si le graphe d'une solution est contenu dans le demi-plan $\{(x,y) \in \mathbb{R} \times]0, +\infty[\mid y > 1\}$, alors cette solution est strictement croissante. De même, dans la bande $\{(x,y) \in \mathbb{R} \times]0, +\infty[\mid 0 < y < 1\}$, les solutions sont strictement décroissantes. La fonction constante $\varphi : \mathbb{R} \to \mathbb{R}$ définie par $\varphi(x) = 1$ est solution car on a $\varphi'(x) = 0$ et $\text{Log}\big(\varphi(x)\big) = \text{Log}\, 1 = 0$ pour tout x.
- Pour l'équation différentielle $y' = xy$, nous avons $F(x,y) = xy$ et le domaine est $\mathbb{R} \times \mathbb{R}$. Si (x,y) est un point de l'axe des abscisses ou de l'axe des ordonnées, l'une des coordonnées est égale à 0 donc $xy = 0$ et le champ de directions en ce point est horizontal. Soit a un nombre réel différent de 0. En tous point (x,y) de l'hyperbole d'équation $xy = a$, le champ a pour pente a. Sur la figure 2, nous avons représenté les hyperboles et le champ de directions. Les solutions sont décroissantes par exemple dans le quart de plan $\{(x,y) \in \mathbb{R}^2 \mid x < 0 \text{ et } y > 0\}$ et elles sont croissantes dans les quarts de plan $\{(x,y) \in \mathbb{R}^2 \mid x > 0 \text{ et } y > 0\}$ et $\{(x,y) \in \mathbb{R}^2 \mid x < 0 \text{ et } y < 0\}$.

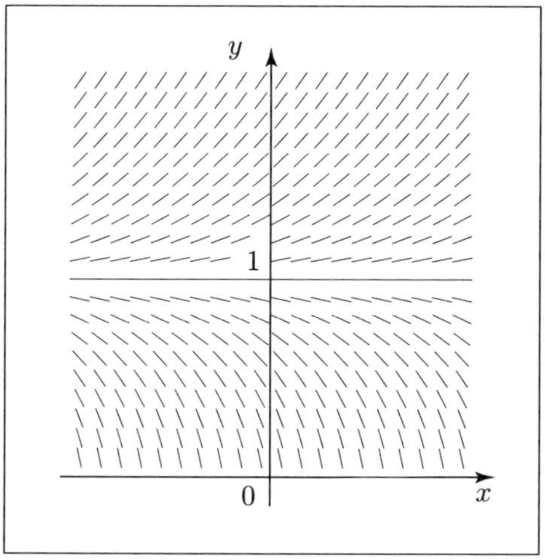

Figure 1

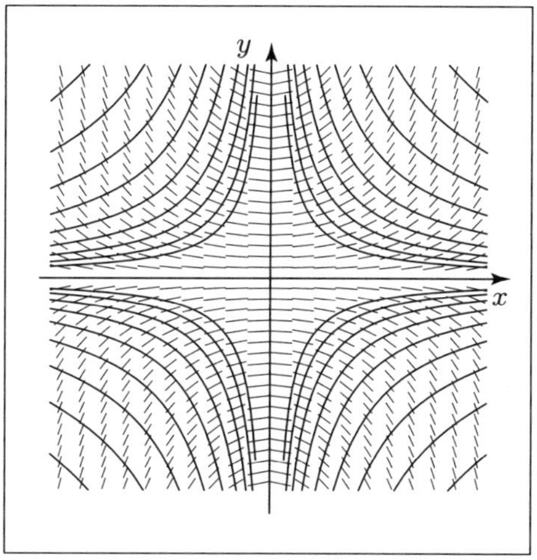

Figure 2

2. Équations différentielles linéaires

Définition

Une *équation différentielle linéaire* est une équation différentielle de la forme $y' = a(x)y + b(x)$ où a et b sont des fonctions définies sur le même intervalle ouvert I.

Le domaine de l'équation différentielle est $I \times \mathbb{R}$. Dans le cas où la fonction a est constante, on dit que c'est une équation *à coefficient constant*. Si de plus $b = 0$, l'équation s'écrit $y' = ay$ et comme nous l'avons montré page 117, les solutions sont les fonctions $x \mapsto \lambda \exp ax$ où λ est un nombre réel quelconque.

Proposition. *Supposons que $a : I \to \mathbb{R}$ est une fonction continue. Soit $A : I \to \mathbb{R}$ une primitive de a. Les solutions de l'équation différentielle $y' = a(x)y$ sont les fonctions $x \mapsto \lambda \exp A(x)$ où λ est un nombre réel.*

Démonstration. Soit λ un nombre réel. Posons $u(x) = \lambda \exp A(x)$ pour tout $x \in I$. La fonction u est dérivable et l'on a (dérivée d'une composée) $u'(x) = \lambda A'(x) \exp A(x)$. Puisque $A' = a$, il vient $u'(x) = \lambda a(x) \exp A(x) = a(x) \lambda \exp A(x) = a(x)u(x)$. La fonction u est donc solution de l'équation différentielle $y' = a(x)y$.
Supposons que φ est solution de l'équation et posons $C(x) = \varphi(x) \exp\big(-A(x)\big)$. La fonction C est dérivable et d'après les règles de dérivation d'un produit et d'une

composée, on a

$$\begin{aligned} C'(x) &= \varphi'(x)\exp\bigl(-A(x)\bigr) + \varphi(x)\Bigl(-A'(x)\exp\bigl(-A(x)\bigr)\Bigr) \\ &= \bigl(\varphi'(x) - a(x)\varphi(x)\bigr)\exp\bigl(-A(x)\bigr)\,. \end{aligned}$$

Puisque φ est solution, on a $\varphi'(x) - a(x)\varphi(x) = 0$ donc $C'(x) = 0$ pour tout x appartenant à l'intervalle de définition de φ. On en déduit que la fonction C est constante, c'est-à-dire qu'il existe un nombre λ tel que $\varphi(x)\exp\bigl(-A(x)\bigr) = \lambda$ pour tout x. En multipliant cette égalité par $\exp A(x)$, il vient

$$\begin{aligned} \lambda \exp A(x) &= \varphi(x)\, \exp\bigl(-A(x)\bigr)\, \exp A(x) \\ &= \varphi(x)\, \exp\bigl(-A(x) + A(x)\bigr) = \varphi(x)\, \exp 0 = \varphi(x)\,. \end{aligned}$$ ■

Remarque

Soit a un nombre réel. Une primitive de la fonction constante de valeur a est $x \mapsto ax$. Si l'on applique la proposition à l'équation différentielle $y' = ay$, on retrouve les solutions $x \mapsto \lambda \exp ax$.

Exemple. Considérons l'équation différentielle $y' = xy$.

Le domaine est $\mathbb{R} \times \mathbb{R}$, une primitive de x est $x^2/2$, donc les solutions sont les fonctions $\varphi_\lambda : \mathbb{R} \to \mathbb{R}$ définies par $\varphi_\lambda(x) = \lambda \exp(x^2/2)$ où $\lambda \in \mathbb{R}$.

Chaque solution est une fonction paire. Le champ de directions est représenté figure 2 page 311 et la figure ci-contre montre les graphes des solutions.

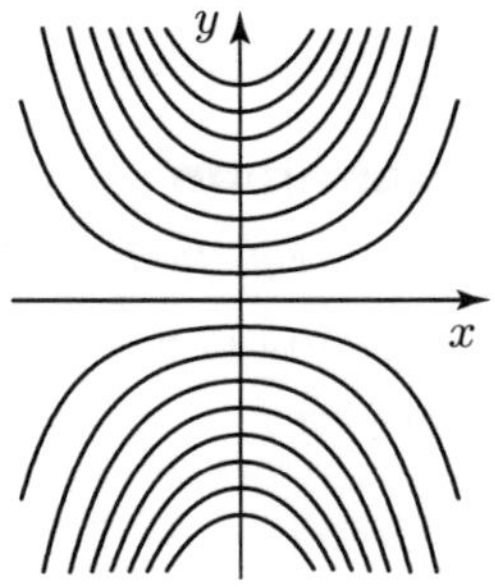

Corollaire. *Supposons que s est une solution de l'équation différentielle $y' = a(x)y + b(x)$. Alors les solutions de cette équation sont les fonctions $x \mapsto s(x) + \lambda \exp A(x)$ où $\lambda \in \mathbb{R}$.*

Démonstration. Soit λ un nombre réel. Posons $u(x) = \lambda \exp A(x)$ et $f(x) = s(x) + u(x)$ pour tout $x \in I$. Puisque u est solution de l'équation différentielle $y' = a(x)y$, nous avons $u'(x) = a(x)u(x)$, et puisque s est solution de l'équation différentielle $y' = a(x)y + b(x)$, nous avons $s'(x) = a(x)s(x) + b(x)$. Il vient

$$\begin{aligned} f'(x) &= s'(x) + u'(x) = a(x)s(x) + b(x) + a(x)u(x) \\ &= a(x)\bigl(s(x) + u(x)\bigr) + b(x) = a(x)f(x) + b(x)\,. \end{aligned}$$

La fonction f est donc solution de l'équation $y' = a(x)y + b(x)$.

Soit φ une solution de l'équation différentielle $y' = a(x)y + b(x)$, donc $\varphi'(x) = a(x)\varphi(x) + b(x)$. Puisque $s'(x) = a(x)s(x) + b(x)$, en soustrayant ces deux égalités il vient

$$(\varphi - s)'(x) = \varphi'(x) - s'(x) = a(x)\big(\varphi(x) - s(x)\big)\,.$$

Ainsi la fonction $\varphi - s$ est solution de l'équation différentielle $y' = a(x)y$. D'après la proposition, il existe un nombre λ tel que $\varphi(x) - s(x) = \lambda \exp A(x)$ pour tout x, c'est-à-dire $\varphi(x) = s(x) + \lambda \exp A(x)$. ∎

Pour trouver toutes les solutions de l'équation différentielle $y' = a(x)y + b(x)$, il suffit donc de calculer la primitive A et une solution particulière.

Méthode de variation de la constante. Lorsque les fonctions a et b sont continues, on cherche une solution particulière s de l'équation différentielle $y' = a(x)y + b(x)$ sous la forme

$$s(x) = \lambda(x) \exp A(x)$$

où A est une primitive de la fonction a et où λ est une fonction. Cette fonction λ qu'il faut calculer est forcément dérivable, car égale au produit $s(x)\exp\big(-A(x)\big)$ de deux fonctions dérivables.
Nous devons avoir $s'(x) = a(x)s(x) + b(x)$ c'est-à-dire

$$\lambda'(x) \exp A(x) + \lambda(x)A'(x) \exp A(x) = a(x)\lambda(x) \exp A(x) + b(x)\,.$$

Puisque $A'(x) = a(x)$, cette égalité se simplifie en

$$\lambda'(x) \exp A(x) = b(x)$$

ou encore

$$\lambda'(x) = b(x) \exp\big(-A(x)\big)$$

car $\big(\exp A(x)\big)^{-1} = \exp\big(-A(x)\big)$. Ainsi pour trouver une fonction $x \mapsto \lambda(x)$ convenable, il suffit de choisir une primitive de la fonction continue $x \mapsto b(x)\exp\big(-A(x)\big)$.
Cette méthode de calcul d'une solution particulière de l'équation différentielle s'appelle la *méthode de variation de la constante*. Cette appellation s'explique par le fait que l'on remplace par une fonction la constante λ qui a été utilisée pour exprimer les solutions de l'équation $y' = a(x)y$.

Énonçons ce que nous venons de démontrer.

Proposition. *Supposons que les fonctions a et b sont continues sur l'intervalle I. Soit $A : I \to \mathbb{R}$ une primitive de la fonction a. Alors pour tout $x_0 \in I$, la fonction $s : I \to \mathbb{R}$ définie par $s(x) = \Big(\int_{x_0}^{x} b(t)\exp\big(-A(t)\big)\,dt\Big) \exp A(x)$ est une solution de l'équation différentielle $y' = a(x)y + b(x)$ telle que $s(x_0) = 0$.*

Corollaire. *Soient $x_0 \in I$ et $y_0 \in \mathbb{R}$. Si les fonctions a et b sont continues sur I, il existe une unique solution $\varphi : I \to \mathbb{R}$ de l'équation différentielle $y' = a(x)y + b(x)$ telle que $\varphi(x_0) = y_0$.*

Démonstration. Nous savons qu'une solution quelconque de l'équation $y' = a(x)y + b(x)$ est de la forme $\varphi(x) = s(x) + \lambda \exp A(x)$ où $\lambda \in \mathbb{R}$. Pour que $\varphi(x_0) = y_0$, il faut et il suffit que l'on ait $s(x_0) + \lambda \exp A(x_0) = y_0$. Puisque $s(x_0) = 0$, cette condition s'écrit $\lambda \exp A(x_0) = y_0$ ou encore $\lambda = y_0 \exp\big(-A(x_0)\big)$.
Il y a donc une et une seule solution prenant la valeur y_0 en x_0, c'est la fonction $x \mapsto s(x) + y_0 \exp\big(A(x) - A(x_0)\big)$. ∎

Remarque

Inutile d'apprendre par cœur la proposition précédente. Il faut au contraire savoir la redémontrer dans chaque cas particulier.

Exercice. Résoudre l'équation différentielle $y' = \dfrac{2y}{x} + 1$. Déterminer la solution qui s'annule en 1. Dessiner les solutions.

> **Réponse.** Nous avons affaire à deux équations différentielles : la première a pour domaine $D_1 =]0, +\infty[\times \mathbb{R}$ et la seconde a pour domaine $D_2 =]-\infty, 0[\times \mathbb{R}$. Cherchons les solutions simultanément dans chacun de ces domaines. Une primitive de $2/x$ est $2\,\mathrm{Log}\,|x|$. Les solutions de l'équation différentielle $y' = (2/x)y$ sont donc les fonctions $x \mapsto \lambda \exp(2 \mathrm{Log}|x|) = \lambda x^2$. Cherchons une solution particulière de l'équation $y' = (2/x)y + 1$ sous la forme $s(x) = \lambda(x)x^2$. On doit avoir $s'(x) = (2/x)s(x) + 1 = 2x\lambda(x) + 1$ c'est-à-dire
>
> $$\lambda'(x)\,x^2 + 2x\lambda(x) = 2x\lambda(x) + 1\,.$$
>
> Il vient $\lambda'(x)x^2 = 1$ ou encore $\lambda'(x) = 1/x^2$. En choisissant comme primitive $\lambda(x) = -1/x$, nous obtenons la solution particulière $s(x) = (-1/x)x^2 = -x$. Dans le domaine D_1, les solutions sont donc les fonctions $\varphi_\lambda :]0, +\infty[\to \mathbb{R}$ définies par $\varphi_\lambda(x) = \lambda x^2 - x$ où $\lambda \in \mathbb{R}$. Dans le domaine D_2, ce sont les fonctions $\psi_\lambda :]-\infty, 0[\to \mathbb{R}$ définies par la même formule $\psi_\lambda(x) = \lambda x^2 - x$.
>
> On a $\varphi_\lambda(1) = \lambda - 1$. Pour que $\varphi_\lambda(1) = 0$, il faut et il suffit que $\lambda = 1$; la solution qui s'annule en 1 est donc la fonction φ_1 définie sur $]0, +\infty[$ par $\varphi_1(x) = x^2 - x$.
>
> Les solutions ont une tangente horizontale en tout point (x, y) tel que $(2/x)y + 1 = 0$, c'est à dire $y = -x/2$ et $x \neq 0$. Le sens de variation des solutions est déterminé par le signe de $(2y/x) + 1 = (2/x)\big(y + (x/2)\big)$: sur la figure ci-dessous, nous avons représenté ce sens par des flèches.

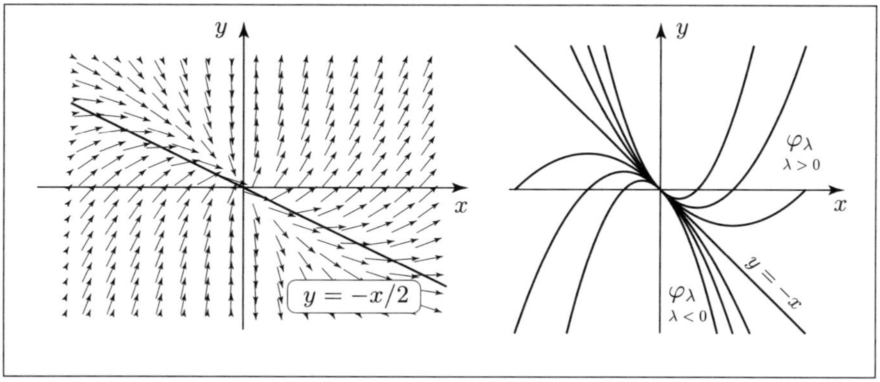

Soient λ et μ des nombres réels. On a

$$\lim_{x\to 0^-} \psi_\lambda(x) = \lim_{x\to 0^+} \varphi_\mu(x) = 0 \quad \text{et} \quad \lim_{x\to 0^-} \psi'_\lambda(x) = \lim_{x\to 0^+} \varphi'_\mu(x) = -1.$$

Définissons la fonction $s : \mathbb{R} \to \mathbb{R}$ en posant

$$s(x) = \begin{cases} \psi_\lambda(x) & \text{si } x < 0 \\ 0 & \text{si } x = 0 \\ \varphi_\mu(x) & \text{si } x > 0\,. \end{cases}$$

La fonction s est continue et d'après la règle de L'Hospital (page 112), s est dérivable en 0 et $s'(0) = -1$. Puisque ψ_λ et φ_μ sont solutions, l'égalité $xs'(x) = 2s(x) + x$ est vérifiée si $x \neq 0$, et puisque $s(0) = 0$, cette égalité est vraie aussi lorsque $x = 0$. Nous avons « raccordé » les solutions φ_λ et ψ_μ au point $(0, 0)$. Remarquons qu'en ce point $(0, 0)$, il n'y a pas unicité d'une solution.

Exercice. Résoudre l'équation différentielle $y' = \dfrac{1 - xy}{x^2 - 1}\,.$

Réponse. L'équation s'écrit $y' = -\dfrac{x}{x^2-1}y + \dfrac{1}{x^2-1}$. Il s'agit de résoudre trois équations différentielles : la première a pour domaine $D_1 =]-1, 1[\times \mathbb{R}$, la seconde a pour domaine $D_2 =]1, +\infty[\times \mathbb{R}$ et la troisième a pour domaine $D_3 =]-\infty, -1[\times \mathbb{R}$. Nous avons $\displaystyle\int \frac{-t}{t^2-1}\,dt = -\frac{1}{2}\,\mathrm{Log}\,|x^2-1| = \mathrm{Log}\,\frac{1}{\sqrt{|x^2-1|}}$, donc les solutions de l'équation différentielle $y' = -\dfrac{x}{x^2-1}y$ sont les fonctions λu où $\lambda \in \mathbb{R}$ et où u est définie par

$$u(x) = \exp \mathrm{Log}\,\frac{1}{\sqrt{|x^2-1|}} = \frac{1}{\sqrt{|x^2-1|}}\,.$$

Cherchons une solution particulière de l'équation $y' = -\dfrac{x}{x^2-1}y + \dfrac{1}{x^2-1}$ sous la forme $s(x) = \lambda(x)u(x)$. On doit avoir

$$s'(x) = -\frac{x}{x^2-1}s(x) + \frac{1}{x^2-1}$$
$$\lambda'(x)u(x) + \lambda(x)u'(x) = -\frac{x}{x^2-1}\lambda(x)u(x) + \frac{1}{x^2-1}$$

Puisque $u'(x) = -\dfrac{x}{x^2-1}u(x)$, il vient $\dfrac{\lambda'(x)}{\sqrt{|x^2-1|}} = \dfrac{1}{x^2-1}$ c'est-à-dire

$$\lambda'(x) = \frac{\sqrt{|x^2-1|}}{x^2-1}\,.$$

Terminons la résolution dans chacun des domaines.

- Pour tout $(x,y) \in D_1$, on a $x^2-1<0$, $|x^2-1| = 1-x^2$, donc $\lambda'(x) = -\dfrac{1}{\sqrt{1-x^2}}$. Une primitive est $\lambda(x) = -\operatorname{Arc\,sin} x$ et une solution particulière est $s(x) = -\dfrac{\operatorname{Arc\,sin} x}{\sqrt{1-x^2}}$.
  Les solutions dont le graphe est contenu dans D_1 sont donc les fonctions $\lambda u + s$, c'est-à-dire les fonctions $f_\lambda :]-1,1[\to \mathbb{R}$ définies par
  $$f_\lambda(x) = \frac{\lambda - \operatorname{Arc\,sin} x}{\sqrt{1-x^2}}\,, \quad \text{où } \lambda \in \mathbb{R}\,.$$
- Résolvons maintenant l'équation dans les domaines D_2 et D_3. Si (x,y) appartient à D_2 ou à D_3, on a $x^2-1>0$, donc $\lambda'(x) = \dfrac{1}{\sqrt{x^2-1}}$; une primitive est $\lambda(x) = \operatorname{Log}\left|x+\sqrt{x^2-1}\right|$, d'où la solution particulière $s(x) = \dfrac{\operatorname{Log}\left|x+\sqrt{x^2-1}\right|}{\sqrt{x^2-1}}$.
  Dans le domaine D_2, les solutions sont les fonctions $g_\lambda :]1,+\infty[\to \mathbb{R}$ définies par
  $$g_\lambda(x) = \frac{\lambda + \operatorname{Log}\left(x+\sqrt{x^2-1}\right)}{\sqrt{x^2-1}}\,, \quad \text{où } \lambda \in \mathbb{R}\,.$$
  Dans le domaine D_3, les solutions sont les fonctions $h_\lambda :]-\infty,-1[\to \mathbb{R}$ définies par $h_\lambda(x) = \dfrac{\lambda + \operatorname{Log}\left(-x-\sqrt{x^2-1}\right)}{\sqrt{x^2-1}}$.

Dans l'exercice 10 en fin de chapitre, nous verrons qu'il y a exactement une fonction f_λ et une fonction g_μ qui se « raccordent » en 1. Précisément, nous montrerons qu'il existe une unique fonction φ définie sur l'intervalle $]-1,+\infty[$ telle que $(x^2-1)\varphi'(x) + x\varphi(x) = 1$ quel que soit $x > -1$. De même, il existe une unique fonction ψ définie sur l'intervalle $]-\infty,1[$ et vérifiant $(x^2-1)\psi'(x) + x\psi(x) = 1$ quel que soit $x < 1$.

3. Équations différentielles à variables séparées

Définition

Une *équation différentielle à variables séparées* est une équation différentielle de la forme $y' = f(x)g(y)$ où f et g sont des fonctions.

Dans la suite, nous supposons que le domaine de définition de la fonction f est un intervalle ouvert I et que le domaine de définition de g est un intervalle ouvert J. Le domaine de l'équation différentielle est donc $I \times J$.

Exemples

- L'équation différentielle $y' = \sqrt{x-1}\,\mathrm{Log}\,y$ est à variables séparées, car elle s'écrit $y' = f(x)g(y)$ en posant $f(t) = \sqrt{t-1}$ et $g(t) = \mathrm{Log}\,t$. L'intervalle de définition de la fonction f est $]1, +\infty[$, celui de g est $]0, +\infty[$, donc le domaine de l'équation différentielle est $]1, +\infty[\times]0, +\infty[$.
- Une équation différentielle linéaire de la forme $y' = a(x)y$ est à variables séparées.
- L'équation différentielle $y' = x + y^2$ n'est pas à variables séparées.

Introduisons les parties de $\mathbb{R}^2$ définies de la manière suivante :

$$D_+ = \{\,(x,y) \in I \times J \mid f(x)g(y) > 0\,\} \quad , D_- = \{\,(x,y) \in I \times J \mid f(x)g(y) < 0\,\}.$$

Les solutions dont le graphe est contenu dans D_+ sont strictement croissantes ; celles dont le graphe est contenu dans D_- sont strictement décroissantes.

Proposition. *Supposons que a est un nombre appartenant à J et que $g(a) = 0$. Alors la fonction constante $\varphi : I \to \mathbb{R}$ définie par $\varphi(x) = a$ pour tout $x \in I$ est solution de l'équation différentielle $y' = f(x)g(y)$.*

Démonstration. La fonction φ est constante donc on a $\varphi'(x) = 0$ pour tout $x \in I$. Puisque $g(\varphi(x)) = g(a) = 0$ pour tout $x \in I$, l'égalité $\varphi'(x) = f(x)g(\varphi(x))$ est vraie quel que soit x appartenant à I. ∎

Proposition. *Supposons que les fonctions f et g sont continues et que la fonction g ne prend pas la valeur 0. Soit W une primitive de $1/g$ sur l'intervalle J et soit F une primitive de f sur I. Alors la fonction W est une bijection de J sur l'intervalle ouvert $W(J)$ et les solutions de l'équation différentielle $y' = f(x)g(y)$ sont les fonctions φ définies par $\varphi(x) = W^{-1}(F(x) + \lambda)$ où λ est un nombre réel.*

Démonstration. Puisque g est continue et que l'on a $g(t) \neq 0$ quel que soit $t \in J$, la fonction $1/g$ est définie et continue sur J. On peut donc choisir une primitive $W : J \to \mathbb{R}$ de $1/g$. La fonction g ne prend pas la valeur 0, donc $g(t)$ garde un signe constant d'après le théorème des valeurs intermédiaires. Pour tout $t \in J$, on a $W'(t) = 1/g(t)$, donc la fonction W est strictement monotone. Puisque W est continue, on en déduit (page 84) que W définit une bijection de J sur $W(J)$. De plus nous savons que l'ensemble $W(J)$ est, comme J, un intervalle ouvert. Posons $J_1 = W(J)$.

Supposons que U est un intervalle ouvert contenu dans I et que $\varphi : U \to J$ est une fonction dérivable. La composée $W \circ \varphi$ est définie, dérivable comme composée de fonctions dérivables, et l'on a

$$(W \circ \varphi)'(x) = W'\big(\varphi(x)\big)\,\varphi'(x) = \frac{\varphi'(x)}{g\big(\varphi(x)\big)} \quad \text{quel que soit } x \in U.$$

La fonction φ est solution de l'équation différentielle si et seulement si $\varphi'(x) = f(x)\,g\big(\varphi(x)\big)$, c'est-à-dire si et seulement si $(W \circ \varphi)'(x) = f(x)$ pour tout $x \in U$; autrement dit, φ est solution si et seulement s'il existe un nombre λ tel que $W\big(\varphi(x)\big) = F(x) + \lambda$ pour tout $x \in U$. Par définition de la bijection réciproque $W^{-1} : J_1 \to J$, on en déduit que les solutions sont les fonctions φ dérivables définies par $\varphi(x) = W^{-1}\big(F(x) + \lambda\big)$. Or la fonction W^{-1} est dérivable (page 99), la fonction F aussi, donc les fonctions $x \mapsto W^{-1}\big(F(x) + \lambda\big)$ sont dérivables. Ces fonctions constituent donc l'ensemble des solutions de l'équation différentielle. ■

Remarque

Soit λ un nombre réel. Pour que $W^{-1}\big(F(x) + \lambda\big)$ soit défini, il faut et il suffit que $F(x) + \lambda$ appartienne à l'intervalle $J_1 = W(J)$. La fonction $x \mapsto W^{-1}\big(F(x) + \lambda\big)$ est donc définie sur tout intervalle U pour lequel l'implication $\big(\, x \in U \implies \big(F(x) + \lambda\big) \in J_1 \,\big)$ est vraie quel que soit $x \in U$.

Corollaire. *Supposons que les fonctions f et g sont continues et que g ne prend pas la valeur 0. Soient $x_0 \in I$ et $y_0 \in J$. Pour tout $y \in J$, posons $W(y) = \int_{y_0}^{y} \frac{dt}{g(t)}$ et pour tout $x \in I$, posons $F(x) = \int_{x_0}^{x} f(t)\,dt$. La fonction $x \mapsto W^{-1}\big(F(x)\big)$ est l'unique solution qui prend la valeur y_0 en x_0.*

Démonstration. D'après la proposition, les solutions sont les fonctions φ_λ définies par $\varphi_\lambda(x) = W^{-1}\big(F(x) + \lambda\big)$. Puisque W est une bijection, l'égalité $\varphi_\lambda(x_0) = y_0$ est équivalente à $W\big(\varphi_\lambda(x_0)\big) = W(y_0)$ c'est-à-dire à $F(x_0) + \lambda = W(y_0)$. Par définition, nous avons $W(y_0) = 0$ et $F(x_0) = 0$, donc l'égalité $\varphi_\lambda(x_0) = y_0$ est équivalente à $\lambda = 0$. La fonction $x \mapsto \varphi_0(x) = W^{-1}\big(F(x)\big)$ est donc l'unique solution qui prend la valeur y_0 en x_0. ■

Exemple. Cherchons les solutions de l'équation différentielle $y' = 2x(e^y - 1)$.

Nous avons ici $f(x) = 2x$ et $g(y) = e^y - 1$, les fonctions f et g sont continues sur $\mathbb{R}$ et le domaine de l'équation est $\mathbb{R} \times \mathbb{R}$. Puisque $g(0) = 0$, la fonction constante de valeur 0 est solution. Le sens de variation des solutions est déterminé par le signe de $x(e^y - 1)$, c'est-à-dire celui de xy : par exemple, les solutions sont croissantes dans le quart de plan $]0, +\infty[\times]0, +\infty[$.

Calculons une primitive $W = \int \frac{dt}{e^t - 1}$ sur chacun des intervalles $]-\infty, 0[$ et $]0, +\infty[$. Pour tout $y \neq 0$, il vient

$$W(y) = \int \frac{e^{-t}}{1 - e^{-t}}\, dt = \operatorname{Log}|1 - e^{-y}|.$$

On trouve comme primitives les fonctions W_1 et W_2 définies par

$$\text{quel que soit } y > 0,\ W_1(y) = \operatorname{Log}(1 - e^{-y}),$$

$$\text{quel que soit } y < 0,\ W_2(y) = \operatorname{Log}(e^{-y} - 1).$$

La fonction W_1 est continue et strictement croissante, on a $\lim_{y \to 0} W_1(y) = -\infty$ et $\lim_{y \to +\infty} W_1(y) = 0$, donc W_1 définit une bijection de $]0, +\infty[$ sur $]-\infty, 0[$. Pour tout nombre $x < 0$ et tout nombre $y > 0$, on a les équivalences

$$W_1(y) = x \iff \operatorname{Log}(1 - e^{-y}) = x \iff 1 - e^{-y} = e^x \iff y = -\operatorname{Log}(1 - e^x)$$

et donc $W_1^{-1}(x) = -\operatorname{Log}(1 - e^x)$. Puisque $f(x) = 2x$, choisissons $F(x) = x^2$ comme primitive de f. Il vient

$$W_1^{-1}\big(F(x) + \lambda\big) = -\operatorname{Log}(1 - e^{x^2 + \lambda}) = -\operatorname{Log}(1 - k\, e^{x^2}) \qquad (*)$$

où l'on a posé $k = e^\lambda$ qui est strictement positif. Le domaine de définition de cette fonction est formé des nombres x tels que $k\, e^{x^2} < 1$. Si $k \geqslant 1$, alors $k\, e^{x^2} \geqslant 1$ pour tout x, donc la formule $(*)$ ne définit pas une fonction. Si l'on a $k < 1$, alors l'inégalité $k\, e^{x^2} < 1$ est équivalente à $x^2 < \operatorname{Log}(1/k)$ car k est strictement positif ; le nombre $\operatorname{Log}(1/k)$ est strictement positif, donc on obtient comme solutions les fonctions $\varphi_k : \left]-\sqrt{\operatorname{Log}(1/k)}, \sqrt{\operatorname{Log}(1/k)}\right[\to \mathbb{R}$ définies par

$$\varphi_k(x) = -\operatorname{Log}(1 - k\, e^{x^2}) \quad \text{où } 0 < k < 1.$$

La fonction φ_k est paire, elle est décroissante sur $\left]-\sqrt{\operatorname{Log}(1/k)}, 0\right[$, croissante sur $\left]0, \sqrt{\operatorname{Log}(1/k)}\right[$ et φ_k a une asymptote verticale aux extrémités de l'intervalle de définition. Remarquons aussi que l'on a $\varphi_k(x) > 0$ pour tout x.

De même, la fonction W_2 est continue et strictement décroissante, on a $\lim_{y \to -\infty} W_2(y) = +\infty$ et $\lim_{y \to 0} W_2(y) = -\infty$ donc W_2 définit une bijection de $]-\infty, 0[$ sur $]-\infty, +\infty[$. Pour tout nombre x et tout nombre $y < 0$, on a les équivalences

$$W_2(y) = x \iff \operatorname{Log}(e^{-y} - 1) = x \iff e^{-y} - 1 = e^x \iff y = -\operatorname{Log}(1 + e^x)$$

et donc $W_2^{-1}(x) = -\operatorname{Log}(1 + e^x)$. Il vient

$$W_2^{-1}\big(F(x) + \lambda\big) = -\operatorname{Log}(1 + e^{x^2 + \lambda}) = -\operatorname{Log}(1 + \ell\, e^{x^2})$$

où $\ell = e^\lambda$. Puisque ℓ est un nombre strictement positif, cette expression est définie quel que soit x. La fonction $\psi_\ell : \mathbb{R} \to \mathbb{R}$ définie par

$$\psi_\ell(x) = -\operatorname{Log}(1 + \ell\, e^{x^2})$$

est donc solution. La fonction ψ_ℓ est paire, croissante sur $]-\infty, 0]$, décroissante sur $[0, +\infty[$ et $\psi_\ell(x)$ tend vers $-\infty$ quand x tend vers $+\infty$ ou quand x tend vers $-\infty$. On a $\psi_\ell(x) < 0$ pour tout x.

Cherchons la solution s telle que $s(0) = 1$. Cette solution prend au moins une valeur positive, donc s est l'une des fonctions φ_k. On a les équivalences

$$\varphi_k(0) = 1 \iff -\operatorname{Log}(1-k) = 1 \iff 1 - k = 1/e \iff k = 1 - (1/e)$$

par conséquent $s = \varphi_{1-(1/e)}$.

Voici les graphes des solutions :

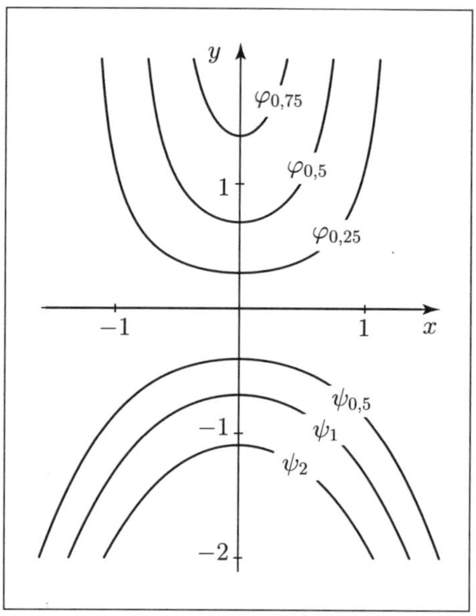

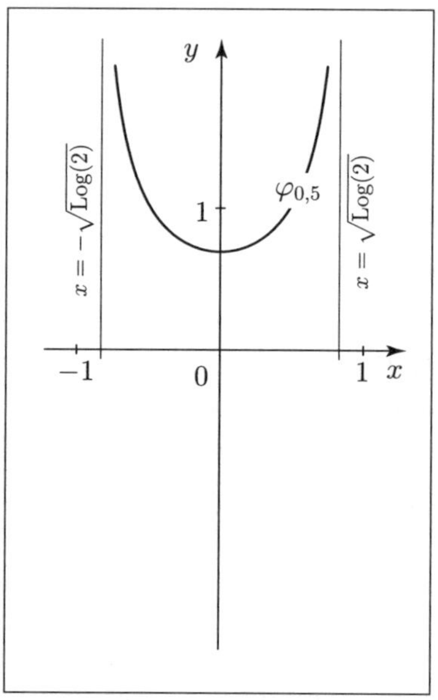

Pour résoudre l'équation différentielle $y' = f(x)g(y)$, il faut :

- chercher les nombres c tels que $g(c) = 0$: la fonction constante de valeur c est solution ;
- partager l'intervalle de définition de g en intervalles ouverts $]a, b[$ sur lesquels g garde un signe constant ;
- résoudre l'équation différentielle dans chacun des domaines $I \times]a, b[$, où I est l'intervalle de définition de f ;
- étudier les raccords possibles entre les solutions ainsi trouvées.

4. Équations différentielles autonomes

Définition

On dit qu'une équation différentielle est *autonome* si elle est de la forme $y' = g(y)$ où g est une fonction.

Une équation différentielle autonome est en particulier à variables séparées. Si la fonction g est définie sur l'intervalle ouvert J, le domaine de l'équation est $\mathbb{R} \times J$. Soit a un nombre appartenant à J. En tout point (x, a), le champ de directions a pour pente $g(a)$; ce champ est donc constant sur la droite d'équation $y = a$. Pour l'équation différentielle $y' = \operatorname{Log} y$ par exemple, le champ de directions est représenté figure 1 page 311.

Traduisons sur les solutions cette propriété du champ de directions.

Proposition. *Supposons que $\varphi :]u, v[\to \mathbb{R}$ est une solution de l'équation différentielle $y' = g(y)$ et que u et v sont des nombres réels. Pour tout nombre λ, la fonction $\varphi_\lambda :]u + \lambda, v + \lambda[\to \mathbb{R}$ définie par $\varphi_\lambda(x) = \varphi(x - \lambda)$ est solution.*

Démonstration. Pour tout $x \in]u + \lambda, v + \lambda[$, on a $(x - \lambda) \in]u, v[$ et

$$\begin{aligned} \varphi'_\lambda(x) &= \varphi'(x - \lambda) = g\big(\varphi(x - \lambda)\big) \quad \text{car } \varphi \text{ est solution} \\ &= g\big(\varphi_\lambda(x)\big) \quad \text{par définition de } \varphi_\lambda. \end{aligned}$$

La fonction φ_λ est donc solution de l'équation $y' = g(y)$. ∎

Remarque

Le graphe de φ_λ se déduit de celui de φ par la translation de vecteur $(\lambda, 0)$. La proposition est utile pour représenter graphiquement les solutions : si l'on a dessiné le graphe d'une solution, il suffit de transformer ce graphe par une translation parallèlement à l'axe des abscisses pour obtenir le graphe d'une autre solution.

La résolution s'effectue comme pour une équation à variables séparées $y' = f(x)g(y)$. Puisque nous avons ici $f(x) = 1$ pour tout x, prenons $F(x) = x$ comme primitive de f. Supposons que g est continue et ne s'annule pas sur l'intervalle J.

Choisissons une primitive W de $1/g$. On sait que W est une bijection continue de J sur l'intervalle ouvert $J_1 = W(J)$. Les solutions de l'équation différentielle $y' = g(y)$ sont les fonctions $\varphi_\lambda(x) = W^{-1}(x - \lambda)$ où $\lambda \in \mathbb{R}$. Si par exemple $J_1 =]u, v[$ où u et v sont des nombres réels, alors l'intervalle de définition de φ_λ est $]u + \lambda, v + \lambda[$.

Supposons $(x_0, y_0) \in \mathbb{R} \times J$. Si l'on choisit comme primitive de $1/g$ la fonction définie par $W(y) = \int_{y_0}^{y} \frac{dt}{g(t)}$, alors la solution s telle que $s(x_0) = y_0$ est la fonction définie par $s(x) = W^{-1}(x - x_0)$.

Exemple. Cherchons les solutions de l'équation différentielle $y' = y^2$.

Nous avons ici $g(y) = y^2$, donc le domaine est $\mathbb{R} \times \mathbb{R}$ et la fonction nulle est solution car $g(0) = 0$. Puisque $g(y)$ est positif ou nul quel que soit y, nous savons déjà que les solutions ont une dérivée positive ou nulle, donc sont croissantes. Sur chacun des intervalles $]0, +\infty[$ ou $]-\infty, 0[$, une primitive de $1/g$ est $W(y) = \int \frac{dt}{t^2} = -1/y$, et cette formule définit des bijections $W_1 :]0, +\infty[\to]-\infty, 0[$ et $W_2 :]-\infty, 0[\to]0, +\infty[$. En plus de la solution nulle, on obtient donc pour solutions les fonctions suivantes, où $\lambda \in \mathbb{R}$:

$$\varphi_\lambda :]-\infty, \lambda[\to \mathbb{R} \text{ définies par } \varphi_\lambda(x) = W_1^{-1}(x - \lambda) = \frac{1}{\lambda - x},$$
$$\psi_\lambda :]\lambda, +\infty[\to \mathbb{R} \text{ définies par } \psi_\lambda(x) = W_2^{-1}(x - \lambda) = \frac{1}{\lambda - x}.$$

Voici le graphe des fonctions φ_λ et ψ_μ, et le dessin des solutions :

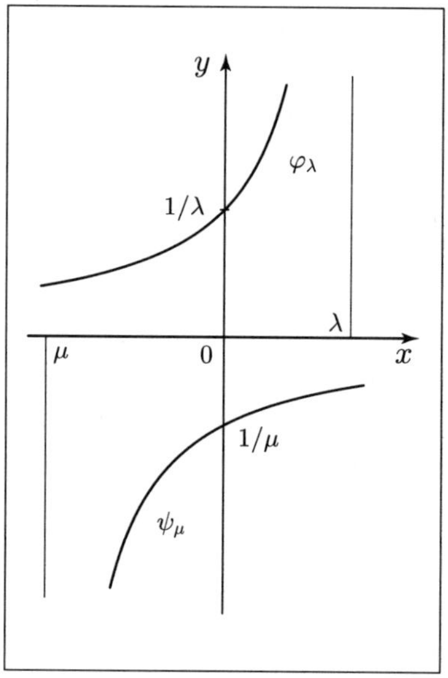

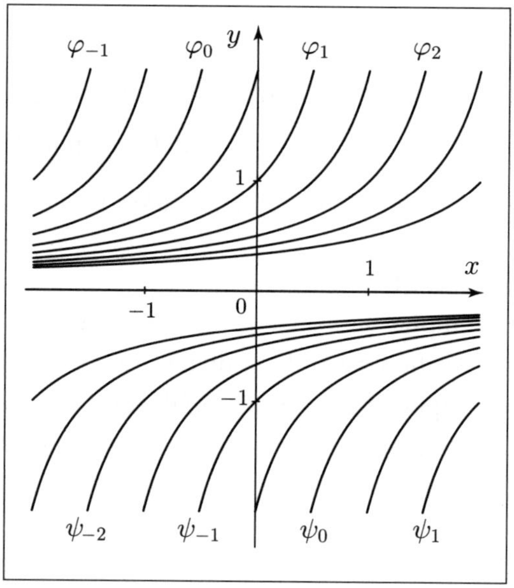

La fonction φ_λ est strictement positive et ψ_λ est strictement négative. Pour trouver par exemple la solution s telle que $s(1) = 1/2$, on cherche λ telle que $\varphi_\lambda(1) = 1/2$, ce qui donne $\lambda = 3$; cette solution est donc la fonction $s :]-\infty, 3[\to \mathbb{R}$ définie par $s(x) = \frac{1}{3 - x}$.

Exercice. Résoudre l'équation différentielle $y' = 2\sqrt{|y|}$ et dessiner les solutions.

Réponse. Le domaine est $\mathbb{R}\times\mathbb{R}$, la fonction nulle est solution et toutes les solutions sont croissantes. Sur l'intervalle $]0,+\infty[$, une primitive de $\dfrac{1}{2\sqrt{|y|}}$ est $W_1(y) = \displaystyle\int \frac{dt}{2\sqrt{t}} = \sqrt{y}$. Pour tout $x > 0$, on a $W_1^{-1}(x) = x^2$. Pour tout nombre λ et tout $x > \lambda$, il vient $W_1^{-1}(x-\lambda) = (x-\lambda)^2$, donc les solutions à valeurs positives sont les fonctions $\varphi_\lambda :]\lambda,+\infty[\to \mathbb{R}$ définies par

$$\varphi_\lambda(x) = (x-\lambda)^2 .$$

Sur l'intervalle $]-\infty,0[$, une primitive de $\dfrac{1}{2\sqrt{|y|}}$ est $W_2(y) = \displaystyle\int \frac{dt}{2\sqrt{-t}} = -\sqrt{-y}$. Le domaine de définition de W_2^{-1} est l'image de W_2, c'est-à-dire l'intervalle $]-\infty,0[$. Pour tous nombres x et y strictement négatifs, on a les équivalences

$$y = W_2^{-1}(x) \iff x = W_2(y) \iff x = -\sqrt{-y} \iff (-x)^2 = -y \iff y = -x^2 .$$

Pour tout nombre $x < \lambda$, il vient donc $W_2^{-1}(x-\lambda) = -(x-\lambda)^2$ et les solutions à valeurs négatives sont les fonctions $\psi_\lambda :]-\infty,\lambda[\to \mathbb{R}$ définies par

$$\psi_\lambda(x) = -(x-\lambda)^2 .$$

Voici les graphes des solutions :

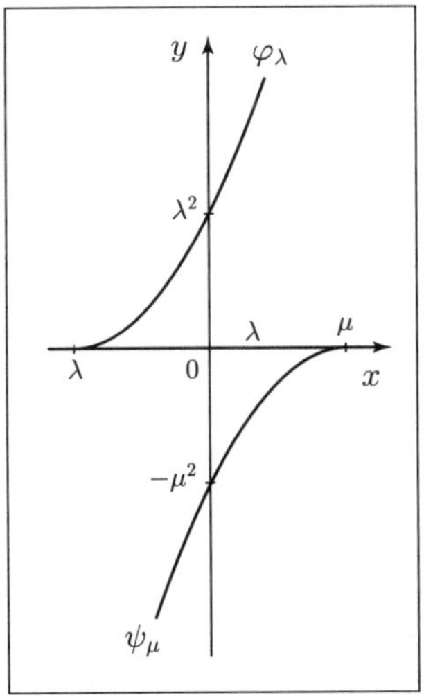

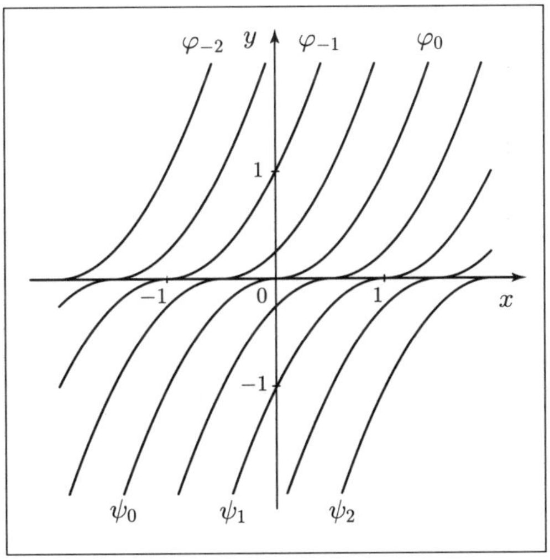

Observons que l'on peut « raccorder » des solutions le long de l'axe des abscisses : choisissons des nombres a et b tels que $b \leqslant a$ et définissons les fonctions u, v, s de $\mathbb{R}$

dans $\mathbb{R}$ en posant

$$u(x) = \begin{cases} \psi_b(x) & \text{si } x < b \\ 0 & \text{si } x \geqslant b \end{cases}, \quad v(x) = \begin{cases} 0 & \text{si } x \leqslant a \\ \varphi_a(x) & \text{si } x > a \end{cases}$$

$$s(x) = \begin{cases} \psi_b(x) & \text{si } x < b \\ 0 & \text{si } b \leqslant x \leqslant a \\ \varphi_a(x) & \text{si } x > a\,. \end{cases}$$

On a

$$\lim_{x \to b-} \psi_b(x) = \lim_{x \to a^+} \varphi_a(x) = 0 \quad \text{et} \quad \lim_{x \to b^-} \psi_b'(x) = \lim_{x \to a^+} \varphi_a'(x) = 0.$$

La fonction s est donc continue en a et en b et d'après la règle de L'Hospital, s est dérivable en a et en b ; de plus, on a $s'(a) = s'(b) = 0$. La fonction s est donc dérivable et pour tout nombre réel x, l'égalité $s'(x) = 2\sqrt{|s(x)|}$ est vérifiée. Par conséquent, s est solution de l'équation différentielle. De même, les fonctions u et v sont solutions. Finalement, les solutions sont : la fonction nulle et toutes les fonctions s, u, v que nous venons de construire. En un point $(x, 0)$, il passe plusieurs solutions, et même une infinité.

Exercice. Dessiner les solutions de l'équation différentielle $y' = (y-1)e^{-y}$.

Réponse. Posons $g(y) = (y-1)e^{-y}$. Puisque g est définie sur $\mathbb{R}$, le domaine de l'équation est $\mathbb{R} \times \mathbb{R}$. La fonction constante de valeur 1 est solution, car on a $g(1) = 0$. La fonction g est continue et $1/g(y) = e^y/(y-1)$ est défini sur chacun des intervalles $]-\infty, 1[$ et $]1, +\infty[$. Définissons les fonctions $W_1 :]1, +\infty[\to \mathbb{R}$ et $W_2 :]-\infty, 1[\to \mathbb{R}$ en posant

$$\text{quel que soit } y > 1,\ W_1(y) = \int_2^y \frac{e^t}{t-1}\, dt\,,$$

$$\text{quel que soit } y < 1,\ W_2(y) = \int_0^y \frac{e^t}{t-1}\, dt.$$

- Pour tout nombre $y > 1$, on a $W_1'(y) = e^y/(y-1)$ donc $W_1'(y) > 0$. Par conséquent, la fonction W_1 définit une bijection croissante de $]1, +\infty[$ sur l'intervalle ouvert d'extrémités $\lim\limits_{y \to 1} W_1(y)$ et $\lim\limits_{y \to +\infty} W_1(y)$. Pour calculer ces limites, étudions les intégrales impropres correspondantes. La fonction sous le signe intégrale étant négative, il est commode d'utiliser des équivalents (chapitre 16, paragraphe 4). Nous avons $\dfrac{e^y}{y-1} \underset{y \to 1}{\sim} \dfrac{e}{y-1}$ et l'intégrale impropre $\displaystyle\int_2^1 \frac{dt}{t-1}$ diverge, donc l'intégrale impropre $\displaystyle\int_2^1 \frac{e^t}{t-1}\, dt$ est divergente. Cela signifie que l'on a $\lim\limits_{y \to 1} W_1(y) = -\infty$. L'intégrale impropre $\displaystyle\int_2^{+\infty} \frac{e^t}{t-1}\, dt$ est divergente également, car pour tout $y > 1$, on a $\dfrac{e^y}{y-1} > \dfrac{1}{y-1}$ et l'intégrale impropre $\displaystyle\int_2^{+\infty} \frac{dt}{t-1}$ diverge. On a donc $\lim\limits_{y \to +\infty} W_1(y) = +\infty$.

Ainsi W_1 est une bijection croissante de $]1, +\infty[$ sur $]-\infty, +\infty[$. La fonction W_1^{-1} est donc définie sur $\mathbb{R}$ et l'on a

$$\lim_{x \to -\infty} W_1^{-1}(x) = 1 \quad \text{et} \quad \lim_{x \to +\infty} W_1^{-1}(x) = +\infty.$$

Pour tout nombre λ, on obtient la solution $\varphi_\lambda : \mathbb{R} \to \mathbb{R}$ définie par

$$\varphi_\lambda(x) = W_1^{-1}(x - \lambda).$$

C'est une fonction strictement croissante, à valeurs dans l'intervalle $]1, +\infty[$.

- De même, W_2' est strictement négative, donc W_2 définit une bijection décroissante de $]-\infty, 1[$ sur l'intervalle ouvert d'extrémités $\lim_{y \to 1} W_2(y)$ et $\lim_{y \to -\infty} W_2(y)$.

Nous avons déjà montré que l'intégrale impropre $\int_0^1 \frac{e^t}{t-1}\, dt$ est divergente, donc on a $\lim_{y \to 1} W_2(y) = -\infty$ car sous le signe intégrale, la fonction est négative sur l'intervalle $[0, 1[$.

L'intégrale impropre $\int_0^{-\infty} \frac{e^t}{t-1}\, dt$ est convergente : en effet, pour tout nombre $t \leqslant -1$, on a $\left|\frac{e^t}{t-1}\right| \leqslant \frac{e^t}{2}$ et l'intégrale impropre $\int_0^{-\infty} e^t\, dt$ est convergente. Posons $a = \int_0^{-\infty} \frac{e^t}{t-1}\, dt$ c'est-à-dire $a = \lim_{y \to -\infty} W_2(y)$.

La fonction W_2^{-1} est définie et décroissante sur l'intervalle $]-\infty, a[$ et l'on a

$$\lim_{x \to -\infty} W_2^{-1}(x) = 1 \quad \text{et} \quad \lim_{x \to a} W_2^{-1}(x) = -\infty.$$

Pour tout nombre λ, la fonction $\psi_\lambda :]-\infty, a + \lambda[\to \mathbb{R}$ définie par

$$\psi_\lambda(x) = W_2^{-1}(x - \lambda)$$

est solution. Cette fonction est strictement décroissante, à valeurs dans l'intervalle $]-\infty, 1[$.

- Bien qu'il ne soit pas possible de trouver une expression explicite pour les solutions, on peut néanmoins en dessiner l'allure. Il suffit de dessiner les graphes des fonctions $\varphi_0 = W_1^{-1}$ et $\psi_0 = W_2^{-1}$, car les graphes de φ_λ et ψ_λ s'en déduisent par la translation de vecteur $(\lambda, 0)$.

La fonction ψ_0 a une asymptote horizontale d'équation $y = 1$ quand x tend vers $-\infty$ et une asymptote verticale d'équation $x = a$. On a $\psi_0(0) = 0$ et $a > 0$.

La fonction φ_0 a aussi pour asymptote horizontale la droite d'équation $y = 1$ et $\varphi_0(x)$ tend vers $+\infty$ quand x tend vers $+\infty$. On a $W_1(2) = 0$ donc $\varphi_0(0) = 2$.

Pour préciser le dessin, étudions le signe de la dérivée seconde. Si s est une solution, alors pour tout x on a $s'(x) = \big(s(x) - 1\big)\exp\big(-s(x)\big)$ donc

$$\begin{aligned} s''(x) &= s'(x)\exp\big(-s(x)\big) - \big(s(x) - 1\big)s'(x)\exp\big(-s(x)\big) \\ &= \big(2 - s(x)\big)s'(x)\exp\big(-s(x)\big). \end{aligned}$$

Appliquons ce calcul à la fonction ψ_0. On a $\psi_0(x) < 1$ donc $2 - \psi_0(x) > 0$ pour tout x. Puisque $\psi_0'(x)$ est strictement négatif, il vient $\psi_0''(x) < 0$ pour tout x, autrement dit la fonction ψ_0 est concave.

Puisque la fonction φ_0 est croissante, on a $\varphi_0(x) > 2$ si $x > 0$ et $1 < \varphi_0(x) < 2$ si $x < 0$. On en déduit que $\varphi_0''(x)$ est positif si $x < 0$ et négatif si $x > 0$. La fonction

φ_0 est donc convexe sur l'intervalle $]-\infty, 0[$ et concave sur $]0, +\infty[$; il y a un point d'inflexion en $(0, 2)$.

Voici le dessin des solutions :

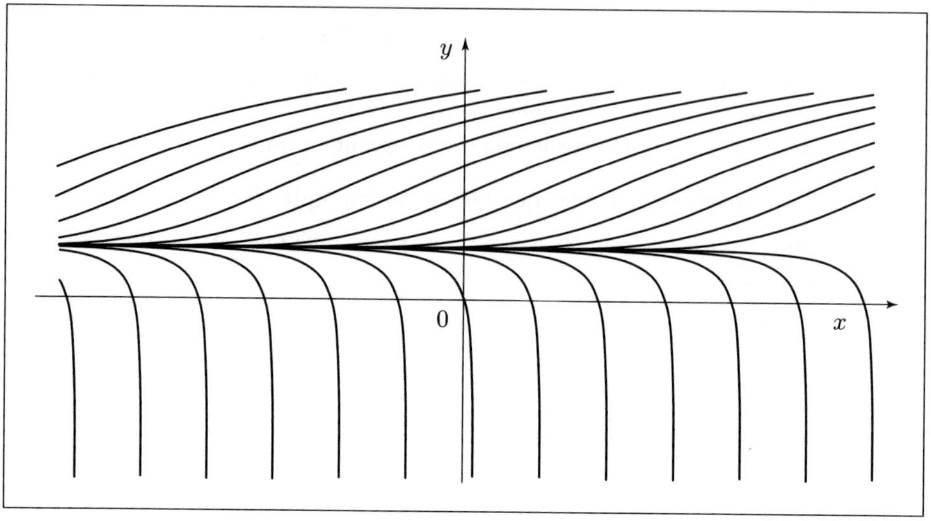

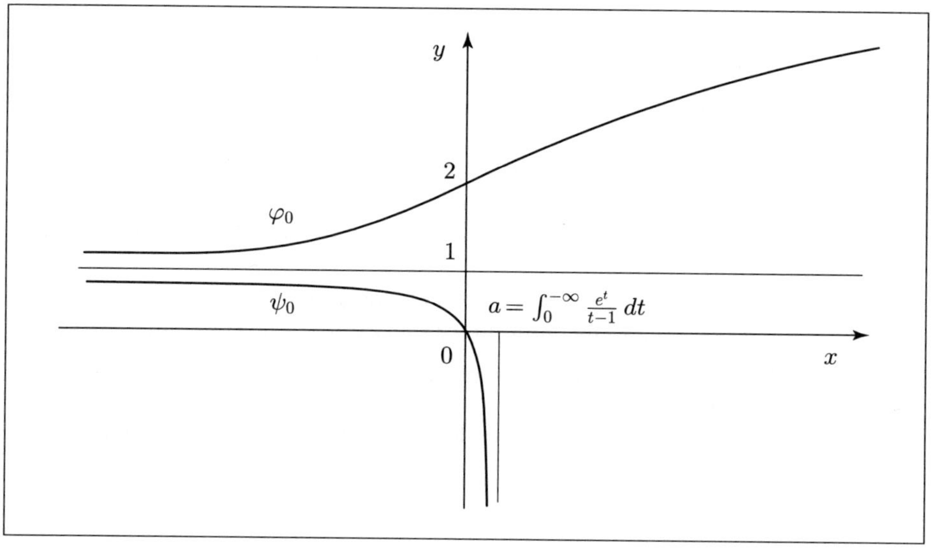

Exercices

1. a) Résoudre l'équation différentielle $y' = -y$ et dessiner les solutions.

b) Résoudre l'équation différentielle $y' = -y + x$. Déterminer la solution qui prend la valeur 0 en 1.

2. On considère l'équation différentielle $y' = -y + \cos x$.

a) Résoudre cette équation différentielle. Montrer que toute solution est définie sur $\mathbb{R}$ et bornée sur $[0, +\infty[$.

b) Montrer qu'il y a une seule solution périodique.

3. Résoudre les équations différentielles suivantes en précisant l'intervalle de définition de chaque solution.

a) $y' = 2xy + x^3$

b) $y' = e^x y^2$

c) $y' = x(y^2 - 1)$

d) $y' = \dfrac{\sqrt{|y-1|}}{x}$ dans le domaine $D =]0, +\infty[\times \mathbb{R}$.

4. Soit l'équation différentielle $y' = -\dfrac{y}{x} + 1$ dans le domaine $D =]0, +\infty[\times \mathbb{R}$.

a) Résoudre cette équation différentielle. Montrer qu'il existe une unique solution ayant une limite finie en 0.

b) Soit s la solution telle que $s(1) = 1$. Étudier les variations de s et dessiner son graphe.

c) Dessiner l'allure des solutions.

5. Considérons l'équation différentielle $y' = y - y^2$.

a) Résoudre cette équation différentielle.

b) Soit a un nombre réel tel que $a > 1$ et soit f la solution telle que $f(0) = a$. Montrer que f est définie sur un intervalle de la forme $]u, +\infty[$, où $u \in \mathbb{R}$. Montrer que f est décroissante et que l'on a $\lim_{x \to u} f(x) = +\infty$ et $\lim_{x \to +\infty} f(x) = 1$.

c) Soit a un nombre réel tel que $0 < a < 1$ et soit g la solution telle que $g(0) = a$. Montrer que g est définie sur $\mathbb{R}$, que g est croissante et que l'on a $\lim_{x \to -\infty} g(x) = 0$ et $\lim_{x \to +\infty} g(x) = 1$.

d) Soit a un nombre réel tel que $a < 0$ et soit h la solution telle que $h(0) = a$. Montrer que h est définie sur un intervalle de la forme $]-\infty, v[$, où $v \in \mathbb{R}$. Montrer que h est décroissante et que l'on a $\lim_{x \to -\infty} h(x) = 0$ et $\lim_{x \to v} h(x) = -\infty$.

e) Dessiner l'allure des solutions.

6. Résoudre l'équation différentielle $y' = y^2 + 1$. Montrer toute solution a un intervalle de définition de la forme $]u, v[$, où u et v sont des nombres réels, et possède deux asymptotes verticales.

7. Considérons l'équation différentielle $y' = x\sqrt{|y|}$.

a) Résoudre cette équation différentielle dans le domaine $\mathbb{R} \times]0, +\infty[$.

b) Soit f une solution telle que $f(0) > 0$. Montrer que f est une fonction strictement positive définie sur $\mathbb{R}$ et que f est une fonction paire. Dessiner le graphe de f.

c) Soit a un nombre réel positif ou nul. Trouver une solution g définie sur l'intervalle $]a, +\infty[$ telle que $g(x) > 0$ quel que soit $x > a$ et $\lim_{x \to a} g(x) = 0$.

d) Résoudre l'équation différentielle dans le domaine $\mathbb{R} \times]-\infty, 0[$.

e) Trouver toutes les solutions de l'équation différentielle et dessiner l'allure des solutions.

8. On considère l'équation différentielle (1) $y' = 2xy + 1$.

a) Montrer que pour tout nombre réel a, l'intégrale impropre $\displaystyle\int_a^{+\infty} e^{-t^2}\, dt$ est convergente.

b) Soit $s : \mathbb{R} \to \mathbb{R}$ la fonction définie par $s(x) = -e^{x^2} \displaystyle\int_x^{+\infty} e^{-t^2}\, dt$. Calculer $s'(x)$ et montrer que s est solution de l'équation différentielle (1).

c) Exprimer toutes les solutions de (1) au moyen de s.

d) Calculer la dérivée de $-\dfrac{e^{-x^2}}{2x}$. En déduire que pour tout nombre $x > 0$, on a l'égalité

$$\int_x^{+\infty} e^{-t^2}\left(1 + \frac{1}{2t^2}\right) dt = \frac{e^{-x^2}}{2x}.$$

e) Montrer que pour tout $x > 0$, on a $-1/2x \leqslant s(x) \leqslant 0$. En déduire que s est la seule solution de l'équation différentielle (1) qui a pour limite 0 quand x tend vers $+\infty$.

9. Considérons l'équation différentielle $y' = y^2 + e^y$.

a) Montrer que les solutions sont des fonctions strictement croissantes.

b) Étudier la convergence des intégrales impropres $\displaystyle\int_0^{+\infty} \frac{dt}{t^2 + e^t}$ et $\displaystyle\int_0^{-\infty} \frac{dt}{t^2 + e^t}$.

c) Montrer que toute solution a un intervalle de définition de la forme $]u, v[$ où u et v sont des nombres réels.

d) Dessiner l'allure des solutions.

10. Complétons l'étude de l'équation différentielle $y' = \dfrac{1-xy}{x^2-1}$ qui a été faite dans l'exercice page **315**. Nous reprenons les notations de cet exercice.

a) Soient λ et μ des nombres réels. Montrer que si les fonctions f_λ et g_μ ont une limite finie en 1, alors $\lambda = \pi/2$ et $\mu = 0$.

b) Montrer que l'on a $\lim\limits_{x\to 1^-} f_{\pi/2}(x) = 1$.

c) Montrer que l'on a $\lim\limits_{x\to 1^+} g_0(x) = 1$.

Soit $\varphi :]-1, +\infty[\to \mathbb{R}$ la fonction définie par

$$\varphi(x) = \begin{cases} f_{\pi/2}(x) & \text{si } -1 < x < 1 \\ 1 & \text{si } x = 1 \\ g_0(x) & \text{si } x > 1\,. \end{cases}$$

d) Montrer que φ est continue en 1.

e) Montrer que l'on a $\lim\limits_{x\to 1^-} \varphi'(x) = \lim\limits_{x\to 1^+} \varphi'(x) = -1/3$.

f) Montrer que φ est dérivable et que l'on a $(x^2-1)\varphi'(x) + x\varphi(x) = 1$ pour tout $x > -1$.

Quelques réponses ou indications

1. **b)** Les solutions sont les fonctions $\varphi_\lambda : \mathbb{R} \to \mathbb{R}$ définies par $\varphi_\lambda(x) = x - 1 + \lambda \exp(-x)$.

2. **a)** Les solutions sont les fonctions $\varphi_\lambda : \mathbb{R} \to \mathbb{R}$ définies par $\varphi_\lambda(x) = \lambda \exp(-x) + (1/2)(\sin x + \cos x)$.

Pour tout $x \geqslant 0$, on a $|\varphi_\lambda(x)| \leqslant |\lambda| + 1$.

3. **a)** Les solutions sont les fonctions $\varphi_\lambda : \mathbb{R} \to \mathbb{R}$ définies par $\varphi_\lambda(x) = \lambda \exp(x^2) - (1+x^2)/2$.

b) La fonction nulle est solution. Les autres solutions sont définies par $x \mapsto 1/(\lambda - \exp x)$. Si $\lambda \leqslant 0$, on obtient une solution f_λ définie sur $\mathbb{R}$. Si $\lambda > 0$, cette formule définit une solution g_λ définie sur $]\operatorname{Log}\lambda, +\infty[$ et une solution h_λ définie sur $]-\infty, \operatorname{Log}\lambda[$.

c) La fonction constante de valeur 1 est solution, de même que la fonction constante de valeur -1. Les autres solutions sont définies par $\varphi_k(x) = (1 + k\exp x^2)/(1 - k\exp x^2)$ où $k \neq 0$. Si $k < 0$, alors φ_k est définie sur $\mathbb{R}$. Si $k > 0$, l'intervalle de définition est de la forme $]-\infty, u[$ ou bien $]u, +\infty[$ où $u \in \mathbb{R}$.

d) En plus de la solution constante de valeur 1, les solutions sont les fonctions $\varphi_\lambda(x) = 1 + (\lambda - \operatorname{Log} x)^2/4$ définies sur $]e^\lambda, +\infty[$ et les fonctions $\psi_\lambda(x) = 1 - (\lambda - \operatorname{Log} x)^2/4$ définies sur $]0, e^\lambda[$. On peut raccorder des solutions le long de la droite d'équation $y = 1$.

4. a) Les solutions sont les fonctions $\varphi_\lambda(x) = (x/2) + (\lambda/x)$ définies sur $]0, +\infty[$. La seule solution ayant une limite finie en 0 est φ_0.

c)

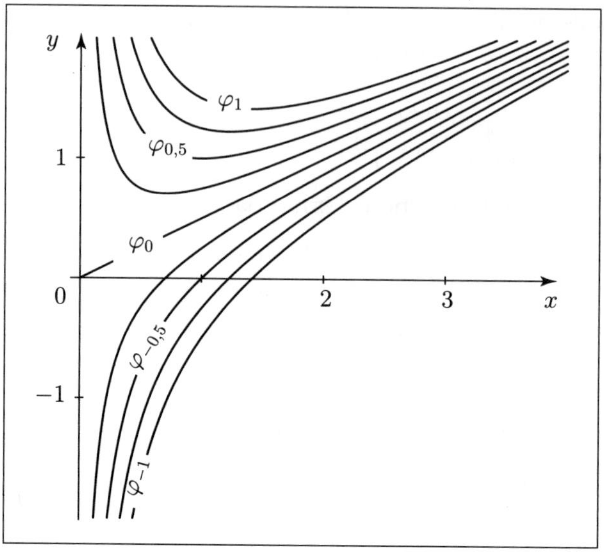

5. a) Les solutions sont les fonctions constantes de valeurs 0 et 1, et les fonctions $x \mapsto k/\big(k + \exp(-x)\big)$ où $k \neq 0$. Si $k > 0$, on obtient des solutions $g_k : \mathbb{R} \to \mathbb{R}$. Si $k < 0$, la formule définit des solutions $f_k :]-\text{Log}|k|, +\infty[\to \mathbb{R}$ et des solutions $h_k :]-\infty, -\text{Log}|k|[\to \mathbb{R}$.

e)

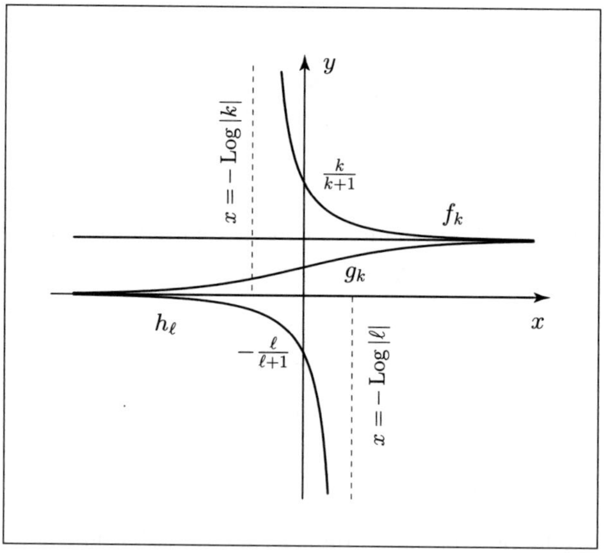

7. b) Si l'on pose $f(0) = k^2/16$ où $k > 0$, alors on a $f(x) = (x^2 + k)^2/16$ pour tout $x \in \mathbb{R}$.

c) La fonction $g :]a, +\infty[\to \mathbb{R}$ définie par $g(x) = (x^2 - a^2)^2/16$.

d) Dans le domaine $\mathbb{R} \times]-\infty, 0[$, les solutions sont les fonctions $x \mapsto -(x^2 - \lambda^2)^2/16$ définies sur $]-\lambda, \lambda[$, où $\lambda > 0$.

e) On peut raccorder des solutions le long de l'axe des abscisses.

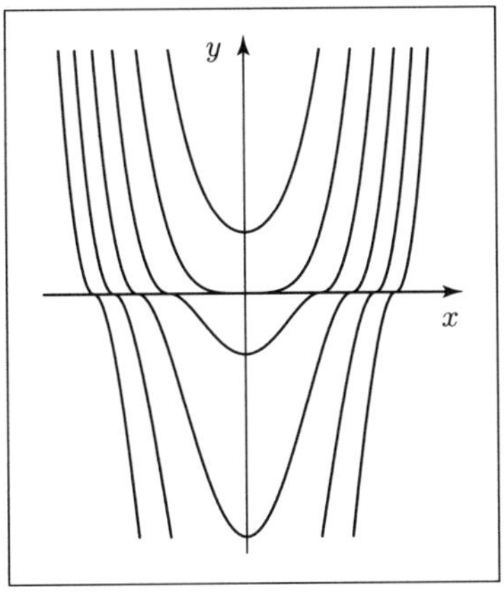

8. b) Puisque $\int_x^{+\infty} e^{-t^2}\, dt = \int_0^{+\infty} e^{-t^2}\, dt - \int_0^x e^{-t^2}\, dt$, la dérivée de la fonction $x \mapsto \int_x^{+\infty} e^{-t^2}\, dt$ est $x \mapsto -e^{-x^2}$.

c) Les solutions sont les fonctions $x \mapsto \lambda e^{x^2} + s(x)$, où $\lambda \in \mathbb{R}$.

9. b) Les intégrales impropres sont convergentes.

c) Soient s une solution et x_0 un nombre appartenant à l'intervalle de définition de s. Posons $y_0 = s(x_0)$ et $W(y) = \int_{y_0}^{y} \frac{dt}{t^2+e^t}$ pour tout $y \in \mathbb{R}$. Si l'on pose $a = \int_{y_0}^{-\infty} \frac{dt}{t^2+e^t}$ et $b = \int_{y_0}^{+\infty} \frac{dt}{t^2+e^t}$, la fonction W définit une bijection croissante de $\mathbb{R}$ sur $]a, b[$ et la fonction s est définie par $s(x) = W^{-1}(x - x_0)$. L'intervalle de définition de s est donc $]x_0 + a, x_0 + b[$ (notons que l'on a $a < 0$ et $b > 0$). Puisque $s(x)$ tend vers $+\infty$ quand x tend vers $x_0 + b$, il y a une asymptote verticale en $x_0 + b$; de même, $s(x)$ tend vers $-\infty$ quand x tend vers $x_0 + a$.

10. a) On a $\lim\limits_{x \to 1^-} \operatorname{Arc\,sin} x = \pi/2$ et $\lim\limits_{x \to 1^+} \operatorname{Log}(x + \sqrt{x^2 - 1}) = 0$.

b) Utiliser l'égalité $(\pi/2) - \operatorname{Arc\,sin} x = \operatorname{Arc\,cos} x$ et l'exercice 19 page 148.

c) Poser $u(x) = \operatorname{Log}(x + \sqrt{x^2 - 1})$ et $v(x) = \sqrt{x^2 - 1}$ pour tout $x > 1$, calculer $\lim\limits_{x \to 1^+} u'(x)/v'(x)$ puis utiliser l'exercice 19 page 124.

e) Utiliser les deux exercices précités.

f) Pour montrer que φ est dérivable en 1, penser à la règle de L'Hospital.

Quelques repères historiques

Dans ce bref aperçu des principales étapes qui ont marqué le développement de l'analyse, nous allons citer quelques mathématiciens, parmi les plus grands, qui ont contribué à élaborer les notions d'intégrale, de dérivée et de continuité. La plupart de ces mathématiciens sont aussi célèbres pour leurs travaux en physique et pour quelques-uns, en philosophie.

Les notions fondamentales de l'analyse n'ont pas été découvertes dans l'ordre où nous les exposons et les apprenons aujourd'hui. Dès l'antiquité, les mathématiciens ont cherché à calculer des aires de surfaces définies géométriquement, par exemple l'aire d'un disque ou bien l'aire comprise entre un arc de parabole et sa corde. Pour réussir un tel calcul, le savant grec ARCHIMÈDE (287–212 avant J.-C.) découpait la surface en morceaux triangulaires et en approchait le contour en utilisant des morceaux de plus en plus petits : il montrait alors par des considérations géométriques, que l'aire cherchée ne pouvait être ni plus grande, ni plus petite, qu'une certaine quantité. Cette mesure était donc obtenue en ajoutant une infinité de nombres de plus en plus petits, une opération qui a présenté pendant des siècles des difficultés conceptuelles et techniques.

Il faut attendre l'utilisation systématique des coordonnées et des équations de courbes, outils que RENÉ DESCARTES (1596–1650) a reconnus comme fondamentaux, pour que PIERRE DE FERMAT (1601–1665) puisse calculer des pentes de tangente et des aires délimitées par la courbe d'équation $y = x^r$, où r est un nombre rationnel positif.

Les véritables fondateurs du « calcul infinitésimal », c'est-à-dire des notions de dérivée et d'intégrale, sont NEWTON et LEIBNIZ.

ISAAC NEWTON (1642–1727), mathématicien anglais, élabore en une dizaine d'années d'un travail solitaire, ses célèbres *Philosophiae naturalis principia mathematica*. Il introduit des quantités infiniment petites Δx et si y est une quantité qui dépend de x, il forme le rapport $\dfrac{\Delta y}{\Delta x}$ dont la « valeur ultime » sera la pente d'une tangente à la courbe. Par exemple, supposons que n est un entier au moins égal à 2 et que l'on a $y = x^n$; en posant $y + \Delta y = (x + \Delta x)^n$ et en développant le second membre par la formule du binôme (de Newton), il vient $y + \Delta y = x^n + nx^{n-1}\Delta x + S$ où S est une somme dont tous les termes contiennent $(\Delta x)^2$ en facteur ; on en déduit $\dfrac{\Delta y}{\Delta x} = nx^{n-1} +$ termes négligeables. Citons l'un des passages où NEWTON explique sa méthode :

> *Les rapports ultimes dans lesquels les quantités disparaissent ne sont pas réellement les rapports de quantités ultimes, mais les limites vers lesquelles les rapports de quantités, décroissant sans limite, s'en approchent toujours ; et vers lesquelles ils peuvent s'en approcher aussi près que toute différence donnée, mais dont ils ne peuvent jamais les dépasser ou atteindre avant que les quantités soient diminuées indéfiniment.*

Ainsi NEWTON considère qu'une tangente est la position limite d'une sécante et découvre la notion de dérivée.

GOTTFRIED WILHELM LEIBNIZ (1646–1716), qui est allemand et contemporain de NEWTON, pratique une démarche différente. Il forme la « somme de différences infinitésimales dy » et introduit le signe intégrale pour écrire par exemple une égalité dont une formulation plus moderne serait $\frac{y^2}{2} = \int y \frac{dy}{dx}$ (où $\frac{dy}{dx}$ représente la dérivée y'). On doit à LEIBNIZ les règles de calcul pour la dérivée d'un produit et d'un quotient, ainsi que l'introduction des dérivées d'ordre supérieur.

Les calculs de dérivée et d'intégrale permettent rapidement d'importantes avancées dans les recherches d'extremum, l'étude de nouvelles courbes et la résolution d'équations différentielles. NEWTON et LEIBNIZ ont de nombreux disciples, dont les frères BERNOULLI, de L'HOSPITAL, MAC LAURIN et TAYLOR. Peu à peu, la notion de fonction numérique va devenir prépondérante : c'est au terme d'une collaboration entre LEIBNIZ et JEAN BERNOULLI que ce dernier en donne une première définition et propose de noter ϕx une fonction de la variable x.

La figure dominante à la fin du XVIIIe siècle est certainement LEONHARD EULER (1707–1783), l'un des principaux créateurs des notations mathématiques modernes. Il utilise pleinement les fonctions numériques, perçoit le lien entre intégration et calcul des primitives et impose par exemple l'usage des symboles π et e.

Malgré les très nombreux succès du « calcul infinitésimal », les bases logiques du calcul des dérivées et des intégrales ne satisfont pas tous les mathématiciens. Déjà MICHEL ROLLE (1652–1719), par exemple, avait été très critique quant au bien-fondé de l'analyse des « infiniment petits ». C'est au XIXe siècle que l'effort de rigueur est entrepris, notamment avec LOUIS AUGUSTIN CAUCHY (1789–1857) qui énonce clairement la définition de la limite et la définition d'une fonction continue. C'est aussi CAUCHY qui formule le théorème des accroissements finis et le théorème fondamental du calcul différentiel et intégral $\int_a^b f'(x)\,dx = f(b) - f(a)$. Enfin, Cauchy construit une théorie de l'intégrale pour les fonctions continues et établit la formule de Taylor avec reste intégral. Le théorème des valeurs intermédiaires est énoncé sans démonstration par BERNHARD BOLZANO (1781–1848).

L'intégrale de Cauchy sera généralisée par BERNHARD RIEMANN (1826–1866) de manière à s'appliquer à des fonctions plus irrégulières. RIEMANN est aussi le premier à établir une nette distinction entre fonctions continues et fonctions dérivables.

La formulation moderne de la limite et de la continuité à l'aide de ε et α apparaît probablement dans le cours que donne à Berlin le professeur KARL WILHEIM WEIERSTRASS (1815–1897). On lui doit aussi un premier exemple de fonction continue en tous points et dérivable en aucun point. Le souci de WEIERSTRASS est de faire reposer le calcul différentiel et intégral sur les seules propriétés des nombres réels, en le séparant des considérations géométriques qui en marquaient l'origine. En utilisant la notion de limite, il est conduit à approfondir les relations entre nombres rationnels et nombres irrationnels. C'est RICHARD DEDEKIND (1831–1916) qui finalement construit l'ensemble des nombres réels à partir des seuls nombres rationnels.

Les interrogations soulevées par ces recherches sur les nombres réels poussent alors GEORG CANTOR (1845–1918) à une réflexion approfondie et surprenante sur la notion d'ensemble et d'application bijective, un langage que l'on apprend maintenant à pratiquer dès le début des études en mathématiques.

Index

045549-(I)-(2,5)-OSB 80°-AUT-MMC

STEDI, 1, boulevard Ney, 75018 Paris
Dépôt légal, Imprimeur, n° 7947
Dépôt légal : juin 2003
Imprimé en France
Dépôt légal 1re édition : 1er trimestre 1997